"十三五"全国统计规划教材

（第2版）

Python
数据分析基础

阮 敬 编著

中国统计出版社
China Statistics Press

内容简介

本书通过真实案例,全面介绍 python3 编程基础及其数据分析工具的应用,培养读者通过数据提出问题、分析问题、解决问题以及对分析结果评价的能力。全书内容包括:python3 基本配置和编程基础、面向对象编程及并行处理、数据预处理、数据描述与可视化、统计推断、相关分析、关联分析、回归分析、主成分和因子分析、聚类、判别与分类、列联分析、对应分析、定性数据分析、时间序列分析、神经网络与深度学习等,将数据分析工作中的基本理论、方法和应用进行深入剖析。

图书在版编目(CIP)数据

Python 数据分析基础 / 阮敬编著. —— 2 版. —— 北京:
中国统计出版社,2018.8 (2019.6重印)

"十三五"全国统计规划教材

ISBN 978-7-5037-8614-3

Ⅰ.①P… Ⅱ.①阮… Ⅲ.①软件工具-程序设计-
高等学校-教材 Ⅳ.①TP311.561

中国版本图书馆 CIP 数据核字(2018)第 190456 号

Python 数据分析基础(第 2 版)

作　　者/阮　敬
责任编辑/姜　洋
封面设计/张　冰
出版发行/中国统计出版社
通信地址/北京市丰台区西三环南路甲 6 号　邮政编码/100073
电　　话/邮购(010)63376909　书店(010)68783171
网　　址/http://www.zgtjcbs.com
印　　刷/河北鑫兆源印刷有限公司
经　　销/新华书店
开　　本/787×1092mm　1/16
字　　数/550 千字
印　　张/31
版　　别/2018 年 8 月第 2 版
版　　次/2019 年 6 月第 2 次印刷
定　　价/128.00 元

国家统计局
全国统计教材编审委员会第七届委员会

出 版 说 明

　　全国统计教材编审委员会成立于1988年，是国家统计局领导下的全国统计教材建设工作的最高指导机构和咨询机构。自编审委员会成立以来，分别制定并实施了"七五"至"十三五"全国统计教材建设规划，共组织编写和出版了"七五"至"十二五"六轮"全国统计教材编审委员会规划教材"，这些规划教材被全国各院校师生广泛使用，对中国的统计和教育事业作出了积极贡献。自本轮规划教材起，"全国统计教材编审委员会规划教材"更名为"全国统计规划教材"，将以全新的面貌和更积极的精神，继续服务全国院校师生。

　　《国家教育事业发展"十三五"规划》指出，要实行产学研用协同育人，探索通识教育和专业教育相结合的人才培养方式，推动高校针对不同层次、不同类型人才培养的特点，改进专业培养方案，构建科学的课程体系和学习支持体系。强化课程研发、教材编写、教学成果推广，及时将最新科研成果、企业先进技术等转化为教学内容。加快培养能够解决一线实际问题、宽口径的高层次复合型人才。提高应用型、技术技能型和复合型人才培养比重。

　　《"十三五"时期统计改革发展规划纲要》指出，"十三五"时期，统计改革发展的总体目标是：形成依靠创新驱动、坚持依法治统、更加公开透明的统计工作格局，逐步实现统计调查的科学规范，统计管理的严谨高效，统计服务的普惠优质，统计运作效率、数据质量和服务水平明显提升，建立适应全面建成小康社会要求的现代统计调查体系，保障统计数据真实准确完整及时，为实现统计现代化打下坚实基础。

　　围绕新时代中国特色社会主义教育事业和统计事业新特点，全国统计教材编审委员会将组织编写和出版适应新时代特色、高质量、高水平的优秀统计规划教材，以培养出应用型、复合型、高素质、创新型的统计人才。

　　2015年9月，经李克强总理签批，国务院印发了《促进大数据发展行动纲要》系统部署大数据发展工作，我国各项工作进入大数据时代，拉开了统计教育和统计教材建设的大数据新时代。因此，在完成以往传统统计专业规划教材的编写和出版外，本轮规划教材要把编写大数据内容统计规划教材作为重点工作，以培养新一代适应大数据时代需要的统计人才。

　　为了适应新时代对统计人才的需要，组织编写出版高质量、高水平教材，本轮规划教材在组织编写和出版中，将坚持以下原则：

1. 坚持质量第一的原则。本轮规划教材将从内容编写、装帧设计、排版印刷等各环节把好质量关，组织编写和出版高质量的统计规划教材。

2. 坚持高水平原则。本轮规划教材将在作者选定、选题编写内容确定、编辑加工等环节上严格把关，确保规划教材在专业内容和写作水平等各方面，保证高水平高标准，坚决杜绝在低水平上重复编写。

3. 坚持创新的原则。无论是对以往规划教材进行修订改版，还是组织编写新编教材，本轮规划教材将把统计工作、统计科研、统计教学以及教学方法、方式的新内容融合在教材中，从规划教材的内容和传播方式上，实行创新。

4. 坚持多层次、多样性规划的原则。本轮规划教材将组织编写出版专科类、本科类、研究生和职业教育类等不同层次的统计教材，并可以考虑根据需要组织编写社会培训类教材；对于同一门课程，鼓励教师编写若干不同风格和适应不同专业培养对象的教材。

5. 坚持教材编写与教材研讨并重的原则。本轮规划教材将注重帮助院校师生学习和使用这些教材，使他们对教材中一些重要概念进一步理解，使教材内容的安排与学生的认知规律相符，发挥教材对统计教学的指导作用，进一步加强统计教材研讨工作，对教材进行分课程的研讨，以促进统计教材的向前发展。

6. 坚持创品牌、出精品、育经典的原则。本轮规划教材将继续修订改版已经出版的优秀规划教材，使它们成为精品，乃至经典，与此同时，将有意识地培养优秀的新作者和新内容规划教材，为以后培养新的精品教材打下基础，把"全国统计规划教材"打造成国内具有巨大影响力的统计教材品牌。

7. 坚持向国际优秀统计教材学习和看齐的原则。不论是修订改版教材还是新编教材，本轮规划教材将坚持与国际接轨，积极吸收国内外统计科学的新成果和统计教学改革的新成就，把这些优秀内容融进去。

8. 坚持积极利用新的教学方式和教学科技成果的原则。本轮规划教材将积极利用数据和互联网发展成果，适应院校教学方式、教学方法以及教材编写方式的重大变化，立体发展纸介质和利用数据、互联网传播方式的统计规划教材内容，适应新时代发展需要。

总之，全国统计教材编审委员会将不忘初心，牢记使命，积极组织各院校统计专家学者参与编写和评审本轮规划教材，虚心听取读者的积极建议，努力组织编写出版好本轮规划教材，使本轮规划教材能够在以往的基础上，百尺竿头，更进一步，为我国的统计和教育事业作出更大贡献。

国家统计局

全国统计教材编审委员会

第2版前言

为适应数据科学与大数据技术领域的飞速发展，《Python 数据分析基础》第 2 版经过将近 1 年时间的广泛教学实践和市场检验，终于面世并顺利入选"'十三五'全国统计规划教材"。在保留第 1 版全部优点和特色的基础上，第 2 版做了许多优化、改进和创新，具体内容如下：

1. 全书基于 python 3.6.4 对全部内容进行了更新。

2. 将第 1 版的编程基础部分根据教学难度和教学要求调整为两个章节。即，第 1 章强调编程基础，第 2 章强调编程的高级技能，并补充了类特性、异常捕获与容错处理、并行计算等编程的进阶内容。

3. 增加了"神经网络与深度学习"章节。深度学习是当前数据科学、人工智能领域较为热门的研究内容，第 2 版增加了对神经网络和深度学习基本思想、基本框架以及基本步骤的介绍，以及如何利用 python 提供的 tensorflow 框架工具进行解决实际问题的案例，帮助读者理解深度学习的理论基础和基本算法。

4. 可读和易用性进一步提高。本书第 1 版在去年 9 月份正式出版之后，被全国几十所高等院校采纳为基础课、专业课和选修课的教材。经过多次与授课教师和学生的沟通交流及意见反馈，第 2 版针对教学过程中的突出问题进行了仔细斟酌和调整，力争使得本书内容更加生动、深入浅出和言简意赅。

5. 第 2 版除了继续提供书中案例数据（请访问中国统计出版社官方网站 www.zgtjcbs.com 下载），同时还提供 python 编程基础和编程进阶章节的课程课件 PPT，请教师读者联系作者索取。

Email：ruanjing@ msn.com

读者交流群：

阮　敬

2018 年 7 月 22 日于洛杉矶

第1版前言

数据分析是科学研究中的重要环节，随着大数据时代的迅猛发展，其越来越受社会和市场的重视，是科学研究、经营管理、预测与决策等过程中必不可少的基础工作。Python 是当今大数据时代下最为流行的编程工具之一，在大数据领域有着十分广泛的应用，可以实现从数据收集和数据管理到数据分析和挖掘的完整过程，其高效的编程和程序执行过程，能够完全胜任日常数据分析工作的需求。

随着数据分析作用的日益凸显，如何对现有数据进行整理、加工、处理和分析，以期得到所谓的结论，作为人们进行决策的依据进而实现数据的价值？如何利用现有数据对将来可能出现的数据结果或结论进行判断或预测？不管是针对企事业单位的管理者或决策者还是从事具体数据分析的工作人员而言，都需要进行合理数据分析流程的规划，区分数据类型，利用适合的数据分析方法，使用方便、快捷、可靠的统计软件作为工具，对特定数据进行分析与预测，从而洞察市场动向，观测人心所在，把握商机，提升竞争力。

而具有深厚数学背景的统计分析和数据分析方法往往会成为相关人员继续深入学习的门槛，甚至成为枯燥乏味的代名词，无法体验到数据分析成果带来的成效。本书就是要力求降低学习难度，通过编者积累的大量真实案例和数据，主要以文字阐述替代复杂公式推导，深入浅出剖析数据分析方法的基本原理和步骤，重点在于厘清数据分析的基本思路，合理得到恰当的分析结果。在分析过程中，本书基于 python 2.7，从基础编程入手，主要通过调用 python 基本库和常用工具库的方式，用大量的实例来展示数据分析每一步骤的细节，带领读者走入数据分析的奇妙世界。

本书的第 1 章和第 2 章主要介绍 python 的基本环境、编程基础和数据预处理方面的内容，具体内容包括 python 数据类型及数据结构、语句与控制流、基本库、函数和面向对象编程的基础，以及数据分析最为常用的基本分析工具库 numpy 和 pandas 基础等；

第 3 章和第 4 章主要介绍利用 python 进行描述分析的基本过程和方法，涵盖了各种常用数据分析图形的绘制和解读以及统计量和统计表等具体内容；

第 5、6、7 章主要介绍利用 python 如何进行总体推断。在大数据时代即使数据量再大，但也离不开利用统计思想对总体特征进行推测和判断，这些具体内容包括参数估计、假设检验和非参数分析；

第 8 章主要介绍如何用 python 来分析数据之间的关系，具体涵盖了简单相关分析、非参数相关分析、偏相关分析、点二列相关分析以及数据挖掘中常用的关联分析等内容；

第 9 章和第 10 章主要介绍如何利用 python 来进行回归分析。回归模型可以说是大部分统计分析和数据挖掘方法的基础，本书介绍的具体内容有线性回归、非线性回归、多项式回归、分位数回归、自变量含有定性变量的回归以及因变量含有定性变量的广义线性回归分析；

第 11 章和第 12 章主要就日常数据分析中所使用的多元统计分析方法进行介绍，具体内容包括主成分分析、因子分析、列联分析以及对应分析等；

第 13 章和第 14 章主要介绍在 python 中进行数据挖掘所使用的聚类和分类方法。内容涵盖系统聚类、k-means 聚类、DBSCAN 聚类、距离判别和线性判别、贝叶斯判别以及数据挖掘中的 k-近邻、决策树、支持向量机和随机森林等分类方法；

第 15 章主要介绍 python 中使用 ARIMA 建模进行时间序列分析的基本方法和思路。

本书以实用为主要目的，因此上述大部分的数据分析过程均会调用现有常用且公认的结果较为合理的工具库（如 numpy、pandas、matplotlib、scipy、statsmodels、scikit-learn 等）。对于本书提及的数据分析方法无法通过调用现成工具库实现的，本书在相应章节中使用 python 编制了相应的函数或类，以供读者在分析实际问题时调用和复用。读者在复用这些函数或类时，也可根据自身需要对它们进行进一步优化。

全书采用 macOS Sierra 操作系统下的 python 2.7.13 和 Anaconda 4.3.1 的 jupyter notebook 作为分析环境，希望读者参考本书的内容边做边学习。为了提高学习效果，读者应该自行把本书全部代码在 python 中一字一句的敲一遍并运行之，故本书不提供电子版程序代码。但为了提高学习效率，本书附送随书案例的全部数据（下载地址：www.zgtjcbs.com）。

本书由本人在原书《实用 SAS 统计分析教程》（中国统计出版社 2013 年版）基础上亲自编写完成。开源软件的显著特点大家都懂的。因此，读者可在阅读本书时对照原书进行实际操作，认真体会商业软件和开源软件分析流程和分析结果的异同。此外，我的研究生杨磊磊和王禹提供了部分分析程序并对全书所编制的程序进行了运行验证。同时感谢中国统计出版社的支持。尽管作者已经投入了大量时间和精力来编写此书，但由于水平有限，如有不足之处，敬请专家与同行批评指正。同时也欢迎广大读者与作者积极联系，共同探讨数据分析方面的心得与体会。

Email：ruanjing@ msn.com

读者交流群：

阮　敬

2017 年 8 月 23 日

目 录

第1章
Python 编程基础

Python 是 Guido van Rossum 于 1989 年开发的一个编程语言。它是一种面向对象的解释型高级编程语言，其结构简单、语法和代码定义清晰明确、易于学习和维护、可移植性和可扩展性非常强。python 提供了非常完善的基础代码库（内置库），覆盖了数据结构、语句、函数、类、网络、文件、GUI、数据库、文本处理等大量内容。用 python 进行数据分析和功能开发，许多功能可由现成的包（packages）或模块（modules）直接实现，极大的提升了效率。除了内置库外，python 还有大量的第三方库，如 numpy、scipy、matplotlib、pandas、statsmodels、sklearn 等主要用于数据分析的库，提供了向量、矩阵和数据表的操作、可视化、统计计算、统计推断、统计分析与建模、数据挖掘和机器学习、深度学习等几乎全部数据分析的功能。

本章将就利用 python 进行数据分析的内置基本功能进行详细介绍，内容包括 python 系统配置、语言基础以及面向对象的编程方式，涵盖了数据结构、控制流、函数、类、模块与包、文件 I/O 等具体内容。

1.1　Python 系统配置

Python 可应用于多系统平台，如 Linux、macOS、Windows 等，用户可以直接在其官网：https://www.python.org，下载最新版本的 python。用户也可以下载其他发行版本的 python 进行使用，如 anoconda、enthought canopy 等，这些发行版本的 python 已经包含一些特定的分析库，用户可以直接在它们提供的环境中使用。此外，还可以在集成开发环境 IDE（integrated development environment）中配置和使用 python，如 PyCharm、Eclipse 以及 python 自带的 IDLE 等。本书主要介绍 python 数据分析的基础知识，对于这些系统配置问题本书不予赘述，请读者自行查阅相关资料。

本书使用 macOS 10.13.3 系统下自行安装的 python3.6.4 和发行版本 Anaconda4.3.1 所搭建的环境。对于在 Windows 操作系统中使用 python，除其安装步骤略有不同之外，其余使用方法均一致。

在 python 官网 https://www.python.org 上下载最新版本的 python3，安装之后，即可在 Mac 系统的应用程序→实用工具→终端，输入命令：python3，即可进入 python3 的交互式环境，如图 1-1 所示：

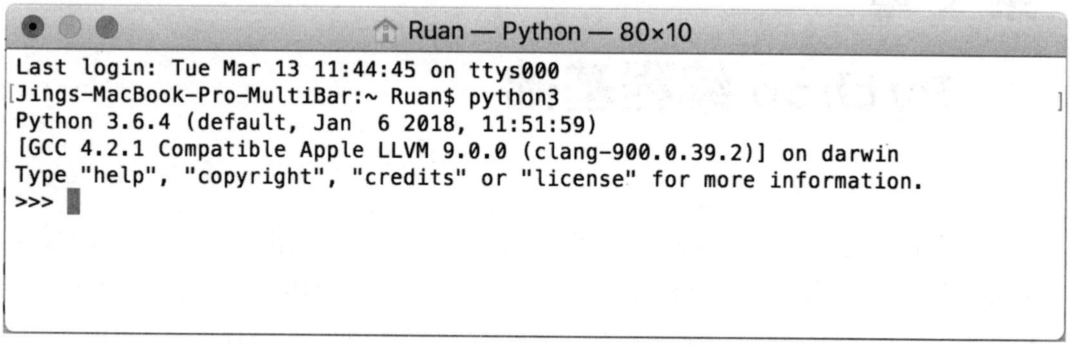

```
Last login: Tue Mar 13 11:44:45 on ttys000
[Jings-MacBook-Pro-MultiBar:~ Ruan$ python3
Python 3.6.4 (default, Jan  6 2018, 11:51:59)
[GCC 4.2.1 Compatible Apple LLVM 9.0.0 (clang-900.0.39.2)] on darwin
Type "help", "copyright", "credits" or "license" for more information.
>>> 
```

图 1-1　Python 的交互式环境

用户可以在提示符"`>>>`"右边输入 python 命令或者语句。如：

```
>>> print ('Hello, world!')
    Hello, world!
```

在如需在 python 中安装第三方的工具库或包（packages），可以在终端中使用如下 pip3 命令：

```
pip3 install package 的名称
```

在连接有网络的状态下，系统会自动下载对应名称的 package 并将其安装在当前系统环境当中。

macOS 终端中 python3 的交互式编程环境功能较为单一，而 Ipython 可以提供一个综合的交互式编程环境即 notebook，可以提供 tab 补全、富媒体、多客户端连接 kernel、交互式并行计算等，在科学计算和数据分析领域中发挥着极为强大的作用。在终端中可以使用 pip3 install 安装 ipython 和 notebook：

```
pip3 install ipython
pip3 install notebook
```

安装完毕后，在 python 环境中输入如下命令：

```
ipython notebook    #或者 jupyter notebook
#注：ipython notebook 现已升级为 jupyter notebook
```

Python 中可以使用"#"作为注释，"#"右边的一切内容均不会执行。但是"#"只能对一行内容进行注释，如需对多行内容进行注释，可以在每一行用"#"进行注释，也可以在被注释的内容前后加上"'''"或""""，所有注释内容在程序运行过程中不会被执行：

```
#本例是一个绘图的程序
#此处是一个注释内容
#此处是上述注释内容的延续
ax1=fig.add_axes([0.1,0.6,0.2,0.3])
'''
```

```
这是注释内容:
指定子图在图像中的位置坐标, 图像的左下角是原点(0,0)
图像横轴方向和纵轴方向总长度都为1, (0.5, 0.5)是图像的中点
'''
line=ax1.plot([0,1],[0,1])        #绘制一条直线
ax1.set_title('Axes1')
```

运行上述的 ipython notebook 命令后，系统便会打开默认的浏览器进入 ipython notebook（现已更新为 jupyter notebook），如图 1-2 所示：

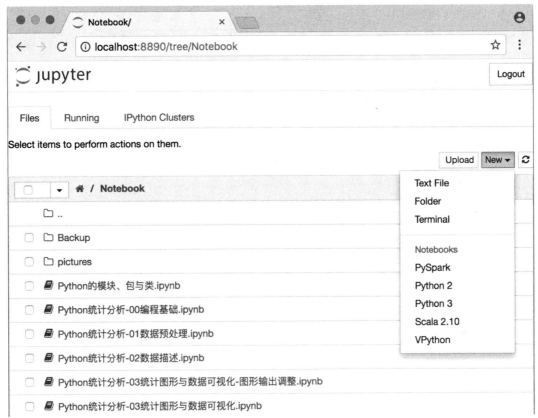

图 1-2　jupyter notebook 环境

Notebook 可以展现富文本，使得整个数据分析工作可以使用笔记的形式展现并存储起来，对于交互编程非常方便。它使用浏览器作为界面，向后台的 Ipython 服务器发送请求，并直接在浏览器中显示结果。

鼠标左键单击图 1-2 所示界面右上角的"New"菜单，可在菜单中选择新建 notebook 文件的种类（如 python2、python3、vpython 等）。该菜单下的"Notebooks"分栏下显示的是 notebook 脚本编译器（kernel）的名称，如需增加新的 kernel，可以参考对应 kernel 的说明文档进行操作，如：在没有 python3 的 notebook 中增加新的 python3 kernel，可以在 macOS 终端中输入：

```
ipython3 kernelspec install-self
```

运行之后，再进入 notebook 便可在其中的 "New" 菜单中看到新增加的 Python3 kernel。

在 notebook 中运行如下代码可查看并确认当前使用的 kernel 及其版本号：

```
import sys
sys.version
```
```
'3.6.4 (default,Jan 6 2018,11:51:59) \n[GCC 4.2.1 Compatible Apple LLVM 9.0.0
(clang-900.0.39.2)]'
```

可在图 1-2 左边的文件夹和文件列表中选择已有的 notebook 文档进行编辑。如打开一个已有的文档如图 1-3 所示。

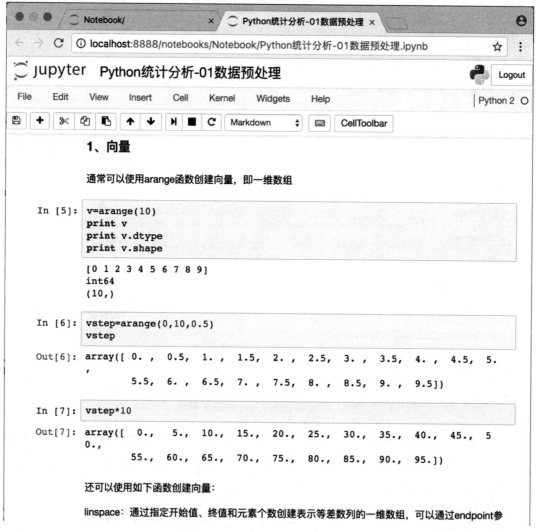

图 1-3   一个 notebook 文件

Notebook 在浏览器的界面中使用单元（Cell）来保存各种信息。Cell 有多种类型，经常使用的有表示格式化文本的 Markdown 单元和表示代码的 Code 单元。这些单元可以在图 1-3 中的工具栏的倒数第 3 个下拉选单区域进行选择。

每个代码单元都有一个输出区域，在 Code 单元中输入代码，按 Shift-Enter 将运行当前 Code 单元中的所有代码，代码中最后一个表达式的值将输出区域显示。如果希望屏蔽输出，可以在最后一条语句之后添加一个分号"；"。

Jupyter notebook 是 Ipython notebook 的升级。jupyter 能够将实时代码、公式和可视化图表等以 Cell 的方式组织在一起，形成一个代码和图文混排的笔记本文档（*.ipynb）。jupyter 同时支持 Markdown 语法和 LaTeX 语法，可以有效输出富文本方式的 Html 文件和 PDF 文档。

如想方便快捷的操作 notebook，可按 ctrl+m 键，然后再按 h 键，即可弹出 notebook 的快捷键窗口，根据窗口提示进行快速操作。

如果在使用过程中出现在 macOS 终端能调用指定模块或包（package），但是在 notebook 中不能调用，根据本书作者的经验，这最可能是因为系统安装有不同版本的 python。以本书作者所用的计算机为例，安装有 macOS 系统原生的 python2，还有自行安装的 python3 以及发行版本的 Anaconda，使用 pip3 install 安装的 package 默认装在苹果系统的 python3 中，如需要在 jupyter notebook 的 python3 kernel 中也可调用，则可以先在 macOS 系统的终端中使用如下命令查看欲调用 package 的存放路径：

```
pip3 show pandas     #以在python3中调用pandas模块为例
```
系统会返回该模块在本机所处的绝对路径：
```
Location: /usr/local/lib/python3.6/site-packages
```
再在 notebook 中使用如下语句：
```
import sys
sys.path.insert(0,'/usr/local/lib/python3.6/site-packages')
```
运行之后便可在 notebook 中调用 pandas 模块。

如果在 notebook 的使用过程中需要安装新的 package，可以首先在 notebook 中运行如下代码：
```
import pip
def install(package):
    pip.main(['install', package])
```
然后再在 notebook 中调用刚刚定义的 install 函数，用参数指定想要安装的 package 的名字即可。如安装 pydotplus 包：
```
install('pydotplus')
Collecting pydotplus
  Downloading pydotplus-2.0.2.tar.gz (278kB)
......
Successfully installed pydotplus-2.0.2
```
本书约定：

本书使用 notebook 环境进行 python 程序的演示。如无特殊说明，所有程序均在 jupyter notebook 中使用 python 3 的 kernel 运行。

本书中含有代码的灰色区域即为 notebook 中的 Code Cell，其在 notebook 中以 "In []:" 表示；为便于读者所见即所得的学习，代码运行的输出结果均位于灰色区域下方，其在 notebook 中以 "Out []:" 表示或直接表示，部分结果输出的图形本书还会以彩色图片的方式印制在书末的附录中，请读者对照查看相关结果内容。

1.2　Python 基础知识

Python 是一种面向对象的解释性脚本语言。在交互式方式下直接输入代码后按回车（或者在 notebook 的 Code Cell 中输入代码后按 shift+enter 键）就可以立刻得到代码执行结果：

```
print ('你好！')
你好！
1+1
2
1/2
0.5
x=2
x**64
18446744073709551616
```

1.2.1　帮助

Python 中包、模块以及对象类型繁多，具体到每一个包或者模块能够调用的函数、方法和属性也极其繁杂。因此，读者除了仔细阅读本书所介绍的重点内容之外，还应该在自主学习中灵活掌握 python 强大的帮助系统，如下 3 种主要方式可以随时在编程过程中返回帮助信息：

- ➢ **help()**：查看函数、类、模块等对象的详细说明；
- ➢ **dir()**：查看对象的属性或方法，返回对象的属性和方法列表；
- ➢ **?**：查看具体对象的帮助信息。

```
dir(list)     #查看 list 对象的属性和方法
['__add__','__class__','__contains__','__delattr__','__delitem__','__dir__',
'__doc__','__eq__','__format__','__ge__','__getattribute__','__getitem__','_
_gt__','__hash__','__iadd__','__imul__','__init__','__init_subclass__','__it
er__','__le__','__len__','__lt__','__mul__','__ne__','__new__','__reduce__',
'__reduce_ex__','__repr__','__reversed__','__rmul__','__setattr__','__setite
m__','__sizeof__','__str__','__subclasshook__','append','clear','copy','coun
t','extend','index','insert','pop','remove','reverse','sort']
a=[1,2,3]
a.append?
Docstring: L.append(object) -- append object to end
Type:      builtin_function_or_method
```

请读者自行尝试运行如下代码并观察返回的帮助信息：

```
a=[1,2,3]
help(a)
```

1.2.2 标识符

标识符（identifiers）即 python 对象的名字，由字母、数字、下划线组成，不能以数字开头。标识符是区分大小写的，如：someid 跟 SomeID 是两个不同的标识符。

以下划线开头的标识符是有特殊意义的：

➢ **以单下划线开头（如：_foo）**：代表不能随意访问的类属性（见第 2.1.3 小节），提醒用户该成员可看做是私有属性，如果真的访问了也不会出错，但不符合规范；

➢ **以双下划线开头（如：__foo）**：代表类的私有成员。私有成员只能在类的内部进行调用，无法在类的外部直接访问；

➢ **以双下划线开头和结尾（如：__foo__）**：代表 python 里特殊方法专用的标识，如__init__()代表类的构造函数，__version__表示所调用包的版本信息。

Python 系统中还有保留字符，也称之为关键字（keywords）。保留字符是不能用作任何其他标识符名称的。保留字符可以通过运行如下代码查看：

```
import keyword
keyword.kwlist
'False','None','True','and','as','assert','break','class','continue','def','
del','elif','else','except','finally','for','from','global','if','import','i
n','is','lambda','nonlocal','not','or','pass','raise','return','try','while'
,'with','yield']
```

1.2.3 行与缩进

每一行代码就是 python 的一个语句，python 不需要使用诸如"；"之类的符号来断行。但如需把不同的语句放在同一行中，可以使用"；"来断行。如：

```
a=10;b=100;print (a+b)      #此处实际上是三行语句
110
```

Python 的代码块不使用诸如"{}"之类的符号来识别和控制循环、条件、函数、类等，其最具特色的就是用缩进来标示代码块或模块。

缩进的空格数量是可变的，可以使用空格、制表（Tab）等来进行缩进，但同一个代码块的语句必须包含相同的缩进。本书建议用 4 个空格，如：

```
#这是一个函数代码块
def squares(n=10):
    print ('Generating squares from 1 to %d' % (n**2))
    #这是一个循环代码块
    for i in range(1,n+1):
        print (i**2, end=' ')
        #循环代码块结束
```

```
#函数代码块结束

gen=squares()
```

在阅读本书代码时要注意，有些时候由于书籍纸张宽度限制，部分语句会出现跨行的现象，这是较难解决的排版问题，如：

```
sm.stats.ttest_ind(battery[battery['tech']==1]['Endurance'],
                   battery[battery['tech']==2]['Endurance'],
                   alternative='two-sided',usevar='pooled',value=0)
```

上述代码在程序编辑器（如 notebook）中是一行，但是由于书籍排版原因，读者在纸上看到代码表面上是三行，但执行效果是一样的。

在编程过程中，对于类似上述的长句，如果是在 []、{}、或 () 中，可以直接使用回车键换行。除此之外，可以使用反斜杠"\"来换行：

```
a=100+10+1+2+\
  3+4+5+6+7\
  +8+9+10
a
165
```

1.2.4　变量与对象

Python 中的任何数值、字符串、数据结构、函数、类、模块等都是对象。每个对象都有标识符、类型 (type) 和值 (value)。几乎所有对象都有方法和属性，都可通过"对象名.方法 (参数 1，参数 2，…，参数 *n*)"或者"对象名.属性"的方式访问该对象的内部数据。

变量是统计学中的一个基本概念，也是进行数据分析的基础。Python 中的变量在被引用时应当事先声明。如：

```
a=10
print (b)

NameError                           Traceback (most recent call last)
<ipython-input-60-2460f7ea7c53> in <module>()
    1 a=10
---> 2 print (b)
NameError: name 'b' is not defined
```

本例中的变量 b 并没有事先声明，故在对其进行引用时，系统提示错误。

但是要注意，因 python 中"一切皆对象"，变量中存放只是对象的引用。赋值即为创建赋值号"="右侧对象的一个引用，如：

```
a=[1,2,3]         #把列表[1,2,3]赋值给对象a。（关于列表的内容参见第1.3.1小节）
b=a
a.append(4)       #append是列表对象的一个方法，即：在对象a引用的列表中增加一个元素
b
[1,2,3,4]
id(a),id(b),a is b
(4337238384, 4337238384, True)
```

上述结果可以看出，对象 b 赋值为 a 后，便创建了 b 对 a 的一个引用，二者 id 是一样的。a 的值发生改变则 b 也会对应发生变化，这种情形也可以称之为绑定。但是如果对 a 重新赋值，则绑定解除，如：

```
a=[2,3,5]
b
[1,2,3,4]
a is b
False
```

由上面的内容可以看出，对象之间的赋值并不是复制。

复制是指复制对象与原始对象不是同一个对象，原始对象发生何种变化都不会影响复制对象的变化。对象之间进行复制，可以调用 copy 包来实现，但是应当区分浅复制和深复制，尤其是在对象中含有子对象（或元素的子元素）的情况下，如果使用的时候不注意二者区别，就可能产生意外的结果。如，有容器对象 a：

```
a=[1,2,['str1','str2']]
```

对象 a 含有 3 个元素，分别是：1、2、['str1','str2']，其中最后一个元素含有 2 个子元素，分别是：'str1'、'str2'。

浅复制是指复制了对象，对象的元素被复制，但对于对象中的子元素依然是引用。

```
from copy import copy
'''
当我们需要调用除 python 基本库之外其他模块或包（package）中的某项（些）功能时，from ...
import ...或者 import ... 语句是最为常用的句式。详见第 2.3 小节。
'''
b=copy(a)
a is b
False
a.append(3)
b
[1, 2, ['str1', 'str2']]
```

```
a.append(3)              #对对象 a 的元素进行操作
b
[1, 2, ['str1', 'str2']]
```

```
a[2].append('str3')      #对对象 a 第 3 个元素的子元素进行操作
b
[1, 2, ['str1', 'str2', 'str3']]
```

深复制是指完全的复制一个对象的所有元素及其子元素。

```
from copy import deepcopy
a=[1,2,['str1','str2']]
b=deepcopy(a)
a is b
False
a.append(3)
```

```
b
[1, 2, ['str1', 'str2']]
a[2].append('str3')
b
[1, 2, ['str1', 'str2']]
```

1.2.5 数字与表达式

在 python3 中使用数字和表达式要注意其数字类型。数字类型主要有：int（整型）、float（浮点型）、bool（布尔型）、complex（复数）等，如：

```
10,type(10)
(10, int)
2**64,type(2**64)
(18446744073709551616, int)
1.2345,type(1.2345)
(1.2345, float)
1.022e-28j,type(1.022e-28j)
(1.022e-28j, complex)
10/3
3.3333333333333335
```

type 是一个可以查看 python 对象类型的函数，返回对象类型。此外，python 还提供了其他的数据类型，如 list（列表）、tuple（元组）、dictionary（字典）、set（集合）等。这些内容将在后续章节予以详述。

数据类型可以使用转换函数进行相互转换，如表 1-1 所示。

表 1-1　常见数据类型转换函数

函数	转换类型	示例	结果
int(x[,base])	将 x 转换为一个整数	int(989)	989
float(x)	将 x 转换到一个浮点数	float(989)	989.0
complex(r[,imag])	创建一个复数	complex(989)	(989+0j)
str(x)	将对象 x 转换为字符串	str(989)	'989'
repr(x)	将对象 x 转换为表达式字符串	repr(989)	'989'
eval(s)	计算在字符串 s 中的有效 python 表达式,并返回一个对象	eval('2000+18')	2018
chr(x)	将一个整数转换为一个字符	chr(100)	'd'
ord(s)	将一个字符转换为其整数值	ord('d')	100
hex(x)	将一个整数转换为一个十六进制字符串	hex(989)	'0x3dd'
oct(x)	将一个整数转换为一个八进制字符串	oct(989)	'0o1735'

表 1-1 续表

函数	转换类型	示例	结果
tuple(s)	将序列 s 转换为一个元组	tuple('2000+18')	('2', '0', '0', '0', '+', '1', '8')
list(s)	将序列 s 转换为一个列表	list('2000+18')	['2', '0', '0', '0', '+', '1', '8']
set(s)	将序列 s 转换为一个可变集合	set('989')	{'8', '9'}
frozenset(s)	将序列 s 转换为一个不可变集合	frozenset ('989')	frozenset({'8', '9'})

1.2.6　运算符

Python 当中提供了诸多运算符对数据进行操作，如表 1-2 所示。

表 1-2　python 运算符

算术运算符							比较运算符					
+	-	*	/	%	**	//	==	!=	>	<	>=	<=
加	减	乘	除	取模	幂	整除	等于	不等于	大于	小于	大于等于	小于等于
赋值运算符							位运算符					
=	+=	-=	*=	/=	%=	**=	//=	&	|	^	~	<<	>>
赋值	加法赋值	减法赋值	乘法赋值	除法赋值	取模赋值	幂赋值	整除赋值	按位与	按位或	按位异或	按位取反	左移	右移
逻辑运算符			成员运算符		身份运算符		
and	or	not	in	not in	is	is not	
与	或	非	成员资格	非成员资格	是	不是	

这些运算符的优先级如下：指数、按位翻转、一元加号和减号、乘、除、取模和取整除、加法、减法、右移，左移运算符、位运算符、比较运算符、等于运算符、赋值运算符、身份运算符、成员运算符、逻辑运算符。即：**、~、+@、-@、*、/、%、//、+、-、>>、<<、&、^、|、<=、<、>、>=、==、!=、=、%=、/=、//= 、-=、+=、*=、**=、is、is not、in、not in、not、or、and。如：

```
print (1+2**3*4/5-100)
-92.6
print (1+2>2 and 4>5+10)
False
a=[1,2,3]
print (10*(3 in a))
```

10

1.2.7 字符串

字符串是 python 中最常用的数据类型之一，可以使用单引号（'）或双引号（"）来创建。Python3 中，所有的字符串都是 Unicode 字符串（Python2 中，普通字符串则是以 8 位 ASCII 码进行存储的，使用 Unicode 字符串的语法是在字符串前面加上前缀 u）。

```
a="Let's go!"                   #当字符串本身含有单引号时，需要用双引号将字符串引起来
print (a)
Let's go!
b='"Hello world" printing always is the first program'
print (b)                       #当字符串本身含有双引号时，需要用单引号将字符串引起来
"Hello world" printing always is the first program
"Hello," 'world!'          #字符串可以自动拼接
'Hello,world!'
"Hello,"+'world!'          #字符串也可使用"+"进行拼接
'Hello,world!'
"Hello,"+'world!'+'.'*10  #字符串也可使用"*"进行重复
'Hello,world!..........'
```

单个字符也是字符串。字符串当中的每一个字符都有索引号，用于标注字符所处的位置，索引号从左至右从 0 开始，也可从右至左从–1 开始。字符串可以根据索引号把其对应位置的内容索引出来。

```
a='Python'
a[1]
'y'
a[-2]
'o'
a[2:5]             #"："前后分别表示索引的起始位置和终止位置，终止位置不包括在内
' tho'
```

字符串是不可变的，即不能直接对字符串中的内容进行修改。

```
a[0]='C'
TypeError                        Traceback (most recent call last)
<ipython-input-135-daa46325fd55> in <module>()
----> 1 a[0]='C'
TypeError: 'str' object does not support item assignment
```

1.2.7.1 转义字符

字符串中可以使用"\"对特定字符进行转义，以实现特殊功能。如：

```
ch="c:\program files\norton antivirus\officeav.dll"
print (ch)
c:\program files
orton antivirus\officeav.dll
```

运行结果可以看出，当"\"后面跟上特定字符的时候，才能发挥转义作用。如 ch 对象中的"\n"，表示一个字符的转义，即换行。字符串中可用转义字符如表 1-3 所示。

表 1-3　字符串中的转义字符

转义字符	作　用
\ (在行尾时)	续行符（见第 1.2.3 小节）
\\	反斜杠符号
\'	单引号
\"	双引号
\a	响铃
\b	退格
\e	转义
\000	空
\n	换行
\v	纵向制表符
\t	横向制表符(tab)
\r	回车
\f	换页
\oyy	八进制数，yy 代表的字符，例如：\o12 代表换行
\xyy	十六进制数，yy 代表的字符，例如：\x0a 代表换行
\other	其他的字符以普通格式输出

在转义字符前再加上"\"，或在字符串之前加上"r"字符，可以实现反转义，即所有字符应该按照原本样子进行解释。

```
ch1="c:\program files\\norton antivirus\officeav.dll"
print (ch1)
```
```
c:\program files\norton antivirus\officeav.dll
```
```
ch2=r"c:\program files\norton antivirus\officeav.dll"
print (ch2)
```
```
c:\program files\norton antivirus\officeav.dll
```

1.2.7.2　字符串格式化

Python 中字符串采用的格式化方式和 C 语言、R 等是一致的，主要用%实现：

```
'Hello, %s' % 'world!'
```
```
'Hello, world!'
```
```
'Hello, %s this is %s' % ('world!','Python')
```
```
'Hello, world! this is Python'
```
```
'%.2f' % 3.1415926
```
```
'3.14'
```
```
'Age: %s. Gender: %s' % (25, 'Male')
```
```
'Age: 25. Gender: Male'
```
```
'We must keep the growth rate at %s %%' % 7
```
```
'We must keep the growth rate at 7 %'
```

%是占位符，有几个%占位符，后面就跟几个变量或者值，顺序要一一对应。如果只有一个%，括号可以省略。%s 这种格式永远起作用，它会把任何数据类型转换为字符串。

Python 字符串格式化的格式如表 1-4 所示。

表 1-4　格式化字符串的格式

符号	描述
%c	格式化字符及其 ASCII 码
%s	格式化字符串
%d	格式化整数
%u	格式化无符号整数
%o	格式化无符号八进制数
%x	格式化无符号十六进制数
%X	格式化无符号十六进制数（大写）
%f	格式化浮点数字，可指定小数点后的精度
%e	用科学计数法格式化浮点数
%E	作用同%e，用科学计数法格式化浮点数
%g	%f 和%e 的简写
%G	%f 和%E 的简写
%p	用十六进制数格式化变量的地址

字符串的格式化还可以使用字符串对象的 format、format_map 方法来实现，详见第 1.2.7.3 小节。

1.2.7.3　字符串的内置方法

Python 内置的字符串的属性和方法有 40 多种，读者可以使用如下语句进行查看。

```
dir(str)
['__add__','__class__','__contains__','__delattr__','__dir__','__doc__','__e
q__','__format__','__ge__','__getattribute__','__getitem__','__getnewargs__'
,'__gt__','__hash__','__init__','__init_subclass__','__iter__','__le__','__l
en__','__lt__','__mod__','__mul__','__ne__','__new__','__reduce__','__reduce
_ex__','__repr__','__rmod__','__rmul__','__setattr__','__sizeof__','__str__'
,'__subclasshook__','capitalize','casefold','center','count','encode','endsw
ith','expandtabs','find','format','format_map','index','isalnum','isalpha','
isdecimal','isdigit','isidentifier','islower','isnumeric','isprintable','iss
pace','istitle','isupper','join','ljust','lower','lstrip','maketrans','parti
tion','replace','rfind','rindex','rjust','rpartition','rsplit','rstrip','spl
it','splitlines','startswith','strip','swapcase','title','translate','upper'
,'zfill']
```

如有如下字符串：

```
ss='this is sample No.1'
```

字符串内置方法能够实现的功能如表 1-5 所示。

表 1-5　字符串内置方法

方法	描述	示例	结果
capitalize()	将字符串的第一个字符转换为大写	ss.capitalize()	'This is sample no.1'
casefold()	转换字符串中所有大写字符为小写	ss.casefold()	'this is sample no.1'
center(width)	返回一个原字符串居中，并使用空格填充至长度 width 的新字符串	ss.center(22)	'　this is　sample No.1　'
count(str,beg=0,end=len(s))	返回 str 在 s 里面出现的次数，如指定起始位置 beg 或终止位置 end，则返回指定范围内 str 出现的次数（注意：beg,end 不是命名参数）	ss.count('is',5,10)	1
encode(encoding='utf-8', errors='strict')	以 encoding 指定的编码格式（默认 utf-8）编码字符串	ss.encode(encoding='GBK')	b'this is　sample No.1'
endswith(str)	判断字符串是否以指定后缀结尾	ss.endswith('No.1') ss.endswith('sample')	True False
expandtabs()	字符串中的 tab 符号（\t）转为空格（默认 8 个空格）	'sam\tple'.expandtabs()	'sam　　　ple'
find(str,beg=0,end=len(s))	检测 str 是否包含在 s 中，是则返回开始始的索引值，否则返回-1	ss.find('sam') ss.find('sam',0,10)	8 -1
format(*args, **kwargs)	根据参数设置返回指定格式的字符串，一种格式化字符串的方法	'hello {0}'.format('world') 'hi,{}'.format(ss)	'hello world' 'hi,this is sample No.1'
format_map(mapping)	类似 format，但 mapping 是一个字典对象	m={'name':'Jing','major':'statistics','pos':'professor'} "I'm {name}, a {major} {pos}".format_map(m)	"I'm Jing,　a　statistics professor"
index(str,beg=0,end=len(s))	与 find()方法一致，但如 str 不在 s 中会报一个异常	ss.index('sam') ss.index('sam',0,10)	8 Error
isalnum()	如果字符串中所有字符都是字母或数字则返回 True,否则返回 False	ss.isalnum() 'asdf'.isalnum() '1234'.isalnum()	False True True

表 1-5 续表

方法	描述	示例	结果
isalpha()	如果字符串中所有字符都是字母则返回 True，否则返回 False	ss.isalpha() 'asdf'.isalpha() '1234'.isalpha()	False True False
isdecimal()	如果字符串只包含十进制字符返回 True，否则返回 False	ss.isdecimal() '12306.cn'.isdecimal() '12306'.isdecimal()	False False True
isdigit()	如果字符串中只包含数字则返回 True，否则返回 False	ss.isdigit() 'asdf'.isdigit() '1234'.isdigit()	False False True
isidentifier()	如果字符串是标识符，则返回 True，否则返回 False	ss.isidentifier() 'ss'.isidentifier()	False True
islower()	如果字符串中包含至少一个区分大小写的字符，并且所有这些区分大小写的字符都是小写，则返回 True，否则返回 False	ss.islower() 'asdf'.islower()	False True
isnumeric()	如果字符串中只包含数字字符，则返回 True，否则返回 False	ss.isnumeric() '12580'.isnumeric()	False True
isprintable	如果字符串的所有字符都是可打印字符或字符串为空，则返回 True，否则返回 False	ss.isprintable() 'Hi,\nworld'.isprintable() ''.isprintable()	True False True
isspace()	如果字符串中只包含空格，则返回 True，否则返回 False	ss.isspace()	False
istitle()	如果字符串是标题化的（见字符串 title()方法），则返回 True，否则返回 False	ss.title().istitle()	True
isupper()	如果字符串中包含至少一个区分大小写的字符，并且所有这些区分大小写的字符都是大写，则返回 True，否则返回 False	ss.islower() 'ASDF'.islower()	False True

表 1-5 续表

方法	描述	示例	结果
join(seq)	以字符串作为分隔符，将序列 seq 中所有的元素合并为一个新的字符串	`''.join(['F','B','I'])` `'.'.join(['F','B','I'])`	`'FBI'` `'F.B.I'`
ljust(width)	返回一个原字符串左对齐，并使用空格填充至长度 width 的新字符串	`ss.ljust(22)`	`'this is sample No.1 '`
lower()	将 ASCII 编码的字符串中所有大写字符为小写	`ss.lower()`	`'this is sample no.1'`
lstrip()	截掉字符串左边的空格	`'   this is'.lstrip()`	`'this is '`
maketrans(intab, outtab)	创建字符映射的转换表，intab 为字符串中要替代的字符组成的字符串；outtab 为相应的映射字符的字符串；返回一个转换表以供 translate 使用	`print(ss.translate(ss.maketrans('isp','123')))`	`th12 12 2am3le No.1`
partition(str)	根据指定的分隔符将字符串进行分割，返回一个 3 元素的元组，第一个元素为分隔符左边的子串，第二个元素为分隔符本身，第三个元素为分隔符右边的子串。	`ss.partition('is')`	`('th', 'is', ' is sample No.1')`
replace(old,new[,max])	返回字符串中的 old 替换成 new 后的新字符串，如果指定第三个参数 max，则替换不超过 max 次。	`ss.replace('is','are',1)`	`'thare is sample No.1'`
rfind(str,beg=0,end=len(s))	类似于 find()，从右边开始查找	`ss.rfind('sam')` `ss.rfind('sam',0,10)`	`8` `-1`
rindex(str,beg=0,end=len(s))	类似于 index()，从右边开始索引	`ss.rindex('sam')` `ss.rindex('sam',0,10)`	`8` `Error`
rjust(width)	返回一个原字符串右对齐，并使用空格填充至长度 width 的新字符串	`ss.rjust(22)`	`' this is sample No.1'`

表 1-5 续表

方法	描述	示例	结果
rpartition(str)	类似于 partition()，从右边开始查找	ss.rpartition('sample')	('this is ', 'sample', ' No.1')
rsplit(sep=None,maxsplit=-1)	指定分隔符（默认为所有的空字符，包括空格、换行（\n）、制表符（\t）等）对字符串进行分割（从字符串最后面开始分割）并返回一个列表	ss.rsplit('is') ss.rsplit('is',1)	['th', ' ', ' sample No.1'] ['this ', ' sample No.1']
rstrip()	删除字符串末尾的空格	' this is '.rstrip()	' this is'
split(sep=None, maxsplit=-1)	指定分隔符（默认为所有的空字符，包括空格、换行（\n）、制表符（\t）等）对字符串进行分割并返回一个列表	ss.split('sample') ss.split()	['this is ', ' No.1'] ['this', 'is', 'sample', 'No.1']
splitlines([keepends])	按行分隔，返回一个包含各行作为元素的列表，如指定 keepends，则仅切片 keepends 个行	'this is\n sample\n No.1'.splitlines()	['this is', ' sample', ' No.1']
startswith(obj,beg=0,end=len(s))	检查字符串是否是以 obj 开头，是则返回 True，否则返回 False。如果指定 beg 和 end，则在指定范围内检查	ss.startswith('is',2)	True
strip([obj])	在字符串上执行 lstrip() 和 rstrip()	' this is '.strip()	'this is'
swapcase()	翻转字符串中的大小写	ss.swapcase()	'THIS IS SAMPLE nO.1'
title()	返回标题字符串，即所有单词首字母大小，其余字母均为小写	ss.title()	'This Is Sample No.1'
translate(table)	根据参数 table 给出的转换字符串转换字符	print(ss.translate(ss.maketrans('isp', '123')))	th12 12 2am3le No.1
upper()	将字符串中所有小写字符为大写	ss.upper()	'THIS IS SAMPLE NO.1'
zfill(width)	返回长度为 width 的字符串，原字符串右对齐，前面填充 0	ss.zfill(22)	'000this is sample No.1'

1.2.8　日期和时间

Python 内置的 datetime 模块提供了 datetime、date 以及 time 等类型，可以满足数据分析中对日期时间、日期和时间数据类型的需求。

```
#2017 年 3 月 20 日上午 10 点 8 分
from datetime import datetime
dt=datetime(2017,3,20,10,8,0)
dt
```
```
datetime.datetime(2017, 3, 20, 10, 8)
```

日期和时间可以运算差值：

```
dt1=datetime(2016,3,20,0,18,22)
dt-dt1
```
```
datetime.timedelta(365, 35378)
```

在 python 中，可以将日期和时间格式化为不同格式，也可用把其他类型的数据转化为指定格式的日期时间。

如，日期时间对象的 strftime 方法可将日期和时间格式化为字符串：

```
dt.strftime('%m/%d/%Y %H:%M')
```
```
'03/20/2017 10:08'
```

可以用方法替换日期和时间中的部分字段：

```
dt.replace(year=2018,hour=12)
```
```
datetime.datetime(2018, 3, 20, 12, 8)
```

字符串可用 datetime 模块的 strptime 函数将其转换为 datetime 对象：

```
datetime.strptime('20170320','%Y%m%d')
```
```
datetime.datetime(2017, 3, 20, 0, 0)
```

上述例子中"%"后的字符即为日期和时间的格式化代码，其主要功能见表 1-6。

表 1-6　日期和时间的主要格式化代码

代码	说明
%Y	4 位数的年
%y	2 位数的年
%m	2 位数的月 [01,12]
%d	2 位数的日 [01,31]
%H	24 小时制的时 [0,23]
%I	12 小时制的时 [0,12]
%M	2 位数的分 [00,59]
%S	秒 [00,61]
%w	整数表示的星期几 [0（星期天）,6]

表 1-6 续表

代码	说明
%U	每年的第几周 [00,53]（周日是每周第一天，每年第一个周日之前的那几天是第 0 周）
%W	每年的第几周 [00,53]（周一是每周第一天，每年第一个周一之前的那几天是第 0 周）
%z	以+HHMM 或-HHMM 表示的 UTC 时区偏移量
%F	%Y-%m-%d 的简写形式，如 2017-03-20
%D	%m/%d/%y 的简写形式，如 03/20/17

datetime 模块定义了 date、time、datetime、timedelta、tzinfo 等类（关于类的介绍请见本书第 2.1 小节），这些类的对象都是不可变的。这些类各自又有自己定义的方法和属性，感兴趣的读者可以自行查阅相关资料。

除了上述详细介绍的 datetime 模块外，python 还可以使用 time、calendar、pytz、dateutil、pandas（详见第 3.2.2.8 小节）等模块来操作与处理日期和时间，如：

```
import calendar
c=calendar.month(2017,3)
c
'    March 2017\nMo Tu We Th Fr Sa Su\n        1  2  3  4  5\n 6  7  8  9 10 11
12\n13 14 15 16 17 18 19\n20 21 22 23 24 25 26\n27 28 29 30 31\n'
print (c)
    March 2017
Mo Tu We Th Fr Sa Su
        1  2  3  4  5
 6  7  8  9 10 11 12
13 14 15 16 17 18 19
20 21 22 23 24 25 26
27 28 29 30 31
```

1.3 数据结构与序列

Python 的数据结构同其他高级语言差不多，但是与 SAS、SPSS 等常用统计分析和数据挖掘工具有较大的区别。除了能提供类似于 SAS、SPSS 等软件类似于变量和观测值构成的二维表格数据之外，python 更大的优势在于提供了大数据环境下的字典、元组、列表等常见数据结构。在 python 基本库中，序列（sequence，即由多个元素组成的一列数据）是最常见也是最主要的数据结构类型。常见的序列数据结构类型如下：

- ➢ **数字（number）**：用于存储数值；
- ➢ **字符串（string）**：由数字、字母、下划线组成的一串字符；
- ➢ **列表（list）**：一维序列，变长、其内容可进行修改，用"[ ]"标识；
- ➢ **元组（tuple）**：一维序列，定长、不可变，内容不能修改，用"( )"标识；

> **字典（dict）**：最重要的内置结构之一，大小可变的键值对集，其中键（key）和值（value）都是 python 对象，用 "{ }" 标识；

> **集合（set）**：由唯一元素组成的无序集，可看成是只有键没有值的字典。

列表、集合以及字典都可以用推导式来生成，这是最具特色的 python 语言特性之一，表 1-7 所示的内置函数可以执行序列类型之间的转换。

表 1-7 可以执行序列类型转换的内置函数

函数	作用
tuple(s)	将序列 s 转换为一个元组
list(s)	将序列 s 转换为一个列表
dict(d)	创建一个字典。d 必须是一个序列 (key,value)元组。
set(s)	转换为可变集合
frozenset(s)	转换为不可变集合

1.3.1 列表

列表（list）是一种有序序列，各元素用逗号分隔，写在[]中，也可用 list 函数来定义，可随时添加和删除其中的元素。

```
name=['David Nickson','Morgan Wang','John F. Kenedey','Jun Zhang']
name
['David Nickson', 'Morgan Wang', 'John F. Kenedey', 'Jun Zhang']
list('This is python!')
['T', 'h', 'i', 's', ' ', 'i', 's', ' ', 'p', 'y', 't', 'h', 'o', 'n', '!']
```

1.3.1.1 列表索引和切片

Python 中用索引运算符 "[]" 来访问列表中每一个位置的元素。但是要注意索引从左到右是从 0 开始的，从右到左是从-1 开始的。

```
name[1]
'Morgan Wang'
name[-1]
'Jun Zhang'
```

列表切片可以通过 "：" 隔开的两个索引来实现。如果提供两个索引作为边界，则第 1 个索引的元素包含在切片内，而第 2 个则不包含在切片内（即上界不包括在切片内）。

```
name[:]
['David Nickson', 'Morgan Wang', 'John F. Kenedey', 'Jun Zhang']
name[:2]
['David Nickson', 'Morgan Wang']
name[0:1]
['David Nickson']
name[0:]
['David Nickson', 'Morgan Wang', 'John F. Kenedey', 'Jun Zhang']
```

列表切片时除了可以指定索引位置的上下界，还可以通过第二个"："来指定切片步长。

```
n=[1,2,3,4,5,6,7,8,9,10]
n[0:10:1]
[1, 2, 3, 4, 5, 6, 7, 8, 9, 10]
n[0:10:2]
[1, 3, 5, 7, 9]
n[::5]
[1, 6]
n[::-1]                  #将列表元素倒序
[10, 9, 8, 7, 6, 5, 4, 3, 2, 1]
```

1.3.1.2 列表操作

列表可以进行"+"和"*"的基本操作，但务必注意这些符号不是运算。这里的"+"是指把不同的列表合并起来成为一个新的列表，新列表中的元素就是参与相加列表中所有的元素；而"*"是指重复列表元素的次数。

```
n1=[1,2,3]; n2=[4,5,6]
n1+n2
[1, 2, 3, 4, 5, 6]
n3=list('python')
n1+n3
[1, 2, 3, 'p', 'y', 't', 'h', 'o', 'n']
n1*2
[1, 2, 3, 1, 2, 3]
```

使用"in"成员运算符检查一个元素是否在列表中，即判断列表的成员资格。

```
"Morgan" in name
False
"morgan wang" in name
False
"Morgan Wang" in name
True
```

列表还可以删除元素与分片赋值。

```
del name[1:]
name
['David Nickson']
name[1:]=list('Christopher Nolan')
name
['David Nickson', 'C', 'h', 'r', 'i', 's', 't', 'o', 'p', 'h', 'e', 'r', ' ',
'N', 'o', 'l', 'a', 'n']
```

此外，列表还可以通过"="来实现引用传递，使用空的索引运算符"[]"实现浅复制，请参见之前的第 1.2.4 小节。

1.3.1.3　内置列表函数

Python 基本库中内置了一些对列表进行操作的函数，可以进行列表比较、元素统计等基本操作，这些函数也可对其他类型的序列进行操作，如表 1-8 所示。

```
n1=[1,2,3]; n2=[4,5,6]; n3=[0,1,5];
country=['China','USA','UK','Japan','Germany','France']
continent=['Asia','America','Euro','Asia','Euro','Euro']
```

表 1-8　常用的内置列表函数

函数	作用	示例	结果
len()	计算列表元素个数	len(n1) len(name)	3 18
max()	返回列表中元素最大值	max(n3) max(name)	5 t
min()	返回列表中元素最小值	min(name) min(n3)	' ' 0
enumerate()	遍历序列中的元素以及它们的下标	for i,j in enumerate(country): print (i,j)	0 China 1 USA 2 UK 3 Japan 4 Germany 5 France
sorted()	将序列返回为一个新的有序列表	sorted([2,1,0,5,8]) sorted([2,1,0,5,8],reverse=True)	[0, 1, 2, 5, 8] [8, 5, 2, 1, 0]
zip()	将多个序列中的元素"配对"，返回一个可迭代的 zip 对象。（zip 可以接受任意数量的序列，最终得到的元组数量由最短的序列决定）	zip(country,continent,[1,2]) for i in z: print (i)	('China', 'Asia', 1) ('USA', 'America', 2)
reversed()	按逆序迭代序列中的元素，返回一个迭代器	list(reversed(n1)) n1[::-1]	[3, 2, 1] [3, 2, 1]

1.3.1.4　列表方法

列表方式可以通过"列表对象.列表方法（参数）"的方式进行调用。列表的主要方法及其作用如表 1-9 所示。

表 1-9　常用列表方法

方法	作用	示例	结果
append	在列表末尾追加新的元素，不返回值	n1.append(2);n1	[1, 2, 3, 2]
clear	清空列表，类似 del list[:]	n1.clear();n1	[]
copy	浅复制列表	n1=[1,2,3,2].copy();n1	[1, 2, 3, 2]
count	返回某元素在列表中出现次数	n1.count(2)	2
extend	在列表的末尾一次性追加另一个列表中的多个值，不返回值	n1.extend([2,100]);n1	[1, 2, 3, 2, 2, 100]
index	从列表中找出某个值第一个匹配项的索引位置，返回值	country.index('UK')	2
insert	将对象插入列表中，不返回值	country.insert(0,'Italy') country	['Italy', 'China', 'USA', 'UK', 'Japan', 'Germany', 'France']

表 1-9 续表

方法	作用	示例	结果
pop	移除列表中的一个元素(默认最后一个),返回该元素的值	country.pop()	'France'
remove	移除列表中某个值的第一个匹配项,不返回值	country.remove('Japan') country	['Italy', 'China', 'USA', 'UK', 'Germany']
reverse	将列表中的元素反向存放,该方法没有参数,不返回值	country.reverse() country	['Germany', 'UK', 'USA', 'China', 'Italy']
sort	在原位置对列表进行排序,不返回值	country.sort() country	['China', 'Germany', 'Italy', 'UK', 'USA']

注意,在应用列表方法时,请务必搞清楚该方法是否具有返回值。

1.3.2 元组

元组(tuple)与列表一样,也是一种序列。但是元组是不可变即不能修改的,用",",分隔,通常用()括起来:

```
(1,2,3)
(1, 2, 3)
1,2,3
(1, 2, 3)
```

元组切片同列表切片,除了可以用 tuple 函数创建元组和访问元组元素之外,没有太多其他操作。

```
t=tuple('This is Python!')
t1=t+([1,2],)
t1
('T', 'h', 'i', 's', ' ', 'i', 's', ' ', 'P', 'y', 't', 'h', 'o', 'n', '!',
[1, 2])
```

元组是不可变的,不能对其中元素进行增、删、插、改等操作。

```
t1.append(3)
AttributeError                    Traceback (most recent call last)
<ipython-input-190-cc041bf565d9> in <module>()
----> 1 t1.append(3)
AttributeError: 'tuple' object has no attribute 'append'
```

但是元组对象中的可变元素(如列表)可进行更改。

```
t1[-1].append(3)
t1
('T', 'h', 'i', 's', ' ', 'i', 's', ' ', 'P', 'y', 't', 'h', 'o', 'n', '!',
[1, 2, 3])
```

当对元组型变量表达式进行赋值时,python 就会尝试将"="右侧的值进行拆包复制给对应的对象,即元组拆包:

```
country=('China','USA','UK','Japan','Germany','France')
a1,a2,a3,a4,a5,a6=country
a3
'UK'
```

```
a1,a4
('China', 'Japan')
```

　　其实，序列也都可进行如此拆包。

　　与列表一样，元组也可以使用内置的 len、max、min 等函数。但由于元组大小和内容不能修改，其实例方法很少，本书不予赘述。

1.3.3　字典

　　字典（dict）使用键-值（key-value）存储，具有极快的查找速度，其也是大数据分析过程中最为常见的数据结构之一。字典使用"{ }"将字典元素（即项，item）括起来，用"："分隔键和值并用"，"分隔项来定义，字典的值可以通过键来引用：

```
d={'Name':'Michael','Gender':'Male','Age':35,'Height':68}
d['Name']
```
```
'Michael'
```

　　也可以使用 dict 函数根据序列来创建字典：

```
items=[('Name','Michael'),('Gender','Male'),('Age',35),('Height',68)]
dict(items)
```
```
{'Age': 35, 'Gender': 'Male', 'Height': 68, 'Name': 'Michael'}
```

　　注意：字典中的键是唯一的，值不一定是唯一的。

　　字典的基本操作在很多方面与序列类似，如：

- ➤ **len(d)：** 返回 d 中项（键-值对）的数量；
- ➤ **d[k]：** 返回关联到键 k 上的值；
- ➤ **d[k]=v：** 将值 v 关联到键 k 上；
- ➤ **del d[k]：** 删除键为 k 的项；
- ➤ **k in d：** 检查 d 中是否含有键 k 的项。

```
len(d)
```
```
4
```
```
d[23]='Hello World!'
'''
字典的键必须是不可变类型，如数字、字符串或元组
即使键在字典中并不存在，也可以为它赋值，这样字典就会建立新的项
字典值可以无限制地取任何 python 对象，既可以是标准的对象，也可以用户自定义对象
'''
d
```
```
{23: 'Hello World!',
 'Age': 35,
 'Gender': 'Male',
 'Height': 68,
 'Name': 'Michael'}
```
```
23 in d
```
```
True
```
```
35 in d        #注意：成员资格查找的是键，而不是值
```

```
False
del d[23]
d
```
```
{'Age': 35, 'Gender': 'Male', 'Height': 68, 'Name': 'Michael'}
```

Python 提供如表 1-10 所示的常用字典方法：

表 1-10　常用字典方法

方法	作用	示例	结果
clear	清除字典中所有的项，无返回值	dc={'Gender': 'Male', 'Age': 35} dc.clear() dc	{}
copy	返回一个具有相同键-值对的新字典（浅复制）	dc={'Gender': 'Male', 'Age': 35} dc_c=dc.copy() dc_c	{'Age': 35, 'Gender': 'Male'}
fromkeys	使用给定的键建立新的字典，每个键都对应一个默认的值 none	seq=('k1','k2') dc.fromkeys(seq,1) dc.fromkeys(seq)	{'k1': 1, 'k2': 1} {'k1': None, 'k2': None}
get	类似于 d[k]引用字典的值，当访问一个不存在的键时，不会发生异常，而得到 none 值，而且可以自定义默认值	dc.get('Gender') dc.get('gender','Key NOT Found!')	'Male' 'Key NOT Found!'
items	将字典所有的项以列表方式返回，列表中的每一项都表示为（键，值）对的形式	dc.items()	[('Gender', 'Male'), ('Age', 35)]
keys	将字典中的键以列表形式返回	dc.keys()	['Gender','Age']
pop	用来获得对应于给定键的值，然后将这个键-值对从字典中移除	dc.pop('Gender') dc	'Male' {'Age': 35}
popitem	类似于 list.pop,弹出随机的项	d.popitem()	('Gender', 'Male')
setdefault	类似于 get()，但如果键不存在于字典中，将会添加键并将值设为 default	dc={'Gender': 'Male', 'Age': 35} dc.setdefault('Height', None) dc	{'Age': 35, 'Gender': 'Male', 'Height': None}
update	利用一个字典项更新另外一个字典	d_up={'Weight':56,'Blood':'A'} dc.update(d_up) dc	{'Age': 35, 'Blood': 'A', 'Gender': 'Male', 'Height': None, 'Weight': 56}
values	返回字典中所有值的一个列表	dc.values()	dict_values(['Male', 35, None, 56, 'A'])

1.3.4　集合

集合（set）是由唯一元素组成的无序集，支持并（union）、交（intersection）、差（difference）和对称差集（sysmmetric difference，相当于布尔逻辑中的异或）等运算。集合包含两种类型：可变集合（set）和不可变集合（frozenset）。

集合是无序集，不记录元素位置，因此不支持索引、分片等类似序列的操作，只能遍历或使用 in、not in 来访问或判断集合元素。集合可以通过 set、frozenset 等函数来创建，也可用大括号{}把元素括起来创建集合。

```
s1=set([1,2])
s2={3,4,3}
print (s1,s2)
```
```
{1, 2} {3, 4}
```

要注意集合中的元素不能重复。

```
set('Hello,world!')
```
```
{'!', ',', 'H', 'd', 'e', 'l', 'o', 'r', 'w'}
```

如需创建空集合，必须使用 set 或 frozenset 函数来创建。

```
sk=set()
type(sk)
```
```
set
```
```
sk={}
type(sk)
```
```
dict
```

Python 提供如表 1-11 所示的集合方法：

表 1-11　常用集合方法

方法	符号	作用	示例	结果
add		将元素添加到集合	s2.add(5);s2 s1.add(1);s1	{3, 4, 5} {1, 2}
clear		删除集合中所有元素	s3={'a','b',1,2} s3.clear();s3	set()
copy		返回集合的一个浅复制	s3=s1.copy() s3	{1, 2}
difference	-	差，即 A 集合中不属于 B 集合的元素	s4={1,3,2,8} s4-s1 s4	{3, 8} {1, 2, 3, 8}
difference_up date	-=	差更新，用 A 集合中不属于 B 集合的元素更新 A 集合（即在A集合中删除在B集合中存在的元素），不返回值	s4.difference_update(s1) s4	{3, 8}
discard		同 remove，但不报错	s2.discard(6);s2 s2.discard(9)	{3, 4, 5} 无返回无提示

表 1-11 续表

方法	符号	作用	示例	结果
intersection	&	交，即 A 集合和 B 集合都有的元素	s1&s2 s1&{1,3,2,8}	set() {1, 2}
intersection_ update	&=	交更新，即用 A 集合和 B 集合都有的元素来更新 A 集合，不返回值	s1.intersection_upda te({1,3,2,8}) s1	{1, 2}
isdisjoint		如果两个集合没有公共元素，是则返回 True，否则返回 False	s1.isdisjoint(s2) s1.isdisjoint({1,3,2})	True False
issubset	<=	判断子集，是则返回 True，否则返回 False	{1}.issubset(s1) {1}<=s1 {1}.issubset(s2)	True True False
issuperset	>=	判断超集，是则返回 True，否则返回 False	s1.issuperset({1}) s2.issuperset({1}) s2>={1}	True False False
pop		删除集合中任意一个元素，并返回其值	s2.pop() s2	3 {4, 5}
remove		从集合中删除元素，若不存在被删除的元素，则报错	s2.remove(7);s2 s2.remove(9)	{3, 4, 5, 6} KeyError
symmetric_ difference	^	对称差集，即 A 集合或 B 集合中不同时属于 A 集合和 B 集合的元素	s1^s2	{1, 2, 4, 5}
symmetric_diff erence_update	^=	对称差集更新，即用 A 集合或 B 集合中不同时属于 A 集合和 B 集合的元素更新 A 集合，不返回值	s1^=s2 s1	{1, 2, 4, 5}
union	|	并，即 A 集合和 B 集合全部的唯一元素	s1.union(s2) s1|s2	{1, 2, 4, 5} {1, 2, 4, 5}
update	|=	用另一个集合更新集合	s2.update({6,7});s2	{3, 4, 5, 6, 7}

注意，对改变集合本身的方法只适用于可变集合。

1.3.5　推导式

推导式（comprehensions）是一种将 for 循环、if 表达式以及赋值语句放到单一语句中产生序列的一种方法。主要有列表推导式、集合推导式、字典推导式等。

列表推导式只需一条表达式就能非常简洁的构造一个新列表，其基本形式如下：

```
[expression for value in collection if condition]
```

其主要目的是根据一定条件生成列表。

```
string=['china','japan','USA','uk','France','Germany']
upper_string=[x.upper() for x in string if len(x)>2]
upper_string
```
```
['CHINA', 'JAPAN', 'USA', 'FRANCE', 'GERMANY']
```

本例实现的目的是从 string 列表中找出长度大于 2 的字符并将其转换为大写。

嵌套列表推导式可以编写任意多层的推导式嵌套：

```
names=[['Abby','Angelia','Tammy','Barbara','Beata','Andrew','Carina',
       'Stacy','Kelvin'],['Hannah','Ishara','Heidi','Tiffany','Jessica',
       'Joanna','Rebecca']]
morethan2e=[n1 for n2 in names for n1 in n2 if n1.count('a')>=2]
morethan2e
```

```
['Barbara', 'Beata', 'Carina', 'Hannah', 'Ishara', 'Joanna']
```

　　本例中，names 列表分别存储了男名和女名，嵌套列表推导式将名字带有两个以上"a"字母的名字放入一个新的列表中。

　　集合推导式跟列表推导式的唯一区别就是它用的是花括号：

```
string=['China','Japan','USA','UK','France','Germany']
string_len={len(x) for x in string}
string_len
```

```
{2, 3, 5, 6, 7}
```

　　本例统计出 string 列表元素的各种长度（要注意'China'和'Japan'长度同为 5，集合取唯一值，故结果只有一个 5）。

　　字典推导式是列表推导式的自然延生，其生成的是字典，其基本形式如下：

```
{key_expression: value_expression for value in collection if condition}
```

　　如：为字符串创建一个指向其列表位置的映射：

```
mapping={val:index for index,val in enumerate(string)}
mapping
```

```
{'China': 0, 'France': 4, 'Germany': 5, 'Japan': 1, 'UK': 3, 'USA': 2}
```

　　也可以如此构造上述映射：

```
mapping=dict((val,index) for index,val in enumerate(string))
mapping
```

```
{'China': 0, 'France': 4, 'Germany': 5, 'Japan': 1, 'UK': 3, 'USA': 2}
```

1.4　语句与控制流

　　Python 语句与其他高级语言类似，顺序语句、条件语句、循环语句等是其基本结构，用户可以利用这些基本语句控制数据在分析过程的流向。

1.4.1　条件语句

　　条件语句能使程序按照一定的表达式或条件来实现不同的操作或执行顺序跳转的功能。

　　根据条件执行不同代码的语句称之为条件语句体，python 中的条件语句体如下：

```
if 条件或表达式:
    语句...
elif 条件或表达式:
    语句...
else:
    语句...
```

条件语句体是以"："和缩进来进行识别的。执行条件语句时，先对 if 条件或表达式进行判断，满足条件或表达式时则执行该语句体（代码块）中的语句，如有 elif 语句体，满足该语句体条件时则执行该语句体中的语句，否则执行 else 语句体中的语句。

```
age=int(input('Please input your age:'))
if age >= 18:
    print ('adult')
elif age >= 13:
    print ('teenager')
else:
    print ('kid')
```
```
Please input your age:15
teenager
```

本例使用了内置的 input 函数用以获取用户以交互方式输入的数据，即从输入中读入一个字符串（自动忽略换行符）。Python 中还提供了 raw_input 函数也可通过交互方式获取用户输入的数据。但 input 函数的所有形式的输入均会以字符串的方式来处理，如果想要得到其他类型的数据，需要进行强制类型转换。如上段程序中我们需要得到年龄的输入，年龄一般用整数表示，这时可以用 int（取整）函数对用户输入的信息进行类型转换，即将用户输入转换为整型数据。

如果 if 语句的"："后面只有一行语句，这可以把该语句与条件写在同一行：

```
a=5000000
if (a==5000000): print ("Bingo! You've got Lotto!")
```
```
Bingo! You've got Lotto!
```

if 语句是可以嵌套的，即，可以把 if...elif...else 语句体放在另外一个 if...elif...else 语句体中。

在 python 中，还可以将产生一个值的 if...else 语句写到一行或一个表达式中，即三元表达式：

```
givenname='Jing'
'Good man!' if givenname=='Jing' else 'Can not be evaluated!'
```
```
'Good man!'
```
```
age=int(input('Please input your age:'))
'Adult' if age>=18 else 'Kids'
```
```
Please input your age:16
'Kids'
```

三元表达式还可用更为简洁的方式：

```
age=int(input('Please input your age:'))
('Kids','Adult') [age>=18]
```
```
Please input your age:99
'Adult'
```

1.4.2 循环语句

在很多数据分析问题具有规律性的重复操作,因此在程序中就需要重复执行某些语句,这些被重复执行的语句称之为循环语句体。Python 中很多内置函数和语句都具备循环的特性,如前面介绍过的遍历序列元素的 enumerate 函数以及推导式等。除此之外,python 还提供了 while 和 for 等语句体用来解决数据分析中的循环问题。

1.4.2.1 while 循环

while 循环可以对任何对象进行循环。Python 中的 while 循环语句体如下:

```
while 条件或表达式:
    语句...
else:
    语句...
```

只要条件不为 False 或循环没有被 break 语句终止,则代码块将一直不断的执行。

如,计算 100 以内自然数之和:

```
x=1;s=0
while x<=100:
    s+=x
    x+=1
print (s)
5050
```

如 while 循环中有 else 语句体,则 else 中的语句会在循环正常执行完(即非通过 break 语句终止循环)的情况下执行:

```
count=0
while count<5:
    print (count, " is  less than 5")
    count+=1
else:
    print (count, " is not less than 5, stop!")
0  is  less  than 5
1  is  less  than 5
2  is  less  than 5
3  is  less  than 5
4  is  less  than 5
5 is not less than 5, stop!
```

1.4.2.2 for 循环

for 循环可对任何有序的序列对象(如字符串、列表、元组、字典等)进行循环或对迭代器进行迭代,其标准语法为:

```
for value in 序列或集合:
    语句...    #一般都是对 value 进行处理
```

如,遍历字典的键-值:

```
d={'name':'David Nickson','age':76,
```

```
        'gender':'male','department':'Statistics'}
for key in d:
    print (key,'corresponds to',d[key])
name corresponds to David Nickson
age corresponds to 76
gender corresponds to male
department corresponds to Statistics
```

再如，计算 100 以内的自然数之和：

```
s=0
for i in range(1,101):
    s+=i
print (s)
5050
```

本例中所使用的 range 函数，这是 for 循环中最常用的方式之一。其主要用于产生一组间隔相等的整数序列的可迭代对象（详见第 1.6.1 小节），可以使用 range(初始值，终止值[,步长]) 的方式用于按索引对序列进行迭代。如：

```
range(5)
range(0, 5)
list(range(5))
[0, 1, 2, 3, 4]
```

此外，while 循环和 for 循环均可进行嵌套，如求 100 以内所有素数（质数）之和：

```
from math import sqrt
s=0
for i in range(2,100):
    k=0;j=2.
    while j<=sqrt(i):
        if i/j==int(i/j):
            k=1
            break
        j+=1
    if k==0:
        s+=i
        print (i,end=' ')
print ('\nsum of prime numbers within 100:',s)
2 3 5 7 11 13 17 19 23 29 31 37 41 43 47 53 59 61 67 71 73 79 83 89 97
sum of prime numbers within 100: 1060
```

其实，第 1.3.5 小节介绍过的推导式，其工作方式就相当于 for 循环，如：

```
[x*x for x in range(10)]
[0, 1, 4, 9, 16, 25, 36, 49, 64, 81]
```

其工作原理为：

```
x=[]
for val in range(10):
    x.append(val**2)
print (x)
```

1.4.2.3 循环控制

在循环中，用户可以使用特定语句对循环进行中止、终止等控制。循环控制语句及其作用如下：

> **break**：结束（终止）循环；

> **continue**：中止当前循环，跳到下一次循环的开始；

> **while true/break**：实现一个永远不会自己停止的循环；

> **else**：在使用 break 时，可以使用 else 语句在没有调用 break 时执行对应的语句；

> **pass**：不做任何事情，一般用做占位语句。

```python
for a in 'This is Python!':
    if a=='P':
        pass
        print ('passed!')
        break
    print (a,end='')
This is passed!
```

如，综合上述循环控制语句，编制一个能够判断用户所输入数据是质数还是合数的小程序：

```python
while True:
    n=input('Please input a natural number (q or Q to exit):')
    if n in ('q','Q'):
        print ('Quit')
        break
    elif not n.isdigit() or int(n)<=0:
        print ('Input error, Please input a natural number')
        continue
    else:
        if int(n)==1:
            print (n,'is neither a prime nor a composite number! ')
        else:
            k=0
            for i in range(2,int(sqrt(int(n)))+1):
                if int(n)/i==int(int(n)/i):
                    k=1
                    print (n,'is a composite number!')
                    break
            if k==0:
                print (n,'is a prime number!')
Please input a natural number (q or Q to exit):-99
Input error, Please input a natural number
Please input a natural number (q or Q to exit):0
Input error, Please input a natural number
Please input a natural number (q or Q to exit):1
```

```
1 is neither a prime nor a composite number!
Please input a natural number (q or Q to exit):2
2 is a prime number!
Please input a natural number (q or Q to exit):99
99 is a composite number!
Please input a natural number (q or Q to exit):q
Quit
```

1.5 函数

  函数（function）是 python 中最重要也是最主要的代码组织和重复使用的手段之一。Python 本身内置了很多有用的函数，可以直接调用，用户也可以非常灵活地自定义函数。要调用一个函数（无论是内置函数还是自定义函数），只需知道函数的名称和参数。

  如，调用求幂的内置函数：

```
pow(2,64)
```
```
18446744073709551616
```

  如需获得函数的功能说明，可以使用函数私有方法__doc__来查看：

```
pow.__doc__
```
```
'Equivalent to x**y (with two arguments) or x**y % z (with three
arguments)\n\nSome types, such as ints, are able to use a more efficient
algorithm when\ninvoked using the three argument form.'
```

  可以使用 help 函数或者具体函数名称后直接加上"?"来查看该函数的具体语法等帮助信息：

```
help(pow)
pow?
```

  内置函数在本书前面章节以及后续章节中均有讲解，本节只讨论 python 中用户自定义函数：

- ➢ 自定义函数的代码块以 def 语句开头；
- ➢ 依次写出函数名、括号、括号中的参数（多个参数用","隔开）和"："；
- ➢ 函数的第一行语句可以选择性地使用字符串用于存放函数说明，之后用户可以使用__doc__方法进行查看；
- ➢ 在缩进块中编写程序，这些程序称为函数体；
- ➢ 函数的返回值用 return 语句返回，可以返回多个值；
- ➢ 如果到达函数末尾时没有遇到任何一条 return 语句，则返回 None。

  自定义函数的一般形式为：

```
def 函数名称(形式参数)：
    "函数_文档字符串"
    函数体
    return [表达式]
```

如，把上小节介绍过的计算 100 以内自然数之和的程序用自定义函数来实现：

```
def snn(n,beg=1):
    'Calculate the sum of natural numbers within [beg,n]'
    s=0
    for i in range(beg,n+1):
        s+=i
    return s
```

本例可以实现计算[beg,n]范围内所有自然数之和的功能。

调用自定义函数的时候需要知道函数名称及其参数：

```
snn(100)
```
```
5050
```

本例中，调用 snn 函数时只传入了一个参数，即把实际参数 100 传递给了形式参数 n。而在调用 snn 函数时并没有给 beg 形参传递值，这是因为在定义 snn 函数时，已经赋予了 beg 初始值（即 beg 为该函数的缺省参数），在没有给 beg 传递实参的时候，beg 的值就是初始值。

函数也是一个对象，可以赋值给变量对象，可以直接使用被赋值的变量调用函数：

```
f=snn
f(100)
```
```
5050
```

1.5.1　函数的参数

默认情况下，实参和形参是按函数声明中定义的顺序匹配的。调用函数时可使用的正式参数类型主要有必备参数、命名参数、缺省参数、不定参数等。

必备参数：以正确的顺序把参数传递给函数，调用时的数量必须和声明时的一样。如上小节自定义的 snn 函数中，n 是必备参数，在调用该函数时必须要对其传递值。

命名参数：用参数的命名确定传递的参数值。可以跳过不传的参数或者乱序传参，python 能够用参数名匹配参数值。如：

```
snn(beg=50,n=100)
```
```
3825
```

缺省参数：调用函数时，缺省参数的值如果没有传递，则被认为是默认值。如 snn 函数一共有 2 个参数，其 beg 就是缺省参数（用"="定义其缺省值），我们在调用 snn(100)时只传递了 1 个参数值，其缺省参数值为 1。但是要注意，在定义函数时，缺省参数必须放在非缺省参数的后面，如在定义上述的 snn 函数时，采用如下函数定义：

```
def snn(beg=1,n):
    #此处函数体省略
```
```
SyntaxError: non-default argument follows default argument
```

程序运行之后会提示参数顺序错误。

不定参数：如需一个函数能处理比声明时更多的参数，这些参数叫做不定参数。和上述参数不同，声明时不会命名。基本语法如下：

```
def 函数名([参数,] *不定参数):
    "函数_文档字符串"
    函数体
    return [表达式]
```

不定参数的函数与普通函数最大的区别在于加了"*"的参数名会以元组的形式存放所有未命名的参数，这种参数设定方法在数据分析过程中十分管用。

如编制一个能够对任意数值求和的函数：

```
def summation(*data):
    s=0
    for var in data:
        s+=var
    return s
```

该 summation 函数在定义时用了不定参数，不定参数存储在以 data 命名的元组中，可以使用 for 循环遍历元组元素。

```
summation(1,2,3)
6
```

```
summation(1,2,3,4,5)
15
```

1.5.2 全局变量与局部变量

变量在函数内部和外部可起到不同作用。定义在函数内部的变量拥有一个局部作用域，定义在函数外的拥有全局作用域。

局部变量只能在其被声明的函数内部访问。调用函数时，所有在函数内声明的变量名称都将被加入到作用域中。全局变量往往被声明在函数或其他程序块的外部，可以在整个程序范围内访问，但在函数中也可用 global 语句来声明全局变量。

```
total=0
def sum_user(para1,para2):
    total=para1+para2
    print ("Inside the function local total : ", total)
    return total
sum_user(10, 20)
print ("Outside the function global total: ", total)
Inside the function local total : 30
Outside the function global total: 0
```

本例中在 sum_user 函数内部对局部变量 total 赋予值，但其仅在函数内部作用域内发生作用。而函数执行完之后，定义在函数之外的 total 变量为全局变量，其值不会改变。

如需要将上述例子 sum_user 函数中定义的 total 变量转为全局变量，使用 global 语句如下：

```
total=0
def sum_user(para1,para2):
```

```
    global total    #使用 global 语句将 total 变量声明为全局变量
    total=para1+para2
    print ("Inside the function local total : ", total)
    return total
sum_user(10, 20)
print ("Outside the function global total: ", total)
Inside the function local total :  30
Outside the function global total:  30
```

运行结果表明，在 sum_user 函数内部，由于 global 语句的存在，将 total 变量声明为全局变量，因此在函数内部可以将其值进行改变。

还有一种情况：当有很多函数进行嵌套时，变量发挥作用的作用域可能会是其所嵌套函数的上一层，而不是全局，这时可以使用 nonlocal 语句来声明变量的作用域：

```
total=0
def sum_user(para1,para2):
    total=para1+para2
    print ("Inside the sum_user function local total : ", total)
    def inner(p1=1,p2=2):
        nonlocal total
        total=p1+p2
        print ("Inside the inner function local total : ", total)
    inner()
    return total

sum_user(10,20)
print ("Outside the all function global total: ", total)
Inside the sum_user function local total :  30
Inside the inner function local total :  3
Outside the all function global total:  0
```

1.5.3　匿名函数

匿名函数（lambda）仅由单条语句组成，该语句执行的结果就是返回值。其省略了用 def 定义函数的标准步骤，没有名称属性，故称之为匿名。匿名函数一般形式如下：

```
lambda [参数 1 [,参数 2,...,参数 n]]:表达式
```

lambda 函数能接收任何数量的参数但只能返回一个表达式的值，不能同时包含命令或多个表达式，调用函数时不占用栈内存从而增加运行效率。

```
def universal(some_list,func):
    return [func(x) for x in some_list]
```

如上定义的 universal 函数能够调用指定函数对指定的列表进行操作。如对指定列表元素求平方：

```
a=[1,2,3,4,5]
b=universal(a,lambda x:x**2)
b
[1, 4, 9, 16, 25]
```

再如对指定列表求表达式的值：

```
a=[1,2,3,4,5]
b=universal(a,lambda x:x**3-2*x**2-x)
b
[-2, -2, 6, 28, 70]
```

1.5.4 递归和闭包

函数内部可以调用其他函数。如果一个函数在内部调用自身，这个函数就是递归函数（recursive function）。递归函数定义简单，逻辑清晰，但其效率不是很高。递归函数除了调用自身这个明显的特点之外，还应该有一个明显的结束或收敛条件。

如，将前面章节介绍过的求 n 以内自然数之和用递归函数实现：

```
def addn(n):
    if n==1:
        return 1
    return n+addn(n-1)
addn(100)
5050
```

闭包（closure）是由其他函数生成并返回的函数。即调用一个函数，这个函数返回一个在这个函数中定义的函数。

函数中可以自定义函数，定义或者创建函数的函数即外部函数，被定义的函数即为内部函数。如果在一个内部函数里，对在外部作用域（但不是在全局作用域）的变量进行引用，那么内部函数就被认为是闭包。

闭包最明显的特征就是被返回的函数可以访问其创建者局部命名空间中的变量，即使其创建者已经执行完毕，闭包仍然能继续访问其创建者的局部命名空间。

```
def adderx(x):
    def addery(y):
        return x+y
    return addery

s=adderx(1)
print (s)
<function adderx.<locals>.addery at 0x110875268>
```

从输出结果可以看到，调用 adderx 函数后其返回 addery 函数，故可以直接给对象赋予参数的值：

```
s(100)
101
```

当闭包执行完后，仍然能够保持住当前的运行环境：

```
def counter(name):
    c=[0]
    def count():
        c[0]+=1
        if c[0]==1:print ('this is the','1st','access to',name)
```

```
        elif c[0]==2:print ('this is the','2nd','access to',name)
        elif c[0]==3:print ('this is the','3rd','access to',name)
        else: print ('this is the',repr(c[0])+'th access to',name)
    return count
a=counter('example');a();a();a();a()
this is the 1st access to example
this is the 2nd access to example
this is the 3rd access to example
this is the 4th access to example
a=counter('sample');a();a()          #对象 a 重新赋值后返回初始状态
this is the 1st access to sample
this is the 2nd access to sample
a=counter('example');a()
this is the 1st access to example
```

请读者自行在 python 环境中运行上述程序并理解其运行结果。

1.5.5　柯里化与反柯里化

柯里化 (currying) 是指一个函数在参数传递时返回另一个函数，该返回函数的参数就是原函数没有进行参数传递的参数，柯里化能泛化出很多函数。

如函数指定了参数 x 和 y，返回值为 x**y，参数值分别传递为 2 和 3，则返回 2 的 3 次方，即 8；如果只传递参数 x 的值为 2，y 没进行参数传递，该函数就返回这么一个函数：2 的 y 次方，这个函数只有一个参数 y，该参数即为"柯里化的"。

```
def power(x,y):
    return x**y

print (power(2,3))
```
8

将 power 函数参数 y 柯里化：

```
powerof2=lambda y:power(2,y)
```

现在 powerof2 就是 power 函数柯里化泛化出来的一个函数，能够实现运算 2 的幂的功能：

```
powerof2(5)
```
32

Python 内置 functools 模块的 partial 函数也可实现柯里化并将上述过程简化：

```
from functools import partial
powerof_2=partial(power,2)
powerof_2(5)
```
32

反柯里化（uncurrying）是柯里化的逆过程，将多个只含单个参数的函数模拟成一个多参数函数。

```
def power(x):
    def p(y):
```

```
        return x**y
    return p
power(2)(5)
32
```

上述反柯里化的例子实际上闭包的一个应用。

1.5.6 常用的内置高阶函数

Python 内置函数非常多，本书无法也没有必要将其一一列示。但在 python 常用的数据处理过程中，有几个内置函数可以遍历序列并对之进行处理（即对序列中的每一个元素进行处理），这几个函数都可以接受函数作为参数并返回结果。能够接受函数作为参数的函数成为高阶函数。本小节将要介绍的高阶函数在一定程度上可以提高数据分析的效率。

1.5.6.1 filter 函数

filter(布尔函数,序列) 函数的功能相当于过滤器。调用一个布尔函数来遍历序列中的每个元素，返回一个元素使布尔函数值为 true 的迭代器。如：

```
list(filter(lambda x:x%2==0,range(20)))
[0, 2, 4, 6, 8, 10, 12, 14, 16, 18]
```

上述程序运行之后，可以得到一个 range(20) 范围内的偶数列表。

如利用 filter 函数显示某个对象的非私有成员：

```
list(filter(lambda x:x[0]!='_',dir(list)))
['append','clear','copy','count','extend','index','insert','pop','remove','reverse','sort']
```

1.5.6.2 map 函数

map(func 函数,序列 1[,序列 2,…]) 函数将指定函数作用于给定序列的每个元素，并返回迭代器，如：

```
list(map(lambda x:x%2,range(20)))        #返回 20 以内整数除以 2 的余数
[0, 1, 0, 1, 0, 1, 0, 1, 0, 1, 0, 1, 0, 1, 0, 1, 0, 1, 0, 1]
list(map(lambda x:x*2,[1,2,3,4,[5,6,7]]))
[2, 4, 6, 8, [5, 6, 7, 5, 6, 7]]
```

要注意不同长度的多个序列无法执行 map 函数，否则会出现类型错误。当有多个序列时，map 函数可以依次地对每个序列的同一位置的元素在执行 func 函数之后，得到一个返回值，这些返回值放在一个结果列表中。如：

```
list(map(lambda x,y:x*y,[1,2,3],[4,5,6]))
[4, 10, 18]
list(map(lambda x,y:(x*y,x+y),[1,2,3],[4,5,6]))
[(4, 5), (10, 7), (18, 9)]
```

1.5.6.3 reduce 函数

reduce 函数在 python3 中被放入 functools 包中，需用如下语句对其进行调用：

```
from functools import reduce
```

　　reduce(func 函数,序列[,初始值]) 函数中，作为参数的 func 函数为二元函数，将 func 函数作用于序列的元素，连续将现有结果和下一个元素作用在随后的结果上，最后将简化简序列为一个单一返回值：

```
reduce(lambda x,y:x+y,[1,2,3,4])
10
```

　　本行语句执行的机理是：首先根据 x+y 的函数关系式，将第 1 个元素和第 2 个元素相加即 1+2=3，保持 3 这个结果，将函数作用于第 3 个元素 3，即 3+3=6，然后保持结果 6，将函数作用于第 4 个元素 4，即得到最终结果 6+4=10。类似的，还有：

```
reduce(lambda x,y:x+y,[1,2,3,4],10)
20
reduce(lambda x,y:x*y,range(1,6))
120
```

　　如用一行代码实现之前自定义 snn 函数计算 100 以内自然数之和的功能：

```
reduce(lambda x,y:x+y,range(101))
5050
```

　　除此之外 python 中还有大量的内置函数，可以使用如下语句进行查看：

```
dir(__builtins__)
[……,'abs','all','any','ascii','bin','bool','bytearray','bytes','c
allable','chr','classmethod','compile','complex','copyright','cre
dits','delattr','dict','dir','display','divmod','enumerate','eval
','exec','filter','float','format','frozenset','get_ipython','get
attr','globals','hasattr','hash','help','hex','id','input','int',
'isinstance','issubclass','iter','len','license','list','locals',
'map','max','memoryview','min','next','object','oct','open','ord'
,'pow','print','property','range','repr','reversed','round','set'
,'setattr','slice','sorted','staticmethod','str','sum','super','t
uple','type','vars','zip']
```

　　请读者自行使用 help 或者？查看对应函数的帮助文档。

1.6　迭代器、生成器和装饰器

1.6.1　迭代器

　　迭代器（iterator）能够通过一种使对象可迭代的方式对序列从第一个元素开始访问，直到所有的元素被访问为止。迭代器也可由 iter 方法创建，是 python 的一个重要语言特性，迭代器对序列的访问只能往前不会后退。

```
it={'a':101,'b':202,'c':303}
for keys in it:
    print (keys, end=' ')
a b c
```

上述 for 循环语句执行时，首先会从对象 it 中创建一个迭代器，即：

```
it_it=iter(it)
it_it
<dict_keyiterator at 0x1108ae0e8>
list(it_it)
['a', 'b', 'c']
```

迭代器是一种可以记住遍历位置的特殊对象，可在诸如 for 循环之类的语句中向 python 解释器输送对象。min、max、sum 等内置方法以及 list、tuple 等能接受列表对象的方法也大都可以接受任何可迭代对象。

迭代器无需事先准备好整个迭代过程中的所有元素，仅在迭代到某个元素时才计算该元素，而在这之前或之后，元素可以不存在或者被清除。所以迭代器特别适合用于遍历一些巨大的或是无限集合。

迭代器有两个基本的方法：

➢ **next()**：返回迭代器的下一个元素；

➢ **iter()**：返回迭代器对象本身。

```
next(it_it)
'a'
next(it_it)
'b'
next(it_it)
'c'
next(it_it)        #迭代过程完成后继续使用next方法会给出停止迭代的提示信息
--------------------------------------------------------------------------
StopIteration                         Traceback (most recent call last)
<ipython-input-543-228b0a6a9d1b> in <module>()
----> 1 it_it.__next__()

StopIteration:
iter(it_it)
<dict_keyiterator at 0x1108ae0e8>
```

1.6.2 生成器

生成器（generator）是构造新的可迭代对象的一种简单方式。一般的函数执行之后只会返回单个值，而生成器则是以延迟的方式返回一个值序列：即每返回一个值之后暂停，直到下一个值被请求时再继续返回。

要创建一个生成器，只需将函数中的 return 替换为 yield，即带有 yield 的函数在 python 中被称之为生成器，如：

```
def cube(n=10):
    print ('Generating cubes from 1 to %d' % (n**3))
    for i in range(1,n+1):
        yield i**3
```

调用上述生成器时，没有任何代码会被立即执行：

```
gen=cube()
gen
```
```
<generator object cube at 0x110032eb8>
```

直到从该生成器中请求元素时，它才会开始执行其代码：

```
for x in gen:
    print (x, end=' ')
```
```
Generating cubes from 1 to 1000
1 8 27 64 125 216 343 512 729 1000
```

如，使用生成器生成 n 以内的所有素数：

```
from math import sqrt
def primenumber(n):
    for i in range(2,n+1):
        k=0;j=2.
        while j<=sqrt(i):
            if i/j==int(i/j):
                k=1
                break
            j+=1
        if k==0:
            yield i

for i in primenumber(10):
    print (i, end=' ')
```
```
2 3 5 7
```
```
pn10=primenumber(10)
next(pn10)
```
```
2
```
```
next(pn10)
```
```
3
```
```
next(pn10)
```
```
5
```

生成器表达式是构造生成器的最简单方式，类似列表、字典、集合推导式。其创建方式为：把列表推导式两端的方括号修改为圆括号即可：

```
gen=(x**3 for x in range(100))
gen
```
```
<generator object <genexpr> at 0x110669f68>
```

生成器表达式可用于任何接受生成器的 python 函数：

```
next(gen),next(gen),next(gen),next(gen)
```
```
(0, 1, 8, 27)
```
```
sum(gen)      #注意：此处参加求和的元素不包括上面已经生成过的 0，1，8，27
```
```
24502464
```
```
sum(gen)
```
```
0
```

Python 标准库 itertools 模块中有一组用于许多常见数据算法的迭代器和生成器，如 starmap、islice、groupby 等：

```
import itertools

ysm=itertools.starmap(pow,[(1,2),(3,4),(5,6)])      #将 pow 函数应用于每个元组
for i in ysm:
    print(i,end=' ')
```
```
1 81 15625
```
```
list(itertools.islice(['China','Japan','UK','USA','Italy',
                       'Germany','Korea'],2,5,1))
#可以使用 islice(迭代对象,终止位置)或 islice(迭代对象,起始位置,终止位置[,步长])方式对迭
代器进行切片
```
```
['UK', 'USA', 'Italy']
```
itertools 中的其他函数请读者自行查看帮助文档。

1.6.3　装饰器

装饰器（decorator）可以在函数调用前后，让已有函数在不做任何改动情况下增加特定功能。这种在代码运行期间动态增加功能的方式即装饰器。

装饰器本质上是一个返回函数的高阶函数（即可接受另一个函数作为参数的函数）。如定义一个可以计算函数执行时间的装饰器：

```
import time

def timecal(func):
    def wrapper(*args,**kw):
        start=time.time()
        func(*args,**kw)
        stop=time.time()
        print ('run time is %s ' %(stop-start))
    return wrapper
```
timecal 是一个装饰器，它接受一个函数作为参数，并返回一个函数。可以用@语法糖将其放置于欲想在运行期间动态增加功能的函数的定义处。如重新定义第 1.5 小节定义过的 snn 函数，并且在调用 snn 函数时实现显示该函数执行时间的功能：

```
@timecal
def snn(n,beg=1):
    'Calculate the sum of natural numbers within [beg,n]'
    s=0
    for i in range(beg,n+1):
        s+=i
    print ('Sum of natural numbers within [%s,%s] is %s' %(beg,n,s))
```
在调用 snn 函数时，由于装饰器的存在，会自动显示出 snn 函数执行的时间（秒），如：

```
snn(100)
```

```
Sum of natural numbers within [1,100] is 5050
run time is 8.296966552734375e-05
```

把@timecal 放置于 snn 函数的定义处，相当于执行如下语句：

```
timecal(snn(100))
```

```
Sum of natural numbers within [1,100] is 5050
run time is 7.414817810058594e-05
Out[81]: <function __main__.timecal.<locals>.wrapper>
```

timecal 装饰器把要执行的函数 snn 封装在其中，返回加入代码的新函数，就像是snn 函数被装饰了一样。timecal 装饰器中的 wrapper 函数的参数定义是(*args,**kw)，可以接受任意参数的调用。在 wrapper 函数内，首先获取执行作为参数 func 函数之前的时间，然后执行 func 所代表函数的功能，然后再获取执行完毕的时间，最后输出时间差即 func 函数执行时间。

装饰器本身也可以是带参数的，这为装饰器提供了更大的灵活性，只需要编写一个返回装饰器本身的高阶函数即可：

```
def timecal(prompt):
    def decorator(func):
        def wrapper(*args,**kw):
            start=time.time()
            func(*args,**kw)
            stop=time.time()
            print ('%s run time is %s ' %(prompt,(stop-start)))
        return wrapper
    return decorator
```

在定义被装饰的函数时，可在@语法糖中加入需要传递的参数：

```
@timecal('Notice:')
def snn(n,beg=1):
    'Calculate the sum of natural numbers within [beg,n]'
    s=0
    for i in range(beg,n+1):
        s+=i
    print ('Sum of natural numbers within [%s,%s] is %s' %(beg,n,s))
```

再次调用 snn 函数可得到如下结果：

```
snn(100)
```

```
Sum of natural numbers within [1,100] is 5050
Notice: run time is 4.506111145019531e-05
```

上述过程相当于执行如下语句：

```
timecal('Notice')(snn(100))
```

```
Sum of natural numbers within [1,100] is 5050
Notice: run time is 8.96453857421875e-05
Out[89]: <function __main__.timecal.<locals>.decorator.<locals>.wrapper>
```

装饰器虽然不会改变所装饰函数的功能，但会改变所装饰函数的__name__属性等元信息，如：

```
snn.__name__
```

```
'wrapper'
```

由如上结果可以看出，函数 snn 经过装饰之后，其名称在系统中已经不叫 snn，而被修改为 wrapper 了。

Python 内置的 functools.wraps 模块可以解决该问题。functools.wraps 本身也是一个装饰器，它将原函数的元信息拷贝到装饰器环境中，从而不会被所替换的新函数覆盖掉：

```
import functools

def timecal(prompt):
    def decorator(func):
        @functools.wraps(func)
        def wrapper(*args,**kw):
            start=time.time()
            func(*args,**kw)
            stop=time.time()
            print ('%s run time is %s ' %(prompt,(stop-start)))
        return wrapper
    return decorator
```

重新使用装饰器来装饰所定义的 snn 函数（略），查看 snn 函数的属性：

```
snn.__name__
```
```
'snn'
```

由于装饰器所具备的特性，其适用于权限校验、日志记录、性能测试等场合，也提高了代码复用的便利性。

第 2 章
Python 编程进阶

第 1 章介绍了利用 python 进行数据分析的数据结构、语句与控制流等基本内容和函数式编程技术，它们是日常数据分析工作中最基础的内容。Python 在可进行函数式编程的同时，也是面向对象编程的主要应用工具。本章着重介绍面向对象的编程基础，并针对数据分析流程中易产生错误或者异常的情况进行处理，以及利用模块或包以及文件 I/O 等来拓展 python 的功能。同时针对数据分析过程中对计算能力的需求状况，还将介绍如何利用 python 进行多核并行计算以提高程序运行效率的内容。

2.1　类

类（class）可以理解为描述一类对象的属性和行为的模板。前面章节已经介绍过有关对象的概念，对象就是实实在在的事物。如，张三、李四、王老五等是实际存在的实体，他们都属于人类，而人类是一个抽象概念，现实生活中并没有人类这一实体的存在，它是一个抽象概念。但是人类具备如性别、年龄、血型等属性，也可通过不同行为或手段即方法来实现一定的目标并解决一定问题。张三、李四、王老五等就是根据他们所属的人类模板创造出来的实实在在的实例（instance），同样具备人类所具有的属性和方法（即类的成员），他们各自还会有属于自己才有的私有属性或私有方法（如张三会唱歌，李四不会唱歌但是会跳舞，而王老五啥都不会但就是有钱等）。

类在 python 中通过 class 语句将属性和方法进行封装，以便复用。

2.1.1　声明类

类通过 class 来声明（即定义类，python 中声明和定义类是同时进行的），类的名称一般都用首字母大写的方式来表示，如：

```python
class Human(object):
    """
    Python3 采用新式类，新式类声明要求继承 object。有关继承的内容详见第 2.1.4 小节
    """
    phylum='Chordata'
    order='Primates'
    family='Human Being'
```

本段程序定义了一个名为 Human 的类，该类一共有 3 个属性，其名称分别为：phylum（门）、order（目）和 family（科），3 个属性的值分别为：'Chordata'（脊索动物门）、'Primates'（灵长目）和'Human Being'（人科）。

那么如何使用声明过的类呢？在使用类的时候，需要把这个类实例化，为这个类创建新的实例：

```
ZhangSan=Human()        #注意：不要遗漏"()"
```

这样就可得到 Human 类的一个实例，名为 ZhangSan。可以通过"实例名.属性名"的方式获取该实例的属性值：

```
ZhangSan.phylum
```
```
'Chordata'
```

程序运行结果会将实例 ZhangSan 的 phylum 属性值显示出来。

实例的属性值是可以修改的：

```
ZhangSan.family='Mankind'
ZhangSan.family
```
```
'Mankind'
```

但是要注意，以上方法修改的只是实例 ZhangSan 的属性值，对于别的用 Human 类创建的实例是不会有修改效果的：

```
LiSi=Human()
LiSi.family
```
```
'Human Being'
```

类中定义的类属性也是可以通过上述方式进行修改的：

```
Human.family='Homo'
print ('ZhangSan.family: %s' %ZhangSan.family)
print ('LiSi.family: %s' %LiSi.family)
WangWu=Human()
print ('WangWu.family: %s' %WangWu.family)
```
```
ZhangSan.family: Mankind
LiSi.family: Homo
WangWu.family: Homo
```

上述结果中实例 ZhangSan 的 family 属性值没有被修改的类属性值所替换，原因是我们已经在此之前直接将该实例的属性值进行重新定义，它不会受到在此之后类属性值变化的影响；而实例 LiSi 的属性值我们没有去重新定义它，所以继承了 Human 类的所有属性，当 Human 类的类属性发生了变化，其相应的属性值也会发生变化。

实例的属性还可以直接添加：

```
ZhangSan.kingdom='Animalia'
#为实例 ZhangSan 增加 kingdom（界别）属性，其属性值为'Animalia'（动物界）
ZhangSan.kingdom
```
```
'Animalia'
```

类的属性成员也可以直接添加：

```
Human.kingdom='Animalia'
LiSi.kingdom
```
```
'Animalia'
```

有关属性的详细介绍见第 2.1.3 小节。

2.1.2　方法

在所声明的类中使用 def 进行函数定义，就可以为该类添加方法（method）。类方法大致有如下三种。

2.1.2.1　实例方法

实例方法是类最为常用的方法，往往被简称为方法。实例方法第 1 个参数必须是"self"，表示类实例本身，且只能通过类实例进行调用。如重新声明 Human 类：

```
class Human(object):
    kingdom='Animalia'
    phylum='Chordata'
    order='Primates'
    family='Human Being'
    def typewrite(self):
        print ('This is %s typing words!' %self.family)
    def add(self,n1,n2):
        n=n1+n2
        print (str(n1)+'+'+str(n2)+'='+str(n))
        print ('You see! %s can calculate!' %self.family)
```

重新声明的 Human 类除了具有前面介绍过的属性之外，还具有名称分别为 typewrite 和 add 的两个方法。

实例方法实际上就是在类中定义的函数。如前所述，任何实例方法都至少包含一个参数，即 self。self 的参数值就是用来调用该函数（即方法）的对象。

如，使用重新声明过的 Human 类重新创建实例 ZhangSan，并对 ZhangSan 调用实例方法：

```
ZhangSan=Human()
ZhangSan.typewrite()
ZhangSan.add(1,1)
```
```
This is Human Being typing words!
1+1=2
You see! Human Being can calculate!
```

当创建类的实例时，python 会检查是否定义了一个名为"__init__"的函数，如已定义则会自动调用并运行它。如重新声明 Human 类，并为其增加 __init__ 方法：

```
class Human(object):
    domain='eukarya'      #设定 domain 的属性值为真核生物域
    def __init__(self,kingdom='Animalia',phylum='Chordata',
                order='Primates',family='Human Being'):
        self.kingdom=kingdom
```

```
        self.phylum=phylum
        self.order=order
        self.family=family
    def typewrite(self):
        print ('This is %s typing words!' %self.family)
    def add(self,n1,n2):
        n=n1+n2
        print (str(n1)+'+'+str(n2)+'='+str(n))
        print ('You see! %s can calculate!' %self.family)
```

　　__init()__ 方法的方便在之处在于创建类的实例时，可以向这个实例传递参数值。如重新创建 Human 类的实例 ZhangSan 和 LiSi：

```
ZhangSan=Human()
LiSi=Human(kingdom='Animal',family='Homo')
print (LiSi.kingdom)
print (LiSi.family)
print (ZhangSan.kingdom)
```
```
Animal
Homo
Animalia
```

　　__init__ 是 python 的构造器方法。除了本章介绍到的这些方法之外，还有 __new__ 构造器方法、__del__ 解构器方法等，请读者自行查阅相关文档。

　　__init__ 同时也是类中特殊方法，这些特殊的方法往往可以在某种操作发生时被调用，以实现某些特定功能。这类方法非常多，除了 __init__ 之外，本小节只列示一些较为常用的特殊方法，如 __str__ （在对象使用 print 语句或是使用 str 函数时调用）、__getattribute__ （在每次引用属性或者方法名称时调用）等。

　　以 2 个下划线 "__" 为前缀的方法，是私有方法，从类的外部无法对其调用。这一特性跟私有属性类似，详见第 2.1.3 小节的内容。

2.1.2.2　类方法

　　类方法的第 1 个参数是 "cls"，表示类本身。定义类方法时使用 "@classmethod" 装饰器。类方法可以通过类名或类实例名来调用。

　　如，重新声明 Human 类：

```
class Human(object):
    domain='eukarya'
    def __init__(self,kingdom='Animalia',phylum='Chordata',
                 order='Primates',family='Human Being'):
        self.kingdom=kingdom
        self.phylum=phylum
        self.order=order
        self.family=family
    def typewrite(self):
        print ('This is %s typing words!' %self.family)
    def add(self,n1,n2):
```

```
        n=n1+n2
        print (str(n1)+'+'+str(n2)+'='+str(n))
        print ('You see! %s can calculate!' %self.family)
    @classmethod
    def showclassmethodinfo(cls):
        print (cls.__name__)      #__name__属性，其值为类名
        print (dir(cls))          #使用 dir 列示本类的所有方法
```

本段程序使用@classmethod 装饰器定了一个类方法 showclassmethodinfo。重新创建类实例 ZhangSan：

```
ZhangSan=Human()
print (ZhangSan.showclassmethodinfo())
print (Human.showclassmethodinfo())
Human
['__class__','__delattr__','__dict__','__dir__','__doc__','__eq__','__format
__','__ge__','__getattribute__','__gt__','__hash__','__init__','__init_subcl
ass__','__le__','__lt__','__module__','__ne__','__new__','__reduce__','__red
uce_ex__','__repr__','__setattr__','__sizeof__','__str__','__subclasshook__'
,'__weakref__','add','domain','showclassmethodinfo','typewrite']
None
Human
['__class__','__delattr__','__dict__','__dir__','__doc__','__eq__','__format
__','__ge__','__getattribute__','__gt__','__hash__','__init__','__init_subcl
ass__','__le__','__lt__','__module__','__ne__','__new__','__reduce__','__red
uce_ex__','__repr__','__setattr__','__sizeof__','__str__','__subclasshook__'
,'__weakref__','add','domain','showclassmethodinfo','typewrite']
None
```

从运行结果可以看到，通过实例名 ZhangSan 调用类方法 showclassmethodinfo 与通过类名 Human 调用该类方法得到的结果是一致的。

2.1.2.3　静态方法

静态方法既不需要实例参数，也不需要类参数。定义静态方法时使用"@staticmethod"装饰器。同类方法一样，静态方法也可以通过类名或类实例名来调用。

如，重新声明 Human 类：

```
class Human(object):
    domain='eukarya'
    def __init__(self,kingdom='Animalia',phylum='Chordata',
                order='Primates',family='Human Being'):
        self.kingdom=kingdom
        self.phylum=phylum
        self.order=order
        self.family=family
    def typewrite(self):
        print ('This is %s typing words!' %self.family)
    def add(self,n1,n2):
        n=n1+n2
```

```
        print (str(n1)+'+'+str(n2)+'='+str(n))
        print ('You see! %s can calculate!' %self.family)
    @classmethod
    def showclassmethodinfo(cls):
        print (cls.__name__)
        print (dir(cls))
    @staticmethod
    def showclassattributeinfo():
        print (Human.__dict__)   #__dict__属性返回一个键为属性名、值为属性值的字典
```

本段程序使用@staticmethod 装饰器定了一个静态方法 showclassinfo，其没有任何参数，重新创建类实例 ZhangSan：

```
ZhangSan=Human()
print (ZhangSan.showclassattributeinfo())
print (Human.showclassattributeinfo())
{'__module__':'__main__','domain':'eukarya','__init__':<function  Human.__init__  at
0x111a0e840>,'typewrite':<function  Human.typewrite  at  0x111a0e7b8>,'add':<function
Human.add at 0x111a0ec80>,'showclassmethodinfo':<classmethod object at 0x111a28da0>,
'showclassattributeinfo': <staticmethod object at 0x111a28ac8>,'__dict__':<attribute
'__dict__' of 'Human' objects>,'__weakref__':<attribute '__weakref__' of 'Human'
objects>,'__doc__':None}
None
{'__module__': ……}
None
```

为节约篇幅，上述输出结果中本书省略了部分内容，因为上段程序中两个 print 语句输出的结果是一模一样。

在上述输出结果中有很多带有双下划线前后缀的属性，这些是自带的特殊的类属性。在实际应用中还可以见到很多这样的特殊类属性，其名称及对应属性值常用的主要有：

>   **__doc__**：类的文档字符串，即声明类时紧跟 class 语句后 """""" 之间的字符

>   **__dict__**：类的属性

>   **__module__**：类被声明时其所在的模块

>   **__class__**：实例对应的类

如：

```
ZhangSan.__class__
__main__.Human
ZhangSan.__dict__
{'family': 'Human Being',
 'kingdom': 'Animalia',
 'order': 'Primates',
 'phylum': 'Chordata'}
```

2.1.3 属性

属性（attribute）相当于专属于类的变量，属性可以通过"类名或类实例名.属性名"的方式来调用。如人类具有性别属性，可由"人类.性别"访问到其具体属性值。

2.1.3.1　实例属性和类属性

从前面的例子中其实我们已经看到属性可以分为实例属性和类属性。实例属性一般是在 __init()__ 中以 self 为前缀定义的；而类属性是指在类中所有方法之外定义的成员。如第 2.1.2 小节中最后声明的 Human 类中，kingdom、phylum、order 和 family 都属于实例属性，而 domain 属于类属性。在第 2.1.1 小节中已经介绍过，属性都可以进行添加，其值都可以进行修改。

实例属性属于实例，只能通过实例名进行访问；而类属性属于类，可以通过类名或实例对象名进行访问，如：

```
print (Human.domain)
print (ZhangSan.domain)
eukarya
eukarya
Human.kingdom
---------------------------------------------------------------------------
AttributeError                         Traceback (most recent call last)
<ipython-input-58-08dae49426ee> in <module>()
----> 1 Human.kingdom
AttributeError: type object 'Human' has no attribute 'kingdom'
```

本例中由于 domain 属性是类属性，所以通过类名和实例名都可以访问得到；而kingdom 属性是实例属性，只能通过实例名访问，当使用类名对其访问时，系统会提示错误。

2.1.3.2　私有属性和公有属性

在声明类的过程中定义属性时，带有"__"（两个下划线）前缀的属性称为私有属性，除此之外的其他属性称为公有属性。私有属性只能在类的内部进行调用，无法在类的外部直接访问（其实，也可通过"实例名._类名__私有属性名"的方式访问）。

如将类 Human 重新声明如下：

```
class Human(object):
    domain='eukarya'
    def __init__(self,kingdom='Animalia',phylum='Chordata',
                order='Primates',family='Human Being'):
        self.kingdom=kingdom
        self.phylum=phylum
        self.__order=order      #将该属性设置为私有属性
        self.family=family
    def typewrite(self):
        print ('This is %s typing words!' %self.family)
    def add(self,n1,n2):
        n=n1+n2
        print (str(n1)+'+'+str(n2)+'='+str(n))
        print ('You see! %s can calculate!' %self.family)
    @classmethod
```

```
    def showclassmethodinfo(cls):
        print (cls.__name__)
        print (dir(cls))
    @staticmethod
    def showclassattributeinfo():
        print (Human.__dict__)
```

然后重新创建实例 ZhangSan 并访问其属性：

```
ZhangSan=Human()
ZhangSan.family
'Human Being'
ZhangSan.order    #与 ZhangSan.__order 得到的结果相同
----------------------------------------------------------------------
AttributeError                       Traceback (most recent call last)
<ipython-input-62-0091ab851734> in <module>()
----> 1 ZhangSan.order
AttributeError: 'Human' object has no attribute 'order'
```

由上面程序运行的结果可以看到，公有属性的访问是没有问题的。但访问私有属性时系统会提示错误。如果实在是要想访问私有属性，可以通过"实例名.__类名__私有属性名"的方式来实现：

```
ZhangSan._Human__order
' Primates '
```

有些时候，也会有一个下划线开头的属性名，通常使用@property 特性时会用到（见第 2.1.5 小节），如：ZhangSan._name 等，这不代表不能直接访问属性，其属性在外部是可以正常访问，只不过是提醒用户该属性可看做是私有属性，不要随意访问。如果真的访问了也不会出错，但不符合规范。

2.1.4 继承

继承（inheritance）是面向对象程序设计的重要特性之一，为代码复用提供了极大地便利性。当声明一个新的类时，如果可以继承一个已经声明过的类，就自动拥有了已有类的所有功能，只需要编写新功能即可，这会极大的提高编程和数据分析的效率。

在继承机制中，将已有的或已经声明过的类称之为"父类"、"基类"或"超类"，在父类基础上创建的新类称之为"子类"。如，在"人类"基础上可以创建子类"男人"和"女人"，这两个子类可以完全继承"人类"的属性和方法。但是要注意，子类可继承父类的全部公有成员，但是不能继承其私有成员。

2.1.4.1 隐式继承

隐式继承是指子类从他的父类中完全继承了所有的成员，用户无需任何多余操作，就可以使得子类具备父类的功能。如，声明一个类 Male，其继承于父类 Human：

```
class Male(Human):
    pass
```

如上声明的类 Male 是类 Human 的继承，本书没有为其添加任何成员。现将 Male 实例化，构建实例 someoneismale：

```
someoneismale=Male()
someoneismale.family
```
```
'Human Being'
```

隐式继承中，父类私有成员是不能继承的，如：

```
someoneismale.__order
```
```
----------------------------------------------------------------------
AttributeError                         Traceback (most recent call last)
<ipython-input-83-1a04028f96be> in <module>()
----> 1 someoneismale.__order
AttributeError: 'Male' object has no attribute '__order'
```

可以用 dir 查看 someismale 的成员：

```
print (dir(someoneismale))
```
```
['_Human__order','__class__','__delattr__','__dict__','__dir__','__doc__',
'__eq__','__format__','__ge__','__getattribute__','__gt__','__hash__',
'__init__','__init_subclass__','__le__','__lt__','__module__','__ne__',
'__new__','__reduce__','__reduce_ex__','__repr__','__setattr__','__sizeof__'
,'__str__','__subclasshook__','__weakref__','add','domain','family','kingdom
','phylum','showclassattributeinfo','showclassmethodinfo','typewrite']
```

通过类 Male 的一个实例 someoneismale 可以看到，类 Male 直接继承了类 Human 的所有公有方法和属性。

如果在子类中使用 __init__ 来构造实例属性时，一定要用 super 函数去初始化父类，否则子类的实例属性中只会有自己使用 __init__ 定义的属性，不会有父类的实例属性。如：

```
class Male(Human):
    def __init__(self,gender='male'):
        self.gender=gender

someoneismale=Male()
someoneismale.kingdom
```
```
----------------------------------------------------------------------
AttributeError                         Traceback (most recent call last)
……
----> 6 someoneismale.kingdom
AttributeError: 'Male' object has no attribute 'kingdom'
```

kingdom 是类 Human 的实例属性，但是在类 Male 继承 Human 的过程中，在构造实例属性时只构造了 gender 属性，所以实例 someoneismale 只含有 gender 属性。子类如想在继承父类成员基础上添加属性成员，应当将 super 函数配合 __init__ 使用：

```
class Male(Human):
    def __init__(self,gender='male'):
        super(Male,self).__init__()    #super 函数的第一个参数是父类的名字
        self.gender=gender
```

```
someoneismale=Male()
someoneismale.kingdom
'Animalia'
```

2.1.4.2 显式覆盖

子类继承了父类的方法，在声明子类时可以直接使用 def 定义函数为子类增加新的方法，这时子类除了具有父类的方法之外，还具有自己定义的方法。但是有些时候，子类的方法名称跟父类名称相同，但是其实现的功能不同，这种情况也可称之为显示覆盖。

如重新声明子类 Male：

```
class Male(Human):
    def __init__(self,gender='male'):
        super(Male,self).__init__()
        self.gender=gender
    def less(self,n1,n2):
        '''为子类增加一个名为 less 的方法'''
        n=n1-n2
        print (str(n1)+'-'+str(n2)+'='+str(n))
        print ('You see! %s can calculate!' %self.gender)
    def add(self,n1,n2):
        '''在子类中重新定义 add 方法'''
        n=n1-n2
        print (str(n1)+'-'+str(n2)+'='+str(n))
        print ('You see! %s can NOT use addition!' %self.gender)
```

重新创建类 Male 的实例 someoneismale 并调用实例方法：

```
someoneismale=Male()
someoneismale.add(1,1)
```

```
1-1=0
You see! male can NOT use addition!
```

从结果中可以看到，在调用 someoneismale 对象的 add 方法时执行的是在子类中重新定义的功能，来自父类的 add 方法被完全覆盖了。

2.1.4.3 super 继承

super 继承即在子类中运用 super 函数可以达到调用与子类成员名称相同的父类成员的目的。在第 2.1.4.1 小节中本书已经展示过如何使用 super 函数在子类中继承父类所定义的实例属性。但是要注意，super 只能应用于新式类中（即从 object 继承的类，亦即使用 class　类名(object) 方式声明的类）。

如重新声明子类 Male 并在子类中使用 super 继承的方法调用父类同名方法：

```
class Male(Human):
    def __init__(self,gender='male'):
        super(Male,self).__init__()
        self.gender=gender
    def less(self,n1,n2):
```

```
        n=n1-n2
        print (str(n1)+'-'+str(n2)+'='+str(n))
        print ('You see! %s can calculate!' %self.gender)
    def add(self,n1,n2):
        n=n1-n2
        print (str(n1)+'-'+str(n2)+'='+str(n))
        print ('You see! %s can NOT use addition!' %self.gender)
    def showclassmethodinfo(self):
        print ("This is Male's class method info:")
        super(Male,self).showclassmethodinfo()
        print ("\nThis is Male's instance method info:")
        print (dir(self))
```

重新构造子类 Male 的实例对象 someoneismale 并调用指定成员：

```
someoneismale=Male()
someoneismale.showclassmethodinfo()
This is Male's class method info:
Male
['__class__','__delattr__','__dict__','__dir__','__doc__','__eq__','__format
__','__ge__','__getattribute__','__gt__','__hash__','__init__','__init_subcl
ass__','__le__','__lt__','__module__','__ne__','__new__','__reduce__','__red
uce_ex__','__repr__','__setattr__','__sizeof__','__str__','__subclasshook__',
'__weakref__','add','domain','less','showclassattributeinfo','showclassmetho
dinfo','typewrite']
This is Male's instance method info:
['_Human__order','__class__','__delattr__','__dict__','__dir__','__doc__','_
_eq__','__format__','__ge__','__getattribute__','__gt__','__hash__','__init_
_','__init_subclass__','__le__','__lt__','__module__','__ne__','__new__','__
reduce__','__reduce_ex__','__repr__','__setattr__','__sizeof__','__str__','_
_subclasshook__','__weakref__','add','domain','family','gender','kingdom','l
ess','phylum','showclassattributeinfo','showclassmethodinfo','typewrite']
```

上段程序在声明子类 Male 的过程中重新定义了名为 showclassmethodinfo 的方法，并且在该方法中使用 super 函数调用了父类的同名类方法，其中 super(子类名,self) 的作用为返回父类名。

2.1.4.4　多态

多态（polymorphism）是继承的一个重要特性，同时也是 python 动态语言特性的体现之一。要理解好多态，应当要首先知道 python 中声明的类其实就是一个数据类型，所有继承于父类的子类实例都跟父类是同一个数据类型，如我们定义的类 Male，其继承于父类 Human，其实例与 Human 是同一个类型。判断一个实例对象是否是某种类型，可以用 isinstance 函数判断，如：

```
print (isinstance(someoneismale,Male))
print (isinstance(someoneismale,Human))
True
True
```

但是这种关系反过来就无法成立，父类的实例与子类不是同一个类型，如：

```
WangWu=Human()
print (isinstance(WangWu,Male))
False
```

这样的话，继承于父类的子类可以有很多，不同的子类又可以有很多实例，如声明一个新的类 someoneisfemale，其同样继承于父类 Human：

```
class Female(Human):
    def __init__(self,gender='female'):
        super(Female,self).__init__()
        self.gender=gender
    def add(self,n1,n2):
        n=n1-n2
        print (str(n1)+'-'+str(n2)+'='+str(n))
        print ('You see! %s can NOT use addition!' %self.gender)
    def div(self,n1,n2):
        n=n1/n2
        print (str(n1)+'/'+str(n2)+'='+str(n))
        print ('You see! %s can use division!' %self.gender)
```

构造 Female 的实例 someoneisfemale，并判断其类型：

```
someoneisfemale=Female()
print (isinstance(someoneisfemale,Female))
print (isinstance(someoneisfemale,Human))
print (isinstance(someoneisfemale,Male))
True
True
False
```

由输出结果可以看出来，子类的实例与父类是同类，但与其他继承于同一个父类的子类是不同类的。

这就好比兄弟姐妹都继承了父亲的遗传基因，子辈之间个性却不完全相同。但是，父亲可以教自己的后代相同的技能，使得后代继承了其方法，如吃、喝、拉、撒等生存方法，这些方法的名称是相同的，但是具体到不同的儿子或女儿实施这种方法时，其实施方式以及产生的结果可能不同。当我们对这一家子调用"吃"这种方法时，父亲、儿子、女儿等不同的对象的"吃"法和"吃"的执行结果都可能不一样，但是我们只需要调用"吃"这种方法，只要大家都有"吃"的功能，就能实现各自"吃"的结果，就不需要考虑对象类型等细节问题。而且，如果依赖父类新增任意的子类（如父亲又生了多个小孩），仍然可以正常调用，这就是多态的作用。

有如下函数可以调用对象的 add 方法：

```
def addition(obj,n1,n2):
    obj.add(n1,n2)
```

本书之前创建了 someoneismale、someoneisfemale、WangWu 等实例对象，其所来自的类中均定义了实例方法 add，可利用 addition 函数对他们实施 add 方法的调用：

```
addition(someoneismale,1,1)
1-1=0
You see! male can NOT use addition!
addition(someoneisfemale,1,1)
1-1=0
You see! female can NOT use addition!
addition(WangWu,1,1)
1+1=2
You see! Human Being can calculate!
```

someoneismale 和 someoneisfemale 分别是子类 Male、Female 的实例对象，故 addition 调用的是分别是对应子类中的实例方法；而 WangWu 是父类 Human 的实例对象，addition 调用的是其父类中的实例方法。

上述定义的 addition 函数还可以直接调用类实例，如：

```
addition(Male(),1,1)
1-1=0
You see! male can NOT use addition!
addition(Female(),1,1)
1-1=0
You see! female can NOT use addition!
addition(Human(),1,1)
1+1=2
You see! Human Being can calculate!
```

从上面的分析过程可以看出来，对于任意新增父类 Human 的子类、子类 Male 和 Female 的子类，由于多态作用的发挥，只要方法存在且参数正确，就不必对 addition 函数做任意修改即可运行得到 add 方法的输出结果。

2.1.4.5　多重继承

子类不仅可以从一个父类继承，也可从多个父类继承，即多重继承。该过程类似于儿子的特性可以从父亲那里继承，也可以从母亲那里继承，还可以从爷爷奶奶那里得到继承。

如声明一个继承于 Male 和 Female 的子类：

```
class Somebody(Male,Female):
    pass
```

子类 Somebody 由父类 Male 和 Female 继承得到，其具备所有父类的成员：

```
list(filter(lambda x:x[0]!='_',dir(Somebody())))
#使用 filter 函数过滤掉所有以下划线开头的成员
['add', 'div', 'domain', 'family', 'gender', 'kingdom', 'less', 'phylum',
'showclassattributeinfo', 'showclassmethodinfo', 'typewrite']
```

可以看到，子类 Somebody 以并集的方法继承了父类 Male 和 Female 的成员。

2.1.5 特性

特性（property）是值在对一个特定属性操作时，执行特定的函数，以实现对属性的控制。即，特性在调用属性的时候会自动调用相应的方法，也就是增加了一些额外的处理过程，如属性值的类型检查、验证属性值设置是否合法等。

为了说明特性功能的强大和方便演示，先重新声明上述的类 Female：

```
class Female(Human):
    def __init__(self,gender='female',age=18):
        super(Female,self).__init__()
        self.gender=gender
        self.age=age
```

重新声明后的类 Female 具有 gender 和 age 两个属性并赋予了初始值，将其实例化：

```
MissZhang=Female()
MissZhang.age
```
```
18
```

对于 MissZhang 这个实例对象，其属性值是可以采用第 2.1.3 小节介绍的方法直接对其属性进行重新赋值的，如：

```
MissZhang.age=261
MissZhang.age
```
```
261
```

可以看到，该程序对实例对象属性值的修改非常不合理，因为几乎没有人能够活到这个岁数。所以，需要对属性设置一定的可赋值范围，如将 age 控制在 0~150 岁之间。这种情况下，可以通过定义类的方法来实现，重新声明类 Female：

```
class Female(Human):
    def __init__(self,gender='female'):
        super(Female,self).__init__()
        self.gender=gender
    def get_age(self):
        return self.age
    def set_age(self,age_value):
        if not isinstance(age_value,int):
            raise ValueError('Age must be an integer!')
        if age_value<0:
            raise ValueError('You are never borned,
                             age must be equal or greater than 0!')
        if age_value>150:
            raise ValueError('You really live forever!
                             Age must be less than 150!')
        self.age=age_value
```

重新声明后的类 Female 具有 gender 和 age 两个属性以及 get_age() 和 set_age 两个方法。类中自定义的 get_age() 方法可以获取实例对象的指定属性值，这种方法可称

之为 getter 方法；set_age() 方法可以对实例对象的属性进行设置，这种方法可称之为
setter 方法。

　　将其实例化并使用 set_age() 方法对其 age 属性赋值，使用 get_age() 方法查看
其属性值：

```
MissChen=Female()
MissChen.set_age(27)
MissChen.get_age()
27
```

　　这个时候使用 set_age() 方法是不能够随便给 age 属性赋值的，因为我们在声明类
的该方法中使用条件语句对其属性值的赋值进行了限制：只能输入大于等于 0 小于等于
150 的数值，如果输入的数值超出范围或输入非数值型数据，则 raise 语句会抛出异常并
给出对应的提示信息（有关异常的处理请见第 2.2 小节）：

```
MissChen.set_age(168)
-----------------------------------------------------------------
ValueError                       Traceback (most recent call last)
----> 1 MissChen.set_age(168)
……
ValueError: You really live forever! Age must be less than 150!
```

　　可以看到当使用 set_age() 方法将 age 属性值修改为 168（>150）时，系统会抛出
一个 ValueError 异常，并给出在定义该方法时应该提示的信息。

　　通过这种方式，可以在一定程度上防止属性值被随意修改，同时也起到了信息验证的
作用。但是这种方式使用起来较为复杂，而且不使用 set_age() 方法而直接使用对 age
属性赋值的方法，仍然可以绕过我们设定的输入范围：

```
MissChen.age=168
MissChen.age
168
```

　　所以既能检查参数设置规则，又可以用类似属性赋值的简单方式来访问类的成员的这
种功能就尤为方便了。要实现这种方便的功能，需要利用能够给函数动态加上特定功能的
装饰器（见第 1.6.3 小节）。类的方法是由函数定义来实现的，因此装饰器一样对其可发
生作用。

　　@property 就是把一个方法变成属性调用的装饰器。@property 装饰器一般用来装
饰 getter 方法。@property 本身又会创建另一个以@被装饰方法.setter 命名的装饰
器用来装饰 setter 方法，将 setter 方法变成属性设置。如重新声明类 Female：

```
class Female(Human):
    def __init__(self,gender='female'):
        super(Female,self).__init__()
        self.gender=gender

    @property
    def age(self):
```

```
        return self._age    #注意此处将属性名设置为"_age"是为了与方法名"age"不同名

    @age.setter
    def age(self,age_value):
        if not isinstance(age_value,int):
            raise ValueError('Age must be an integer!')
        if age_value<0:
            raise ValueError('You are never borned,
                            age must be equal or greater than 0!')
        if age_value>150:
            raise ValueError('You really live forever!
                            Age must be less than 150!')
        self._age=age_value
```

将其实例化并直接使用属性赋值的方式为 age 属性赋值：

```
MissLi=Female()
MissLi.age=15
MissLi.age

15
```

此时，使用属性直接赋值的方式是会受到控制的：

```
MissLi.age=1500
------------------------------------------------------------------------
ValueError                         Traceback (most recent call last)
----> 1 MissLi.age=1500
......
ValueError: You really live forever! Age must be less than 150!
```

如果只使用@property 来装饰 getter 方法，不装饰 setter 方法时，该方法实现的就是一个只读属性，如重新声明类 Female：

```
class Female(Human):
    def __init__(self,gender='female',bloodtype=''):
        super(Female,self).__init__()
        self.gender=gender
        self._bloodtype=bloodtype

    @property
    def age(self):
        return self._age

    @age.setter
    def age(self,age_value):
        if not isinstance(age_value,int):
            raise ValueError('Age must be an integer!')
        if age_value<0:
            raise ValueError('You are never borned,
                            age must be equal or greater than 0!')
        if age_value>150:
```

```
        raise ValueError('You really live forever!
                        Age must be less than 150!')
    self._age=age_value

@property
def bloodtype(self):
    return self._bloodtype
```

本段程序在类 Female 中增加了一个 bloodtype 属性。从医学上来说，正常情况下一个人的血型是不会变的，所以只要在将类 Female 进行实例化的过程中为 bloodtype 属性赋过值，那其后该属性的值就不能再被修改了，所以在声明类的时候，仅使用 @property 将其设置为只读。将重新声明的类 Female 实例化并对 bloodtype 属性赋予初始值：

```
MissLiu=Female(bloodtype='B')
MissLiu.bloodtype
'B'
```

试图对 bloodtype 属性进行重新赋值：

```
MissLiu.bloodtype='AB'
-----------------------------------------------------------------
AttributeError                      Traceback (most recent call last)
----> 1 MissLiu.bloodtype='AB'

AttributeError: can't set attribute
```

系统提示不能对该属性进行设置。但是可以对其他属性进行设置：

```
MissLiu.gender='shemale'
MissLiu.gender
'shemale'
MissLiu.age=23
MissLiu.age
23
```

特性只对实例方法有效，对于静态方法、类方法都无法使用。特性与方法和属性一样，也是可以继承的：

```
class SonofFemale(Female):
    pass
```

子类 SonofFemale 完全继承了父类 Female 的所有方法、属性和特性，如：

```
MissSun=SonofFemale()
MissSun.age=-9
-----------------------------------------------------------------
ValueError                          Traceback (most recent call last)
    1 MissSun=SonofFemale()
----> 2 MissSun.age=-9
……

ValueError: You are never borned, age must be equal or greater than 0!
```

2.2　异常捕获与容错处理

2.2.1　错误和异常

Python 有两种错误是最常见的，语法错误和异常。

语法错误（syntax error），也称为解析错误，是最常见的错误，如：

```
while True print('hello world!')
File "<ipython-input-213-f2522b22b9e0>", line 1
    while True print('hello world!')
                   ^
SyntaxError: invalid syntax
```

程序运行时遇到语法错误，解析器会重复显示有问题的行并用一个箭头指向检测到错误的行中最早出现错误的位置。在本例中，print 前面少了一个"："，所以在 print 函数处系统用"^"来提示检测到语法错误。

异常（exceptions），即非正常状态，程序运行期间检测到的错误。即，语句或表达式在语法上是正确的，但在尝试执行它时可能会导致错误。执行过程中检测到的错误称为异常，在 python 中使用异常对象来表示异常。Python 程序在运行时，若程序在编译或运行过程中发生错误，程序的执行过程就会抛出异常对象，程序流进入异常处理；如果异常对象没有被处理或捕捉，程序就会执行回溯(Traceback)来终止程序，如：

```
s=5050
print ('Sum is'+s)
-------------------------------------------------------------------------
TypeError                                 Traceback (most recent call last)
<ipython-input-209-34561364031b> in <module>()
      1 s=5050
---> 2 print ('Sum is'+s)

TypeError: must be str, not int
```

本例的 print 函数参数形式出现异常，原因是"Sum is"是字符，而 s 是一个整型数据，二者不能使用"+"来连接，所以系统使用"--->"在出现异常的程序行标注并提示该行语句出现类型错误（TypeError），并告知用户只有字符型数据（str）才能进行"+"连接的操作。

Python 中，所有异常都必须是继承自 BaseException 类的实例，其标准异常如表 2-1 所示：

表 2-1　标准异常

异常	描述	异常	描述
BaseException	所有异常的基类	StopAsyncIteration	需由异步迭代器对象的 __anext__（）方法引发，以停止迭代
Exception	非系统退出的异常和用户自定义异常的基类	SyntaxError	语法错误
ArithmeticError	各种算术计算错误的基类	SystemError	一般的解释器系统错误
BufferError	当无法执行缓冲区相关操作时引发	TabError	缩进含有不一致的制表符和空格
LookupError	映射或序列上使用的键或索引无效时引发异常的基类	SystemExit	解释器请求退出
AssertionError	断言语句失败	TypeError	操作或功能适用类型错误
IndentationError	与不正确缩进相关的语法错误的基类	UnboundLocalError	函数或方法中引用没有值绑定到该变量的局部变量
AttributeError	属性引用或分配失败	UnicodeError	Unicode 相关的编码或解码错误
EOFError	没有内建输入，到达 EOF 标记	UnicodeEncodeError	Unicode 编码错误
FloatingPointError	浮点计算错误	UnicodeDecodeError	Unicode 解码错误
GeneratorExit	生成器或协程关闭发生异常	UnicodeTranslateError	Unicode 转换错误
ImportError	导入语句尝试加载模块时出现问题	ValueError	传入无效的参数
ModuleNotFoundError	ImportError 的子类，找不到所导入的模块	ZeroDivisionError	除法或取模的除数为零
IndexError	序列下标超出范围	Warning	警告的基类
KeyError	映射中没有这个键	UserWarning	用户代码生成警告的基类
dKeyboardInterrupt	用户点击中断键	DeprecationWarning	弃用特征警告的基类
MemoryError	内存溢出	PendingDeprecationWarning	将来弃用特征警告的基类
NameError	未声明/初始化对象	SyntaxWarning	可疑语法警告的基类
NotImplementedError	尚未实现的方法	RuntimeWarning	可疑运行时行为警告的基类

表 2-1 续表

异常	描述	异常	描述
OSError	系统相关的错误（如"文件未找到"或"磁盘已满"等 I/O 故障（不适用于非法参数类型或其他偶然错误））	FutureWarning	将来语义会有改变构造的警告基类
OverflowError	算术运算超出最大限制	ImportWarning	模块导入中可能出现错误的警告的基类
RecursionError	超过最大递归深度	UnicodeWarning	与 Unicode 相关的警告的基类
ReferenceError	弱引用（Weak reference）试图访问已经垃圾回收了的对象	BytesWarning	与字节和字节数组相关的警告的基类
RuntimeError	一般的运行时错误	ResourceWarning	与资源使用有关的警告的基类
StopIteration	迭代器没有更多的值		

关于异常类的继承结构，请读者自行查阅相关帮助文档。

2.2.2 异常处理

Python 提供了两个非常重要的功能来处理程序在运行中出现的异常和错误，可使用他们来进行程序调试：

> **异常处理**：可以提高程序的容错性；

> **断言（assertions）**：根据表达式的真假来控制程序流，是一种常用的防御性编程。主要用于运行时对程序逻辑的检测、合约性检查（比如前置条件，后置条件）、程序中的常量、检查文档等。

2.2.2.1 触发异常

Python 中可以使用 raise 语句抛出一个指定的通用异常。raise 关键字后跟异常的名称，异常名称能够标识出异常类的对象。

执行 raise 语句时，python 会创建指定异常类的对象，还能够指定对异常对象进行初始化的参数，参数也可以为由若干参数组成的元组。但是要注意，一旦执行 raise 语句，程序就会被终止。如：

```
def raisetest(obj):
    if obj !='Jing Ruan':
        raise ValueError('This is Invalid Value!')


raisetest ('Ruan Jing')
```

```
ValueError                              Traceback (most recent call last)
<ipython-input-223-c031f82ac13e> in <module>()
……
```

ValueError: This is Invalid Value!

有些时候在程序没有完善之前，不知道哪里会出错，与其在运行最后时因错误停止执行，不如在出现错误条件时就停止执行，这时候就需要 assert 断言的帮助。assert 语句可据其后面的表达式的真假来控制程序流。若为 True，则往下执行。若为 False，则中断程序并调用默认的异常处理器，同时输出指定的提示信息。

```
assert 2==1,'2 不等于 1'
------------------------------------------------------------------------
AssertionError                          Traceback (most recent call last)
<ipython-input-224-63c975ef2764> in <module>()
----> 1 assert 2==1,'2 不等于 1'
```

AssertionError: 2 不等于 1

2.2.2.2　捕获异常

抛出或者出发异常只是告知用户此处有错误或异常，但并没有告知如何处理。一个正常的程序流不仅能抛出异常，而且还能根据异常的情况进行处理。Python 中捕捉异常可以使用 try...except...else 语句，具体语法为：

```
try:
    可能触发异常的语句块
except Exception as err:
    捕获可能触发的异常(可以指定处理的异常类型)
except:
    没有指定异常类型，捕获任意异常
else:
    没有触发异常时，执行的语句块
finally:
    不管代码块是否抛出异常都会执行此行代码
```

except 子句的数量没有限制，但使用多个 except 子句捕获异常时，如果异常类之间具有继承关系，则子类应该写在前面，否则父类将会直接截获子类异常。放在后面的子类异常也就不会执行。

执行一个 try 语句时，python 解析器会在当前程序流的上下文中作标记，当出现异常后，程序流能够根据上下文的标记回到标记位，从而避免终止程序。其具体执行步骤如下：

> ➢ 如果 try 语句执行时发生异常，程序流跳回标记位，并向下匹配执行第一个与该异常匹配的 except 子句，异常处理完后，程序流就通过整个 try 语句(除非在处理异常时又引发新的异常)；

> ➢ 如果没有找到与异常匹配的 `except` 子句(也可以不指定异常类型或指定同样异常类型 `Exception`，来捕获所有异常)，异常被递交到上层的 `try`（若有 `try` 嵌套时），甚至会逐层向上提交异常给程序（逐层上升直到能找到匹配的 `except` 子句。实在没有找到时，将结束程序，并打印缺省的错误信息）；

> ➢ 如果在 `try` 子句执行时没有发生异常，将执行 `else` 语句后的语句（可选），然后控制流通过整个 `try` 语句。

> ➢ 无论 `try` 语句块中是否触发异常，都会执行 `finally` 子句中的语句块。一般用于关闭文件或关闭因系统错误而无法正常释放的资源，如文件关闭等。（可以没有 `finally` 语句）。

如：

```python
try:
    100/0
except Exception as e:
    print ('除数不能为 0')
else:
    print ('没有异常')
finally:
    print ('为什么最后总是要执行我?')
```

除数不能为 0
为什么最后总是要执行我?

2.2.2.3　其他处理

在程序设计的过程中，往往有一些任务可能事先需要设置，事后做清理工作。`with` 语句就提供了一种非常方便的处理方式。如在文件处理中，需要获取一个文件句柄，从文件中读取数据，然后关闭文件句柄。如使用繁琐的 `try` 语句：

```python
file=open('/Users/Ruan/Notebook/mashroom.txt')      #文件 I/O 语句见第 2.5 小节
try:
    data=file.read()
finally:
    file.close()
```

上段程序并没有问题，但是看起来非常繁琐。使用 `with` 语句可以解决这一问题：

```python
with open('/Users/Ruan/Notebook/mashroom.txt') as file:
    data=file.read()
```

`with` 语句适用于对资源进行访问的场合，确保不管使用过程中是否发生异常都会执行必要的"清理"操作进行资源释放，如文件使用后自动关闭、线程中锁的自动获取和释放等。`with` 语句的设计目的就是为了使得之前需要通过 `try...finally` 解决的清理资源问题变得简单、清晰。

2.3　模块

在 python 中除了可以自行编制程序代码之外，还也可以调用 python 的模块（module）。内置模块可以使用 import 语句直接调用，但非内置模块存在于用户自行安装的第三方包（package）或工具库中（见第 2.4 小节），这个时候可供调用的模块所来自的第三方包应当事先在 python 中进行安装。最常见的包的安装方式就是使用 pip 命令在终端中进行：

```
pip3 install  包的名称
```

Python 中的模块对应的就是与模块名称相同的 *.py 文件。在所创建的 *.py 文件中如果定义了函数和变量，便可在其他程序中导入模块（即该 *.py 文件），可用"模块名.函数名"和"模块名.变量名"的方式重新使用模块中的函数和变量。

python 中主要有 2 种导入模块的方法：导入整个模块和导入模块中的部件（类、方法、函数、变量等）。这些模块中的部件可以使用 dir（模块名）的方式来查看。

常用的导入方式如下（module 表示模块名，XX 表示模块中的部件名）：

> **import module**：直接导入 module，使用 module.XX 的方式来实现模块部件的功能；
> **import module as xx**：将导入的模块重命名为 xx，使用 xx.XX 的方式来实现模块部件的功能，该种的导入方式往往在模块名较长的时候使用；
> **from module import XX**：直接导入 module 中指定的部件，直接使用 XX 的方式来实现模块部件的功能，其前提是要知道该模块中部件的名称；
> **from module import ***：导入模块的全部部件，直接使用 XX 的方式来实现模块部件的功能。

虽然 from module import * 这种方式貌似比较方便，但是不推荐使用该种方式，主要原因在于将模块中全部部件导入，有可能覆盖用户自行编制的对象，而且一些大型库所涵盖的内容非常多，会造成运行效率低下。

Python 标准库实在是太多，涵盖了数据表示、数据存储、多媒体、线程和进程、文件格式、邮件处理、网络协议、程序执行支持等各方面的内容，其中常见的有关数据处理的常用内置模块如表 2-2 所示：

表 2-2　常见内置模块及其功能

模块名称	功能
os	提供文件和进程处理功能及对操作系统进行调用的接口
sys	提供可供访问由解释器使用或维护的变量和与解释器进行交互的函数,用于处理 python 运行时环境

表 2-2 续表

模块名称	功能
copy	提供拷贝对象的功能
math	浮点数学运算函数和常量
time	提供处理日期和一天内时间的函数
datetime	提供增强的时间处理方法，更有效的处理和格式化输出，并支持时区处理
random	提供生成随机数的工具
re	提供用于匹配字符串或特定子字符串的有特定语法的字符串模式的正则表达式
shutil	提供更多高级的处理文件、文件夹、压缩包等的功能
json	json（JavaScript Object Notation）是一种轻量级的数据交换格式），该模块提供对 json 数据进行序列化、反序列化等编解码功能。
xml	xml（eXtensible Markup Language）指可扩展标记语言，是一种用于标记电子文件使其具有结构性的标记语言，用来标记数据、定义数据类型并传输和存储数据。该模块提供对 xml 的构建、解析与处理等功能。
logging	提供标准的日志接口，可以存储各种格式的日志
itertools	提供用来产生或操作不同类型迭代器的函数
functools	用于高阶函数：作用于或返回其他函数的函数。一般而言，任何可调用对象都可以作为本模块用途的函数来处理。提供一些非常有用的工具，如 partial（偏函数）、wraps、reduce 等
urllib	提供一系列用于操作 URL 的功能，如网络数据抓取（爬虫）应用。
timeit	提供测试一段代码运行时间的功能
multiprocessing	提供多进程管理功能，充分利用多核 CPU 发挥系统资源的作用

2.4 包

包（package）或分析工具库实际上就是一堆模块或子包的集合，是一个有层次的文件目录结构。当不同功能的模块放在一起时，相同名称的模块就会引发名称冲突。为避免名称冲突，引入包的概念是非常便于代码管理的。

2.4.1　包的组成与调用

包其实就是按照文件目录来组织模块的一种方法。每一个包目录下面都会有一个 __init__.py 的文件，该文件不可缺少（否则 python 就会将该目录当成普通目录，而不是包）。__init__.py 可以是空文件，也可含有 python 代码。__init__.py 本身就是一个模块，其模块名为包名。当目录有多级时就形成了多级层次的包结构。

可以按照如下方法创建一个名为 mypkg 的包：

> 新建一个文件夹，名为 mypkg
> 在 mypkg 文件夹下新建一个空的 __init__.py 文件。
> 在 mypkg 文件夹下新建若干个 *.py 文件，分别命名为 a.py、b.py、anyname.py 等。

这时，就可得到一个名为 mypkg 的包，其含有名称为 mypkg.a、mypkg.b、mypkg.anyname 等的诸多模块。

包的导入和使用与模块没有什么本质区别，如需导入 mypkg 包中的 anyname 模块，可以采用类似于导入模块的方式：import mypkg.anyname 或 from mypkg import anyname 等。如果包定义文件 __init__.py 存在一个叫做 __all__ 的列表变量时，使用 from package import * 时就会把这个列表中的所有名字作为包内容导入。

2.4.2　常用数据分析工具库

本书将会用到各种从简单到复杂的数据分析模型和工具，python 也提供了这些对应的分析工具库。其中，scipy、statsmodels、scikit-learn、tensorflow 等包是较为常用且目前还在不断更新的数据分析工具，本小节将就其主要实现功能进行简单介绍。

2.4.2.1　scipy

scipy 是 python 中用于科学计算的重要工具，在 numpy 基础上扩展了诸如积分计算、求解微分方程、优化、信号处理和稀疏矩阵等方便用户使用的数理算法和函数，在前面章节中本书已有用到其部分功能。

scipy 的主要功能模块有：

> **scipy.cluster**：矢量量化/K-均值
> **scipy.constants**：物理和数学常数
> **scipy.fftpack**：傅里叶变换
> **scipy.integrate**：积分
> **scipy.interpolate**：插值
> **scipy.io**：数据输入输出
> **scipy.linalg**：线性代数程序
> **scipy.misc**：杂项例程，多用于图形图像处理

- ➢ **scipy.ndimage**：n 维图像包
- ➢ **scipy.odr**：正交距离回归
- ➢ **scipy.optimize**：优化
- ➢ **scipy.signal**：信号处理
- ➢ **scipy.sparse**：稀疏矩阵
- ➢ **scipy.spatial**：空间数据结构和算法
- ➢ **scipy.special**：特殊数学函数
- ➢ **scipy.stats**：统计

其功能繁多，应用领域十分广泛，本书仅针对其统计计算及建模等方面的 scipy.stats 模块进行详细介绍，导入 stats 模块可使用如下语句：

```
from scipy import stats
```

2.4.2.2 statsmodels

statsmodels（原名 scikits.statsmodels）提供了在 python 环境中进行探索性数据分析、统计检验以及统计模型估计的类和函数。其主要功能包括：线性回归、广义线性模型、广义估计方程、稳健线性模型、线性混合效应模型、离散因变量回归、方差分析、时间序列分析、生存分析、统计检验、非参数检验、非参数计量、广义矩方法、经验似然法、计数模型、常用分布等。此外还可以绘制拟合曲线图、盒须图、相关图、时间序列图形、因子图、马赛克图等用于探索性数据分析和模型构建诊断的常用图形。自 0.5.0 版本之后的 statsmodels 可以使用 R 语言风格对 pandas 的 DataFrame 对象拟合模型，广大统计工作者可以快速掌握 statsmodels 的编程语法和方式。

statsmodels 可供进行科学计算和统计分析的模块非常多，每个模块下包含的方法或函数也极其繁杂。因此，调用 statsmodels 进行数据分析时，往往使用其数据分析接口（api）的方式来进行：

```
import statsmodels.api as sm        #导入数据分析接口 statsmodels.api 并命名为 sm
```

目前版本的 statsmodels 在建模和绘制相应图形的过程中对中文处理可能会存在一些不兼容现象，如果在使用 statsmodels 进行数据分析过程中对中文进行处理产生乱码，可以先执行如下代码将有关信息重定位：

```
import importlib,sys
stdout=sys.stdout
stdin=sys.stdin
stderr=sys.stderr

importlib.reload(sys)
sys.stdout=stdout
sys.stdin=stdin
sys.stderr=stderr
#使用上述设置虽然可以解决中文乱码和编码问题，但建议读者在变量名和变量值中尽量采用英文。
```

2.4.2.3 **sklearn**

sklearn 的全称为 scikit-learn，主要用于实现 python 中的机器学习功能。它建立在 numpy、scipy 和 matplotlib 基础上（所以安装 scikit-learn 之前必须事先安装有这 3 个模块），提供了一系列简单高效及最新的数据挖掘和数据分析工具。其主要功能包括：广义线性模型、线性及二次判别、核岭回归、支持向量机、随机梯度下降、最近邻法、贝叶斯分类、决策树、特征提取、定序回归、聚类、异常值检测、密度估计、神经网络等监督和半监督及无监督学习方法、模型选择和诊断方法、以及数据挖掘过程中的预处理方法等。除了提供这些机器学习算法的接口之外，scikit-learn 还内置了经典的机器学习数据集，如 iris、digit 等用于分类的数据集，boston house prices 等用于回归的数据集，便于读者应用实际的数据集来学习这些数据挖掘和机器学习算法。

由于 scikit-learn 提供了太多了算法和功能，在调用具体机器学习算法时，往往也是采用"from sklearn import 模块名"的方式，如：

```
from sklearn import svm      #调用支持向量机进行分类
```

2.4.2.4 **TensorFlow**

TensorFlow 是 Google 公司发布的基于 DistBelief 改进的第二代深度学习开源框架，涉及到自然语言处理、机器翻译、图像描述、图像分类等一系列技术。该包封装了大量机器学习、神经网络的函数，能运行在集群系统上并做超复杂、超大型的模型，能高效地解决问题。

该分析工具库采用有向数据流图（data flow graphs）表示计算任务并用于数值计算。节点（operations）在图中表示对高维数据即张量（tensor）的处理，图中的边（flow）则表示数据流向，使用 Session 来执行图。该框架计算过程就是处理 tensor 组成的 flow。

在 python 中一般使用如下方式调用这个包：

```
import tensorflow as tf
```

Python 除了广泛使用的上面介绍过的工具库之外，其他可用来做数据分析和数据挖掘的包多如牛毛，如还算靠谱的 orange3 等。除此之外，你也可以自己编制一个包，将其发布在 pypi（https://pypi.python.org/pypi）中供自己或他人使用。

本书在后续章节中将会用到数据分析中其他常用的包，如 numpy、pandas、matplotlib、scipy、seaborn、Plotly 等，如表 2-3 所示。这些包将在用到的时候进行详细讲解，本小节不再赘述。

表 2-3　常见第三方数据分析包或工具库及其功能

名称	功能
Parallel Python	提供进行分布式计算的开源模块，能够将计算压力分布到多核 CPU 或集群的多台计算机上，能够非常方便的在内网中搭建一个自组织的分布式计算平台。
django、flask	常用的 web 开发框架。

表 2-3 续表

名称	功能
scrapy	提供主要用于网络数据爬取的功能
BeautifulSoup4	提供主要用于网络数据爬取的功能，需要了解 HTTP/HTTPS 协议、服务器代理、CSS、JSON 数据数据结构、正则表达式、scrapy 框架等内容。
jieba	提供中文分词工具
gensim	提供自然语言处理工具
numpy	封装了基础的矩阵和向量的操作，提供处理向量、矩阵等的运算功能，是最常用的数据分析工具库之一。
scipy	在 Numpy 的基础上提供了更丰富的功能，比如数值计算及各种统计常用的分布和算法。
matplotlib	是数据可视化最常用的工具库之一，提供互动化的数据分析，可以动态的缩放图表。此外还有 seaborn、plotly 等常用绘图第三方工具库。
seaborn	提供基于 matplotlib 的更加美观的可视化工具库
pandas	最常用的数据分析工具库之一，提供了 Series 和 DataFrame 等数据分析的主流数据类型。

2.5 文件 I/O

I/O（input or output）包括数据输入输出和文件操作。数据输入输出主要包括 print、input、raw_input 函数等，本书前面章节已有详述，本节不再赘述。文件操作主要包括 open 函数、file 对象及方法等，以及内置 os 模块的目录、文件操作等。

open 函数用于打开一个文件，创建一个 file 对象，其基本语法为：

```
open(file_name [, access_mode][, buffering])
```

➢ **file_name**：一个包含要访问文件名称的字符串，即文件的绝对路径；
➢ **buffering**：如果 buffering 的值被设为 0，就不会有寄存。如果 buffering 的值取 1，访问文件时会寄存行。如果将 buffering 的值设为大于 1 的整数，表明了这就是的寄存区的缓冲大小。如果取负值，寄存区的缓冲大小则为系统默认；
➢ **access_mode**：打开文件的模式，所有可取值见表 2-4。

表 2-4 文件读取模式

模式	作用
r	默认模式，以只读方式打开文件，文件的指针将会放在文件的开头
rb	以二进制格式打开一个文件的默认模式，用于只读，文件指针将会放在文件的开头
r+	打开一个文件用于读写，文件指针将会放在文件的开头
rb+	以二进制格式打开一个文件用于读写，文件指针将会放在文件的开头

表 2-4 续表

模式	作用
w	打开一个文件只用于写入。如该文件已存在则将其覆盖；如该文件不存在，则创建新文件
wb	以二进制格式打开一个文件只用于写入，如该文件已存在则将其覆盖；如该文件不存在，则创建新文件
w+	打开一个文件用于读写，如该文件已存在则将其覆盖；如该文件不存在，则创建新文件
wb+	以二进制格式打开一个文件用于读写，如该文件已存在则将其覆盖；如该文件不存在，创建新文件
a	打开一个文件用于追加，如该文件已存在，文件指针将会放在文件结尾；如该文件不存在，则创建新文件进行写入
ab	以二进制格式打开一个文件用于追加，如该文件已存在，文件指针将会放在文件的结尾；如该文件不存在，则创建新文件进行写入
a+	打开一个文件用于读写，如该文件已存在，文件指针将会放在文件的结尾，文件打开时会是追加模式；如该文件不存在，则创建新文件用于读写
ab+	以二进制格式打开一个文件用于追加，如该文件已存在，文件指针将会放在文件的结尾；如该文件不存在，则创建新文件用于读写

文件被打开之后，便得到一个 `file` 对象，其主要属性如下：

➢ **closed**：如果文件已被关闭则返回 `true`，否则返回 `false`；

➢ **mode**：返回被打开文件的访问模式；

➢ **name**：返回文件的名称。

设有如图 2-1 所示的一个外部文件，需要在 python 环境中进行处理。

图 2-1 一个外部文件的例子

```
path="/Users/Ruan/Documents/Documents/课程课件/MS/Python/tips.csv"
f=open(path,'r+')
```

```
type(f)
_io.TextIOWrapper
```
```
f.mode
'r+'
```
```
f.name
'/Users/Ruan/Documents/Documents/课程课件/MS/Python/tips.csv'
```
```
f.closed
False
```

file 对象的主要方法有：

- ➢ **close()**：刷新缓冲区里任何还没写入的信息，并关闭文件；
- ➢ **read()**：从打开文件中读取指定长度的字符串；
- ➢ **readlines()**：从打开文件中读取指定长度的每一行作为元素的列表；
- ➢ **write()**：将字符串写入打开文件；
- ➢ **tell()**：返回文件内的当前位置；
- ➢ **seek(offset[,from])**：改变当前文件的位置。offset 表示要移动的字节数，from 指定开始移动字节的参考位置。from 设为 0，表示将文件开头作为移动字节的参考位置；from 设为 1，则表示使用当前位置作为参考位置。from 设为 2，则文件末尾将作为参考位置。

```
f.read(10)
'total_bill'
```
```
f.read(10)
',tip,sex,s'
```
```
f.read(10)
'moker,day,'
```

在读入文件中的信息时，可以从上述列子中看出每次以字符串的方式读入文件中内容时，其对文件访问的位置会随时发生变化。

```
f=open(path)
f.readlines()
['total_bill,tip,sex,smoker,day,time,size\n',
 '16.99,1.01,Female,No,Sun,Dinner,2\n',
 '10.34,1.66,Male,No,Sun,Dinner,3\n',
 '21.01,3.5,Male,No,Sun,Dinner,3\n',
 '23.68,3.31,Male,No,Sun,Dinner,2\n',
 ......
 '22.67,2.0,Male,Yes,Sat,Dinner,2\n',
 '17.82,1.75,Male,No,Sat,Dinner,2\n',
 '18.78,3.0,Female,No,Thur,Dinner,2\n']
```
```
f.close()
f.closed
True
```

此外，python 中的 os 模块也提供了执行文件及目录（文件夹）处理操作的方法，请读者自行参阅相关帮助文档。

2.6　多核并行计算

如果有 3 个任务交给 1 个人完成，在一般情况下，这个人会按照先后顺序将任务一个个的完成，这是任务的串行处理；但有些时候，这个人突然元气满满，能够同时做 3 个任务，可能对任务的处理效率有所提高，也有可能降低，这是任务的并发处理；如果要追求效率，使用 3 个人同时分别完成这 3 个任务（在有更多任务时，有些人完成的任务多，有些人完成的任务少），那些效率将会得到极大的提升，这是任务的并行处理。

默认状态下 python 由于全局锁 GIL 的存在，程序运行只使用单个 CPU 的单个进程（请读者自行查阅有关 GIL（Global Interpreter Lock）的相关资料）。如果用户所使用的计算机的 CPU 有多个核，或者使用的是集群系统，会造成计算能力的极大浪费（相当于上述的 3 个人在完成任务时，只有 1 个人在处理任务，其他人都在袖手旁观）。

如计算指定整数范围内所有素数之和，定义如下函数：

```python
#本例来源于第三方库 Paralle Python(PP)中的例子
import math

def isprime(n):
    """Returns True if n is prime and False otherwise"""
    if not isinstance(n,int):
        raise TypeError("argument passed to is_prime is not of 'int' type")
    if n<2:
        return False
    if n==2:
        return True
    max=int(math.ceil(math.sqrt(n)))
    i=2
    while i<=max:
        if n%i==0:
            return False
        i+=1
    return True
def sum_primes(n):
    """Calculates sum of all primes below given integer n"""
    return sum([x for x in range(2,n) if isprime(x)])
```

调用 sum_primes 函数便得到指定整数范围内的所有素数之和，如：

```python
sum_primes(1000000)
```
```
37550402023
```

如需要对多个指定的整数求其范围内的所有素数之和，便可以使用第 1.5.6.2 小节介绍过的 map 函数达到目的：

```python
import time

inputs=(1000000,1001000,1002000,1003000,1004000,1005000,1006000,1007000)
```

```
#本例为展示运算时间的显著差异，将原 PP 库中所使用例子的指定整数值扩大 10 倍
print("{beg}map 函数{beg}".format(beg='-'*18))
startTime=time.time()                #记录运算开始的时间
b=list(map(sum_primes,inputs))       #使用 map 函数依次计算指定整数范围内所有素数之和
for i,r in zip(inputs,b):
    print("Sum of primes below %s is %s" % (i,r))
print("用时:%.3fs"%(time.time()-startTime))      #统计运算的耗时
------------------内置map 函数--------------
Sum of primes below 1000000 is 37550402023
Sum of primes below 1001000 is 37625438714
Sum of primes below 1002000 is 37702552575
Sum of primes below 1003000 is 37783756214
Sum of primes below 1004000 is 37856007850
Sum of primes below 1005000 is 37919290219
Sum of primes below 1006000 is 37992687726
Sum of primes below 1007000 is 38075218492
用时:54.564s
```

程序运行结果是依次将 sum_primes 函数作用于 inputs 元组中每一个元素进行运算得到的结果，这种运算方式即为串行计算方式。但如果能够将 sum_primes 函数同时作用于 inputs 元组中每一个元素进行运算，那计算时间将会成倍缩短。

可以使用多个处理器或者多核处理器同时处理多个不同的任务，即并行计算。Python 中可以使用多种方式进行多核并行运算。

近年来生产的个人桌面计算机的 CPU 一般都具备多核。如，查看本书作者本人所使用的 MacBook Pro 的 CPU 核心数量，可以使用如下语句：

```
import os
os.cpu_count()
```

4

该计算机所使用的 CPU 是双核四个超线程的，实际上是 2 核。在对同样一个可并行的算法利用双核进行并行处理理论上要比串行处理快 1 倍。

2.6.1　多进程

进程（process）是一个具有独立功能的程序关于某个数据集合的一次运行活动，是系统进行资源分配和调度的基本单位。Python 中要充分利用多核 CPU 资源，需要使用多进程来提高程序处理效率。

Python 内置的 multiprocessing 模块提供了多进程的功能并支持子进程、通信和共享数据、执行不同形式的同步，提供了 Process（创建进程）、Queue（进程间队列通信）、Pipe（进程间管道通信）、Pool（进程池）、Lock（进程同步（锁））等类供用户进行操作。multiprocessing 不但支持多进程，其中的 managers 模块还支持把多进程分布到多台机器上。

使用如下方式导入 multiprocessing 模块：

```
import multiprocessing as mp      #导入 multiprocessing 模块并使用 mp 来指代
```

本书出于为读者打下数据分析和编程基础的目的，不赘述关于进程操作的复杂内容，请读者自行查阅有关计算机操作系统的资料，在此仅介绍有关针对计算任务量巨大并可将进程放入进程池（即 Pool 类）中的数据分析情形。

当使用的操作对象数目不多时，还是可以直接使用 Process 类动态的生成多个进程的。但是开启进程是要耗费系统资源的，通常 CPU 有几个核就开几个进程。如果进程数太多，手动限制进程数量就显得特别的繁琐，而且有些时候需要并行的任务数要远大于核数，此时进程池就能派上用场。Pool 类可以提供指定数量的进程供用户调用。当有新的请求提交到 Pool 中时，如果池没满，就会创建一个新的进程来执行请求。如果池满，请求就会告知先等待，直到池中有进程结束，才会创建新的进程来执行这些请求。所以这种并行操作可以节约大量的时间。可以使用如下方式创建 Pool 类的实例对象：

```
Pool([processes=None[,initializer=None[,
    initargs=()[,maxtasksperchild=None]]]])
```

其中可供选择的参数作用如下：

➤ **processes**：要创建的进程数，如省略，将默认使用 os.cpu_count() 的值；

➤ **initializer**：每个工作进程启动时要执行的可调用对象，默认为 None；

➤ **initargs**：要传给 initializer 的参数组；

➤ **maxtasksperchild**：工作进程在退出之前可完成的任务数，完成后用一个新的工作进程来替代原进程，以使未使用的资源被释放。

Pool 类具有如下常用的方法：

➤ **apply**：在一个池工作进程中执行 func(*args,**kwargs)，然后返回结果。主进程会被阻塞直到函数执行结束；

➤ **apply_async**：异步 apply，与 apply 用法一样，但它是非阻塞且支持结果返回进行回调，更适合并行执行工作。其 func 函数仅被 pool 中的一个进程调用；

➤ **map**：与内置 map 函数用法行为基本一致，它会使进程阻塞直到返回结果；

➤ **imap**：与 map 用法一致，返回结果为迭代器；

➤ **imap_unordered**：与 imap 一致，但其并不保证返回结果与迭代传入的顺序一致；

➤ **map_async**：异步 map，与 map 用法一致，但是它是非阻塞的。其 func 函数可在 pool 中一次被多个进程调用；

➤ **starmap**：同 map 方法，但迭代器中的元素也是可迭代的，并接受参数元组，然后进行元组拆包并将它们传递给给定的函数；

➤ **starmap_async**：异步 starmap，与 starmap 用法一致；

➤ **close**：关闭 pool，使其不在接受新的任务；

➤ **join**：主进程阻塞等待子进程的退出，要在 close 或 terminate 之后使用；

> ➢ **terminate：** 结束工作进程，不再处理未处理的任务。

继续使用如上定义 sum_primes 函数对 inputs 元组中的每一个元素利用多核 CPU 系统资源进行运算：

```
import multiprocessing as mp

print("{beg}多进程程序{beg}".format(beg='-'*17))
cores=mp.cpu_count()      #multiprocessing 也有类似于 os 模块的 cpu_count()方法
startTime=time.time()

pool=mp.Pool(processes=cores)     #创建指定个数的进程，本例 cores=4
a=pool.map_async(sum_primes,inputs)
#如使用异步 async 任务，主进程需要使用 jion，等待进程池内任务均处理完，可用 get()获取结果
pool.close()        #关闭进程池，不能往进程池中添加进程
pool.join()         #等待进程池中的所有进程执行完毕，须在 close()之后使用

for i,r in zip(inputs,a.get()):
    print("Sum of primes below %s is %s" % (i,r))
print("用时:%.3fs"%(time.time()-startTime))
-----------------多进程程序-----------------
Sum of primes below 1000000 is 37550402023
Sum of primes below 1001000 is 37625438714
Sum of primes below 1002000 is 37702552575
Sum of primes below 1003000 is 37783756214
Sum of primes below 1004000 is 37856007850
Sum of primes below 1005000 is 37919290219
Sum of primes below 1006000 is 37992687726
Sum of primes below 1007000 is 38075218492
用时:30.537s
```

以上使用 Pool 类的 map_async 方法进行运算。从运行结果可以看出，相同算法下，多进程处理的运算时间比顺序处理的预算时间显著偏少。本书所用计算机为双核处理器，本例多进程运行效率提高了 78.68%。

上段多进程代码只能运行于 Unix/Linux 或 mac OS 系统中。如果需要在 Windows 系统中使用多进程模块，就必须把有关进程的代码写在 if __name__=='__main__'语句体中，如：

```
import multiprocessing as mp

print("{beg}多进程程序{beg}".format(beg='-'*17))
cores=mp.cpu_count()
startTime=time.time()
#在 Windows 系统中使用多进程
if __name__=="__main__":
    pool=mp.Pool(processes=cores)
```

```
    a=pool.map_async(sum_primes,inputs)
    pool.close()
    pool.join()

for i,r in zip(inputs,a.get()):
    print("Sum of primes below %s is %s" % (i,r))
print("用时:%.3fs"%(time.time()-startTime))
```

同样可以使用 Pool 类中的其他方法进行多进程处理。如使用 apply_async 方法进行上述运算：

```
print("{beg}多进程程序{beg}".format(beg='-'*17))

cores=mp.cpu_count()
startTime=time.time()

pool=mp.Pool(processes=cores)
results=[]    #定义一个列表存储进程处理的返回
for i in inputs:
    a=pool.apply_async(sum_primes,(i,))
    results.append(a)
pool.close()
pool.join()

for i,r in zip(inputs,results):
    print("Sum of primes below %s is %s" % (i,r.get()))
print("用时:%.3fs"%(time.time()-startTime))
-----------------多进程程序-----------------
Sum of primes below 1000000 is 37550402023
Sum of primes below 1001000 is 37625438714
Sum of primes below 1002000 is 37702552575
Sum of primes below 1003000 is 37783756214
Sum of primes below 1004000 is 37856007850
Sum of primes below 1005000 is 37919290219
Sum of primes below 1006000 is 37992687726
Sum of primes below 1007000 is 38075218492
用时:30.787s
```

使用 apply_async 方法时要注意，其对对象的操作仅被 pool 中的一个进程调用，所以需要使用一个容器将其处理返回的结果保留下来。上段程序中自定义的 results 列表就是发挥这样的功能。当进程结束后，可以对 results 中的元素使用 get 方法返回进程处理的结果。

2.6.2　并行

在 python 中除了使用 multiprocessing 进行多进程的多核并行计算之外，还可以使用其他的内置和第三方工具库来进行多核或集群并行计算。如第三方工具库

Parallel Python 提供了在多处理器或多核系统、集群环境中并行执行代码的机制，其并行方式也是多进程的。

Parallel Python 可通过如下语句导入：

```
import pp     #该模块需要用户事先安装
```

pp 是一个轻量级的跨平台模块，使用较为方便，最常用的有关并行计算的语句如下：

```
pp.Server.submit(self,func,args=(),depfuncs=(),modules=(),callback=None,callbackargs=(),group='default',globals=None)
```

其主要参数的作用如下：

> **func**：要执行的函数；

> **args**：元组形式的要执行函数 func 的参数；

> **depfuncs**：元组形式的可能从 func 中调用的函数；

> **modules**：元组形式的要导入模块的名称；

> **callback**：回调函数；

> **callbackargs**：回调函数的附加参数；

> **group**：作业（任务）组；

> **globals**：字典形式的所导入所有模块、函数和类。

使用 pp 进行并行计算时，首先应当建立进行作业的服务器：

```
job_server=pp.Server()       #建立服务器
job_server.get_ncpus()       #查看服务器个数
4
```

当前系统中 CPU 有多少个核，就会建立多少个服务器。

服务器建立之后，便可以使用 submit 方法提交任务给服务器进行计算。在上一小节中已经构造了一个名为 sum_primes 的函数，并制定了该函数所处理的对象 inputs。使用如下简单几行代码便可得到指定整数之内所有素数之和的并行计算结果：

```
job_server=pp.Server()
jobs=[(input,job_server.submit(sum_primes,(input,),
                        (isprime,),("math",))) for input in inputs]
```

对于所构建 jobs 对象的中 job_server.submit 语句的主要作用是调用 sum_primes 函数对 inputs 对象中的每一个元素进行操作，sum_primes 函数在执行过程中还要调用 isprime 函数和 math 模块下的其他函数（请注意，sum_primes 函数中使用了来自于 math 模块的 sum 函数）。

把抽象的 job_server.submit 语法结合上述语句具体解释如下：

```
job_server.submit(function, (paras,), (called-functions,), (imports,))
```

上述参数描述的功能如下：

> **function**：需要并行计算的执行函数；

> **paras**：执行函数的参数 ；

> **called-functions**：执行函数中调用的其他函数，如果没有可省略；

> **imports**：执行函数中需要调用的库。

为了便于读者完整理解本例的思路和分析结果，将上述的程序整合如下：

```
print("{beg}并行程序{beg}".format(beg='-'*17))
startTime=time.time()

job_server=pp.Server()
jobs=[(input,job_server.submit(sum_primes,(input,),
                               (isprime,),("math",))) for input in inputs]

for input,job in jobs:
    print("Sum of primes below %s is %s" % (input,job()))
print("用时:%.3fs"%(time.time()-startTime))
-----------------并行程序-----------------
Sum of primes below 1000000 is 37550402023
Sum of primes below 1001000 is 37625438714
Sum of primes below 1002000 is 37702552575
Sum of primes below 1003000 is 37783756214
Sum of primes below 1004000 is 37856007850
Sum of primes below 1005000 is 37919290219
Sum of primes below 1006000 is 37992687726
Sum of primes below 1007000 is 38075218492
用时:30.968s
```

以上程序运行结果表明，通过并行计算使得计算效率得到了极大提升。

第 3 章

数据预处理

数据预处理涉及到数据整理和整合的各个方面，是数据分析工作的准备阶段。利用 python 进行数据分析，主要用到 numpy、pandas、scipy、matplotlib、statsmodels、sklearn 等包或分析工具库。本章将结合 python 中 numpy、pandas 等常用的数据分析工具库，对数据进行预处理和简单管理等方面的内容进行实际操作和演示，并对实际工作中的一些数据预处理的问题进行梳理。

3.1 numpy 基础

numpy 是 python 中进行数据分析最为流行的工具库之一。它能够提供诸如向量、数组、矩阵等便于进行数据分析的数据结构，现已成为数据分析中的基本工具库。

numpy 在使用之前应该要用 import 语句导入：

```
from numpy import *
```

在 notebook 中还可以使用如下方式一次性导入 numpy、scipy、matplotlib 库，搭建 ipython 的分析环境，从而简化操作：

```
%matplotlib inline
#使 matplotlib 绘制的图形嵌入到 notebook，类似于图文混排的方式
from pylab import *
```

不过在实际分析中，对于类似 numpy 这样的大型库，尽量不要用上述这种方式 import 所有内容，而是采用约定俗成的方式节省系统资源：

```
import numpy as np
```

如上导入方式在调用 numpy 中的模块或函数时应该使用"np.模块或函数名称"的方式。

为了向读者展示 numpy 与 python 基本库的区别，本书采用"import numpy as np"这种导入方式。如读者在 ipython 环境下使用 numpy，可以把"np.*"这种调用方式中的"np"去除，直接调用 numpy 中的模块或函数即可。

numpy 可以不用循环便可对数据执行矢量化运算（vectorization），大小相等数组之间的任何算术运算都会应用到元素，数组与标量之间的运算也会"广播"到数组的各个元素。因而，使用该工具库进行数据分析，可以极大提高分析的运行效率。如，使用

python 基本库的列表数据存储数据并进行每个数据都乘以 2 的运算：

```
list_data=[1,2,3,4,5]
for i in range(len(list_data)):
    list_data[i]*=2
list_data
#本例也可以使用 list(map(lambda x:x*2,list_data))来实现
[2, 4, 6, 8, 10]
```

注意，列表运算不同于数值运算，对列表的操作也不是元素级别的，如果对上述列表直接采用 2*list_data 的形式，只能得到[1, 2, 3, 4, 5, 1, 2, 3, 4, 5]即把列表元素重复 2 次的结果。所以，要对列表元素进行操作，需要使用可以遍历列表的方法，如上段程序中的 for 循环，将列表中每个元素都访问到，对当前访问到的元素实施乘以 2 的方法，才能得到最终的计算结果。其他序列如元组、字典等也是如此。

而 numpy 提供的数据类型就可以实现元素级别的操作，如：

```
numpy_data=np.array([1,2,3,4,5])
2*numpy_data
array([ 2,  4,  6,  8, 10])
```

这种特性在数据分析过程中会极大的提升运算效率。如使用 python 基本库定义一个函数 python_multi，用 numpy 定义一个功能相同的函数 numpy_multi：

```
def python_multi(n):
    a=list(range(n))
    b=list(range(n))
    c=[]
    for i in range(len(a)):
        a[i]=i**2
        b[i]=i**3
        c.append(a[i]*b[i])
    return c

def numpy_multi(n):
    c=np.arange(n)**2*np.arange(n)**3
    return c
```

分别使用相同的参数调用 pythonsum 和 numpysum 函数，并且使用魔术命令%timeit 对它们的运行时间进行测算（当然也可以使用第 1.6.3 小节我们自定义的装饰器 timecal 来测算函数运行时间）：

```
%timeit python_multi(10000)
%timeit numpy_multi(10000)
8.65 ms ± 254 µs per loop (mean ± std. dev. of 7 runs, 100 loops each)
40.2 µs ± 872 ns per loop (mean ± std. dev. of 7 runs, 10000 loops each)
```

由上述运行时间的结果可以明显看出，在本书所用电脑上，使用 numpy 的函数要比仅使用基本库的函数约快 215 倍。

数组对象 ndarray 是 numpy 最为核心的数据结构。数组的元素一般是同质的，但

可以有异质数组元素存在（即结构数组）。

numpy 中用于创建数组的函数非常多，常用的主要有：

- ➤ **array**：将输入数据（列表、元组、数组或其他序列）转换成 ndarray；
- ➤ **asarray**：将输入转换为 ndarray，如果输入数据本身是 ndarray 就不进行复制；
- ➤ **arange**：类似 python 内置的 range，但返回一个 ndarray 而不是可迭代对象；
- ➤ **linspace**：通过指定初始值、终止值和元素个数创建等差数列一维数组，可以通过 endpoint 参数指定是否包含终止值，默认值为 True，即包含终值；
- ➤ **logspace**：与 linspace 类似，不过它所创建的数组是等比数列。基数可以通过 base 参数指定，默认值为 10；
- ➤ **ones**：根据指定形状和 dtype 创建一个数据全部为 1 的数组；
- ➤ **ones_like**：以另一个数组为参数，并根据其形状和 dtype 创建一个数组；
- ➤ **zeros、zeros_like**：与 ones、ones_like 类似，产生数据全为 0 的数组；
- ➤ **empty、empty_like**：创建一个内容随机并且依赖与内存状态的数组；
- ➤ **eye、identity**：创建单位阵；
- ➤ **frombuffer、fromstring、fromfile**：这些函数可以从字节序列或文件创建数组；
- ➤ **fromfunction**：通过指定的函数创建数组。

上述这些函数所创建的都是数组的不同形式。此外，还有很多其他创建数组的函数，如 np.random.randn 等，这些数组创建函数将在本章后续内容中予以解释。

3.1.1 向量

向量（vector）即一维数组，用 arange 函数创建向量是最简单最常用的方式之一：

```
v=np.arange(10)
print (v)
print (v.dtype)
print (v.shape)
```
```
[0 1 2 3 4 5 6 7 8 9]
int64
(10,)
```

arange 函数也可以通过指定初始值、终止值和步长来创建一维数组：

```
vstep=np.arange(0,10,0.5)
vstep
```
```
array([ 0. ,  0.5,  1. ,  1.5,  2. ,  2.5,  3. ,  3.5,  4. ,  4.5,  5. ,
        5.5,  6. ,  6.5,  7. ,  7.5,  8. ,  8.5,  9. ,  9.5])
```

如前所示，向量是可以直接对每个元素进行运算的：

```
vstep*10
```

```
array([ 0.,    5.,   10.,   15.,   20.,   25.,   30.,   35.,   40.,   45.,   50.,
       55.,   60.,   65.,   70.,   75.,   80.,   85.,   90.,   95.])
```

第 3.1 小节中列示的数组创建函数均可创建向量，如创建一个初始值为 1，终止值为 19，元素个数为 10 个的等差数列向量：

```
np.linspace(1,19,10)
array([ 1.,    3.,    5.,    7.,    9.,   11.,   13.,   15.,   17.,   19.])
np.linspace(1,19,10,endpoint=False)    #endpoint 参数指定是否包含终止值
array([ 1. ,   2.8,   4.6,   6.4,   8.2,  10. ,  11.8,  13.6,  15.4,  17.2])
```

创建一个等比数列向量：

```
from math import e      #导入自然数 e
np.logspace(1,20,10,endpoint=False,base=e)
array([ 2.71828183e+00,   1.81741454e+01,   1.21510418e+02,
        8.12405825e+02,   5.43165959e+03,   3.63155027e+04,
        2.42801617e+05,   1.62334599e+06,   1.08535199e+07,
        7.25654884e+07])
```

再如创建一个元素全部为 0 的整数型向量：

```
np.zeros(20,np.int)
array([0, 0, 0, 0, 0, 0, 0, 0, 0, 0, 0, 0, 0, 0, 0, 0, 0, 0, 0, 0])
```

创建一个内容随机并且依赖与内存状态的向量：

```
np.empty(8,np.int)
array([5764607523034234880, 3458773303793336042,        438086598660,
       4769655345997497910, 3474880280248009016, 3906666180155682872,
       3622644755788412723,    1125899906842624])
```

再如，创建一个随机数向量：

```
np.random.randn(10)    #randn 是 numpy.random 中生成正态分布随机数据的函数
array([ 0.02840212, -0.44505083, -0.54670315, -0.87450026, -0.92217536,
       -0.32209404,  0.89835044, -1.55225697, -1.31189877, -0.31426097])
```

Python 的字符串实际上是一个序列，每个字符占一个字节。如果从字符串创建一个 8bit 的整数数组，所得到的数组正好就是字符串中每个字符的 ASCII 编码：

```
s="Hello, Python!"
np.fromstring(s,dtype=np.int8)
array([ 72, 101, 108, 108, 111,  44,  32,  80, 121, 116, 104, 111, 110,  33],
dtype=int8)
```

用 fromfunction 来创建数组或向量也是数据分析中常见的办法。可以先定义一个从下标计算数值的函数，然后用 fromfunction 通过此函数创建数组。fromfunction 的第一个参数为计算每个数组元素的函数名称，第二个参数指定数组的形状。因为它支持多维数组，所以第二个参数必须是一个序列。如创建一个九九乘法表：

```
def multiply99(i,j):
    return (i+1)*(j+1)
np.fromfunction(multiply99,(9,9))
array([[ 1.,   2.,   3.,   4.,   5.,   6.,   7.,   8.,   9.],
       [ 2.,   4.,   6.,   8.,  10.,  12.,  14.,  16.,  18.],
```

```
[ 3.,    6.,    9.,   12.,   15.,   18.,   21.,   24.,   27.],
[ 4.,    8.,   12.,   16.,   20.,   24.,   28.,   32.,   36.],
[ 5.,   10.,   15.,   20.,   25.,   30.,   35.,   40.,   45.],
[ 6.,   12.,   18.,   24.,   30.,   36.,   42.,   48.,   54.],
[ 7.,   14.,   21.,   28.,   35.,   42.,   49.,   56.,   63.],
[ 8.,   16.,   24.,   32.,   40.,   48.,   56.,   64.,   72.],
[ 9.,   18.,   27.,   36.,   45.,   54.,   63.,   72.,   81.]])
```

要注意，fromfuntion 函数中的第二个参数指定的是数组下标，下标作为实参通过遍历的方式传递给函数的形参。

3.1.2 数组

数组（ndarray）由实际数据和描述这些数据的元数据组成，如：

```
a=np.array([np.arange(3),np.arange(3)])
print (a)
print (a.shape)    #shape 属性表示数组的形状
print (a.ndim)     #ndim 属性表示数组的维数
[[0 1 2]
 [0 1 2]]
(2, 3)
2
```

再如，创建一个单位矩阵：

```
np.identity(9).astype(np.int8)
array([[1, 0, 0, 0, 0, 0, 0, 0, 0],
       [0, 1, 0, 0, 0, 0, 0, 0, 0],
       [0, 0, 1, 0, 0, 0, 0, 0, 0],
       [0, 0, 0, 1, 0, 0, 0, 0, 0],
       [0, 0, 0, 0, 1, 0, 0, 0, 0],
       [0, 0, 0, 0, 0, 1, 0, 0, 0],
       [0, 0, 0, 0, 0, 0, 1, 0, 0],
       [0, 0, 0, 0, 0, 0, 0, 1, 0],
       [0, 0, 0, 0, 0, 0, 0, 0, 1]], dtype=int8)
```

本段程序中使用了 ndarray 的 astype 方法来指定数组元素的数据类型，在创建数组的时候，也可以直接指定 dtype 的参数来指定数据类型。

数组除了可由列表、元组等序列构造之外，其也可通过 tolist 方法转换为列表：

```
a.tolist()
[[0, 1, 2], [0, 1, 2]]
type(a.tolist())
list
```

3.1.2.1 数据类型与结构数组

1. 数据类型

numpy 中支持的数据类型见表 3-1：

表 3-1　numpy 数据类型及其符号表示

数据类型	描述	符号表示
bool_	布尔	?
intc	由平台决定精度的整数	i
int8	8 位整数，即-128~127 的整数	
int16	16 位整数，即-32768~32767 的整数	
int32	32 位整数，即-2^31~2^31-1 的整数	
int64	64 位整数，即-2^63~2^63-1 的整数	
uint8	0~255 无符号整数	u
uint16	0~65535 无符号整数	
uint32	0~2^32-1 无符号整数	
uint64	0~2^64-1 无符号整数	
float16	5 位指数 10 位尾数的半精度浮点数	f
float32	8 位指数 23 位尾数的单精度浮点数	
float64 或 float	11 位指数 52 位尾数的双精度浮点数	
complex64	分别用 32 位浮点数表示实虚部的复数	c
complex128 或 complex	分别用 64 位浮点数表示实虚部的复数	
str_	字符型	U
object_	python 对象	O
datetime64	使用本地时区的一种具有纳秒精度的时序数据格式	M
timedelta64	时间差（时间间隔）	m
void	原始数据	V
bytes_	字节码数据类型	S

上述每种类型名称均为对应的类型转换函数，可以对数组使用 astype 方法显式的转换数组的数据类型。也可以直接使用"np.数据类型()"的方式直接获得对应类型的数据对象：

```
np.datetime64(1522987504,'s')
numpy.datetime64('2018-04-06T04:05:04')
np.datetime64('2018-04-07T08:30:45.67')-np.datetime64('2018-04-
05T12:35:40.123')
numpy.timedelta64(158105547,'ms')
```

完整的 ndarry 数据类型可以用如下代码查看：

```
print (set(np.typeDict.values()))
{<class 'numpy.datetime64'>, <class 'numpy.uint64'>, <class 'numpy.int64'>,
<class 'numpy.void'>, <class 'numpy.bool_'>, <class 'numpy.timedelta64'>,
<class 'numpy.float16'>, <class 'numpy.uint8'>, <class 'numpy.int8'>, <class
'numpy.complex64'>, <class 'numpy.float32'>, <class 'numpy.uint16'>, <class
'numpy.int16'>, <class 'numpy.object_'>, <class 'numpy.complex128'>, <class
'numpy.float64'>, <class 'numpy.uint32'>, <class 'numpy.int32'>, <class
'numpy.bytes_'>, <class 'numpy.complex256'>, <class 'numpy.float128'>,
```

```
<class 'numpy.uint64'>, <class 'numpy.int64'>, <class 'numpy.str_'>}
```

2．结构数组

数组数据的类型可以由用户自定义。自定义数据类型是一种异质结构数据类型，通常用来记录一行数据或一系列数据，即结构数组。结构数据与我们平时进行数据分析的数据形式非常类似。

如，需要创建一个购物清单，包含的字段主要有：商品名称、购买地点、价格、数量，可以事先使用 dtype 函数自定义这些字段的类型：

```
goodslist=np.dtype([('name',np.str_,50),('location',np.str_,30),
                     ('price',np.float16),('volume',np.int32)])
goodslist
dtype([('name', '<U50'), ('location', '<U30'), ('price', '<f2'), ('volume',
'<i4')])
```

定义好数据类型之后，便可以构造结构数组：

```
goods=np.array([('Gree Airconditioner','JD.com',6245,1),
                ('Sony Blueray Player','Amazon.com',3210,2),
                ('Apple Macbook Pro 13','Tmall.com',12388,5),
                ('iPhoneSE','JD.com',4588,2)],dtype=goodslist)
goods
array([('Gree Airconditioner', 'JD.com',  6244., 1),
       ('Sony Blueray Player', 'Amazon.com',  3210., 2),
       ('Apple Macbook Pro 13', 'Tmall.com', 12380., 5),
       ('iPhoneSE', 'JD.com',  4588., 2)],
      dtype=[('name',  '<U50'),  ('location',  '<U30'),  ('price',  '<f2'),
('volume', '<i4')])
```

还可以使用描述结构类型的各个字段的字典来定义结构数组。该字典有两个键：names 和 formats。每个键对应的值都是一个列表。其中，names 定义结构中每个字段的名称，而 formats 则定义每个字段的类型：

```
goodsdict=np.dtype({'names':['name','location','price','volume'],
                    'formats':['S50','S30','f','i']})
goods_new=np.array([('Gree Airconditioner','JD.com',6245,1),
                    ('Sony Blueray Player','Amazon.com',3210,2),
                    ('Apple Macbook Pro 13','Tmall.com',12388,5),
                    ('iPhoneSE','JD.com',4588,2)],dtype=goodsdict)
goods_new
array([(b'Gree Airconditioner', b'JD.com',  6245., 1),
       (b'Sony Blueray Player', b'Amazon.com',  3210., 2),
       (b'Apple Macbook Pro 13', b'Tmall.com', 12388., 5),
       (b'iPhoneSE', b'JD.com',  4588., 2)],
      dtype=[('name',  'S50'),  ('location',  'S30'),  ('price',  '<f4'),
('volume', '<i4')])
```

结构数组可以直接使用字段名进行索引和切片。

3.1.2.2 索引与切片

1. 基本索引与切片

同 python 基础库中的序列一样，数组的索引与切片也同样用中括号"[]"选定下标来实现。同时，也可采用"："分隔起止位置与间隔，用"，"表示不同维度，用"…"表示遍历剩下的维度：

```
a=np.arange(1,20,2)
a
array([ 1,  3,  5,  7,  9, 11, 13, 15, 17, 19])
print (a[3])
print (a[1:4])
print (a[:2])
print (a[-2])
print (a[::-1])
7
[3 5 7]
[1 3]
17
[19 17 15 13 11  9  7  5  3  1]
```

多维数组的索引与切片也类似，如有如下多维数组：

```
b=np.arange(24).reshape(2,3,4)
b
array([[[ 0,  1,  2,  3],
        [ 4,  5,  6,  7],
        [ 8,  9, 10, 11]],

       [[12, 13, 14, 15],
        [16, 17, 18, 19],
        [20, 21, 22, 23]]])
b.shape
(2, 3, 4)
```

如，需要在上述数组中找出 18 这数字：

```
b[1,1,2]
18
```

选取第 0 层第 3 行的数据：

```
b[0,2,:]
array([ 8,  9, 10, 11])
b[0,2]
array([ 8,  9, 10, 11])
```

选取第 0 层的所有数据：

```
b[0,...]    #多个冒号可以用"..."来代替
array([[ 0,  1,  2,  3],
       [ 4,  5,  6,  7],
       [ 8,  9, 10, 11]])
```

```
b[0]
array([[ 0,  1,  2,  3],
       [ 4,  5,  6,  7],
       [ 8,  9, 10, 11]])
```

选取各层第 2 行的数据：

```
b[:,1]
array([[ 4,  5,  6,  7],
       [16, 17, 18, 19]])
```

选取各层第 2 列的数据：

```
b[:,:,1]
array([[ 1,  5,  9],
       [13, 17, 21]])
```

```
b[...,1]
array([[ 1,  5,  9],
       [13, 17, 21]])
```

间隔选取元素，如在第 0 层中每隔 1 行选取该行倒数第 2 个数：

```
b[0,::2,-2]
array([ 2, 10])
```

对于结构数组的索引，可以通过直接引用其字段名来实现。如对上一小节定义的 goods 数组进行索引：

```
goods['name']
array(['Gree Airconditioner', 'Sony Blueray Player',
       'Apple Macbook Pro 13', 'iPhoneSE'], dtype='<U50')
```

```
goods[3]
('iPhoneSE', 'JD.com', 4588., 2)
```

```
goods[3]['name']
'iPhoneSE'
```

```
sum(goods['volume'])
10
```

2. 逻辑索引

逻辑索引亦即布尔型索引、条件索引，可以通过指定布尔数组或者条件进行索引：

```
b[b>=15]
array([15, 16, 17, 18, 19, 20, 21, 22, 23])
```

```
b[~(b>=15)]
array([ 0,  1,  2,  3,  4,  5,  6,  7,  8,  9, 10, 11, 12, 13, 14])
```

```
b[(b>=5)&(b<=15)]        #注意：逻辑运算符 and、or 在布尔数组中无效
array([ 5,  6,  7,  8,  9, 10, 11, 12, 13, 14, 15])
```

创建一个布尔型数组，将其用于对数组 b 的布尔型索引：

```
b_bool1=np.array([False,True],dtype=bool)
b[b_bool1]
array([[[12, 13, 14, 15],
        [16, 17, 18, 19],
        [20, 21, 22, 23]]])
```

```
b_bool2=np.array([False,True,True],dtype=bool)
```

```
b_bool3=np.array([False,True,True,False],dtype=bool)
b[b_bool1,b_bool2]
array([[16, 17, 18, 19],
       [20, 21, 22, 23]])
b[b_bool1,b_bool2,b_bool3]
array([17, 22])
```

3. 花式索引

花式索引（fancy indexing）即利用整数数组进行索引，其可使用指定顺序对数组提取子集。如对之前构造的数组对象 b，提取第 0 层第 1 行第 2 列、第 0 层第 2 行第 3 列的数据子集：

```
b[[0],[1,2],[2,3]]
array([ 6, 11])
```

ix_ 函数可以将若干一维整数数组转换为一个用于选取矩形区域的索引器：

```
b[np.ix_([1,0],[2,1],[0,3,2])]
array([[[20, 23, 22],
        [16, 19, 18]],

       [[ 8, 11, 10],
        [ 4,  7,  6]]])
```

数组切片是原始数组的视图（view），它与原始数组共享同一块数据存储空间，即：数据不会被复制，视图上的任何修改都会直接反映到原始数组。如果需要数组切片是一个副本而不是视图，可以用 copy 方法进行浅复制：

```
b_slice=b[0,1,1:3]
b_copy=b[0,1,1:3].copy()
b_slice
array([5, 6])
b_copy
array([5, 6])
```

将数组元素重赋值：

```
b_slice[1]=666
b_slice
array([  5, 666])
b
array([[[  0,   1,   2,   3],
        [  4,   5, 666,   7],
        [  8,   9,  10,  11]],

       [[ 12,  13,  14,  15],
        [ 16,  17,  18,  19],
        [ 20,  21,  22,  23]]])
```

可以看出，原始数组中的元素也发生了变化。

```
b_copy[1]=999
b_copy
array([  5, 999])
b
```

```
array([[[  0,   1,   2,   3],
        [  4,   5, 666,   7],
        [  8,   9,  10,  11]],

       [[ 12,  13,  14,  15],
        [ 16,  17,  18,  19],
        [ 20,  21,  22,  23]]])
```

可以看出，通过对复制的切片进行重赋值，原始数组中的元素没有发生了变化。

3.1.2.3　数组的属性

可以从诸多方面刻画数组的属性，如数组维度、大小、数据类型等。如有如下数组：

```
ac=np.arange(12)
ac.shape=(2,2,3)
ac
```
```
array([[[  0,   1,   2],
        [  3,   4,   5]],

       [[  6,   7,   8],
        [  9,  10,  11]]])
```

本书只对数据分析中常用的数组属性进行介绍，如表 3-2 所示：

表 3-2　数组的常用属性

属性	含义	示例	结果
shape	返回数组的形状，如行、列、层等	ac.shape	(2, 2, 3)
dtype	返回数组中各元素的类型	ac.dtype goods.dtype	dtype('int64') dtype([('name', '<U50'), ('location', '<U30'), ('price', '<f2'), ('volume', '<i4')])
ndim	返回数组的维数或数组轴的个数（有多少对[]就有多少维数）	ac.ndim	3
size	返回数组元素的总个数	ac.size	12
itemsize	返回数组中的元素在内存中所占的字节数	ac.itemsize	8
nbyte	返回数组所占的存储空间，即 itemsize 与 size 的乘积	ac.nbytes	96
T	返回数组的转置数组	print (ac.T) np.array([0,1,2,3]).T	[[[0 6] [3 9]] [[1 7] [4 10]] [[2 8] [5 11]]] array([0,1,2,3])

表 3-2 续表

属性	含义	示例	结果

flat	返回一个 numpy.flatiter 对象,即展平迭代器。可以像遍历一维数组一样去遍历任意多维数组,也可从迭代器中获取指定数组元素。
	
	flat 属性是一个可赋值的属性
		`acf=ac.flat;acf`
		
		`for i in acf:`
		　　`print (i,end=' ')`
		
		`acf[5:]`
		
		`acf[[1,3,11]]=100`
		`print (ac)`
			`<numpy.flatiter    at`
			`0x10114da00>`
			
			`0 1 2 3 4 5 6 7 8 9 10 11`
			
			`array([5,6,7,8,9,10,11])`
			
			`[[  0 100   2]`
			` [100   4   5]]`
			
			`[[  6   7   8]`
			` [  9  10 100]]]`

3.1.2.4　数组排序

numpy 提供了多种排序函数,如:

➢ **sort**:返回排序后的数组;

➢ **lexsort**:根据键值的字典序进行排序;

➢ **argsort**:返回数组排序后的下标;

➢ **msort**:沿着第一个轴排序;

➢ **sort_complex**:对复数按照先实后虚的顺序进行排序。

除此之外,ndarray 对象的 sort 方法可对数组进行原地排序。在上述函数中,argsort 和 sort 可以用来对 numpy 数组类型进行排序。

```
s=np.array([1,2,4,3,1,2,2,4,6,7,2,4,8,4,5])
np.sort(s)
```
```
array([1, 1, 2, 2, 2, 2, 3, 4, 4, 4, 4, 5, 6, 7, 8])
```
```
np.argsort(s)
```
```
array([ 0,  4,  1,  5,  6, 10,  3,  2,  7, 11, 13, 14,  8,  9, 12])
```
```
s[np.argsort(-s)]            #对 s 进行降序排列
```
```
array([8, 7, 6, 5, 4, 4, 4, 4, 3, 2, 2, 2, 2, 1, 1])
```
```
s.sort()                    #sort 方法是就地排序
print (s,end=' ')
```
```
[1 1 2 2 2 2 3 4 4 4 4 5 6 7 8]
```

要注意,sort 方法排序后会改变原数组元素的位置即原地排序。

在多维数组中,可以指定按照数组的轴进行排序:

```
s_r=np.array([3,23,52,34,52,3,6,645,34,7,85,23]).reshape(6,2)
s_r
```
```
array([[  3,  23],
       [ 52,  34],
       [ 52,   3],
```

```
      [  6, 645],
      [ 34,   7],
      [ 85,  23]])
```
```
s_r.sort(axis=1)
s_r
```
```
array([[  3,  23],
      [ 34,  52],
      [  3,  52],
      [  6, 645],
      [  7,  34],
      [ 23,  85]])
```
```
s_r.sort(axis=0)
s_r
```
```
array([[  3,  23],
      [  3,  34],
      [  6,  52],
      [  7,  52],
      [ 23,  85],
      [ 34, 645]])
```
```
s_r.sort(axis=-1)
s_r
```
```
array([[  3,  23],
      [  3,  34],
      [  6,  52],
      [  7,  52],
      [ 23,  85],
      [ 34, 645]])
```

使用 `lexsort` 函数可以指定排序的顺序，如：

```
a=[1,5,1,4,3,4,4]
b=[9,4,0,4,0,2,1]
ind=np.lexsort((b,a))      #先按 a 排序，再按 b 排序
[(a[i],b[i]) for i in ind]
```
```
[(1, 0), (1, 9), (3, 0), (4, 1), (4, 2), (4, 4), (5, 4)]
```

3.1.2.5 数组维度

数组的维度可以进行变换，如行列互换、降维等。numpy 中可以使用 `reshape` 函数改变数组的维数，使用 `ravel` 函数、`flatten` 函数等把数组展平为一维数组。

1. 展平

展平即把多维数组降维成一维数组，如有如下 3 维数组：

```
b=np.arange(24).reshape(2,3,4)
b
```
```
array([[[  0,  1,  2,  3],
      [  4,  5,  6,  7],
      [  8,  9, 10, 11]],
```

```
        [[12, 13, 14, 15],
         [16, 17, 18, 19],
         [20, 21, 22, 23]]])
b.ndim
3
```

现将数组 b 展平为一维数组：

```
br=np.ravel(b)
br
array([ 0,  1,  2,  3,  4,  5,  6,  7,  8,  9, 10, 11, 12, 13, 14, 15, 16,
       17, 18, 19, 20, 21, 22, 23])
br.ndim
1
```

使用 reshape 函数也可通过设置参数将数组转成貌似一维数组的样子，但是要注意，其转换结果的维度与展平结果的维度不同：

```
brsh=b.reshape(1,1,24)
brsh
array([[[ 0,  1,  2,  3,  4,  5,  6,  7,  8,  9, 10, 11, 12, 13, 14, 15,
        16, 17, 18, 19, 20, 21, 22, 23]]])
brsh.ndim
3
```

ndarray 对象的 flatten 方法与 ravel 函数功能相同：

```
b.flatten()
array([ 0,  1,  2,  3,  4,  5,  6,  7,  8,  9, 10, 11, 12, 13, 14, 15, 16,
       17, 18, 19, 20, 21, 22, 23])
```

但是执行 flatten 函数后，会分配内存保存结果；ravel 函数只是返回数组的一个视图。

2. 维度改变

数组的 reshape 方法和 resize 方法均可改变数组的维度和数组尺寸，如：

```
bd=b.reshape(4,6)
bd
array([[ 0,  1,  2,  3,  4,  5],
       [ 6,  7,  8,  9, 10, 11],
       [12, 13, 14, 15, 16, 17],
       [18, 19, 20, 21, 22, 23]])
```

上述结果表明，2 层 3 行 4 列的 3 维数组 b 已经转变为 4 行 6 列的 2 维数组。

也可以通过为数组的 shape 属性赋值的方式直接改变数组尺寸或维度：

```
b.shape=(1,1,24)
b
array([[[ 0,  1,  2,  3,  4,  5,  6,  7,  8,  9, 10, 11, 12, 13, 14, 15,
        16, 17, 18, 19, 20, 21, 22, 23]]])
```

resize 方法与 reshape 方法的功能一样，但是 reshape 只是返回数组的一个视图；而 resize 会直接修改所操作的数组，与上述直接为数组的 shape 赋值一样：

```
b.resize(1,1,24)
b
array([[[ 0,  1,  2,  3,  4,  5,  6,  7,  8,  9, 10, 11, 12, 13, 14, 15,
         16, 17, 18, 19, 20, 21, 22, 23]]])
```

3. 转置

转置是数据分析过程中常用的数据处理方法，即把数组的尺寸大小互换，可以使用 numpy 中的 transpose 函数：

```
b.shape=(3,4,2)
b
array([[[ 0,  1],
        [ 2,  3],
        [ 4,  5],
        [ 6,  7]],

       [[ 8,  9],
        [10, 11],
        [12, 13],
        [14, 15]],

       [[16, 17],
        [18, 19],
        [20, 21],
        [22, 23]]])
```

```
np.transpose(b)    #该语句等价于:b.T
array([[[ 0,  8, 16],
        [ 2, 10, 18],
        [ 4, 12, 20],
        [ 6, 14, 22]],

       [[ 1,  9, 17],
        [ 3, 11, 19],
        [ 5, 13, 21],
        [ 7, 15, 23]]])
```

数组的 T 属性也可以实现转置，如下语句运行结果与上述 transpose 函数结果一致：

```
b.T
```

3.1.2.6　数组组合

numpy 数组的组合可以分为：水平组合（hstack）、垂直组合（vstack）、深度组合（dstack）、列组合（colume_stack）、行组合（row_stack）等。括号中的英文名称就是实现其组合功能的函数名，除这些函数之外，numpy 还提供了其他函数进行组合。

1. 水平组合

水平组合即把所有参加组合的数组拼接起来，各数组行数应当相等：

```
a=np.arange(9).reshape(3,3)
print (a)
[[0 1 2]
 [3 4 5]
 [6 7 8]]
b=np.array([[0,11,22,33],[44,55,66,77],[88,99,00,11]])
print (b)
[[ 0 11 22 33]
 [44 55 66 77]
 [88 99  0 11]]
```

将数组 a 和数组 b 水平组合起来：

```
np.hstack((a,b))        #注意：两层括号
array([[ 0,  1,  2,  0, 11, 22, 33],
       [ 3,  4,  5, 44, 55, 66, 77],
       [ 6,  7,  8, 88, 99,  0, 11]])
```

要注意 hstack 函数的参数只有一个，所以应当把要参加组合的数组对象以元组的形式作为参数。

使用 concatenate 函数指定其 axis 参数值为 1 也可以实现同样功能：

```
np.concatenate((a,b),axis=1)
array([[ 0,  1,  2,  0, 11, 22, 33],
       [ 3,  4,  5, 44, 55, 66, 77],
       [ 6,  7,  8, 88, 99,  0, 11]])
```

如果参加组合的各数组的行不一致，则系统会提示错误信息：

```
c=np.array([[0,11,22],[44,55,66],[88,99,00],[22,33,44]])
print (c)
[[ 0 11 22]
 [44 55 66]
 [88 99  0]
 [22 33 44]]
np.hstack((a,c))
---------------------------------------------------------------
ValueError                    Traceback (most recent call last)
<ipython-input-119-6bcc1f73929a> in <module>()
----> 1 np.hstack((a,c))
……
ValueError: all the input array dimensions except for the concatenation axis
must match exactly
```

2. 垂直组合

垂直组合即把所有参加组合的数组追加在一起，各数组列数应一致：

```
np.vstack((a,c))
array([[ 0,  1,  2],
       [ 3,  4,  5],
       [ 6,  7,  8],
```

```
     [ 0, 11, 22],
     [44, 55, 66],
     [88, 99,  0],
     [22, 33, 44]])
```

同样，使用 concatenate 函数指定其 axis 参数值为 0 也可实现同样功能：

```
np.concatenate((a,c),axis=0)
```
```
array([[ 0,  1,  2],
       [ 3,  4,  5],
       [ 6,  7,  8],
       [ 0, 11, 22],
       [44, 55, 66],
       [88, 99,  0],
       [22, 33, 44]])
```

如果参加组合的各数组的列不一致，则系统会提示错误信息。

3. 深度组合

深度组合即将参加组合的各数组相同位置的数据组合在一起。其要求所有数组维度属性要相同，类似于数组叠加。如把如上构造的数组 a 和重新构造的数组 d 深度组合起来：

```
d=np.delete(b,3,axis=1)
#delete 函数可以删除数组中的指定数据，axis=1 表示列，axis=0 表示行
print (d)
```
```
[[ 0 11 22]
 [44 55 66]
 [88 99  0]]
```
```
np.dstack((a,d))
```
```
array([[[ 0,  0],
        [ 1, 11],
        [ 2, 22]],

       [[ 3, 44],
        [ 4, 55],
        [ 5, 66]],

       [[ 6, 88],
        [ 7, 99],
        [ 8,  0]]])
```

4. 列组合

column_stack 函数对于一维数组按列方向进行组合：

```
a1=np.arange(4)
a2=np.arange(4)*2
np.column_stack((a1,a2))
```
```
array([[0, 0],
       [1, 2],
       [2, 4],
       [3, 6]])
```

对于二维数组，column_stack 与 hstack 效果相同。

5．行组合

row_stack 函数对于一维数组按行方向进行组合：

```
np.row_stack((a1,a2))
array([[0, 1, 2, 3],
       [0, 2, 4, 6]])
```

对于二维数组，row_stack 与 vstack 效果相同。

3.1.2.7　数组分拆

numpy 数组可以进行水平分拆(hsplit)、垂直分拆(vsplit)、深度分拆(dsplit)，括号中的英文名称就是实现其分拆功能的函数名。同时也可以调用 split 函数进行上述各种分拆。数组分拆的结果是一个由数组作为元素构成的列表。

1．水平分拆

把数组沿着水平方向进行分拆：

```
a=np.arange(9).reshape(3,3)
print (a)
[[0 1 2]
 [3 4 5]
 [6 7 8]]
ahs=np.hsplit(a,3)
print (ahs)
[array([[0],
       [3],
       [6]]), array([[1],
       [4],
       [7]]), array([[2],
       [5],
       [8]])]
type(ahs)
list
type(ahs[1])
numpy.ndarray
```

要注意，数组分拆结果返回的是列表，而列表中的元素才是 numpy 数组。

split 函数也可实现同样的功能：

```
np.split(a,3,axis=1)
[array([[0],
       [3],
       [6]]), array([[1],
       [4],
       [7]]), array([[2],
       [5],
       [8]])]
```

2．垂直分拆

vsplit 和 split 函数均可实现把数组沿着垂直方向进行分拆的功能：

```
np.vsplit(a,3)
```
```
[array([[0, 1, 2]]), array([[3, 4, 5]]), array([[6, 7, 8]])]
```
```
np.split(a,3,axis=0)
```
```
[array([[0, 1, 2]]), array([[3, 4, 5]]), array([[6, 7, 8]])]
```

3．深度分拆

按照深度方向分拆 3 个维度以上（含）的数组：

```
ads=np.arange(12)
ads.shape=(2,2,3)
ads
```
```
array([[[ 0,  1,  2],
        [ 3,  4,  5]],

       [[ 6,  7,  8],
        [ 9, 10, 11]]])
```
```
np.dsplit(ads,3)
```
```
[array([[[0],
         [3]],

        [[6],
         [9]]]), array([[[ 1],
         [ 4]],

        [[ 7],
         [10]]]), array([[[ 2],
         [ 5]],

        [[ 8],
         [11]]])]
```

3.1.2.8 ufunc 运算

ufunc（universal function）是一种能对数组中每个元素进行操作的函数。这些函数可以进行四则运算、比较运算以及布尔运算等。numpy 内置的许多 ufunc 函数的计算速度非常快，而且可以使用"out="关键字来指定把函数返回结果存储在指定数组中。用户也可以用 frompyfunc 函数来自定义 ufunc 函数。

1．函数运算、比较运算与布尔运算

使用 ufunc 运算可以使得函数作用到数组的每个元素：

```
a1=np.arange(0,10)
a1
```
```
array([0, 1, 2, 3, 4, 5, 6, 7, 8, 9])
```
```
a2=np.arange(0,20,2)
a2
```

```
array([0, 2, 4, 6, 8, 10, 12, 14, 16, 18])
```
```
a3=np.add(a1,a2,out=a1)        #out=后面的数组须是事先定义过的数组，out=关键字可以省略
print (a3,a1)
```
```
[ 0  3  6  9 12 15 18 21 24 27] [ 0  3  6  9 12 15 18 21 24 27]
```
```
id(a3)==id(a1)
```
```
True
```

从运算结果可以看出，使用 out 关键字指定数组与通常使用赋值方式得到的函数运算结果数组是绑定到同一个对象的。

再如比较和布尔运算：

```
a1>a2
```
```
array([False, True, True, True, True, True, True, True, True, True])
```
```
any(a1>a2)
```
```
True
```
```
all(a1>a2)
```
```
False
```

numpy 的 ufunc 运算要比 python 内置函数运算速度快（在第 3.1 小节中本书已经展示过）。如，给定相同的一系列元素，使得每个元素都求平方，比较二者的运算速度：

```
def mathcal(n):
    s=[]
    for i in range(n+1):
        s.append(i**2)
    return

def ufunccal(n):
    s=np.array(range(n+1))**2
    return

%timeit mathcal(1000000)
%timeit ufunccal(1000000)
```
```
368 ms ± 2.07 ms per loop (mean ± std. dev. of 7 runs, 1 loop each)
160 ms ± 6.65 ms per loop (mean ± std. dev. of 7 runs, 10 loops each)
```

2. 自定义 ufunc 函数

通过 numpy 提供的标准 ufunc 函数，可以组合出复杂的表达式。但有些时候，用户需要自定义函数对数组元素进行操作，这时可以用 frompyfunc 函数将一个计算单个元素的函数转换成 ufunc 函数。frompyfunc 的调用格式为：

```
frompyfunc(func, n_in, n_out)
```

其中，n_in 和 n_out 分别表示函数输入参数的个数和返回值的个数。

如在考试中由于出题难度偏大，需要对所有人的分数进行提升，并且保持分数的相对位置不变，可以编制一个函数：

```
def liftscore(n):
    n_new=np.sqrt((n^2)*100)
    return n_new
```

使用 `frompyfunc` 将其自定义为 `ufunc` 函数，并对数组对象进行操作：

```
score=np.array([87,77,56,100,60])
score_1=np.frompyfunc(liftscore,1,1)(score)
score_1
array([92.195444572928878, 88.881944173155887, 76.157731058639087,
    100.99504938362078, 78.740078740118108], dtype=object)
```

要注意 `frompyfunc` 转换的 `ufunc` 函数所返回数组的元素类型是 `object`。因此还需要再调用数组的 `astype` 方法以将其转换为浮点数组。

```
score_1=score_1.astype(float)
score_1.dtype
dtype('float64')
```

使用 `vectorize` 也可以实现和 `frompyfunc` 类似的功能。但它可以通过 `otypes` 参数指定返回数组的元素类型。`otypes` 参数可以是一个表示元素类型的字符串，也可以是一个类型列表，使用列表可以描述多个返回数组的元素类型：

```
score_2=np.vectorize(liftscore,otypes=[float])(score)
any(score_1==score_2)
True
```

3. 广播

当使用 `ufunc` 函数对两个数组进行计算时，`ufunc` 函数会对这两个数组的对应元素进行计算。因此要求这两个数组的形状相同。如果形状不同，会进行如下的广播（broadcasting）：

> ➢ 让所有输入数组（即参与计算的数组）都向维数最多的数组看齐，`shape` 属性中不齐的部分都通过加 1 补齐；

> ➢ 输出数组（即计算结果的数组）的 `shape` 属性是输入数组的 `shape` 属性在各个轴上的最大值；

> ➢ 如果输入数组的某个轴长度为 1 或与输出数组对应轴的长度相同，这个数组就可用来计算，否则出错；

> ➢ 当输入数组的某个轴长度为 1 时，沿着此轴运算时都用此轴上的第一组值。

```
a=np.arange(0,10).reshape(5,2);a
array([[0, 1],
    [2, 3],
    [4, 5],
    [6, 7],
    [8, 9]])
b=np.arange(0,1,0.2).reshape(5,1);b
array([[ 0. ],
    [ 0.2],
    [ 0.4],
    [ 0.6],
    [ 0.8]])
c=a+b;c
```

```
array([[ 0. ,  1. ],
       [ 2.2,  3.2],
       [ 4.4,  5.4],
       [ 6.6,  7.6],
       [ 8.8,  9.8]])
c.shape
(5, 2)
```

numpy 提供了快速构造可进行广播运算数组的 ogrid 对象。ogrid 和多维数组一样，用切片元组作为下标，返回一组可用来广播计算的数组：

```
x,y=np.ogrid[:5,:5]
x
array([[0],
       [1],
       [2],
       [3],
       [4]])
y
array([[0, 1, 2, 3, 4]])
x1=np.ogrid[:5,:5]
x1
[array([[0],
        [1],
        [2],
        [3],
        [4]]), array([[0, 1, 2, 3, 4]])]
```

mgrid 对象的用法和 ogrid 对象类似，但它返回进行广播之后的数组：

```
x2=np.mgrid[:5,:5]
x2
array([[[0, 0, 0, 0, 0],
        [1, 1, 1, 1, 1],
        [2, 2, 2, 2, 2],
        [3, 3, 3, 3, 3],
        [4, 4, 4, 4, 4]],

       [[0, 1, 2, 3, 4],
        [0, 1, 2, 3, 4],
        [0, 1, 2, 3, 4],
        [0, 1, 2, 3, 4],
        [0, 1, 2, 3, 4]]])
```

4. ufunc 的方法

ufunc 函数还有只对两个输入一个输出的 ufunc 函数有效的方法。如 reduce、accumulate、reduceat、outer 等。

reduce 方法和 python 基本库中的 reduce 函数类似，它沿着 axis 轴对数组元素进行操作：

```
np.add.reduce(np.arange(5))
```
```
10
```
```
np.add.reduce([[1,2,3,4],[5,6,7,8]],axis=1)
```
```
array([10, 26])
```
```
np.add.reduce([[1,2,3,4],[5,6,7,8]],axis=0)
```
```
array([ 6,  8, 10, 12])
```

accumulate 方法和 reduce 方法类似，但它返回的数组和输入的数组的形状相同，同时保存所有中间结果：

```
np.add.accumulate(np.arange(5))
```
```
array([ 0,  1,  3,  6, 10])
```
```
np.add.accumulate([[1,2,3,4],[5,6,7,8]],axis=1)
```
```
array([[ 1,  3,  6, 10],
       [ 5, 11, 18, 26]])
```
```
np.add.accumulate([[1,2,3,4],[5,6,7,8]],axis=0)
```
```
array([[ 1,  2,  3,  4],
       [ 6,  8, 10, 12]])
```

reduceat 方法可通过 indices 参数指定多对 reduce 的起始和终止位置，从而计算多组 reduce 的结果：

```
ara=np.arange(8)
ara
```
```
array([0, 1, 2, 3, 4, 5, 6, 7])
```
```
np.add.reduceat(ara,indices=[0,4, 1,5, 2,6, 3,7])
```
```
array([6, 4, 10, 5, 14, 6, 18, 7])
```

该方法计算方式较为特别，其返回数组中的元素实际上是按照如下方式进行计算的：

ara[0]+ara[1]+ara[2]+ara[3]=0+1+2+3=6

ara[4]=4

ara[1]+ara[2]+ara[3]+ara[4]=1+2+3+4=10

ara[5]=5

ara[2]+ara[3]+ara[4]+ara[5]=2+3+4+5=14

ara[6]=6

ara[3]+ara[4]+ara[5]+ara[6]=3+4+5+6=18

ara[7]=7

所以，可以使用切片的方式把其 reduce 结果直接显示出来：

```
np.add.reduceat(ara,[0,4, 1,5, 2,6, 3,7])[::2]
```
```
array([6, 10, 14, 18])
```

outer 方法可对其作为两个参数的数组的每两对元素的组合进行运算：

```
np.add.outer([1,2,3,4],[5,6,7,8])
```
```
array([[ 6,  7,  8,  9],
       [ 7,  8,  9, 10],
       [ 8,  9, 10, 11],
       [ 9, 10, 11, 12]])
```
```
np.multiply.outer([1,2,3],[5,6,7,8])
```
```
array([[ 5,  6,  7,  8],
```

```
      [10, 12, 14, 16],
      [15, 18, 21, 24]])
```

3.1.3 矩阵

矩阵（matrix）是 numpy 提供的另外一种数据类型，可以使用 mat 或 matrix 函数将数组转化为矩阵：

```
m1=np.mat([[1,2,3],[4,5,6]])
m1
matrix([[1, 2, 3],
        [4, 5, 6]])
m1*8
matrix([[ 8, 16, 24],
        [32, 40, 48]])
m2=np.matrix([[1,2,3],[4,5,6],[7,8,9]])
m1*m2
matrix([[30, 36, 42],
        [66, 81, 96]])
m2.I        #求 m2 的逆矩阵
matrix([[  3.15251974e+15,  -6.30503948e+15,   3.15251974e+15],
        [ -6.30503948e+15,   1.26100790e+16,  -6.30503948e+15],
        [  3.15251974e+15,  -6.30503948e+15,   3.15251974e+15]])
```

一般情况下在 python 中都会使用数组来进行运算，因为数组更灵活、速度更快。如果实在要使用矩阵进行运算的话，请读者自行使用 dir 函数查看矩阵对象的方法和属性，本书不再赘述。

3.1.4 文件读写

文件读写通常通过 savetxt、loadtxt 等 I/O 函数来实现：

```
np.savetxt('m2.txt',m2)        #将上面定义的 m2 对象作为 m2.txt 存储在当前文件夹中
```

运行之后，用户可在当前工作目录下找到一个名为 m2 的文本文档。

loadtxt 函数主要读取 csv 格式的文件，自动切分字段，并将数据载入 numpy 数组：

```
m2_reload=np.loadtxt('m2.txt',delimiter=' ')
m2_reload
array([[ 1.,  2.,  3.],
       [ 4.,  5.,  6.],
       [ 7.,  8.,  9.]])
```

读入数据的时候要注意源文件中数据之间的分隔符，在 loadtxt 函数中可以使用 delimiter 参数来指定。

如有某公司的历史股票价格数据存储在一个名为"data.csv"文本文档中，如图 3-1 所示：

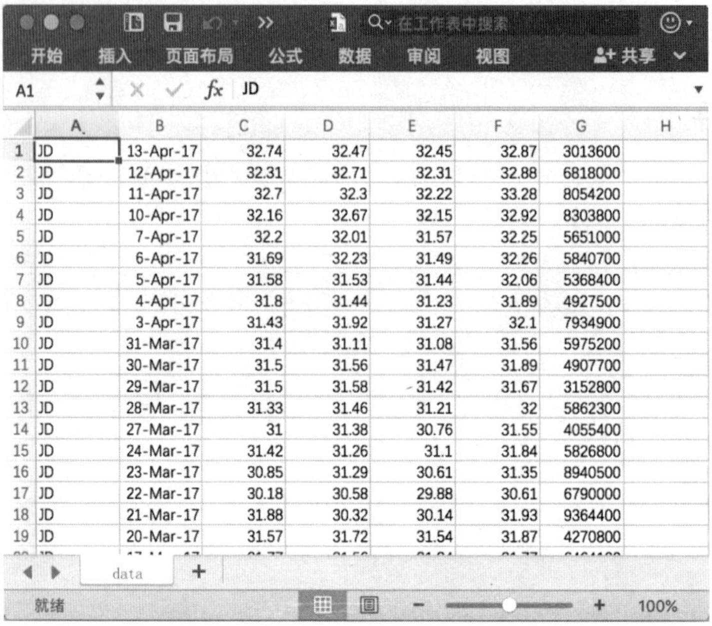

	A	B	C	D	E	F	G	H
1	JD	13-Apr-17	32.74	32.47	32.45	32.87	3013600	
2	JD	12-Apr-17	32.31	32.71	32.31	32.88	6818000	
3	JD	11-Apr-17	32.7	32.3	32.22	33.28	8054200	
4	JD	10-Apr-17	32.16	32.67	32.15	32.92	8303800	
5	JD	7-Apr-17	32.2	32.01	31.57	32.25	5651000	
6	JD	6-Apr-17	31.69	32.23	31.49	32.26	5840700	
7	JD	5-Apr-17	31.58	31.53	31.44	32.06	5368400	
8	JD	4-Apr-17	31.8	31.44	31.23	31.89	4927500	
9	JD	3-Apr-17	31.43	31.92	31.27	32.1	7934900	
10	JD	31-Mar-17	31.4	31.11	31.08	31.56	5975200	
11	JD	30-Mar-17	31.5	31.56	31.47	31.89	4907700	
12	JD	29-Mar-17	31.5	31.58	31.42	31.67	3152800	
13	JD	28-Mar-17	31.33	31.46	31.21	32	5862300	
14	JD	27-Mar-17	31	31.38	30.76	31.55	4055400	
15	JD	24-Mar-17	31.42	31.26	31.1	31.84	5826800	
16	JD	23-Mar-17	30.85	31.29	30.61	31.35	8940500	
17	JD	22-Mar-17	30.18	30.58	29.88	30.61	6790000	
18	JD	21-Mar-17	31.88	30.32	30.14	31.93	9364400	
19	JD	20-Mar-17	31.57	31.72	31.54	31.87	4270800	

图 3-1 某公司股票交易数据

需要将其读入 numpy 中作为一个数组对象：

```
stock=np.dtype([('name',np.str_,4),('time',np.str_,10),
               ('opening_price',np.float64),('closing_price',np.float64),
               ('lowest_price',np.float64),('highest_price',np.float64),
               ('volume',np.int32)])
jd_stock=np.loadtxt('data.csv',delimiter=',',dtype=stock)
jd_stock
array([('JD', '3-Jan-17', 25.95, 25.82, 25.64, 26.11,  8275300),
      ('JD', '4-Jan-17', 26.05, 25.85, 25.58, 26.08,  7862800),
      ('JD', '5-Jan-17', 26.15, 26.3 , 26.05, 26.8 , 10205600),
      ('JD', '6-Jan-17', 26.3 , 26.27, 25.92, 26.41,  6234300),
      ('JD', '9-Jan-17', 26.64, 26.26, 26.14, 26.95,  8071500),
       ……
      ('JD', '7-Apr-17', 32.2 , 32.01, 31.57, 32.25,  5651000),
      ('JD', '10-Apr-17', 32.16, 32.67, 32.15, 32.92,  8303800),
      ('JD', '11-Apr-17', 32.7 , 32.3 , 32.22, 33.28,  8054200),
      ('JD', '12-Apr-17', 32.31, 32.71, 32.31, 32.88,  6818000),
      ('JD', '13-Apr-17', 32.74, 32.47, 32.45, 32.87,  3013600)],
     dtype=[('name', '<U4'), ('time', '<U10'), ('opening_price', '<f8'),
('closing_price', '<f8'), ('lowest_price', '<f8'), ('highest_price', '<f8'),
('volume', '<i4')])
```

3.2 pandas 基础

pandas 构造于 numpy 基础之上，兼具 numpy 高性能的数组计算功能以及电子表格和关系型数据灵活的数据处理能力，提供了复杂精细的索引功能，可以更为便捷的完成索引、切片、组合以及选取数据子集等数据整理的操作。

pandas 包含了 Series（序列）和 DataFrame（数据框或数据帧）两种最为常用的类，其提供的数据结构使得 python 进行数据处理变得非常快速和简单。同时，pandas 提供了大量适用于数据处理和分析的高性能探索性数据分析、统计推断、时间序列等功能和工具。尤其是其提供的 DataFrame 类，是一个面向列的二维表结构，且含有行、列等信息，与通常统计分析和数据分析中具有变量和观测值的数据格式非常一致，使得处理大数据变得极其简捷。

在 python 中调用 pandas 往往使用如下约定俗成的方式：

```
import pandas as pd
```

如上导入方式在调用 pandas 中的模块或函数时应该使用"pd.模块或函数名称"的方式。

3.2.1 pandas 的数据结构

pandas 提供了最重要的两种数据结构类型：Series 和 DataFrame。可以使用如下语句调用：

```
from pandas import Series,DataFrame
#为突出介绍 pandas 与其他工具库不同的功能，本书不采用该导入方式，而采用 pd.XX 的调用方式
```

3.2.1.1 Series

类 Series 的实例是一个类似一维数组的对象，其基本内容包含数据和数据标签（即索引）。最简单的 Series 是由一个数组的数据构成：

```
s1=pd.Series([100, 78, 59, 63])
s1
0    100
1     78
2     59
3     63
dtype: int64
```

Series 的索引在左边，值在右边。从 0 到数据长度-1 是默认索引，用户也可以自定义该索引。values 和 index 属性可以得到 Series 的数据和索引：

```
s1.values
array([100, 78, 59,  63])
s1.index
RangeIndex(start=0, stop=4, step=1)
```

Series 的索引可以通过赋值的方式直接更改：

```
s1.index=['No.1','No.2','No.3','No.4']
s1
```

```
No.1    100
No.2     78
No.3     59
No.4     63
dtype: int64
```

在创建 Series 的时候，还可以直接通过指定 index 关键字的方式创建带有自定义索引的 Series：

```
s2=pd.Series([100,78,59,63],index=['Maths','English',
                                    'Literature','History'])
s2
```

```
Maths          100
English         78
Literature      59
History         63
dtype: int64
```

Series 可以通过索引访问到其具体的数据元素：

```
s2[['English','History']]              #注意要以列表的形式把复合索引组合在一起
```

```
English   78
History   63
dtype: int64
```

Series 也可以由字典直接转换而来，字典中的键便成为 Series 的索引：

```
d3={'Name':'Zhang San','Gender':'Male','Age':19,'Height':178,'Weight':66}
s3=pd.Series(d3)
s3
```

```
Age            19
Gender       Male
Height        178
Name     Zhang San
Weight         66
dtype: object
```

```
student_attrib=['ID','Name','Gender','Age','Grade','Height','Weight']
s4=pd.Series(d3,index=student_attrib)
s4
```

```
ID            NaN
Name     Zhang San
Gender       Male
Age            19
Grade         NaN
Height        178
Weight         66
dtype: object
```

　　pandas 的缺失数据被标记为 NaN（有关缺失值的处理，参见第 3.2.2.9 小节）。可以用函数 isnull、notnull 或 Series 实例对象的 isnull、notnull 方法来检测缺失值：

```
pd.isnull(s4)       #等价于 s4.isnull()
ID         True
Name       False
Gender     False
Age        False
Grade      True
Height     False
Weight     False
dtype: bool
```

　　Series 的一个重要功能是在运算中它会自动对齐不同索引的数据：

```
s3+s4
Age                      38
Gender            MaleMale
Grade                   NaN
Height                  356
ID                      NaN
Name      Zhang SanZhang San
Weight                  132
dtype: object
```

　　Series 对象本身及其索引都具有 name 属性：

```
s4.name='Student\'s profile'
s4.index.name='Attribute'
s4
Attribute
ID          NaN
Name      Zhang San
Gender      Male
Age         19
Grade       NaN
Height      178
Weight      66
Name: Student's profile, dtype: object
```

　　reindex 方法可以使得 Series 按照指定的顺序实现重新索引：

```
s4.reindex(index=['Name','ID','Age','Gender','Height','Weight','Grade'])
Attribute
Name      Zhang San
ID          NaN
Age         19
Gender      Male
Height      178
Weight      66
```

```
Grade                NaN
Name: Student's profile, dtype: object
```

　　进行 reindex 重新索引时可新增索引，并可使用 backfill、bfill、pad、ffill
等方法或 fill_value 为原索引中没有的新增索引指定填充的内容。在这种情况下，
index 必须是单调的，否则就会引发错误：

```
s4.index=['b','g','a','c','e','f','d']
s4
```

```
b            NaN
g      Zhang San
a           Male
c             19
e            NaN
f            178
d             66
Name: Student's profile, dtype: object
```

```
s4.reindex(index=['a','b','c','d','e','f','g','h'],fill_value=0)
```

```
a           Male
b            NaN
c             19
d             66
e            NaN
f            178
g      Zhang San
h              0
Name: Student's profile, dtype: object
```

　　注意，reindex 并不会改变原索引的实际存储位置，而是返回一个经过重新索引的
视图：

```
s4
```

```
b            NaN
g      Zhang San
a           Male
c             19
e            NaN
f            178
d             66
Name: Student's profile, dtype: object
```

```
s4.index=[0,2,3,6,8,9,11]
s4.reindex(range(10),method='ffill')
```

```
0            NaN
1            NaN
2      Zhang San
3           Male
4           Male
5           Male
6             19
```

```
7            19
8            NaN
9            178
Name: Student's profile, dtype: object
```

要注意，使用 reindex(index,method='**') 的时候，Series 的原 index 必须是单调的。本例中，如 s4 的索引仍然为'b','g','a','c','e','f','d'的话，则系统会给出出错信息。

3.2.1.2　DataFrame

DataFrame 是类似电子表格的数据结构，与 R 中的 DataFrame 类似。类 DataFrame 的实例对象有行和列的索引，它可以被看作是一个 Series 的字典（每个 Series 共享一个索引）。

1. 创建 DataFrame 实例对象

创建类 DataFrame 实例对象的方式很多，最常用的方式是直接用字典或 numpy 数组来生成。

（1）使用字典创建 DataFrame

使用字典创建 DataFrame 实例时，利用 DataFrame 可以将字典的键直接设置为列索引，并且指定一个列表作为字典的值，字典的值便成为该列索引下所有的元素：

```
dfdata={'Name':['Zhang San','Li Si','Wang Laowu','Zhao Liu','Qian Qi',
                'Sun Ba'],'Subject':['Literature','History','Enlish',
                'Maths','Physics','Chemics'],'Score':[98,76,84,70,93,83]}
scoresheet=pd.DataFrame(dfdata)
print (scoresheet)
        Name    Score       Subject
0   Zhang San     98      Literature
1       Li Si     76         History
2  Wang Laowu     84          Enlish
3    Zhao Liu     70           Maths
4     Qian Qi     93         Physics
5      Sun Ba     83         Chemics
```

一般 DataFrame 会用于处理大量数据，为快速查看 DataFrame 的内容，可以使用 DateFrame 实例对象的 head 或 tail 方法查看指定行数的数据：

```
scoresheet.head()
#head 括号中可以指定查看数据的前 n 行（默认前 5 行），如使用 tail(n)方法表示查看后 n 行。
#注意：在 notebook 中直接查看 DataFrame 对象内容时，系统会自动加上边框，这与 print 的运
行结果不同。
```

	Name	**Score**	**Subject**
0	Zhang San	98	Literature
1	Li Si	76	History

2	Wang Laowu	84	Enlish
3	Zhao Liu	70	Maths
4	Qian Qi	93	Physics

columns 和 values 属性可以查看 DataFrame 实例对象的列和值：

```
scoresheet.columns
Index(['Name', 'Score', 'Subject'], dtype='object')
scoresheet.values
array([['Zhang San', 98, 'Literature'],
       ['Li Si', 76, 'History'],
       ['Wang Laowu', 84, 'Enlish'],
       ['Zhao Liu', 70, 'Maths'],
       ['Qian Qi', 93, 'Physics'],
       ['Sun Ba', 83, 'Chemics']], dtype=object)
```

还可以使用嵌套的字典构造 DataFrame。由嵌套字典构造的 DataFrame，嵌套字典的外部键会被解释为列索引，内部键会被解释为行索引：

```
dfdata2={'Name':{101:'Zhang San',102:'Li Si',103:'Wang Laowu',
                 104:'Zhao Liu',105:'Qian Qi',106:'Sun Ba'},
         'Subject':{101:'Literature',102:'History',103:'Enlish',
                    104:'Maths',105:'Physics',106:'Chemics'},
         'Score':{101:98,102:76,103:84,104:70,105:93,106:83}}
scoresheet2=pd.DataFrame(dfdata2)
scoresheet2
```

	Name	Score	Subject
101	Zhang San	98	Literature
102	Li Si	76	History
103	Wang Laowu	84	Enlish
104	Zhao Liu	70	Maths
105	Qian Qi	93	Physics
106	Sun Ba	83	Chemics

DataFrame 是由多个 Series 构成的，其每列都是一个 Series，如：

```
scoresheet2.Score
101    98
102    76
103    84
104    70
105    93
106    83
Name: Score, dtype: int64
```

（2）使用 numpy 数组构造 DataFrame

可将已有的 ndarray 对象直接构造为 DataFrame 实例对象：

```
numframe=np.random.randn(10,5)
framenum=pd.DataFrame(numframe)
framenum.head()
```

	0	1	2	3	4
0	-1.353669	-1.807184	-2.506113	-1.637126	-2.005395
1	-1.852630	0.430047	-0.620652	1.154032	1.670803
2	0.977303	0.184108	0.276790	-0.653721	-0.014224
3	0.916419	0.053575	1.155938	0.761510	0.520773
4	0.366374	0.393614	-0.010590	0.060587	-0.249078

```
framenum.info()      #info 属性表示打印数据框的属性信息
<class 'pandas.core.frame.DataFrame'>
RangeIndex: 10 entries, 0 to 9
Data columns (total 5 columns):
0    10 non-null float64
1    10 non-null float64
2    10 non-null float64
3    10 non-null float64
4    10 non-null float64
dtypes: float64(5)
memory usage: 480.0 bytes
```

```
framenum.dtypes      #dtypes 属性可查看 DataFrame 每列的属性
0    float64
1    float64
2    float64
3    float64
4    float64
dtype: object
```

如将前面的公司股价数组 jd_stock 构造为 DataFrame：

```
jd=pd.DataFrame(jd_stock)
jd.head()
```

	name	time	opening_price	closing_price	lowest_price	highest_price	volume
0	JD	3-Jan-17	25.95	25.82	25.64	26.11	8275300
1	JD	4-Jan-17	26.05	25.85	25.58	26.08	7862800
2	JD	5-Jan-17	26.15	26.30	26.05	26.80	10205600
3	JD	6-Jan-17	26.30	26.27	25.92	26.41	6234300
4	JD	9-Jan-17	26.64	26.26	26.14	26.95	8071500

```
jd.info()
<class 'pandas.core.frame.DataFrame'>
RangeIndex: 71 entries, 0 to 70
Data columns (total 7 columns):
name            71 non-null object
time            71 non-null object
opening_price   71 non-null float64
closing_price   71 non-null float64
lowest_price    71 non-null float64
highest_price   71 non-null float64
volume          71 non-null int32
dtypes: float64(4), int32(1), object(2)
memory usage: 3.7+ KB
```

（3）直接读入 csv 文件或 excel 文件构造 DataFrame

pandas 中可以使用 read_csv 读入本地或 web 的 csv 文件，这是创建 DataFrame 实例对象最为常见的方式之一：

```
jddf=pd.read_csv('data.csv',header=None,
                 names=['name','time','opening_price','closing_price',
                        'lowest_price','highest_price','volume'])
#header=None 表示不会自动把数据的第 1 行和第 1 列设置成行、列索引
#names 指定列索引，即通常意义下的变量名
jddf.head()
```

	name	time	opening_price	closing_price	lowest_price	highest_price	volume
0	JD	3-Jan-17	25.95	25.82	25.64	26.11	8275300
1	JD	4-Jan-17	26.05	25.85	25.58	26.08	7862800
2	JD	5-Jan-17	26.15	26.30	26.05	26.80	10205600
3	JD	6-Jan-17	26.30	26.27	25.92	26.41	6234300
4	JD	9-Jan-17	26.64	26.26	26.14	26.95	8071500

读入 excel 文件可直接使用 read_excel 函数即可：

```
jddf=pd.read_excel('data.xlsx',header=None,
                   names=['name','time','opening_price','closing_price',
                          'lowest_price','highest_price','volume'])
#注意：读入*.xlsx 的 excel 文档，需要 0.9.0 版本以上的 xlrd 模块（需事先自行安装）支持
jddf.head()
```

上述调用 excel 文档数据的结果同 csv 文档的结果。

（4）其他数据源构造 DataFrame

pandas 可以使用如表 3-3 所示主要 I/O 的 API 函数将主流格式的数据文件读入并转化为 DataFrame 实例对象：

表 3-3　pandas 可读入/写入的主要数据类型

描述	读入	写入
以逗号作为分隔符的数据	`read_csv`	`to_csv`
`json` 数据	`read_json`	`to_json`
网页中的表	`read_html`	`to_html`
剪贴板中数据内容	`read_clipboard`	`to_clipboard`
MS Excel 文件	`read_excel`	`to_excel`
分布式存储系统（HDFStore）中的 HDF5 文件	`read_hdf`	`to_hdf`
Feather 格式数据（一种快速可互操作的二进制数据框）	`read_feather`	`to_feather`
Parquet 数据(Hadoop 生态系统中的一种列式存储格式)	`read_parquet`	`to_parquet`
MessagePack 格式数据(JSON 的 1 对 1 二进制表示)	`read_msgpack`	`to_msgpack`
Stata 数据集	`read_stata`	`to_stata`
SAS 的 xpt 或 sas7bdat 格式的数据集	`read_sas`	
Python Pickle 数据格式	`read_pickle`	`to_pickle`
SQL、MySQL 数据库中的数据	`read_sql`	`to_sql`
具有分隔符的文件	`read_table`	
Google Big Query（可与 Google 存储结合使用的大量数据集进行交互式分析）	`read_gbq`	`to_gbq`

这些函数的用法与 `read_csv` 或 `read_excel` 类似，请读者自行查阅帮助文档，本书不予赘述。

有些时候，DataFrame 中可能有一列数据本身就可以作为 DataFrame 的行索引，如上导入数据结果中的 time 列。这时可以利用 set_index 方法将其设置为 DataFrame 的索引：

```
jddf=pd.read_table('data.csv',sep=',',header=None,
                names=['name','time','opening_price','closing_price',
                'lowest_price','highest_price','volume'])
jddfsetindex=jddf.set_index(jddf['time'])
jddfsetindex.head()
```

	name	time	opening_price	closing_price	lowest_price	highest_price	volume
time							
3-Jan-17	JD	3-Jan-17	25.95	25.82	25.64	26.11	8275300
4-Jan-17	JD	4-Jan-17	26.05	25.85	25.58	26.08	7862800
5-Jan-17	JD	5-Jan-17	26.15	26.30	26.05	26.80	10205600
6-Jan-17	JD	6-Jan-17	26.30	26.27	25.92	26.41	6234300
9-Jan-17	JD	9-Jan-17	26.64	26.26	26.14	26.95	8071500

注意，因 time 变量只不过是用了时间数据的样子来存储数据，其本质上不是一个时间序列，而是一个文本序列。故本例用 time 变量作为整个 DataFrame 实例对象的索引，也就只是一个普通的索引而已，即：

```
type(jddfsetindex.index)
pandas.core.indexes.base.Index
```

这并不代表该 DataFrame 实例对象就是一个时间序列了。如需要把 DataFrame 实例对象处理为时间序列，请见本书第 3.2.2.8 小节。

2. 数据导出

pandas 中可以除了可使用表 3-3 中的 I/O API 之外，还可以使用 to_dict、to_latex 等诸多方法，把构造好的 DataFrame 实例对象输出到外部文件、HDFS 分布式文件系统或者指定格式的对象中：

```
jddf.to_csv('jdstockdata.csv')
jddf.to_excel('jdstockdata.xlsx')        #注意使用 to_excel 需要事先安装 openpyxl 包
```

程序运行后，可以在当前工作目录下分别找到这两个指定的数据文件。

3. 索引和切片

DataFrame 可以按行或者按列进行索引或切片，即提取数据的子集。

```
scoresheet.index=(['No1','No2','No3','No4','No5','No6'])
scoresheet.Subject      #等价于 scoresheet['Subject']
No1      Literature
No2        History
No3        Enlish
No4         Maths
No5        Physics
No6        Chemics
Name: Subject, dtype: object
```

也可以使用列表把要索引的列组合起来，实现对 DataFrame 的多列索引：

```
scoresheet[['Name','Score']]
```

	Name	Score
No1	Zhang San	98
No2	Li Si	76
No3	Wang Laowu	84
No4	Zhao Liu	70
No5	Qian Qi	93
No6	Sun Ba	83

当使用整数索引切片时，结果与列表或 numpy 数组的默认状况相同；当使用非整数作为切片索引时，它是末端包含的：

```
scoresheet[:'No4']
```

	Name	Score	Subject
No1	Zhang San	98	Literature
No2	Li Si	76	History
No3	Wang Laowu	84	Enlish
No4	Zhao Liu	70	Maths

行也可以使用一些方法通过位置或名字来检索，例如使用 ix、loc 索引成员：

```
scoresheet.loc[['No1','No3','No6']]
```

	Name	Score	Subject
No1	Zhang San	98	Literature
No3	Wang Laowu	84	Enlish
No6	Sun Ba	83	Chemics

ix 可以接受两套切片，即：.ix[::,::]。

```
scoresheet.ix[3:6,['Name','Score']]
```

	Name	Score
No4	Zhao Liu	70
No5	Qian Qi	93
No6	Sun Ba	83

```
scoresheet.ix[3:6,[0,1]]
```

	Name	Score
No4	Zhao Liu	70
No5	Qian Qi	93
No6	Sun Ba	83

提取不连续行和列的数据也可以使用 loc、iloc 索引来实现：

```
scoresheet.iloc[[1,4,5],[0,1]]      #iloc 是用索引号进行索引
```

	Name	Score
No2	Li Si	76
No5	Qian Qi	93
No6	Sun Ba	83

```
scoresheet.loc[['No1','No5'],['Name','Score']]      #loc 是用索引标签进行索引
```

	Name	Score
No1	Zhang San	98
No5	Qian Qi	93

DataFrame 也可进行逻辑索引/切片：

```
scoresheet[(scoresheet.Score>80) & (scoresheet.Score<=90)]
```

	Name	**Score**	**Subject**
No3	Wang Laowu	84	Enlish
No6	Sun Ba	83	Chemics

```
scoresheet[['Name','Score']][(scoresheet.Score>80)&(scoresheet.Score<=90)]
```

	Name	**Score**
No3	Wang Laowu	84
No6	Sun Ba	83

4．行列操作

（1）改变列的顺序

可以对 DataFrame 中的列指定顺序：

```
scoresheet=pd.DataFrame(dfdata,columns=['ID','Name','Subject','Score'],
                        index=['No1','No2','No3','No4','No5','No6'])
scoresheet
```

	ID	**Name**	**Subject**	**Score**
No1	NaN	Zhang San	Literature	98
No2	NaN	Li Si	History	76
No3	NaN	Wang Laowu	Enlish	84
No4	NaN	Zhao Liu	Maths	70
No5	NaN	Qian Qi	Physics	93
No6	NaN	Sun Ba	Chemics	83

上述结果可以看到，如果指定顺序中出现有新的列索引，则其值用缺失值 NaN 表示，同时也可以为每一行指定索引。pandas 还可使用 reindex 指定 columns 来对 DataFrame 的列进行重新索引达到改变变量顺序的目的：

```
scoresheet.reindex(columns=['Name','Subject','ID','Score'])
```

	Name	**Subject**	**ID**	**Score**
No1	Zhang San	Literature	NaN	98
No2	Li Si	History	NaN	76
No3	Wang Laowu	Enlish	NaN	84
No4	Zhao Liu	Maths	NaN	70
No5	Qian Qi	Physics	NaN	93
No6	Sun Ba	Chemics	NaN	83

其实，在实际的数据分析过程中，改变数据行或列的位置，对于分析结果而言并不会产生什么显著的影响。

（2）修改行/列的数据

有些时候需要对 DataFrame 的列或者行中的数据进行修改或增加新的数据，可以直接通过赋值的方式就可以实现：

```
scoresheet['Homeword']=90
scoresheet
```

	ID	Name	Subject	Score	Homeword
No1	NaN	Zhang San	Literature	98	90
No2	NaN	Li Si	History	76	90
No3	NaN	Wang Laowu	Enlish	84	90
No4	NaN	Zhao Liu	Maths	70	90
No5	NaN	Qian Qi	Physics	93	90
No6	NaN	Sun Ba	Chemics	83	90

发现上述列索引名称错了，应为"Homework"。对于列名称/变量名称的修改，可以使用 rename 方法来实现：

```
scoresheet.rename(columns={'Homeword':'Homework'},inplace=True)
#注意：如果缺少 inplace 选项则不会更改，而是增加新列
scoresheet
```

	ID	Name	Subject	Score	Homework
No1	NaN	Zhang San	Literature	98	90
No2	NaN	Li Si	History	76	90
No3	NaN	Wang Laowu	Enlish	84	90
No4	NaN	Zhao Liu	Maths	70	90
No5	NaN	Qian Qi	Physics	93	90
No6	NaN	Sun Ba	Chemics	83	90

可以通过列表或者数组对列进行赋值，但是所赋的值的长度必须和 DataFrame 的长度相匹配：

```
scoresheet['ID']=np.arange(6)
scoresheet
```

	ID	Name	Subject	Score	Homework
No1	0	Zhang San	Literature	98	90
No2	1	Li Si	History	76	90
No3	2	Wang Laowu	Enlish	84	90
No4	3	Zhao Liu	Maths	70	90
No5	4	Qian Qi	Physics	93	90
No6	5	Sun Ba	Chemics	83	90

实际数据分析工作更多的情形是要对部分数据进行插补或者修改。这种情形可以使用

Series 来赋值，它会代替在 DataFrame 中精确匹配的索引的值，如果没有匹配的索引则赋值为缺失值：

```
fixed=pd.Series([97,76,83],index=['No1','No3','No6'])
scoresheet['Homework']=fixed
scoresheet
```

	ID	Name	Subject	Score	Homework
No1	0	Zhang San	Literature	98	97.0
No2	1	Li Si	History	76	NaN
No3	2	Wang Laowu	Enlish	84	76.0
No4	3	Zhao Liu	Maths	70	NaN
No5	4	Qian Qi	Physics	93	NaN
No6	5	Sun Ba	Chemics	83	83.0

（3）删除行/列的数据

对于不需要使用的列，可以使用 del 语句来删除：

```
del scoresheet['Homework']
scoresheet
```

	ID	Name	Subject	Score
No1	0	Zhang San	Literature	98
No2	1	Li Si	History	76
No3	2	Wang Laowu	Enlish	84
No4	3	Zhao Liu	Maths	70
No5	4	Qian Qi	Physics	93
No6	5	Sun Ba	Chemics	83

还可以使用 drop 方法删除指定的行或者列：

```
scoresheet.drop('ID',axis=1,inplace=True)   #axis=1 表示删除列，axis=0 表示删除行
scoresheet
```

	Name	Subject	Score
No1	Zhang San	Literature	98
No2	Li Si	History	76
No3	Wang Laowu	Enlish	84
No4	Zhao Liu	Maths	70
No5	Qian Qi	Physics	93
No6	Sun Ba	Chemics	83

```
scoresheet.drop(['No1','No5','No6'],axis=0,inplace=True)
scoresheet
```

	Name	Subject	Score
No2	Li Si	History	76
No3	Wang Laowu	Enlish	84
No4	Zhao Liu	Maths	70

注意：凡是会对原数据作出修改并返回一个新数据的，往往都有一个 inplace 可选参数。如果将其设定为 True（默认为 False），那么原数据就被替换。也就是说，采用 inplace=True 之后，原数据对应的内存值直接改变；而采用 inplace=False 之后，原数据对应的内存值并不改变，需要将新的结果赋给一个新的对象或覆盖原数据的内存位置。

3.2.2 pandas 的数据操作

3.2.2.1 排序

sort_index 方法可对行或列索引进行排序，返回一个已排序的新对象。

```
ssort=pd.Series(range(5),index=['b','a','d','e','c'])
ssort.sort_index()
```
```
a    1
b    0
c    4
d    2
e    3
dtype: int64
```

sort_index 方法默认升序排列，但可以指定其参数 ascending=False 来进行降序排列。无论采用何种排序方式，缺失值 NaN 都会被放到末尾：

```
ssort.sort_index(ascending=False)
```
```
e    3
d    2
c    4
b    0
a    1
dtype: int64
```

对于 DataFrame，可以通过 sort_index(axis=0|1) 来根据任意一个轴上的索引进行排序：

```
scoresheet2.index=[102,101,106,104,103,105]
scoresheet2
```

	Name	Score	Subject
102	Zhang San	98	Literature
101	Li Si	76	History

106	Wang Laowu	84	Enlish
104	Zhao Liu	70	Maths
103	Qian Qi	93	Physics
105	Sun Ba	83	Chemics

`scoresheet2.sort_index()`

	Name	**Score**	**Subject**
101	Li Si	76	History
102	Zhang San	98	Literature
103	Qian Qi	93	Physics
104	Zhao Liu	70	Maths
105	Sun Ba	83	Chemics
106	Wang Laowu	84	Enlish

`scoresheet2.sort_index(axis=0,ascending=False)`

	Name	**Score**	**Subject**
106	Wang Laowu	84	Enlish
105	Sun Ba	83	Chemics
104	Zhao Liu	70	Maths
103	Qian Qi	93	Physics
102	Zhang San	98	Literature
101	Li Si	76	History

`scoresheet2.sort_index(axis=1,ascending=False)`　　　#把列的顺序按照降序排列

	Subject	**Score**	**Name**
102	Literature	98	Zhang San
101	History	76	Li Si
106	Enlish	84	Wang Laowu
104	Maths	70	Zhao Liu
103	Physics	93	Qian Qi
105	Chemics	83	Sun Ba

　　应用得最多的应该是指定 DataFrame 的某个/些列进行排序，可以 sort_values 的 by 选项：

`scoresheet2.sort_values(by='Score',ascending=False)`

	Name	Score	Subject
102	Zhang San	98	Literature
103	Qian Qi	93	Physics
106	Wang Laowu	84	Enlish
105	Sun Ba	83	Chemics
101	Li Si	76	History
104	Zhao Liu	70	Maths

3.2.2.2 排名

排名（ranking），是指从 1 开始一直到数据中有效数据的数量为止，返回数据在排序中的位置。

```
rrank=pd.Series([10,12,9,9,14,4,2,4,9,1])
rrank.rank()
0     8.0
1     9.0
2     6.0
3     6.0
4    10.0
5     3.5
6     2.0
7     3.5
8     6.0
9     1.0
dtype: float64
rrank.rank(ascending=False)
0     3.0
1     2.0
2     5.0
3     5.0
4     1.0
5     7.5
6     9.0
7     7.5
8     5.0
9    10.0
dtype: float64
```

当有多个数据值是一样的时候（如 rrank 对象中有 3 个值为 9，2 个值为 4），会出现排名相同的情况，这时候可以使用 rank 方法的 method 参数来处理：

➢ **average**：默认选项，在相同排名中，为各个值平均分配排名；

➢ **min**：使用整个相同排名的最小排名；

➢ **max**：使用整个相同排名的最大排名；

> ➤ **first**：按值在原始数据中的出现顺序分配排名。

```
rrank.rank(method='first')
0      8.0
1      9.0
2      5.0
3      6.0
4     10.0
5      3.0
6      2.0
7      4.0
8      7.0
9      1.0
dtype: float64
```

```
rrank.rank(method='max')
0      8.0
1      9.0
2      7.0
3      7.0
4     10.0
5      4.0
6      2.0
7      4.0
8      7.0
9      1.0
dtype: float64
```

```
scoresheet2.rank()
```

	Name	Score	Subject
102	5.0	6.0	4.0
101	1.0	2.0	3.0
106	4.0	4.0	2.0
104	6.0	1.0	5.0
103	2.0	5.0	6.0
105	3.0	3.0	1.0

3.2.2.3 运算

pandas 最重要的一个功能便是对不同索引的对象进行算术运算，而且在运算时系统会按照各自索引进行自动对齐。如果在参加运算的数据中存在不同索引时，则结果的索引就是所有索引的并集，对应不同索引的值标记为 NaN（即 pandas 中的默认缺失值）：

```
cs1=pd.Series([1.5,2.5,3,5,1],index=['a','c','d','b','e'])
cs2=pd.Series([10,20,30,50,10,100,20],index=['c','a','e','b','f','g','d'])
```

```
cs1+cs2
a    21.5
b    55.0
c    12.5
d    23.0
e    31.0
f     NaN
g     NaN
dtype: float64
cdf1=pd.DataFrame(np.arange(10).reshape((2,5)),columns=list('bcaed'))
cdf2=pd.DataFrame(np.arange(12).reshape((3,4)),columns=list('abcd'))
cdf1+cdf2
```

	a	b	c	d	e
0	2.0	1.0	3.0	7.0	NaN
1	11.0	10.0	12.0	16.0	NaN
2	NaN	NaN	NaN	NaN	NaN

可以使用 add（加）、sub（减）、div（除）和 mul（乘）等方法，将其他 DataFrame 对象的值传入指定 DataFrame 对象：

```
cdf1.add(cdf2,fill_value=0)
```

	a	b	c	d	e
0	2.0	1.0	3.0	7.0	3.0
1	11.0	10.0	12.0	16.0	8.0
2	8.0	9.0	10.0	11.0	NaN

3.2.2.4　函数应用与映射

numpy 的 ufunc 也可以应用于 pandas 对象，即可将函数应用到 Series 中的每一个元素：

```
reversef=lambda x: -x
reversef(cs2)
c     -10
a     -20
e     -30
b     -50
f     -10
g    -100
d     -20
dtype: int64
rangef=lambda x: x.max()-x.min()
rangef(cs2)
```

DataFrame 对象的 apply 方法还可以将函数应用到各行或各列上：

```
rangef(cdf1.add(cdf2,fill_value=0))      #对 DataFrame 使用函数默认是对列使用
a    9.0
b    9.0
c    9.0
d    9.0
e    5.0
dtype: float64
```

```
(cdf1.add(cdf2,fill_value=0)).apply(rangef,axis=0)  #asis=0 表示将函数应用于列
a    9.0
b    9.0
c    9.0
d    9.0
e    5.0
dtype: float64
```

```
(cdf1.add(cdf2,fill_value=0)).apply(rangef,axis=1)  #axis=1 表示将函数应用于行
0    6.0
1    8.0
2    3.0
dtype: float64
```

传递给 apply 方式的函数还可以返回多个值组成的 Series，也可以使用 applymap 方法格式化各个元素：

```
def statistics(x):
return pd.Series([x.min(),x.max(),x.max()-x.min(),x.mean(),x.count()],
              index=['Min','Max','Range','Mean','N'])

outformat=lambda x: '%.2f' % x
((cdf1.add(cdf2,fill_value=0)).apply(statistics)).applymap(outformat)
```

	a	b	c	d	e
Min	2.00	1.00	3.00	7.00	3.00
Max	11.00	10.00	12.00	16.00	8.00
Range	9.00	9.00	9.00	9.00	5.00
Mean	7.00	6.67	8.33	11.33	5.50
N	3.00	3.00	3.00	3.00	2.00

apply、applymap 和 map 方法均可对对象中的数据传递函数操作，区别如下：

➢ apply 的操作对象是 DataFrame 的一列或者一行数据；

➢ applymap 是元素级的，作用于每个 DataFrame 的每个数据；

➢ map 也是元素级的，对 Series 中的每个数据调用一次函数。

3.2.2.5 分组

pandas 可以使用 groupby 方法对数据进行分组分析。如为了对上述生成的 JD 股票数据进行分组，根据开盘价和收盘价对当天股票行情进行定性：

```
jddf['Market']= list(map(lambda x: 'Good' if x>0 else
                        ('Bad' if x<0 else 'OK' ),
                        jddf['closing_price']-jddf['opening_price']))
#将收盘价大于开盘价的行记录使用 Market 变量标记为"Good"，否则为"Bad"。
jddf.head()
```

	name	time	opening_price	closing_price	lowest_price	highest_price	volume	Market
0	JD	3-Jan-17	25.95	25.82	25.64	26.11	8275300	Bad
1	JD	4-Jan-17	26.05	25.85	25.58	26.08	7862800	Bad
2	JD	5-Jan-17	26.15	26.30	26.05	26.80	10205600	Good
3	JD	6-Jan-17	26.30	26.27	25.92	26.41	6234300	Bad
4	JD	9-Jan-17	26.64	26.26	26.14	26.95	8071500	Bad

```
jddfgrouped=jddf.groupby(jddf['Market'])
```

经过上述处理之后就可以进行分组数据分析了，如对该股票开盘价进行描述统计分析：

```
jddfgrouped['opening_price'].describe()
```

	count	mean	std	min	25%	50%	75%	max
Market								
Bad	32.0	30.028750	2.102453	25.95	28.6275	30.900	31.62	32.74
Good	38.0	29.542105	1.795692	26.15	28.2900	29.785	31.24	32.31
OK	1.0	29.520000	NaN	29.52	29.5200	29.520	29.52	29.52

3.2.2.6 合并

pandas 提供了诸如 concat、append、merge、join、combine_first、update、merge_ordered、merge_asof 等函数或方法对 pandas 的数据对象进行合并。

如使用 concat 函数对 DataFrame 进行合并：

```
c1=pd.DataFrame({'Name':{101:'Zhang San',102:'Li Si',103:'Wang Laowu',
                104:'Zhao Liu',105:'Qian Qi',106:'Sun Ba'},
                'Subject':{101:'Literature',102:'History',103:'Enlish',
                104:'Maths',105:'Physics',106:'Chemics'},
                'Score':{101:98,102:76,103:84,104:70,105:93,106:83}})
c1
```

	Name	Score	Subject
101	Zhang San	98	Literature
102	Li Si	76	History

103	Wang Laowu	84	Enlish
104	Zhao Liu	70	Maths
105	Qian Qi	93	Physics
106	Sun Ba	83	Chemics

```
c2=pd.DataFrame({'Gender':{101:'Male',102:'Male',103:'Male',
                 104:'Female',105:'Female',106:'Male'}})
c2
```

	Gender
101	Male
102	Male
103	Male
104	Female
105	Female
106	Male

```
c=pd.concat([c1,c2],axis=1)
c
```

	Name	Score	Subject	Gender
101	Zhang San	98	Literature	Male
102	Li Si	76	History	Male
103	Wang Laowu	84	Enlish	Male
104	Zhao Liu	70	Maths	Female
105	Qian Qi	93	Physics	Female
106	Sun Ba	83	Chemics	Male

再如，使用 append 方法将指定行追加到现有的 pandas 对象中：

```
c1.append(c2)
#该语句与 pd.concat([c1,c2],axis=0) 得到的结果相同
```

	Gender	Name	Score	Subject
101	NaN	Zhang San	98.0	Literature
102	NaN	Li Si	76.0	History
103	NaN	Wang Laowu	84.0	Enlish
104	NaN	Zhao Liu	70.0	Maths
105	NaN	Qian Qi	93.0	Physics

106	NaN	Sun Ba	83.0	Chemics
101	Male	NaN	NaN	NaN
102	Male	NaN	NaN	NaN
103	Male	NaN	NaN	NaN
104	Female	NaN	NaN	NaN
105	Female	NaN	NaN	NaN
106	Male	NaN	NaN	NaN

也可使用使用 merge 函数按照指定的关键字进行合并：

```
c3=pd.DataFrame({'Name':{101:'Zhang San',102:'Li Si',103:'Wang Laowu',
                104:'Zhao Liu',105:'Qian Qi',106:'Sun Ba'},
        'Gender':{101:'Male',102:'Male',103:'Male',104:'Female',
                105:'Female',106:'Male'}})
c3
```

	Gender	Name
101	Male	Zhang San
102	Male	Li Si
103	Male	Wang Laowu
104	Female	Zhao Liu
105	Female	Qian Qi
106	Male	Sun Ba

把 c3 与 c1 按照 Name 进行匹配合并，参加匹配合并的每一个对象应具备同一个用来作为匹配标识的列（column）：

```
pd.merge(c1,c3,on='Name')
```

	Name	Score	Subject	Gender
0	Zhang San	98	Literature	Male
1	Li Si	76	History	Male
2	Wang Laowu	84	Enlish	Male
3	Zhao Liu	70	Maths	Female
4	Qian Qi	93	Physics	Female
5	Sun Ba	83	Chemics	Male

pandas 提供的合并方式非常多也非常细，但基本原理是一致的。因此，本书限于篇幅不再赘述，请读者自行查阅其相关的帮助文档。

3.2.2.7　分类数据

pandas 中可以把 DataFrame 实例对象的数据转化为 Categorical 类型的数据，以实现类似于一般统计分析软件中的值标签（value label）功能，便于分析结果的展示。如有如下原始数据：

```
student_profile=pd.DataFrame({'Name':['Morgan Wang','Jackie Li','Tom Ding',
                                      'Erricson John','Juan Saint',
                                      'Sui Mike','Li Rose'],
                              'Gender':[1,0,0,1,0,1,2],
                              'Blood':['A', 'AB','O','AB','B','O','A'],
                              'Grade':[1,2,3,2,3,1,2],
                              'Height':[175,180,168,170,158,183,173]})
student_profile
```

	Blood	Gender	Grade	Height	Name
0	A	1	1	175	Morgan Wang
1	AB	0	2	180	Jackie Li
2	O	0	3	168	Tom Ding
3	AB	1	2	170	Erricson John
4	B	0	3	158	Juan Saint
5	O	1	1	183	Sui Mike
6	A	2	2	173	Li Rose

在实际数据分析工作中，除了数据收集者或直接参与数据收集的分析人员之外，谁也不知道上述数据中的 Male、Grade 等列中数字或代码表示什么意思？因此，很有必要把这些列的值标签化，为它们赋予实际的意义，这样的数据分析过程和分析结果的展示才能直观明了。DataFrame 的 astype 方法可将原始数据转化为 category 类型，然后利用 cat.categories 为数据值挂上标签。

如为本例中的 student_profile 对象中的 Male 列挂上性别标签：

```
student_profile['Gender_Value']=student_profile['Gender'].astype('category')
student_profile['Gender_Value'].cat.categories=['Female','Male',
                                                'Unconfirmed']
student_profile
```

	Blood	Gender	Grade	Height	Name	Gender_Value
0	A	1	1	175	Morgan Wang	Male
1	AB	0	2	180	Jackie Li	Female
2	O	0	3	168	Tom Ding	Female
3	AB	1	2	170	Erricson John	Male
4	B	0	3	158	Juan Saint	Female

5	O	1	1	183	Sui Mike	Male
6	A	2	2	173	Li Rose	Unconfirmed

可以看到，运行结果中增加了一个新列 Gender_Value，其值为对应的标签，即 0
被表示为 Female，1 被表示为 Male，除此之外的 2 被标记为 Unconfirmed。

如需要剔除和增加值标签，或者将类别设置为预定的尺度，可以使用
cat.set_categories 方法：

```
student_profile['Gender_Value'].cat.set_categories=['Male','Female',
                                                    'Unconfirmed']
```

在对 student_profile 进行数据分析的结果中，系统会按照上述指定的顺序把分
析结果分别呈现出来。

pandas 中还可以利用 cut 函数实现对数值型数据分段标签：

```
labels=["{0}-{1}".format(i,i+10) for i in range(160,200,10)]    #指定标签形式
student_profile['Height_Group']=pd.cut(student_profile.Height,
                                       range(160,205,10),right=False,
                                       labels=labels)
student_profile
```

	Blood	Gender	Grade	Height	Name	Gender_Value	Height_Group
0	A	1	1	175	Morgan Wang	Male	170-180
1	AB	0	2	180	Jackie Li	Female	180-190
2	O	0	3	168	Tom Ding	Female	160-170
3	AB	1	2	170	Ericson John	Male	170-180
4	B	0	3	158	Juan Saint	Female	NaN
5	O	1	1	183	Sui Mike	Male	180-190
6	A	2	2	173	Li Rose	Unconfirmed	170-180

除了本书所列示的类 Series、类 DataFrame 等实例对象及其操作之外，在 pandas
中还可以定义以时间戳（TimeStamp）为索引的时间序列数据、面板数据（Panel）等。

3.2.2.8 时间序列

时间序列在 pandas 中只不过是索引比较特殊的 Series 或 DataFrame，其最主要
也是最基本的特点就是以时间戳（TimeStamp）为索引。TimeStamp 与 python 基本库
中的 Datetime（见第 1.2.8 小节）是等价的。

1. 创建时间序列

生成 pandas 中的时间序列，最为关键的是要生成以时间序列为主要特征的索引。
pandas 提供了类 Timestamp、类 Period 以及 to_timestamp、to_datetime、
date_range、period_range 等函数或方法来创建或将其他数据类型转换为时间序列。

如将当前时间转化为时间戳：

```
pd.Timestamp('now')
```

```
Timestamp('2018-04-07 21:16:41.048312')
```

利用时间戳构造一个时间序列：

```
dates=[pd.Timestamp('2018-05-05'),pd.Timestamp('2018-05-06'),
       pd.Timestamp('2018-05-07')]
ts=pd.Series(np.random.randn(3),dates)
ts
2018-05-05   -0.430342
2018-05-06    0.633902
2018-05-07    0.635971
dtype: float64
```

```
ts.index
DatetimeIndex(['2018-05-05','2018-05-06','2018-05-07'],
              dtype='datetime64[ns]', freq=None)
```

```
type(ts.index)
pandas.core.indexes.datetimes.DatetimeIndex
```

通过查看 ts 对象的内容及其索引类型可知，该索引是类 DatetimeIndex 的实例对象。

创建类 DatetimeIndex 实例对象索引的方式还可以通过 date_range 函数来实现：

```
dates=pd.date_range('2018-05-05','2018-05-07')     #该函数还有很多功能在后续详述
tsdr=pd.Series(np.random.randn(3),dates)
tsdr
2018-05-05    1.461773
2018-05-06    1.557800
2018-05-07    0.752931
Freq: D, dtype: float64
```

```
type(tsdr.index)
pandas.core.indexes.datetimes.DatetimeIndex
```

将类 Period 实例化也可到以 Period 实例对象为索引的时间序列：

```
dates=[pd.Period('2018-05-05'),pd.Period('2018-05-06'),
       pd.Period('2018-05-07')]
tsp=pd.Series(np.random.randn(3),dates)
tsp
2018-05-05    0.339522
2018-05-06    1.103171
2018-05-07    0.295351
Freq: D, dtype: float64
```

```
type(tsp.index)
pandas.core.indexes.period.PeriodIndex
```

类 Period 是一种可以反映时间跨度的时序类型，可以通过其参数 freq 来指定时间跨度（默认为 "D"，即天），其在使用上并没有太多不同。

如果现有 pandas 数据类型中已有形如时间日期的数据，可以使用 to_timestamp、to_datetime 等函数直接将这些数据转换为时间序列。

如有本书之前构建的 jddf 数据框（见第 3.2.2.5 小节）中已有列索引（变量）time，

其就是一个日期，只不过是用文本方式存储在该 `DataFrame` 的实例对象中。可以使用 `to_datetime` 函数将其直接转为时序并作为 `jddf` 的索引：

```
jd_ts=jddf.set_index(pd.to_datetime(jddf['time']))
type(jd_ts.index)
pandas.core.indexes.datetimes.DatetimeIndex
jd_ts.head()
```

	name	time	opening_price	closing_price	lowest_price	highest_price	volume	Market
time								
2017-01-03	JD	3-Jan-17	25.95	25.82	25.64	26.11	8275300	Bad
2017-01-04	JD	4-Jan-17	26.05	25.85	25.58	26.08	7862800	Bad
2017-01-05	JD	5-Jan-17	26.15	26.30	26.05	26.80	10205600	Good
2017-01-06	JD	6-Jan-17	26.30	26.27	25.92	26.41	6234300	Bad
2017-01-09	JD	9-Jan-17	26.64	26.26	26.14	26.95	8071500	Bad

上段程序运行之后，`jd_ts` 便成为一个具有时间戳的时间序列，可以适用于 `pandas` 中有关时序数据的操作。

2．索引与切片

`pandas` 时间序列的索引与切片与普通的 `Series` 和 `DataFrame` 等数据结果并无差异，但是其可以按照时间戳或时间范围进行索引和切片。

如按指定时间范围对数据进行切片，只需要在索引号中传入可以解析成日期的字符串就可以了，这些字符串可以是表示年、月、日及其组合的内容：

```
jd_ts['2017-02']        #提取 2017 年 2 月份的数据
```

	name	time	opening_price	closing_price	lowest_price	highest_price	volume	Market
time								
2017-02-01	JD	1-Feb-17	28.59	28.13	28.02	28.59	4109200	Bad
2017-02-02	JD	2-Feb-17	28.00	28.17	27.88	28.21	4403300	Good
2017-02-03	JD	3-Feb-17	28.28	28.32	28.08	28.40	3671500	Good
2017-02-06	JD	6-Feb-17	28.64	28.54	28.35	28.80	3919200	Bad
……								
2017-02-24	JD	24-Feb-17	30.50	30.27	30.03	30.52	4641300	Bad
2017-02-27	JD	27-Feb-17	30.30	30.80	30.25	30.91	5946300	Good
2017-02-28	JD	28-Feb-17	30.97	30.57	30.36	31.16	8639500	Bad

```
jd_ts['2017-02-10':'2017-02-20']        #提取 2017 年 2 月 10 日至 20 日的数据
```

	name	time	opening_price	closing_price	lowest_price	highest_price	volume	Market
time								
2017-02-10	JD	10-Feb-17	29.21	29.38	29.01	29.52	4491400	Good
2017-02-13	JD	13-Feb-17	29.52	29.52	29.10	29.65	6084500	OK
2017-02-14	JD	14-Feb-17	29.48	29.43	29.28	29.74	3330800	Bad
2017-02-15	JD	15-Feb-17	29.50	30.14	29.40	30.25	8001200	Good
2017-02-16	JD	16-Feb-17	30.32	30.23	30.03	30.57	7706200	Bad
2017-02-17	JD	17-Feb-17	29.57	29.85	29.51	30.27	7079600	Good

在时序数据的索引和切片中，有一种特殊的 truncate 方法，可以将指定范围内的数据截取出来：

```
jd_ts.truncate(after='2017-01-06')
```

	name	time	opening_price	closing_price	lowest_price	highest_price	volume	Market
time								
2017-01-03	JD	3-Jan-17	25.95	25.82	25.64	26.11	8275300	Bad
2017-01-04	JD	4-Jan-17	26.05	25.85	25.58	26.08	7862800	Bad
2017-01-05	JD	5-Jan-17	26.15	26.30	26.05	26.80	10205600	Good
2017-01-06	JD	6-Jan-17	26.30	26.27	25.92	26.41	6234300	Bad

```
jd_ts[['opening_price','closing_price']].truncate(after='2017-01-20',
                                                   before='2017-01-13')
```

	opening_price	closing_price
time		
2017-01-13	26.77	26.84
2017-01-17	26.82	27.21
2017-01-18	27.34	27.16
2017-01-19	27.30	27.75
2017-01-20	27.96	27.60

3．范围和偏移量

有些时候出于数据分析的需要会用到生成一定时期或时间范围内不同间隔的时序索引，在前面介绍过的 period_range、date_range 等函数可以满足这些需求。如最为常用的 date_range 函数的基本语法如下：

```
pd.date_range(start=None, end=None, periods=None, freq='D', tz=None,
              normalize=False, name=None, closed=None)
```

其中主要参数的功能如下：

➢ **start**：用表示时间日期的字符串指定起始时间日期（范围的下界）；

➢ **end**：用表示时间日期的字符串指定终止时间日期（范围的上界）；

- ➤ **periods**：指定时间日期的个数；
- ➤ **freq**：指定时间日期的频率（即间隔方式）；
- ➤ **tz**：指定时区；
- ➤ **normalize**：在生成日期范围之前，将开始/结束日期标准化为午夜；
- ➤ **name**：命名时间日期索引；
- ➤ **closed**：指定生成的时间日期索引是（默认值 None）/否包含 start 和 end 指定的时间日期。

其中，freq 参数用于指定时间日期的频率，其指定值在生成时间日期索引时起着至关重要的作用，如：

```
pd.date_range(start='2017/07/07',periods=3,freq='M')
DatetimeIndex(['2017-07-31','2017-08-31','2017-09-30'],
            dtype='datetime64[ns]', freq='M', tz=None)
```

freq 参数可用来指定产生时序的频率（如每天、每月、每工作日等），同时也可以指定生成时序时的偏移量（offset），其参数值（即偏移别名）如表 3-4 所示。

表 3-4　freq 的参数值及其作用

参数值（偏移别名）	功能	参数值（偏移别名）	功能
B	工作日	QS	季度初
C	自定义工作日	BQS	季度初工作日
D	日历日	A	年末
W	周	BA	年末工作日
M	月末	AS	年初
SM	半月及月末（第 15 日及月末）	BAS	年初工作日
BM	月末工作日	BH	工作小时
CBM	自定义月末工作日	H	小时
MS	月初	T,min	分钟
SMS	月初及月中（第 1 日及第 15 日）	S	秒
BMS	月初工作日	L,ms	毫秒
CBMS	自定义月初工作日	U,us	微秒
Q	季度末	N	纳秒
BQ	季度末工作日	用户自定义	实现特定功能

如，欲生成一个指定时间范围内按每月最初工作日（即非周六、日）产生的时序索引：

```
pd.date_range('2017/07/07', '2018/07/07', freq='BMS')
DatetimeIndex(['2017-08-01', '2017-09-01', '2017-10-02', '2017-11-01',
            '2017-12-01', '2018-01-01', '2018-02-01', '2018-03-01',
            '2018-04-02', '2018-05-01', '2018-06-01', '2018-07-02'],
            dtype='datetime64[ns]', freq='BMS')
```

用户可对表 3-4 中的偏移别名进行组合应用，并加上相应的数字前缀及后缀：

```
pd.date_range('2017/07/07', periods=10, freq='1D2h20min')
DatetimeIndex(['2017-07-07 00:00:00', '2017-07-08 02:20:00',
               '2017-07-09 04:40:00', '2017-07-10 07:00:00',
               '2017-07-11 09:20:00', '2017-07-12 11:40:00',
               '2017-07-13 14:00:00', '2017-07-14 16:20:00',
               '2017-07-15 18:40:00', '2017-07-16 21:00:00'],
              dtype='datetime64[ns]', freq='1580T')
```

上段程序按照每 1 日历日 2 小时 20 分钟的频率生成了一个 10 期的时序索引。

有关偏移别名除了像上段程序那样加上数字前缀之外，还可以使用如下后缀：

表 3-5　时间偏移后缀

偏移后缀	功能	可使用的偏移别名
-SUN,-MON,TUE,-WED,-THU,-FRI,-SAT	分别表示以周几为频率的周	W
-DEC,-JAN,-FEB,-MAR,-APR,-MAY	分别表示以某月为年末的季度	Q,BQ,QS,BQS
-JUN,-JUL,-AUG,-SEP,-OCT,-NOV	分别表示以某月为年末的年	A,BA,AS,BAS

如，生成一个按周三为频率的时序索引：

```
pd.date_range('2017/07/07', '2018/01/22', freq='W-WED')
DatetimeIndex(['2017-07-12', '2017-07-19', '2017-07-26', '2017-08-02',
               '2017-08-09', '2017-08-16', '2017-08-23', '2017-08-30',
               '2017-09-06', '2017-09-13', '2017-09-20', '2017-09-27',
               '2017-10-04', '2017-10-11', '2017-10-18', '2017-10-25',
               '2017-11-01', '2017-11-08', '2017-11-15', '2017-11-22',
               '2017-11-29', '2017-12-06', '2017-12-13', '2017-12-20',
               '2017-12-27', '2018-01-03', '2018-01-10', '2018-01-17'],
              dtype='datetime64[ns]', freq='W-WED')
```

对照日历可以发现上述得到的日期均为周三。

除了按照表 3-4 和表 3-5 所示的偏移别名及其前后缀定义生成时序索引的频率之外，pandas 还提供了 32 个有关时间日期偏移的类，这些类的功能基本上涵盖了所有可能频率的时序特征，请读者自行查看相关帮助文档。

在定义时序索引范围和偏移量时，freq 也可以用自定义的对象进行设定得到自定义的时序索引，如：

```
ts_offset=pd.tseries.offsets.Week(1)+pd.tseries.offsets.Hour(8)
ts_offset
Timedelta('7 days 08:00:00')
```

上段程序定义了一个 Timedelta 实例对象，其偏移量为 7 天 8 小时，我们可以将其用来生成指定频率的时序索引：

```
pd.date_range('2018/05/07',periods=10,freq=ts_offset)
DatetimeIndex(['2018-05-07 00:00:00', '2018-05-14 08:00:00',
               '2018-05-21 16:00:00', '2018-05-29 00:00:00',
```

```
                '2018-06-05 08:00:00', '2018-06-12 16:00:00',
                '2018-06-20 00:00:00', '2018-06-27 08:00:00',
                '2018-07-04 16:00:00', '2018-07-12 00:00:00'],
            dtype='datetime64[ns]', freq='176H')
```

period_range 函数可用于创建一定规则的时间范围，其语法及应用方式与 date_range 类似，本书在此不予赘述。

4. 时间移动及运算

时序数据可以进行时间上的移动。即，沿着时间轴将数据进行前移或后移，其索引保持不变。pandas 中的 Series 和 DataFrame 都可通过 shift 方法来进行移动。如有如下数据：

```
sample=jd_ts['2017-01-01':'2017-01-10'][['opening_price','closing_price']]
sample
```

	opening_price	closing_price
time		
2017-01-03	25.95	25.82
2017-01-04	26.05	25.85
2017-01-05	26.15	26.30
2017-01-06	26.30	26.27
2017-01-09	26.64	26.26
2017-01-10	26.30	26.90

将 sample 对象的时序数据向后移 2 期：

```
sample.shift(2)      #如需向前移动，把数值修改为负数
```

	opening_price	closing_price
time		
2017-01-03	NaN	NaN
2017-01-04	NaN	NaN
2017-01-05	25.95	25.82
2017-01-06	26.05	25.85
2017-01-09	26.15	26.30
2017-01-10	26.30	26.27

还有一种时序数据的移动方式是对时序索引进行移动，而数据保持不变。这种移动方式可以通过在 shift 方法中指定参数 freq 的形式来实现：

```
sample.shift(-2,freq='1D')      #使时序索引按天向前移动 2 日
```

	opening price	closing price
time		
2017-01-01	25.95	25.82
2017-01-02	26.05	25.85

2017-01-03	26.15	26.30
2017-01-04	26.30	26.27
2017-01-07	26.64	26.26
2017-01-08	26.30	26.90

pandas 的不同索引的时间序列之间可以直接进行算术运算，运算时会自动按时间日期对齐。如有如下时间序列：

```
date=pd.date_range('2017/01/01','2017/01/08',freq='D')
s1=pd.DataFrame({'opening_price':np.random.randn(8),
                'closing_price':np.random.randn(8)},index=date)
s1
```

	closing_price	opening_price
2017-01-01	0.249712	-0.824601
2017-01-02	-0.318843	0.924697
2017-01-03	-1.198144	-0.963542
2017-01-04	-0.648757	1.201477
2017-01-05	0.247851	1.312803
2017-01-06	-1.483211	-1.677582
2017-01-07	0.679708	-0.448990
2017-01-08	-0.287126	0.501208

为前面定义过的 sample 对象中的开盘价格和收盘价格加上随机干扰，即把 s1 与 sample 进行运算，如：

```
s1+sample
```

	closing_price	opening_price
2017-01-01	NaN	NaN
2017-01-02	NaN	NaN
2017-01-03	25.817318	25.548243
2017-01-04	28.199870	26.033081
2017-01-05	27.077216	27.516297
2017-01-06	27.947664	26.210164
2017-01-07	NaN	NaN
2017-01-08	NaN	NaN
2017-01-09	NaN	NaN
2017-01-10	NaN	NaN

从上面结果可以看出，系统会自动将时序索引一致的值进行运算，不一致索引的值赋值为缺失值 NaN。

5. 频率转换及重采样

对 pandas 的时序对象可以采用 asfreq 方法对已有时序索引按照指定的频率重新进行索引，即频率转换。如 sample 对象是以工作日为时序索引的，可以把其转换为按照日历日或其他时间日期进行索引：

```
sample.asfreq(freq='D')    #freq 可指定的参数值同表 3-4 和表 3-5。
```

time	opening_price	closing_price
2017-01-03	25.95	25.82
2017-01-04	26.05	25.85
2017-01-05	26.15	26.30
2017-01-06	26.30	26.27
2017-01-07	NaN	NaN
2017-01-08	NaN	NaN
2017-01-09	26.64	26.26
2017-01-10	26.30	26.90

在频率转换的过程中，由于索引发生了变化，原索引的数据会跟转换后的索引自动对齐。

重采样（resampling）也可将时间序列从一个频率转换到另一个频率，但在转换过程中，可以指定提取出原时序数据中的一些信息，其实质就是按照时间索引进行的数据分组。重采样主要有上采样（upsampling）和下采样（downsampling）两种方式。该两种方式类似数据处理过程中的上卷和下钻。

pandas 对象可采用 resample 方法对时序进行重采样，还可以对重采样之后的对象采用 ffilll()、ohlc() 等方法进行上采样或下采样。

如对 sample 对象进行重采样：

```
sample.resample('12H').ffill()
#按照半天频率进行上采样或升采样，并指定缺失值按当日最后一个有效观测值来填充，即指定插值方式
```

time	opening_price	closing_price
2017-01-03 00:00:00	25.95	25.82
2017-01-03 12:00:00	25.95	25.82
2017-01-04 00:00:00	26.05	25.85
2017-01-04 12:00:00	26.05	25.85
2017-01-05 00:00:00	26.15	26.30
2017-01-05 12:00:00	26.15	26.30

2017-01-06 00:00:00	26.30	26.27
2017-01-06 12:00:00	26.30	26.27
2017-01-07 00:00:00	26.30	26.27
2017-01-07 12:00:00	26.30	26.27
2017-01-08 00:00:00	26.30	26.27
2017-01-08 12:00:00	26.30	26.27
2017-01-09 00:00:00	26.64	26.26
2017-01-09 12:00:00	26.64	26.26
2017-01-10 00:00:00	26.30	26.90

```
sample.resample('4D').ohlc()
#按照4天频率进行下采样或降采样
#ohlc()分别表示时序初始值（即起点）、最大值、最小值、时序终止（即终点）的数据
```

	opening_price				closing_price			
	open	high	low	close	open	high	low	close
time								
2017-01-03	25.95	26.30	25.95	26.3	25.82	26.3	25.82	26.27
2017-01-07	26.64	26.64	26.30	26.3	26.26	26.9	26.26	26.90

重采样实际上就是按照时间或日期对数据进行分组。所以还可以通过 pandas 对象的 groupby 方法来进行重采样：

```
sample.groupby(lambda x:x.week).mean()     #通过重采样提取股票交易周均开、收盘价信息
```

	opening_price	closing_price
1	26.1125	26.06
2	26.4700	26.58

```
jd_ts[['opening_price','closing_price']].groupby(lambda x:x.month).mean()
#通过重采样提取股票交易月均开、收盘价信息
```

	opening_price	closing_price
1	27.279000	27.314500
2	29.491053	29.550526
3	31.240000	31.177826
4	32.067778	32.142222

3.2.2.9 缺失值处理

缺失值在实际数据分析过程中往往不可避免，pandas 中优先使用 np.nan 来表示缺失值，在默认的数据运算及分析过程中，缺失值不会参与分析过程。pandas 提供了诸多处理缺失值的函数和方法，本小节将就实际数据分析过程中常用的缺失值处理方式

进行介绍。

1. 缺失数据的形式

如创建一个 scoresheet 对象用来存储成绩单信息：

```
scoresheet=pd.DataFrame({'Name':['Christoph','Morgan','Mickel','Jones'],
                         'Economics':[89,97,56,82],
                         'Statistics':[98,93,76,85]})
scoresheet
```

	Economics	Name	Statistics
0	89	Christoph	98
1	97	Morgan	93
2	56	Mickel	76
3	82	Jones	85

为 scoresheet 对象增加一列含有缺失值的数据，并将原 Name 列部分人名设置为缺失值：

```
scoresheet['Datamining']=[79,np.nan,None,89]
scoresheet.loc[[1,3],['Name']]=[np.nan,None]
scoresheet
```

	Economics	Name	Statistics	Datamining
0	89	Christoph	98	79
1	97	NaN	93	NaN
2	56	Mickel	76	NaN
3	82	None	85	89

可以看到,在 pandas 对象中缺失值除了以"NaN"的形式存在之外,还可以用 python 基本库中的"None"来表示。但是要注意,在数值型数据二者都表示为"NaN",而字符型数据 np.nan 表示为"NaN","None"就是表示为其本身。

缺失值在默认情况下不参与运算及数据分析过程：

```
print (scoresheet['Datamining'].mean())
print (scoresheet['Datamining'].mean()==(79+89)/2)
84.0
True
```

对于时间戳的 datetime64[ns] 数据格式,其默认缺失值是以"NaT"的形式存在的：

```
scoresheet['Exam_Date']=pd.date_range('20170707',periods=4)
scoresheet['Exam_Date']
0    2017-07-07
1    2017-07-08
2    2017-07-09
```

```
3    2017-07-10
Name: Exam_Date, dtype: datetime64[ns]
```
```
scoresheet.loc[[2,3],['Exam_Date']]=np.nan
scoresheet
```

	Economics	Name	Statistics	Datamining	Exam_Date
0	89	Christoph	98	79	2017-07-07
1	97	NaN	93	NaN	2017-07-08
2	56	Mickel	76	NaN	NaT
3	82	None	85	89	NaT

对于数据中是否含所有缺失值，可以使用 isnull、notnull 方法来判定：

```
scoresheet.isnull()    #也可使用 isull 的否定式方式 notnull 来判断
```

	Economics	Name	Statistics	Datamining	Exam Date
0	False	False	False	False	False
1	False	True	False	True	False
2	False	False	False	True	True
3	False	True	False	False	True

2. 缺失数据填充与清洗

在数据分析过程中，可能需要对缺失值进行填充。填充缺失数据最常用的便是 fillna 方法。fillna 方法在填充缺失值时主要可用到如下参数：

> **value**：填充缺失值的标量或字典对象；
> **method**：指定填充方式:'backfill'、'bfill'、'pad'、'ffill'或 None，默认为'ffill'。其中：pad/ffill 表示前向填充；bfill/backfill 表示后向填充；
> **axis**：指定待填充的轴：0、1 或'index'、'columns'，默认 axis=0（即'index'）;
> **inplace**：指定是否（默认否）修改对象上的任何其他视图；
> **limit**：指定'ffill'和'backfill'填充可连续填充的最大数量。

如，指定用数值或字符填充缺失值：

```
scoresheet.fillna(0)
```

	Economics	Name	Statistics	Datamining	Exam Date
0	89	Christoph	98	79.0	2017-07-07 00:00:00
1	97	0	93	0.0	2017-07-08 00:00:00
2	56	Mickel	76	0.0	0
3	82	0	85	89.0	0

```
scoresheet['Name'].fillna('missing')
```
```
0    Christoph
```

```
1       missing
2        Mickel
3       missing
Name: Name, dtype: object
```

填充缺失值时也可以使用缺失值前后的非缺失值来进行：

`scoresheet.fillna(method='pad')`

	Economics	Name	Statistics	Datamining	Exam_Date
0	89	Christoph	98	79	2017-07-07
1	97	Christoph	93	79	2017-07-08
2	56	Mickel	76	79	2017-07-08
3	82	Mickel	85	89	2017-07-08

fillna 方法的参数 method 指定为“pad”或“ffill”均可进行前向填充，即用缺失值前面的非缺失值来填充缺失值。参数 method 指定为“backfill”或“bfill”是表示用缺失值后面的非缺失值来填充缺失值，如：

`scoresheet.fillna(method='bfill')`

	Economics	Name	Statistics	Datamining	Exam_Date
0	89	Christoph	98	79	2017-07-07
1	97	Mickel	93	89	2017-07-08
2	56	Mickel	76	89	NaT
3	82	None	85	89	NaT

本段程序运行之后还有部分缺失值得到不填充，这是因为含有缺失值的这些数据后面也没有可供填充的非缺失值数据。

此外，pandas 还提供了 ffill、bfill 方法也可以填充缺失值：

`scoresheet.bfill()`　　#该方法相当于 fillna(method='bfill')

	Economics	Name	Statistics	Datamining	Exam_Date
0	89	Christoph	98	79	2017-07-07
1	97	Mickel	93	89	2017-07-08
2	56	Mickel	76	89	NaT
3	82	None	85	89	NaT

在填充缺失值的时候，上述各种方法和方式均可指定连续填充的数量：

`scoresheet.ffill(limit=1)`　　#当有连续缺失值时，只填充第 1 个缺失值

	Economics	Name	Statistics	Datamining	Exam_Date
0	89	Christoph	98	79	2017-07-07
1	97	Christoph	93	79	2017-07-08

| **2** | 56 | Mickel | 76 | NaN | 2017-07-08 |
| **3** | 82 | Mickel | 85 | 89 | NaT |

上述方法在填充缺失值的时候，还可以使用指定函数对数据进行运算并用其结果来填充缺失值，如：

```
scoresheet['Datamining'].fillna(scoresheet['Datamining'].mean())
0    79
1    84
2    84
3    89
Name: Datamining, dtype: float64
```

在数据分析过程中有些时候可以直接对含有缺失值的数据进行删除，即清洗。在数据量非常大且缺失数据较少的情况，数据清洗是一种便捷有效的解决办法。pandas 对象的 dropna 方法可以非常方便的实现这种功能。

```
scoresheet.dropna(axis=0)       #删除含所有缺失值的行
```

	Economics	**Name**	**Statistics**	**Datamining**	**Exam_Date**
0	89	Christoph	98	79	2017-07-07

```
scoresheet.dropna(how='any',axis=1)      #删除含有任何缺失值的列
```

	Economics	**Statistics**
0	89	98
1	97	93
2	56	76
3	82	85

```
scoresheet.loc[[0],['Exam_Date']]=np.nan
scoresheet
```

	Economics	**Name**	**Statistics**	**Datamining**	**Exam_Date**
0	89	Christoph	98	79	NaT
1	97	NaN	93	NaN	2017-07-08
2	56	Mickel	76	NaN	NaT
3	82	None	85	89	NaT

```
scoresheet.dropna(how='any',thresh=2,axis=1)
'''
```
参数 how 可以指定 any 和 all，any 表示删除含有任意缺失值的行或列，all 表示删除全部数据均是缺失值的行或列；
参数 thresh 表示删除非缺失数据数量小于参数值的行或列
```
'''
```

	Economics	Name	Statistics	Datamining
0	89	Christoph	98	79
1	97	NaN	93	NaN
2	56	Mickel	76	NaN
3	82	None	85	89

3. 缺失数据插值

插值即利用已有数据对数值型缺失值进行估计,并用估计结果来替换缺失值。pandas 对象的 interpolate 方法具备诸多改进的插值方法和功能,这些插值方法可以通过参数 method 来指定,参数值主要有:linear(默认)、time、index、values、nearest、zero、slinear、quadratic、cubic、barycentric、krogh、polynomial、spline、piecewise_polynomial、from_derivatives、pchip、akima 等,这些参数值都对应到缺失值处理中相应的插值方法名称。

将 scoresheet 对象进行线性插值:

```
scoresheet.interpolate(method='linear')
```

	Economics	Name	Statistics	Datamining	Exam_Date
0	89	Christoph	98	79.000000	NaT
1	97	NaN	93	82.333333	2017-07-08
2	56	Mickel	76	85.666667	NaT
3	82	None	85	89.000000	NaT

```
scoresheet.interpolate(method='polynomial',order=1)
```

该行程序执行之后得到的结果与上述结果一致,本书不予赘述。

缺失值插值在实际数据分析工作的数据预处理中应用的较为广泛,请读者查阅相关数据插值的资料对参数 method 的关键字进行深入了解。

第 4 章
数据描述

我们每天都生活在数字的海洋当中，薪水、奖金、股票指数、基金净值、银行利率、汇率、CPI（消费价格指数）、中奖号码等，这些数字使人眼花缭乱；也生活在数据的周围，教育程度、职称、产品等级、政治观点等等，这些非数字的数据也会给人们的生活带来巨大的影响。面对这些复杂并且交织的数据，没有人能够记住它的全部信息，但是人们能够通过一定的手段缕清数据，把看似错综芜杂的数据还原或描述出其本来面貌，并对大量数据进行概括和描述性的分析，使得人们可以快速理解并把数据应用到实际工作。

本章主要介绍如何利用 python 的 numpy、pandas 和 scipy 等常用分析工具库结合常用的统计量来进行描述数据，把数据的特征及其内在结构直观明了的呈现出来。

4.1 统计量

对于数据的描述，可以使用一些汇总的数据信息来进行抽象和概括。这些抽象和概括的数据是通过对我们收集的原始数据（即样本）进行归纳总结得到的，能够用一两个较少的变量来代表全体数据（即总体）的信息。同时这些概括性的变量又是能够从收集的样本数据中直接计算出来的，能够在一定的程度上反映总体的特征，因此，把其称之为样本统计量，简称统计量（statistics）。

统计量是从样本数据中计算出来的，同一总体可以用不同的方式得到不同的样本数据。因此，根据不同的样本计算的统计量的值就有可能不同，所以统计量具有不确定性，同时也是不唯一的，但是是已知的。

numpy 和 pandas 模块都提供了较为详尽的统计量计算工具。样本数据的统计量可以从集中趋势、离散程度和分布形状等几个方面进行测量。

4.1.1 集中趋势

集中趋势用于描述一组数据的集中位置或平均水平，它代表了一组数据的典型水平，反映了一组数据中心点的位置。具体有以下几种：

4.1.1.1 均值

均值（mean）也叫做平均数，均值主要指的是简单算术平均数，即原始数据之和除以原始数据的个数：$\bar{x} = \dfrac{\sum_{i=1}^{n} x_i}{n}$。其中 x_i 表示变量的观测值，即原始数据的各个值；n 表示样本量，即数据总个数或数据集中观测值的总行数。

均值是最为常见的统计量之一，日常生活中非常容易接触到，如某人 2017 年的平均工资、我国人口的平均年龄、医院平均每万人有用的床位数、学生考试成绩的平均分等。

针对 numpy 对象或者 pandas 对象，均可以使用与统计量英文名称一样的函数或者方法进行描述统计分析。

如导入上一章中的 JD 公司股票交易数据，jd_stock 为 numpy 数组即 ndarray 对象，jddf 为 DataFrame 实例对象，二者数据内容一致，详情请见第 3.2.1.2 小节。

```
stock=np.dtype([('name',np.str_,4),('time',np.str_,10),
                ('opening_price',np.float64),('closing_price',np.float64),
                ('lowest_price',np.float64),('highest_price',np.float64),
                ('volume',np.int32)])
jd_stock=np.loadtxt('data.csv',delimiter=',',dtype=stock)
jddf=pd.read_table('data.csv',sep=',',header=None,
                names=['name','time','opening_price','closing_price',
                       'lowest_price','highest_price','volume'])
```

numpy 数组可以使用 mean 函数计算样本均值，也可以使用 average 函数计算加权的样本均值：

```
np.mean(jd_stock['opening_price'])
```
```
29.76112676056338
```
```
np.average(jd_stock['opening_price'])
```
```
29.76112676056338
```

其中 average 函数还可以计算加权算术平均数，如把收盘价按照当日成交量进行加权：

```
np.average(jd_stock['closing_price'],weights=jd_stock['volume'])
```
```
29.670471959778613
```

pandas 的 DataFrame 实例对象可以使用 mean 方法求得均值：

```
jddf['opening_price'].mean()
```
```
29.76112676056338
```

均值极易受到数据极端值或异常值的影响，日常的描述统计分析工作中，人们还可以采取一些措施来在一定程度上剔除极端值的影响：

1. 截尾均值（trimmed mean）

计算原始数据中去掉最大 N 个和最小 N 个（或百分之 N）值后的平均值。其中的 N 可以指定为 1，2，3，这是变量中心位置的一种稳健（鲁棒性）估计，但估计量本身不再服从正态分布。

这种均值的计算方法在现实生活也非常实用，去掉头尾若干个最大最小的数据，有利于克服极端值对数据分析的影响。如电视歌手大赛中，经常会看见在对歌手进行打分的时候，听到主持人唱分的时候去掉一个最高分，去掉一个最低分的说法，此处的一个最高分和一个最低分，实质上是当 *N*=1 时的截尾均值。当然，在实际数据分析工作，也可以指定截取数据数值的上下界。

scipy 的 stats 模块提供了大量用于统计量计算的方法（有关 scipy 工具包的详细介绍参见第 2.4.2.1 小节），如 nanmean 可以计算不考虑缺失值的均值，tmean、tvar、tstd 分别可计算截尾均值、截尾方差和标准差等。

scipy 在 numpy 的基础上增加了数学计算、科学计算以及工程计算中常用的库函数，如线性代数、常微分方程数值求解、信号处理、像处理、稀疏矩阵等等。

导入 scipy 的 stats 统计模块：

```
from scipy import stats
```

计算上例中的截尾均值：

```
stats.tmean(jddf['opening_price'])
29.76112676056338
```

由于我们没有指定截取的数据范围，故该函数会默认使用所有数据计算均值，其得到的结果与 numpy 和 pandas 计算的均值一致。重新计算指定截取数据范围的截尾均值：

```
stats.tmean(jddf['opening_price'],(25,30))      #第二个参数表示用作截尾的上、下界
27.96363636363636
```

2. 缩尾均值（**winsorized mean**）

把原始数据中最小的 *N* 个值用第 *N*+1 小的那个数值替换，同时最大的 *N* 个值，用第 *N*+1 大的那个数值替换，然后计算均值。它也是一种稳健的均值估计。使用 scipy.stats 中掩模统计函数 mstats 的 winsorize 可以计算：

```
stats.mstats.winsorize(jddf['opening_price'],(0.05,0.05)).mean()
29.75549295774647
```

3. 几何平均数和调和平均数（**geometric mean & harmonic mean**）

除此之外，scipy 还可以使用 gmean、hmean 函数计算数据的几何平均数（*n* 个数乘积的 *n* 次方根）和调和平均数（原始数据倒数的平均数的倒数），主要用于相对数和统计指数的均值计算：

```
stats.gmean(jddf['opening_price'])
29.69808629150728
```

```
stats.hmean(jddf['opening_price'])
29.633711628969433
```

4.1.1.2　中位数

中位数（median）就是把所有数据按照一定的顺序（通常情况下按数值大小）进行排列，处于排序后数据最中间位置所对应的那个数值。如果数据个数是奇数，中位数就是处在正中心的数值，如果数据个数是偶数，中位数就是处在正中心位置左右 2 项数据的平均数。

中位数的计算较为简便，只需将全部数据排序，然后用找中点的方法就可得到中位数。中位数对极端值不敏感，也称之为位置平均数。

numpy 中 的 median 函 数、pandas 对 象 的 median 方 法 和 scipy 中 的 stats.scoreatpercentile 函数均可以计算中位数:

```
np.median(jd_stock['opening_price'])
30.27
jddf['opening_price'].median()
30.27
stats.scoreatpercentile(jddf['opening_price'],50)
#该函数返回给定百分位点(0-100)对应的数值,50%分位点所对应的位置就是中位数所在位置
30.27
```

4.1.1.3 分位数

中位数可以把所有数据等分成 2 部分,与其类似的还有四分位数(quartile)、十分位数(decile)和百分位数(percentile)等,即分别用 3 个点、9 个点和 99 个点将数据 4 等分、10 等分和 100 等分后各分位点位置上的数值。中位数实际上就是第 50 个百分位数、第 2 个四分位数、第 5 个十分位数。

在实际应用中,四分位数应用较为广泛。通过 3 个四分位点把原始数据等分为四分,每份的数据量占总数据量的 25% 或 1/4。其中,处于 25% 位置对应的数值叫做下四分位数,通常记作 Q1;处于 75% 位置对应的数值称之为上四分位数,通常记作 Q3。

在计算分位数时也需要对原始数据进行排序,分位数只受位置影响,不受极端值影响。

scipy 中可使用 stats.scoreatpercentile 计算指定分位点的分位数,也可以用 stats.percentileofscore 计算指定数值所处的分位点:

```
stats.scoreatpercentile(jddf['opening_price'],[10,20,25,50,75,100])
array([ 26.77 , 28.   , 28.335, 30.27 , 31.41 , 32.74 ])
stats.percentileofscore(jddf['opening_price'],30.27)
50.70422535211267
```

分位数还可以使用掩模统计函数中的 stats.mstats.mquantiles 计算,还可以调用 stats.mstats.hdquantiles 使用 Harrell-Davis 方法计算分位数:

```
stats.mstats.mquantiles(jddf['opening_price'],prob=0.50)
array([ 30.27])
stats.mstats.hdquantiles(jddf['opening_price'],prob=0.50)
masked_array(data=[30.19498269],
             mask=False,
       fill_value=1e+20)
```

4.1.1.4 众数

众数(mode)是指数据中出现次数最多的数值。它既可应用定量数据,也可应用于定性数据,是一种比较重要的集中趋势测度指标。众数在数据中可能不止一个,如果有若干个数据出现的次数一样多,则众数有多个;当所有数据出现的次数一样多时,没有众数。

scipy 中提供有 stats.mode 函数可对数组进行众数计算:

```
m=np.array([1,2,3,4,3,2,3,3,4,4,4,7,8])
```

```
stats.mode(m)
ModeResult(mode=array([3]), count=array([4]))
```
```
stats.mode(jd_stock['opening_price'])
ModeResult(mode=array([ 26.3]), count=array([2]))
```
```
stats.mode(jddf['opening_price'])
ModeResult(mode=array([ 26.3]), count=array([2]))
```

要注意，该函数只给出若干个众数中的第一个众数。针对没有众数的情况，该函数返回的结果是错误的，如：

```
m1=np.array([1,2,3,4,7,8])
stats.mode(m1)      #m1 没有众数，该返回值有误
ModeResult(mode=array([1]), count=array([1]))
```

pandas 对象可以直接使用 mode 方法求得众数，而且当众数有多个的时候也会返回多个众数：

```
md=pd.DataFrame(m)
print (md.mode())
    0
0   3
1   4
```

4.1.2 离散程度

集中趋势概括数据可以使人们大体上对数据产生初步印象，但是在这些统计量对数据进行高度抽象的同时，也忽略了一些必要的数据信息，使得人们在某些情况下只能看到数据呈现出来的假象，而不能读懂真正内在的涵义。如一个人脚下泡着开水，头上顶着冰块，就冷暖的集中趋势均值而言，冷暖相互抵消并有向平均温度靠近的趋势，他理应感到很舒服，这是相当滑稽的事情。造成这种荒唐事件的一个主要原因是：没有考虑集中趋势以外的其他数据信息。因此不光数据集中程度是考虑问题的一个方面，数据的离散程度也是应当考虑的重要问题。

测度离散程度的统计量很多，常见的有极差、平均差、四分位差、异众比率、方差、标准差、标准误差以及离散系数等。

4.1.2.1 极差

极差（range），也叫全距或范围，是数据中最大值减去最小值所得的差。极差极易受极端值的影响，由于它抛弃了几乎全部的数据信息，中间部分的数据信息无法反映，因此不能准确地描述数据的分散状况。

numpy 中可以使用 ptp 函数直接计算极差统计量，也可用 max 和 min 函数或 pandas 方法以及 scipy 掩模统计函数 mquantiles 进行计算：

```
np.ptp(jd_stock['opening_price'])
6.790000000000003
```
```
np.max(jd_stock['opening_price'])-np.min(jd_stock['opening_price'])
6.790000000000003
```

```
jddf['opening_price'].max()-jddf['opening_price'].min()
6.790000000000003
stats.mstats.mquantiles(jddf['opening_price'],prob=1)-
stats.mstats.mquantiles(jddf['opening_price'],prob=0)
array([ 6.79])
```

4.1.2.2　四分位差

　　四分位差（qrange），故名思义即四分位数之间的差。具体而言是指第 3 个四分位数减去第 1 个四分位数得到的差，即上四分位数与下四分位数之间的差值。它反映了中间 1/2 数据的分散情况，其值越小，说明中间的数据越集中。四分位差不受极端值的影响，它在一定程度上也说明了中位数对一组数据的代表程度。

```
stats.scoreatpercentile(jddf['opening_price'],75)-
stats.scoreatpercentile(jddf['opening_price'],25)
3.0749999999999993
```

4.1.2.3　方差和标准差

　　方差（variance），是每一个数的原始数值与均值的差（即离差）求平方，然后求这些平方的和，再用这个平方和除以数据的个数得到的数值。一言以蔽之，方差即离差平方的平均数。对于总体容量为 N 的总体数据，其方差为：$\sigma^2 = \dfrac{\sum_{i=1}^{N}(x_i - \bar{x})^2}{N}$。

　　方差是用所有数据进行计算的，因此它反映了所有数据相对于数据中心发散的平均程度。因此，方差越大说明数据离散程度越高，是统计分析中最为重要的统计量之一。在统计推断中，往往使用的方差是满足无偏性的样本修正方差，即样本量在原始数据样本量基础上减 1（即少了一个样本，样本量即公式中的分母为 $n-1$），即：$s^2 = \dfrac{\sum_{i=1}^{n}(x_i - \bar{x})^2}{n-1}$。

　　方差的算术平方根即标准差（standard deviation）。

　　numpy 可以使用 var 函数计算方差统计量，std 函数计算标准差统计量；pandas 中可以使用 var 方法和 std 方法来计算方差和标准差；scipy 中的 stats.tvar 和 stats.tstd 在不指定截尾参数 N 时，也可计算方差和标准差统计量：

```
np.var(jd_stock['opening_price'],ddof=1)
#一定要注意 ddof 的用法，该参数表示设置计算方差时的分母为（n-ddof）
#当 ddof 设置为 1 时，表示计算自由度为 n-1 的样本修正方差。ddof 默认值为 0。
3.721561569416499
jd_stock['opening_price'].var(ddof=1)
3.721561569416499
np.std(jd_stock['opening_price'],ddof=1)
1.92913492773743
print (jddf['opening_price'].var(),jddf['opening_price'].std())
3.721561569416499 1.92913492773743
print (stats.tvar(jddf['opening_price']),stats.tstd(jddf['opening_price']))
```

```
3.721561569416499 1.92913492773743
```

4.1.2.4 协方差

协方差（covariance）往往用于衡量两个变量之间的关系，其计算公式为：$Cov(X,Y)=E(XY)-E(X)E(Y)$，$E(X)$ 为随机变量 X 的数学期望，$E(XY)$ 是 XY 的数学期望。

numpy 和 pandas 中分别可以使用 cov 函数和方法计算协方差统计量：

```
np.cov((jd_stock['opening_price'],jd_stock['closing_price']),bias=1,ddof=1)
#参数 bias=1 表示结果需要除以 N，否则只计算分子部分
#返回结果为矩阵，第 i 行第 j 列的数据表示第 i 组数与第 j 组数的协方差。对角线为方差
array([[3.72156157, 3.60871561],
       [3.60871561, 3.64278354]])
jddf['opening_price'].cov(jddf['closing_price'])
```
```
3.60871561368200924
```

4.1.2.5 变异系数

变异系数（coefficient of variation）是衡量相对离散程度的一个重要指标。之前介绍的测度指标都是从单独一个数值来反映数据离散程度的，对于平均水平不同或计量单位不同的不同变量而言，是不能采用这几种方法来直接比较其离散程度的。为了消除这些因素对离散程度的测度影响，就需要用一个相对指标来对不同总体或样本数据的离散程度进行比较。

变异系数也叫做标准差系数或离散系数，具体是指一组数据的标准差与其相应的均值之比，即：$CV = \sigma / \bar{x}$。变异系数越小，说明数据的相对离散程度也越小。

在 python 中可以根据以上介绍的 numpy 函数或 pandas 方法等间接使用公式计算离散系数：

```
cv=jd_stock['closing_price'].var()/jd_stock['closing_price'].mean()
print 'CV of closing_price:',cv
```
```
CV of closing_price: 0.12061512491595741
```

4.1.3 分布形状

在对数据进行概括性分析时，考察集中趋势和离散程度是 2 个重要方面，但不能仅此而已。就像对一个人进行评价一样，不仅要考察人的高矮情况，也要考察胖瘦情况，更要看看一个人是否站有站相、坐有坐相，立正或坐着的时候是笔直的，还是东歪西倒的。对于数据的分布状况也应当有概括性的分析，才能掌握数据的全貌。

数据分布的测度主要考察数据分布是否对称、偏斜程度和扁平程度如何，其指标主要有偏度和峰度等。

4.1.3.1 偏度

偏度（skewness）是对数据分布对称性的测度。偏度的计算方法很多，通常采用三阶中心矩的计算方法，其主要考察离差三次方之和与标准差的三次方的比例，计算偏度的

公式为：$K = E(x-\mu)^3 / \sigma^3$；其中 μ 和 σ 分别表示均值和标准差。

如果数据是对称的，则偏度等于 0；如果偏度明显不等于 0，则表明数据分布是非对称的，具体的说，偏度大于 0 时，均值右边的数据更为分散，表明数据右偏；偏度小于 0 时，均值左边的数据更为分散，表明数据左偏；偏度的数值越大，表明数据偏斜的程度就越大。具体描述如 4-1 所示。

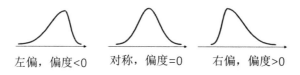

左偏，偏度<0   对称，偏度=0   右偏，偏度>0

4-1　偏度与数据分布

pandas 对象的 skew 方法、scipy 的 stats.skew 均可计算偏度：

```
jddf['opening_price'].skew()
-0.46224497683317695
stats.skew(jddf['opening_price'],bias=False)
-0.4622449768331769
```

由此结果可以看出，该公司股票在这段期间的开盘价格具备左偏特征。

4.1.3.2　峰度

峰度（kurtosis）是用来反映数据分布曲线顶端陡峭或扁平程度的指标。所谓陡峭或扁平是针对标准正态分布而言的。峰度通常是用四阶中心矩进行计算的，考察四阶矩与标准差四次方之间的比例关系，计算峰度的公式为：$K = \dfrac{E(x-\mu)^4}{\sigma^4} - 3$。

如果数据服从标准正态分布，则峰度的值等于 0；如果峰度明显不等于 0，则表示数据分布比标准正态分布更陡峭或更扁平。具体地说峰度大于 0，说明它是比正态分布要陡峭；峰度小于 0，说明数据分布比正态分布平坦。具体描述如图 4-2 所示。

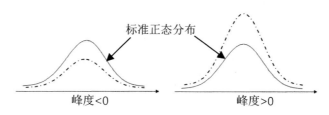

标准正态分布

峰度<0   峰度>0

图 4-2　峰度与数据分布

pandas 对象的 kurt 方法、scipy 的 stats.kurtosis 均可计算峰度：

```
jddf['opening_price'].kurt()
-1.0062916553662804
stats.kurtosis(jddf['opening_price'],bias=False)
-1.0062916553662804
```

由此结果可以看出，该公司股票在这段期间的开盘价格较为扁平。

4.2 统计表

如进行一些较复杂的描述统计分析，光只考虑统计量是远远不够的。假设你作为一个上市公司的财务总监，要公布公司的财务状况，需要进行正式的财务状况汇报（如公布年报），投资者需要完全掌握有关公司的一切详细信息，简单罗列统计量是远远不够的。这个时候需要使用统计表格来呈现数据，把数据的原始信息和数量关系用二维表格的形式完全展现出来，方便人们进行进一步研究。

4.2.1 统计表的基本要素

统计表实质上就是张二维表格，它有其自身的特点和构成要素。首先来看个例子：

某电脑销售公司对其某年 1 季度的笔记本电脑销售情况进行了详细记录，经汇总得到如下销售情况的简要汇报，如表 4-1 所示。

表 4-1　笔记本销售情况一览表

单位：台

地区	品牌					合计
	Dell	Asus	HP	Lenovo	Sony	
东部地区	18	23	14	27	17	99
西部地区	13	30	23	22	12	100
中部地区	32	15	18	28	7	100
合计	63	68	55	77	36	299

形如表 4-1 的表格通常就可以称之为统计表。统计表最大特点就是表格左右两端不封口，即左右两端没有竖线。但是读者要注意的是，在 python 默认编制的统计表格是封口的（用户可以指定不同格式的表格模版，同时也可自定义表格模版）。

统计表通常分为行和列，代表行维和列维，亦即二维表格的由来。如表 4-1 中，"地区"就是行，地区这个变量的三个值把表格分成了 3 行；"品牌"就是列，其 5 个值把表格分成了 5 列。统计表中往往还可有汇总的合计项，有可以分成行合计与列合计，分别统计每行或每列分析变量的汇总情况。如在表 4-1 中，可清晰的看到该公司 1 季度共销售了 299 台笔记本电脑，其中，东部地区销售 99 台，西部地区销售 100 台，中部地区销售 100 台；各个品牌的销售汇总情况也可以在列合计上看出来，如联想牌笔记本电脑在 3 个地区共销售了 77 台，而索尼只售出了 36 台。

当有多个这样的销售公司的时候，每个公司都有一个这样的表格，则把这些表格排列起来就形成了一系列的销售报表，表格与表格之间的维度叫做页维，如某表格页维为 3，表明具有 3 个同样结构的表格。

当然，如表 4-1 所示的形式，其表格中的元素还可以是统计量。如 pandas 对象的

describe 方法就可得方便的得到各种变量的简单统计描述：

```
jddf.describe()
```

	opening_price	closing_price	lowest_price	highest_price	volume
count	71.000000	71.000000	71.000000	71.000000	71.000000
mean	29.761127	29.776338	29.450986	30.097042	6805992.957746
std	1.929135	1.908608	1.906717	1.961364	3234776.662519
min	25.950000	25.820000	25.580000	26.080000	3013600.000000
25%	28.335000	28.340000	28.070000	28.545000	4851150.000000
50%	30.270000	30.320000	30.030000	30.610000	6084500.000000
75%	31.410000	31.375000	31.090000	31.720000	7971900.000000
max	32.740000	32.710000	32.450000	33.280000	22176000.000000

scipy 中的 stats.descibe 函数也可以得到如上大多数统计量：

```
stats.describe(jddf[['opening_price','closing_price','lowest_price',
                     'highest_price','volume']])
```

```
DescribeResult(nobs=71,minmax=(array([2.59500000e+01,2.58200000e+01,
2.55800000e+01,2.60800000e+01,3.01360000e+06]),array([3.27400000e+01,
3.27100000e+01,3.24500000e+01,3.32800000e+01,2.21760000e+07])),mean=array([
2.97611268e+01,2.97763380e+01,2.94509859e+01,3.00970423e+01,6.80599296e+06]
),variance=array([3.72156157e+00,3.64278354e+00,3.63556901e+00,3.84694684e+
00,1.04637801e+13]),skewness=array([-0.45242136,-0.48558435,-0.45383337,
-0.42514592,2.64270107]),kurtosis=array([-1.02014295,-0.9234615,-0.95716181,
-1.02331883,9.53150991]))
```

4.2.2 统计表的编制

在 pandas 中可以非常方便的编制各种统计表格，如简单统计量表、分类汇总表（数据透视表）、交叉表等。

【例 4-1】 某经销商销售商品有线上下单购买和实体店铺销售两种方式，现搜集到部分销售数据如 storesales.csv 所示，试对这些数据编制统计表。

本例数据如下：

```
storesales=pd.read_csv('storesales.csv')
storesales.head()
```

	id	store	method	orders	sales
0	1001	1	1	78	89000
1	1023	2	1	87	98000
2	1234	2	2	67	78500
3	1002	3	2	87	77500
4	1001	3	1	56	67990

为 store、method 变量挂上值标签便于分析结果更为明了：

```
storesales['store']=storesales['store'].astype('category')
storesales['store'].cat.categories=['SANFORD','MILLENIA',
                                    'OCOEE','KISSIMMEE']
storesales['store'].cat.set_categories =['SANFORD','MILLENIA',
                                         'OCOEE','KISSIMMEE']
storesales['method']=storesales['method'].astype('category')
storesales['method'].cat.categories=['On Line','In Store']
storesales['method'].cat.set_categories = ['On Line','In Store']
```

pandas 中的 groupby 分组对象就可以简单的编制统计表：

```
storesales_grouped=storesales.groupby(storesales['method'])
storesales_grouped['sales','orders'].agg('sum')
```

	sales	orders
method		
On Line	710645	760
In Store	586733	535

对于分组对象的某一列或者多个列，agg 函数可以对分组后的数据应用指定的函数。

pandas 中的 pivot_table 和 crosstab 等函数可得到更为复杂的统计表格，即数据透视表。

pivot_table 的基本语法如下：

```
pivot_table(data,values=None,index=None,columns=None,aggfunc='mean',
            fill_value=None,margins=False,dropna=True,margins_name='All')
```

该函数中，参数的作用如下：

➢ **data**：指定为 pandas 中的 DataFrame；

➢ **index、columns、values**：分别对应数据透视表中的行、列和值，他们都应当是 data 所指定 DataFrame 中的列；

➢ **aggfunc**：指定汇总的函数，默认为 mean 函数；

➢ **margins**：指定分类汇总和总计；

➢ **fill_value**：指定填补的缺失值；

➢ **dropna**：指定是否包含所有数据项都是缺失值的列。

crosstab 的基本语法如下：

```
crosstab(index, columns, values=None, rownames=None, colnames=None,
         aggfunc=None, margins=False, dropna=True, normalize=False)
```

该函数与 pivot_table 类似，但其不要需要使用 data 参数来指定对象，而是直接在 index、columns、values 等中直接指定分析对象，其参数功能同 pivot_table。

首先可以得到如表 4-1 所示的最简单统计表：

```
pd.pivot_table(storesales,index=['store'],values=['orders'],aggfunc=sum)
```

	orders
store	
SANFORD	362
MILLENIA	406
OCOEE	392
KISSIMMEE	135

这段程序把 `aggfunc` 指定为 `sum`，表示计算 `store` 变量的 `orders`，即不同店铺的订单总数。

可增加列 `columns`，并将对应的字段名称放在列 `columns` 变量的值中进行交叉分组统计：

```
pd.pivot_table(storesales,index=['store'],columns=['method'],
            values=['orders'],aggfunc=[sum],fill_value=0)
```

	sum	
	orders	
method	On Line	In Store
store		
SANFORD	362	0
MILLENIA	252	154
OCOEE	146	246
KISSIMMEE	0	135

一般更为复杂的统计表格，行和列可以有多个值，同时被统计的变量可以有求和、求均值、计数等。这些内容只需要在对应的 `index`、`columns` 和 `aggfunc` 参数指定对应的变量和关键字即可。

```
pd.pivot_table(storesales,index=['store'],columns=['method'],
            values=['orders','sales'],aggfunc=[sum,np.mean,len],
            fill_value=0)
```
#请注意 aggfunc 关中的参数，mean 不是 python 基本库函数，此处采用 numpy 中的 mean 函数

	sum				mean				len			
	orders		sales		orders		sales		orders		sales	
method	On Line	In Store	On Line	In Store	On Line	In Store	On Line	In Store	On Line	In Store	On Line	In Store
store												
SANFORD	362	0	312643	0	90.5	0.0	78161	0	4	0	4	0
MILLENIA	252	154	251667	176820	84.0	77.0	83889	88410	3	2	3	2
OCOEE	146	246	146335	244903	73.0	82.0	73168	81634	2	3	2	3
KISSIMMEE	0	135	0	165010	0.0	67.5	0	82505	0	2	0	2

上述 aggfunc 参数中指定的关键字分别表述求和、求均值和计数。

参数 margins 用于增加统计表的汇总，其默认状态为 False。需要增加汇总值时将 margins 指定为 True 即可。此时统计表将显示不同维度下数据的汇总值。汇总值的计算方式与 aggfunc 一致，即如果 aggfunc 中设置的是求和，那么汇总值也是求和值：

```
pd.pivot_table(storesales,index=['store'],columns=['method'],
        values=['sales'],aggfunc=[sum],fill_value=0,margins=True)
```

	sum		
	sales		
method	On Line	In Store	All
store			
SANFORD	312643	0	312643
MILLENIA	251667	176820	428487
OCOEE	146335	244903	391238
KISSIMMEE	0	165010	165010
All	710645	586733	1297378

使用 crosstab 同样可以得到如上的统计表格：

```
pd.crosstab(storesales['store'],storesales['method'],
        values=storesales['sales'],aggfunc=[sum],margins=True)
```

	sum		
method	On Line	In Store	All
store			
SANFORD	312643.0	NaN	312643
MILLENIA	251667.0	176820.0	428487
OCOEE	146335.0	244903.0	391238
KISSIMMEE	NaN	165010.0	165010
All	710645.0	586733.0	1297378

第 5 章
统计图形与可视化

数据可视化主要是指科学可视化和信息可视化，是一种能够帮助人们更便利的理解数据价值的一种工具。本章主要讨论信息可视化中的如何利用图形、图像方面的技术和方法来展示数据的信息。统计图形是简单有效的一种数据分析工具，是信息可视化的主要方向之一，其广泛的显现于电视、广告、平面媒体、网络等媒介中。数据信息和数据结构可以通过图形的方式直观显示，人们也可以很方便的通过阅读统计图形得到数据结论。

Python 提供有如 matplotlib、seaborn、ggplot、Bokeh、pygal、plotly、geoplotlib、Gleam、missingno、Leather 等广受好评的绘图和可视化库来实现数据及其信息的图形与可视化。

由于可绘制的图形图像太过繁杂，因此本章对于各种图形和可视化的设置内容大部分都会在所编制程序的注释中予以说明。本章及全书绘制的图形均会以附录彩页的方式放置在本书末尾，请读者注意对照阅读。

5.1 matplotlib 基本绘图

matplotlib 作为 python 最基本的绘图库，其有着广泛的应用领域并具备类似 MATLAB 的绘图方式，能跟 python 紧密结合。其他很多分析库，如 pandas 等都可直接调用其绘图语句进行绘图。

因此，本章将以 matplotlib 为主要绘图库进行讲解，在绘制特殊图形时，也会对其他绘图库进行介绍。

5.1.1 函数绘图

函数绘图是最基本也是最简单的绘图方式之一。本节所介绍的函数绘图是指调用 matplotlib.pyplot 中的绘图函数进行图形绘制，这些函数不仅能把数据的主要信息展示出来，也能够通过函数关系式将数据之间的关系展示出来。在 notebook 中，可使用如下命令将 matplotlib 调入到当前工作环境中：

```
%matplotlib inline
import matplotlib as mpl
import matplotlib.pyplot as plt
```

```
#大部分常用绘图函数都在 matplotlib.pyplot 中
#故 import matplotlib.pyplot as plt 更为常用
```

上述命令中的 %matplotlib inline 是魔术命令（魔术命令常用于控制 Ipython 系统的行为，实现一定的系统功能，以 % 为前缀），表示将 matplotlib 的图形绘制结果嵌入到当前编辑器中，否则图形将会以弹窗的形式显示。

考虑到部分本书读者还在使用 python2.x，由于 2.x 版本的 python 对中文支持不完善，当图形、图像、标签、变量等部件中有中文字符时，可能会出现乱码。针对中文处理的问题，可运行如下代码解决（所绘制图形如无中文显示问题则可跳过本段代码）：

```
#如所绘制图形无中文显示问题，可跳过本段代码
import importlib,sys
from matplotlib.font_manager import FontProperties
myfont=FontProperties(fname=r'/Users/Ruan/anaconda/lib/python/
                            site-packages/matplotlib/mpl-data/
                            fonts/ttf/msyh.ttc')
'''
```

myfont 对象赋值为特定字体（如本例中的微软雅黑字体）存储在系统中的绝对路径（这是本人电脑上存储 anaconda python 所用字体的路径，**你的不一定是该路径，需要自行修改**）。读者可根据自身喜好自行设置显示字体。

在需要显示汉字的地方，指定其字体指定为上述定义的 myfont 即可。如在 x 轴标签中要显示汉字：

```
    plt.xlabel(u'汉字',fontproperties=myfont)
```

本书后续的绘图过程中将会反复用到此处定义的 myfont 对象，请读者务必注意！

当然，此处也可使用 plt.rcParams['font.sans-serif']=['SimHei'] 等语句实现同样功能

```
'''

plt.rcParams['axes.unicode_minus']=False      #解决负号'-'显示为方块的问题

#将标准输入、输出、错误重定向
stdout=sys.stdout
stdin=sys.stdin
stderr=sys.stderr

importlib.reload(sys)
sys.stdout=stdout
sys.stdin=stdin
sys.stderr=stderr

#使用上述设置虽然可以解决中文乱码和编码问题，但本书还是建议尽量采用英文。
```

matplotlib.pyplot 中包含了简单的函数绘图功能，会将绘制好的图形存入文件或使用 show 函数显示出来，如绘制一条最简单的直线：

```
plt.plot([0,1],[0,1])                        #绘制一条从(0,0) 到 (1,1)的直线
plt.title("a strait line")              #设置图形的标题
plt.xlabel("x value")        #设置 x 轴的标签
plt.ylabel("y value")        #设置 y 轴的标签
plt.savefig('ch4_156.svg',bbox_inches='tight')
#使用 savefig 将绘制的图形按照指定格式存储在指定位置（本例的*.svg 是可缩放矢量图形）
```

```
plt.show()                    #正常情况下，如无此语句plot 函数不会立刻显示图像
```

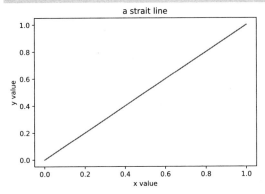

plot 函数能根据指定的坐标绘制折线图。其第一个参数[0,1]表示的是两个点的 x 轴坐标，第二个参数[0,1]表示的是两个点的 y 轴坐标，故表示从点（0，0）到点（1，1）创建一条折线。

如需要绘制更为复杂的函数图形，多项式是一种常用的解决方案。理论上可以利用多项式拟合任何曲线，但前提条件是要事先对曲线的形式进行判断，即知道曲线的参数设置。

多项式函数只包含加法和乘法，是对一个变量的各次幂进行加法和乘法操作的函数：

$$f(x)=a_nx^n + a_{n-1}x^{n-1} + \cdots + a_2x^2 + a_1x + a_0$$

numpy 中通过设定变量 x 的各次幂（从高到底的顺序）系数，利用 poly1d 函数即可表示一个多项式函数：

```
a=np.array([2,-3.5,1.6,-2,9])
p=np.poly1d(a)
print (p)
```
```
   4       3       2
2x - 3.5x + 1.6x - 2x + 9
```

上述程序运行结果中，p 是一个 poly1d 对象，此对象可以像函数一样调用，返回多项式的值。ploly1d 还是一个 ufunc 对象，即可以以数组作为参数，得到对应多项式值的数组。

poly1d 对象可以进行四则运算，分别对应于多项式的四则运算，除法运算时，会返回包含两个值的元组，其中第一个值为商多项式（商式），第二个值为余数多项式（余式）；poly1d 对象还可以使用 deriv 和 integ 方法分别进行微分和积分操作，得到新的多项式。

如根据多项式 p 绘制一个多项式曲线：

首先，创建 x 轴的数值，如在-10~10 之间产生 30 个服从均匀分布的随机数：

```
x=np.linspace(-10,10,30)
```

其次，利用多项式函数创建多项式的值：

```
y=p(x)
```

然后调用 plot 函数绘制图形，并用 show 函数显示出来：

```
plt.plot(x,y)
plt.xlabel('X')
plt.ylabel('Y')
plt.show()
```

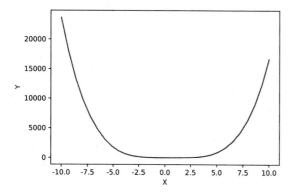

在同一段 matplotlib 绘图语句中，可以将不同 plot 语句绘制的图形叠加在一个图形中。如，绘制上述函数及其一阶导数叠加在一起的图形：

```
p1=p.deriv(m=1)    #deriv 方法的参数 m 为 1 得到其一阶导函数
y1=p1(x)
plt.plot(x,y,x,y1)
plt.show()
```

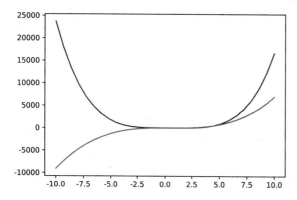

plot 画图时可以设定所绘制线条和数据点的参数，包括：颜色、线型、标记风格。由于可设置的参数太多，本书不予赘述，请读者自行查看帮助文档。如对上述图形的线条和数据点进行设置：

```
plt.plot(x,y,'b|',x,y1,'k-.')
#'b|'表示绘制以竖线|为数据点的蓝色曲线，'k-.'为黑色点线
plt.show()
```

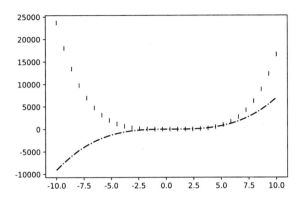

plot 函数在理论上只要能用函数关系式给出变量之间的关系，就可以据此进行函数绘图。此外，matplotlib 的 mplot3d 工具包还提供了 Axes3D 对象，可以绘制三维函数图形：

```
from mpl_toolkits.mplot3d import Axes3D
from matplotlib import cm
#导入着色模块 cm
u=np.linspace(-3,3,30)
x,y=np.meshgrid(u,u)
r=0.6;mux=0;muy=0;sx=1;sy=1;
z=(1/(2*3.1415926897*sx*sy*np.sqrt(1-r*r)))*np.exp((-1/(2*(1-r*r)))*(((x-
    mux)**2)/(sx**2)-2*r*(x-mux)*(y-muy)/(sx*sy)+((y-muy)**2)/(sx**2)))
fig=plt.figure()
ax=fig.add_subplot(111,projection='3d')
ax.plot_surface(x,y,z,rstride=1,cstride=1,cmap=cm.Greys)
plt.show()
```

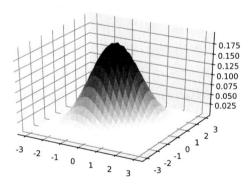

本例为了展示变量之间的关系给出了各变量的计算过程，其实上图也可以直接使用 scipy.stats.multivariate_normal 及 pdf 函数、numpy.mgrid 函数等直接生成变量数据来绘制图形，请读者自行尝试。

plot 还可以绘制反映单个变量变动特征的折线图：

```
plt.plot(np.random.randn(100),linewidth=2.0)      #linewidth=用于控制线的粗细
plt.show()
```

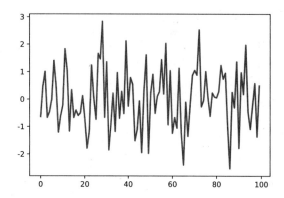

如绘制上一章中所用的 `jd_stock` 数组中某列数据的折线图：

```
plt.plot(jd_stock['opening_price'])
plt.show()
```

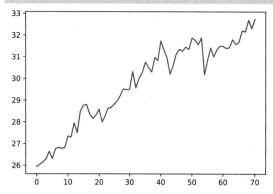

5.1.2 图形基本设置

在图形绘制过程中，我们还可以对图形的各个组成部分进行设置已达到更加美观和直观的展示效果。

5.1.2.1 创建图例

图例（`legend`）用于标注图形中各组成部分所代表的具体含义，`plot` 函数的 `label` 参数配合 `legend` 函数的使用就可以简单实现：

```
plt.plot(jd_stock['opening_price'],label='Opening Price')
plt.plot(jd_stock['closing_price'],label='Closing Price')
plt.legend(loc='lower right', frameon=False)
'''
位置关键字参数可以是如下方位的组合：upper, lower, right, left, center，也可以是数字
组合（见后例），frameon=关键字用于控制图例是否有框
'''
plt.show()
```

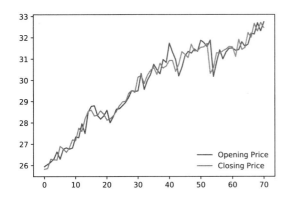

当然也可以把图例标在图形的外面：

```
plt. plot(jd_stock['opening_price'],label='Opening Price')
plt. plot(jd_stock['closing_price'],label='Closing Price')
plt. legend(loc=8,frameon=False,bbox_to_anchor=(0.5,-0.3))
'''
位置关键字参数也可以是如下方位的组合：upper right:1,upper left:2,lower
left:3,lower right:4,right:5,center left:6,center right:7,lower
center:8,uppercenter:9,center:10
'''
plt. show()
```

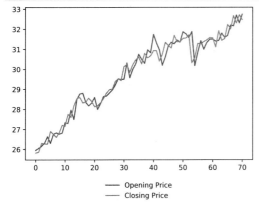

5.1.2.2 刻度设置

可以使用 xticks 函数或 yticks 函数来分别设置 x 轴和 y 轴的刻度：

```
#注：本例来源于 matplotlib 官方网站
X=np.linspace(-np.pi,np.pi,256,endpoint=True)
C,S=np.cos(X),np.sin(X)
plt.plot(X,C,'--')
plt.plot(X,S)
plt.xticks([-np.pi, -np.pi/2, 0, np.pi/2, np.pi],[r'$-\pi$', r'$-\pi/2$',
          r'$0$', r'$+\pi/2$', r'$+\pi$'])
plt.yticks([-1, 0, +1],[r'$-1$', r'$0$', r'$+1$'])
plt.show()
```

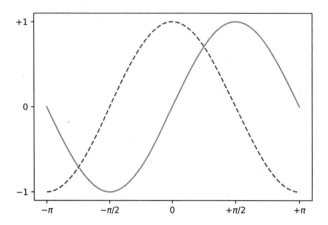

本例中 xticks 和 yticks 函数均有两组列表作为参数，第一个列表参数的作用就是指定刻度值，第二个列表参数的作用是指定其显示形式。

5.1.2.3　图像注解

在绘制图形的过程中，可对坐标轴的交点位置进行调整，也可对图中的某些数据点进行注解。如，需要对 $2\pi/3$ 的正玄和余弦值进行注解：可以首先绘制一条直接把该两个值连接起来，然后使用 annotate 函数并利用箭头指向数据点进行注解：

```
#注：本例来源于 matplotlib 官方网站
X=np.linspace(-np.pi,np.pi,256,endpoint=True)
C,S=np.cos(X),np.sin(X)
plt.plot(X,C,'--')
plt.plot(X,S)
plt.xticks([-np.pi,-np.pi/2,0,np.pi/2,np.pi],[r'$-\pi$',r'$-\pi/2$',r'$0$',
          r'$+\pi/2$',r'$+\pi$'])
plt.yticks([-1,0,+1],[r'$-1$',r'$0$',r'$+1$'])

ax=plt.gca()
ax.spines['right'].set_color('none')
ax.spines['top'].set_color('none')
ax.xaxis.set_ticks_position('bottom')
ax.spines['bottom'].set_position(('data',0))
ax.yaxis.set_ticks_position('left')
ax.spines['left'].set_position(('data',0))

t=2*np.pi/3
plt.plot([t,t],[0,np.cos(t)],color='blue',linewidth=2.5,linestyle="--")
plt.scatter([t,],[np.cos(t),],50,color='blue')

plt.annotate(r'$\sin(\frac{2\pi}{3})=\frac{\sqrt{3}}{2}$',
             xy=(t,np.sin(t)),xycoords='data',
             xytext=(+10,+30),textcoords='offset points',fontsize=16,
             arrowprops=dict(arrowstyle="->",
```

```
                           connectionstyle="arc3,rad=.2"))
plt.plot([t,t],[0,np.sin(t)],color='red',linewidth=2.5,linestyle="--")
plt.scatter([t,],[np.sin(t),],50,color='red')

plt.annotate(r'$\cos(\frac{2\pi}{3})=-\frac{1}{2}$',
            xy=(t,np.cos(t)),xycoords='data',
            xytext=(-90,-50),textcoords='offset points',fontsize=16,

arrowprops=dict(arrowstyle="->",connectionstyle="arc3,rad=.2"))
plt.show()
```

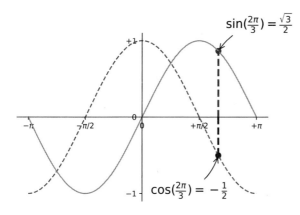

5.1.2.4　图像大小

　　matplotlib 所绘制图形图像的大小是可以进行灵活调整的,其调整的方法很多,如:

```
plt.plot(jd_stock['opening_price'],label='Opening Price')
plt.plot(jd_stock['closing_price'],label='Closing Price')
plt.legend(loc='upper left', frameon=True)
plt.xticks([xtick for xtick in range(71)],
          list(jd_stock['time']),rotation=40)

fig=plt.gcf()      #返回当前图像并设置为该图像对象名为 fig
fig.set_size_inches(18.5, 10.5)

plt.grid()         #grid()表示显示网格
plt.show()
```

　　本例采用 gcf 方法将当前的图像返回为一个名为 fig 的图像对象,并利用图像对象的 set_size_inches 方法对图像的大小进行了设置。本例还使用了 xticks 函数利用数据本身来设置了横轴的时间刻度。

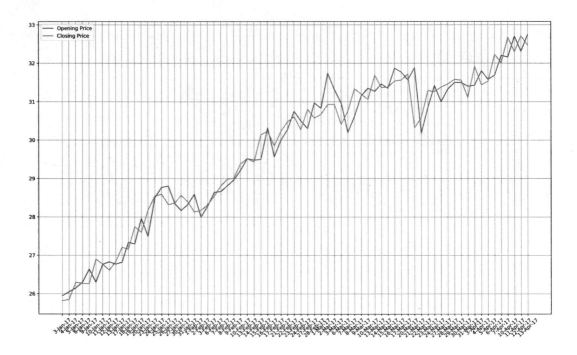

5.1.2.5　创建子图

　　matplotlib 中的 subplot 函数可以创建子图，即，把不同图形按照指定行列数拼成一个图形，亦即拼图：

```
x=np.linspace(-10,10,30)
y=p(x)
p2=p.deriv(m=2)        #设置 deriv 函数的参数 m 为 2 得到 p 的二阶导函数
y2=p2(x)
p3=p.deriv(m=3)        #设置 deriv 函数的参数 m 为 3 得到 p 的三阶导函数
y3=p3(x)
plt.subplot(221)
'''
该函数第一个参数是子图的行数，第二个参数是子图的列数，第三个参数是一个从 1 开始的序号。这 3
个参数可合成一个数字，如 221，表示创建一个 2 行 2 列的拼图，这是第 1 行第 1 列的图形
'''
plt.plot(x,y)
plt.title("Polynomial")
plt.subplot(222);plt.plot(x,y1,'r');plt.title("First Derivative")
plt.subplot(223);plt.plot(x,y2,'k');plt.title("Second Derivative")
plt.subplot(224);plt.plot(x,y3,'c');plt.title("Third Derivative")
plt.subplots_adjust(hspace=0.4,wspace=0.3)
#可以用 hspace 或 wspace 调整图与图之间的行列间隙
plt.show()
```

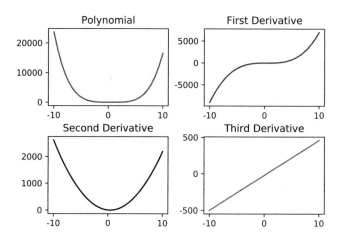

5.1.2.6　其他绘图函数

除了上面常用的 plot 函数，在 matplotlib.pyplot 中还可以找到很多其他绘图函数，如 scatter、pie、bar、contour 等，也可以 matplotlib.image.imread 导入常用格式的图片：

```
x=np.linspace(-10,10,30)
y=p(x)
x1=jddf['opening_price'];y1=jddf['closing_price']
plt.figure(figsize=(10,6))
plt.subplot(231);plt.plot(x,y);plt.title('折线图',fontproperties=myfont)
plt.subplot(232)
plt.scatter(x1,y1);plt.title('散点图',fontproperties=myfont)
plt.subplot(233);plt.pie(y);plt.title('饼图',fontproperties=myfont)
plt.subplot(234);plt.bar(x,y);plt.title('直方图',fontproperties=myfont)
x2=y2=np.arange(-5.0,5.0,0.005);X,Y=np.meshgrid(x2,y2);Z=Y+X**2
plt.subplot(235)
plt.contour(X,Y,Z);plt.colorbar()
plt.title('等高线图',fontproperties=myfont)

import matplotlib.image as mpimg
#使用 matplotlib.image.mpimg 在当前画布中导入指定图片
img=mpimg.imread('cueblogo.png')        #请将此处的图形替换成你自己的图片文档

plt.subplot(236)
plt.imshow(img)
plt.title('调用已有图片',fontproperties=myfont)
plt.subplots_adjust(hspace=0.25)
```

除了绘制上述常见的图形之外，matplotlib.animation 还可以进行动画的绘制，请读者自行查阅相关帮助文档。

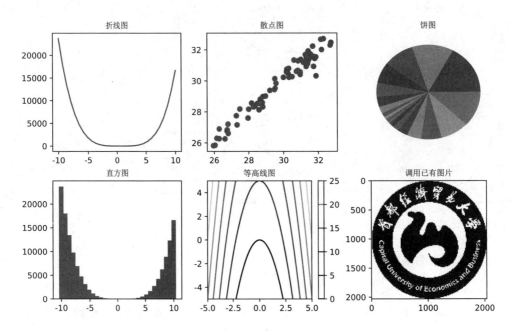

5.1.3　面向对象绘图

函数绘图虽然非常便利，但其增加了函数调用，降低了效率，图像的许多细节调整最终还要回到构成图形各对象的属性和方法上。所以，matplotlib 本质上还是以构建对象来构建图像的。本书处于实用目的，对这些琐碎的具体内容将不予详细介绍，在此只介绍一些基本思想和基础绘图流程。

matplotlib 提供了许多构成图形的类，如图像类 Figure、绘图区域 Axes 等，常用类的包含关系为 Figure→Axes→（Line2D、Text、Rectangle、AxesImage 等）。

整个图像是一个 Figure，可以通过 matplotlib.figure.Figure 来创建或 figure 函数返回。一个 Figure 对象可以包含多个 Axes，每个 Axes 对象都是一个绘图区域，可以将其理解为子图，其又包括 xaxis、yaxis、title、tick、label 和 tick label 等基本元素。

上述这些每个元素都是一个叫做 Artist 基类的实例对象，主要实现绘图过程中的顶层操作。每个 Artist 对象都有大量的属性可以控制其显示效果，这些属性及其繁多，本书将在绘制各种具体图形的过程中进行介绍，在此不予一一赘述。Artist 对象的所有属性都可通过对应名称的 get_* 和 set_* 方法进行读写，或使用 set 方法统一设置，如：

```
fig.set_alpha(0.2*fig.get_alpha())
fig.set(alpha=0.2,zorder=2)        #alpha 表示是透明度属性，zorder 表示绘图顺序属性
```

此外，matplotlib.pyplot 中还有两个重要的方法在面向对象绘图中发挥了作用：

- ➤ **gca()：**返回当前的 Axes 实例本身；
- ➤ **gcf()：**返回当前 Figure 实例本身。

这两个函数在后续章节的作图实例中将会反复用到。

此外，FigureCanvasAgg 类也是 matplotlib 绘图中重要的类，可以理解为画布。它可以实现绘图过程的底层操作，如使用 wxPython 在界面上绘图、使用 PostScript 绘制 PDF 等。

如，绘制一个含有两个图像的图：

```python
from matplotlib.figure import Figure
from matplotlib.backends.backend_agg import FigureCanvasAgg as FigureCanvas
from IPython.display import Image
#导入 Image 是显示已有指定图片的另一种方法，上段程序中用的是 matplotlib.image.mpimg

fig=Figure()
canvas=FigureCanvas(fig)
#以上两个语句如省略，则会把之前绘制的图形与新绘制的图形叠加在一起！

ax1=fig.add_axes([0.1,0.6,0.2,0.3])
'''
指定子图在图像中的位置坐标，一个图像的左下角是原点(0,0)，图像横轴方向和纵轴方向总长度都为
1，(0.5, 0.5)是图像的中点。
'''
line=ax1.plot([0,1],[0,1])                        #绘制一条直线
ax1.set_title("Axes1")

ax2=fig.add_axes([0.4,0.1,0.4,0.5])               #指定子图的位置坐标
sc=ax2.scatter(jd_stock['opening_price'],jd_stock['closing_price'])#绘制散点图
ax2.set_title("Axes2")
sc.set(alpha=0.2, zorder=2)

canvas.print_figure('figure_line&scatter.png')
#将 figure 对象以指定的文件名存储在当前工作环境中
Image(filename="figure_line&scatter.png")  #将所存储的图片显示出来
```

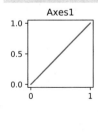
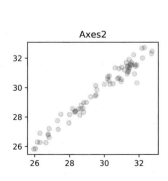

上段程序执行完毕之后，除了在当前 notebook 环境中看到所绘制的图像之外，在当前环境所对应的默认文件夹中还可以找到一个名为 figure_line&scatter.png 的图像文件。

5.1.4 绘图样式

绘图的样式或风格都可以在 matplotlib 中设置，读者可以根据自己的偏好来设置图形的基本样式。如需查看可设置的风格，可用如下语句：

```
plt.style.available
```

如设置 R 语言 ggplot 风格来绘制图形：

```
plt.style.use('ggplot')
plt.plot(jd_stock['opening_price'],label='Opening Price')
plt.plot(jd_stock['closing_price'],label='Closing Price')
plt.legend(loc=8,frameon=False,bbox_to_anchor=(0.5,-0.3))
plt.show()

plt.style.use('default')      #恢复默认风格
```

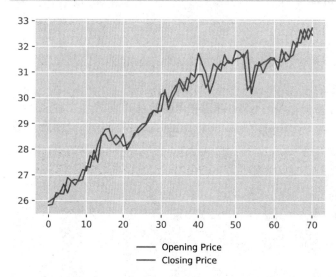

如需恢复 notebook 中的默认图形设置，只需要执行%matplotlib inline 魔术命令，重新将 matplotlib 库绘图结果置入 notebook 即可。

5.2 pandas 基本绘图

matplotlib 实际上是一种低级或底层的绘图工具，其核心库可供其他包调用。对于一些其他绘图工具如 pandas、seaborn 等包也可以对数据进行绘图，并且也会用到数据、图例、标题、刻度、标签等各种绘图组件。

pandas 主要使用 plot 方法绘制图形，其主要语法为：

```
pandas 对象.plot(x=None, y=None, kind='line', ax=None, subplots=False,
                sharex=None, sharey=False, layout=None, figsize=None,
                use_index=True, title=None, grid=None, legend=True,
                style=None, logx=False, logy=False, loglog=False,
                xticks=None, yticks=None, xlim=None, ylim=None, rot=None,
                fontsize=None, colormap=None, table=False, yerr=None,
                xerr=None, secondary_y=False, sort_columns=False, **kwds)
```

上述参数默认值就是其取等号的时候，参数 kind 用于指定其可绘制的图形类型：

➢ **'line'**：折线图（默认图形）；

➢ **'bar'**：竖直条形图；

➢ **'barh'**：水平条形图；

➢ **'hist'**：直方图；

➢ **'box'**：盒须图；

➢ **'kde'**：核密度估计曲线图；

➢ **'density'**：同"kde"；

➢ **'area'**：面积图；

➢ **'pie'**：饼图；

➢ **'scatter'**：散点图；

➢ **'hexbin'**：六边形箱图（注：六边形箱图即 hexagon binning 是一种利用二元直方图对大样本数据结构进行可视化的有效形式）。

其他参数含义如下：

➢ **x:** 指定 x 轴标签或位置；

➢ **y:** 指定 y 轴标签或位置；

➢ **ax:** matplotlib 的轴对象；

➢ **subplots:** True 或者 False，是否为每列单独绘制一幅图，默认把所有列绘制在一个图形中；

➢ **sharex:** True 或者 False，是否共享 x 轴，默认不共享；

➢ **sharey:** True 或者 False，是否共享 y 轴，默认不共享；

➢ **layout:** 用一个元组(rows, columns)来设计子图的布局；

➢ **figsize:** 用一个元组 (width, height)来设置图像的尺寸（英寸）；

➢ **use_index:** True 或者 False，是否使用索引作为 x 轴的刻度，默认不使用

➢ **title:** 设置图形的标题；

➢ **grid:** True 或者 False，是否设置图形网格线，默认不设置；

➢ **legend:** False/True/'reverse'，放置图例；

➢ **style:** 使用列表或字典分别为每一列设置 matplotlib 绘制线条的风格；

➢ **logx**: True 或者 False，将 x 轴对数化，默认不对数化；

➢ **logy**: True 或者 False，将 y 轴对数化，默认不对数化；

➢ **loglog**: True 或者 False，将 x 轴和 y 轴同时对数化，默认不对数化；

➢ **xticks**: 使用一个序列设置 x 轴的刻度；

➢ **yticks**: 使用一个序列设置 y 轴的刻度；

➢ **xlim**: 使用 2 个元素的元组/列表设置 x 的上下界；

➢ **ylim**: 使用 2 个元素的元组/列表设置 y 的上下界；

➢ **rot**: 使用一个整数来设置刻度的旋转方向；

➢ **fontsize**: 使用一个整数来设置 x 轴和 y 轴刻度的字号；

➢ **colormap**: 设置图像的色系；

➢ **colorbar**: True 或者 False，如设置为 True，则绘制 colorbar（只与散点图和六边形箱图有关）；

➢ **position**: 用一个浮点数来设置图形的相对位置，取值范围从 0（左下）到 1（右上），默认值为 0.5（正中）；

➢ **layout**: 使用一个元组(rows, columns) 设置图形布局；

➢ **table**: True 或者 False，设置图形中是否绘制统计表；

➢ **yerr 和 xerr**: True 或者 False，绘制残差图；

➢ **stacked**: True 或者 False，绘制堆积图形；

➢ **sort_columns**: True 或者 False，对图形列的名称进行排序放置，默认 False；

➢ **secondary_y**: True 或者 False，是否放置第 2 个 y 轴，默认不放置；

➢ **mark_right**: True 或者 False，当使用第 2 个 y 轴时，自动在图例中将列标记为"(right)"，默认不设置；

➢ **kwds**: 传递给 matplotlib 绘图方法的选项关键字。

pandas 中除了使用上述的 plot 方法用 kind=关键字指定绘制不同类型的图形之外，还可以使用"pandas 对象.plot.图形类型"的方式绘制指定的图形，绘制这些图形语句的语法与选项设置与 matplotlib 对应语句的设置相同。

本节不再给出使用 pandas 方法绘制的图形，将在第 5.3 小节中进行集中演示。

5.3 基本统计图形

本节介绍一些 python 中能够绘制的常用统计图，并结合具体实例对所用绘图工具进行讲解。由于本节所介绍的统计图形太多，所用语句较为广泛，故本节采用在 python 程序中标注语句解释的方式，对绘图控制和设置语句及其参数关键字进行解释。

5.3.1 折线图

折线图（line）是由折线或曲线构成的图形，如股票的 K 线图、价格走势图、时间序列的趋势图等。折线图一般由 2 个变量绘制，一个变量作为分析的变量，便是图中线所代表的含义；另一个变量往往是定性变量或时间变量，作为分类变量或参照变量，用以考察分析变量的变动状况。折线图也可以同时考察多个变量的变动状况，并从中找出数据之间的关系。

在第 5.1.1 小节中，我们已经知道可以用 matplotlib 的 plot 绘制折线图：

```
plt.plot(jddf['opening_price'])
plt.show()
```

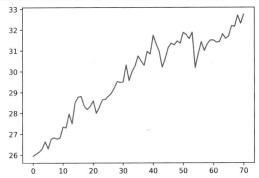

从该折线图的趋势来看，JD 股票的开盘价在考察区间上升趋势非常明显，处于上升通道，是一个能够挣钱的好兆头。折线图还可以进行更加细致的调整和美化，如用 fill_between 函数为折线图加上区间阴影：

```
meanop=jddf['opening_price'].rolling(5).mean()     #计算开盘价的 5 期移动平均
stdop=jddf['opening_price'].rolling(5).std()
plt.plot(range(71),jddf['opening_price'])
#注意：本数据有 71 笔，range 函数的范围要务必设置正确
plt.fill_between(range(71),meanop-1.96*stdop,meanop+1.96*stdop,
                color='b',alpha=0.2)
#fill_between 函数可以指定填充范围，本例指定为均值 95%置信区间
plt.show()
```

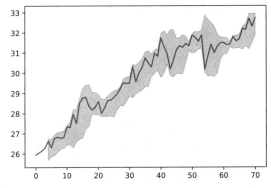

采用 pandas 的 plot 方法也可绘制上述图形，而且可以把图形设置得更加详细明

了，便于数据的展示：

```
jddf=jddf.set_index('time')
jddf[['opening_price','closing_price']].plot(use_index=True,grid=True)
```

本段程序中，为了使得横轴更加具有实际意义，使用 pandas 对象的 set_index 方法将其设置为变量 time 的值，并且在 plot 方法中指定参数 use_index=True，即可把横轴显示为数据中的时间变量。

有些时候需要绘制第 2 个 y 轴，在 pandas 的 plot 方法绘图过程中可以使用参数 secondary_y 来实现：

```
jddf['closing_price'].plot(use_index=True,grid=True)
jddf['volume'].plot(use_index=True,secondary_y=True,grid=True)
```

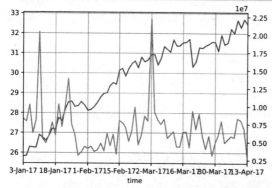

有些时候需要绘制带有统计量的图，可以导入 pandas.tools.plottin.table 函数，对 matplotlib.Axes 的实例对象直接进行操作即可实现：

```
from pandas.plotting import table
fig,ax=plt.subplots(1,1)
table(ax,np.round(jddf[['opening_price','closing_price']].describe(),2),
    loc='upper right',colWidths=[0.2,0.2])
#设置统计量取 2 位小数，将统计表放置在右上方
jddf.plot(ax=ax,ylim=(25,45))
plt.legend(loc='upper left',frameon=False)
fig.set_size_inches(9,6)
```

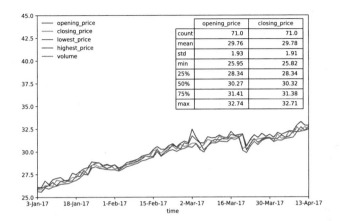

5.3.2 面积图

将折线图下方用不同颜色填充并堆积在一起，则可得到面积图（area plot）。面积图往往可以用来显示数据的构成或结构。针对 pandas 对象可以直接使用 plot.area 方法来绘制：

```
jddf[['opening_price','closing_price','highest_price',
    'lowest_price']].plot.area(ylim=(25,35),stacked=False,cmap='tab10_r')
```

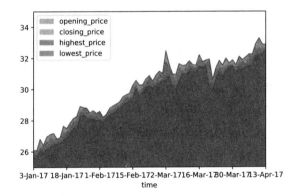

如果 plot.area 中的 stacked 参数设置为 True，则系统会把各折线对应的面积都堆叠在一起。

5.3.3 直方图

直方图（histogram）是根据变量的取值来显示其频数分布的图形。它的横轴代表数据分组，纵轴可用频数或百分比（频率）来表示，横轴和纵轴的角色可以互换。对于等距分组的数据，矩形的高度即可直接代表频数的分布，而对于不等距分组的数据，则需要用矩形面积来表示各组的频数分布特征。直方图是描述数值型数据最简单也是最重要的统计图形之一。

matplotlib 中可以用 hist 函数绘制直方图：

```
plt.hist(jddf['opening_price'],10)
#第一个参数为待绘制的定量数据，第二个参数为划分的区间个数
plt.xlabel('Opening Price')
plt.ylabel('Frequency')
plt.title('Opening Price of JD Stock')
plt.show()
```

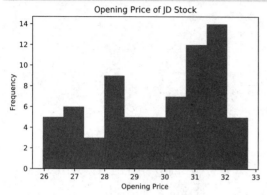

pandas 对象也可方便的使用 hist 和 plot 方法绘制直方图：

```
jddf['opening_price'].hist()
```

程序运行之后可得到上图一样的结果。

直方图还可以同时显示多个变量的信息，如将多个变量堆叠起来显示：

```
jddf[['opening_price','closing_price']].plot(kind='hist',alpha=0.5,
                                    colormap='tab10_r',bins=8)
#plot 中参数 bins 用于指定直方的数目
plt.legend(loc=8,frameon=False,bbox_to_anchor=(0.5,-0.3))
```

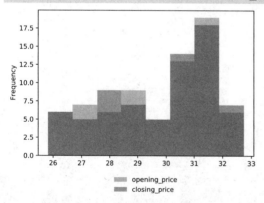

可以利用 hist 方法中的 by 参数指定分类变量表示按照其分类分别绘制图形：

```
jddf['Market']=list(map(lambda x: 'Good' if x>=0 else 'Bad',
                jddf['closing_price']-jddf['opening_price']))
#将收盘价大于等于开盘价的行记录使用 Market 变量标记为"Good"，否则为"Bad"。
jddf[['opening_price','closing_price']].hist(by=jddf['Market'],
                                    stacked=True,bins=8,
                                    color=['gray','lightblue'])
```

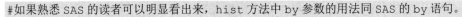

#如果熟悉 SAS 的读者可以明显看出来，hist 方法中 by 参数的用法同 SAS 的 by 语句。

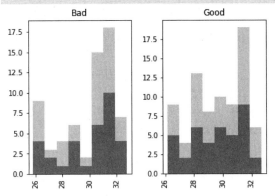

5.3.4 条形图

条形图（bar chart）可以用来描述分类变量本身的分布状况，以及按照分类变量分组的其他变量的情况。通常将图的横轴指定为数据的分组标志，纵轴则为频数、频率或百分比、其他变量的统计量等（横纵轴也可互换）；通常情况下每组标志都用相同宽度的条形表示，条形的长度等于观测数值的大小；在一些特殊情况下也可用宽度或面积不同的条形来表示分组情况。在绘图时，通常把条形分隔开来以突出每组数据的独立性。

matplotlib 的 bar 或 barh 函数可以非常方便的绘制条形图，如：

```
N=5     #事先定义条形的数目
menMeans=(20,35,30,35,27)
womenMeans=(25,32,34,20,25)
menStd=(2,3,4,1,2)
womenStd=(3,5,2,3,3)
ind=np.arange(N)      #ind 对象表示每个条形的编号
width=0.45

p1=plt.bar(ind,menMeans,width,color='grey',yerr=menStd)
p2=plt.bar(ind,womenMeans,width,color='lightblue',bottom=menMeans,
          yerr=womenStd)      #参数 bottom 可以指定堆叠的基准，即堆叠图形下方的变量
plt.show()
```

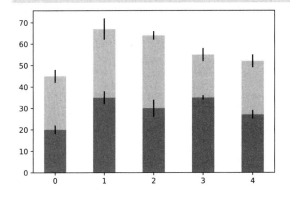

但是，使用 matplotlib 的 bar 或 barh 函数绘制条形图时，需要自行定义各条的分类数目和每一个类别的频数，不能像常用统计软件那样自动进行分类统计。所以在绘制条形图时，我们可以使用间接的方法对数据进行频数或百分比统计，然后再进行图形绘制，如有如下数据集：

```
salary_fmt=np.dtype([('position',np.str_,8),('id',np.int32),
                     ('gender',np.str_,1),('education',np.int32),
                     ('salary',np.float64),('begin_salary',np.float64),
                     ('jobtime',np.int32),('age',np.int32)])

salary=pd.DataFrame(np.loadtxt('salary.csv',delimiter=',',skiprows=1,
                     dtype=salary_fmt))
salary.head()
```

	position	id	gender	education	salary	begin_salary	jobtime	age
0	employee	412	0	12	22800.0	11250.0	68	36
1	employee	403	0	12	21300.0	11250.0	69	36
2	employee	398	0	12	30600.0	12450.0	69	36
3	employee	392	0	12	21600.0	12000.0	69	36
4	employee	396	0	12	20850.0	11250.0	69	36

本数据集是一个工资数据，其变量的含义从左到右分别表示职位、工号、性别、教育年限、现在年薪、初始年薪、工作周数和年龄。其中职位一共有 employee、director 和 manager 三种类型，现绘制不同职位人员分布的条形图：

```
gradeGroup={}
#创建一个字典，对职位的每一类型进行频数统计
for grade in salary['position']:
    gradeGroup[grade]=gradeGroup.get(grade,0)+1
xt=gradeGroup.keys()
xv=gradeGroup.values()
#bar 函数创建条形图：
plt.bar(range(3),[gradeGroup.get(xtick,0) for xtick in xt],
        align='center',color='lightblue')
'''
本例 bar 函数中，第一个参数为柱的横坐标，第二个参数为柱的高度，参数 align 为条或柱子的对齐
方式（以第一个参数为参考标准）
'''

#设置条或柱子的文字说明
plt.xticks((0,1,2),xt,rotation='horizontal')
#第一个参数为文字说明的横坐标，第二个参数为文字说明的内容，第三个参数设置其排列方向
plt.xlabel('position')      #设置横坐标的文字说明
plt.ylabel('frequency')     #设置纵坐标的文字说明
plt.title('job position') #设置标题

def autolabel(rects):
```

```
#为条形图中的条挂上数据标签
i=-1
for rect in rects:
    i+=1
    plt.text(i,rect-10,'%d' % rect,ha='center',va='bottom')
    #第一、二个参数分别为数据值标签在 x、y 轴上的坐标，第三个参数为数据值标签
```

```
autolabel(xv)
plt.show()
```

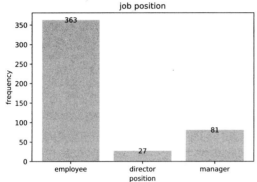

当要对比不同类型的属性分布情况时，也可以绘制用于分类对比的条形图：

```
plt.figure()
count_f=[206,0,10]          #人工统计出女性各种职位的人数
count_m=[-157,-71,-27]      #人工统计出男性各种职位的人数
plt.barh(range(3),count_f,color='r',alpha=.5,label='female')
plt.barh(range(3),count_m,color='b',alpha=.5,label='male')
plt.yticks(range(3),xt)
plt.legend(loc=1)
plt.axvline(0,color='k')    #为指定坐标轴的位置绘制线条
plt.show()
```

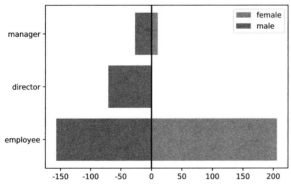

使用 pandas 对象来绘制条形图比较简单。plot.bar 和 plot.barh 方法可以分别绘制竖直方向上和水平方向上的条形图。但是要注意，pandas 绘制条形图的数据对象也必须是数值型的数据，这与其他常用统计软件能够直接对定性变量绘制图形的惯例不一

致。好在 pandas 对象中可以对分类变量使用 `value_counts` 方法来统计分类数目，然后制图：

```
salary['position'].value_counts().plot.bar(rot=0,colormap='summer')
```

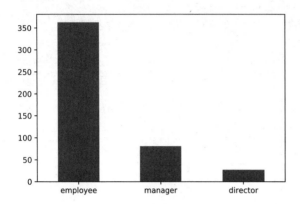

有些时候需要绘制不同变量交叉汇总的条形图，可以先用 pandas 对象的 `crosstab` 方法事先将交叉汇总的数据先求出来再进行绘图：

```
crosssalary=pd.crosstab(salary['position'],salary['gender'])
crosssalary.columns=['female','male']
crosssalary
crosssalary.plot.bar(rot=0,colormap='autumn',stacked=True)
```

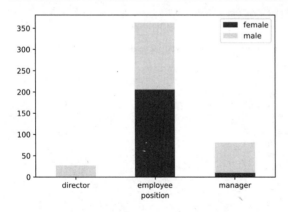

5.3.5　龙卷风图

龙卷风图（`tornado`）实际上就是两个柱状图或条形图拼叠在一起形成一个形如龙卷风样式的图形，因其图形酷似龙卷风而得名。它可以对多维度变量在不同方面的表现进行对比分析，尤其适用于对同一变量的不同测度水平值进行对比考察。其本质就是两个数据值方向相反的条形图进行叠加。

```
yt=('student','employee','worker','manager','lawyer','driver','fireman',
    'singer','composer','professor','journalist')
count_f=[78,70,90,110,80,110,150,120,196,180,220]
```

```
count_m=[-10,-21,-27,-34,-89,-84,-78,-90,-100,-123,-212]
plt.barh(range(11),count_f,color='r',alpha=.5,label='female')
plt.barh(range(11),count_m,color='b',alpha=.5,label='male')
plt.yticks(range(11), yt)
plt.xticks([-150,150],['male','female'])
plt.show()
```

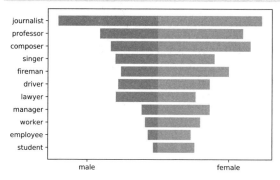

5.3.6 饼图

饼图（pie chart）是一种用来描述定性数据频数或百分比的图形，通常以圆饼或椭圆饼的形式出现。饼图的整个圆即代表一个总体的全部数据，圆中的一个扇形表示总体的一个类别，其面积大小由相应部分占总体的比例来决定，且各部分比例的加总必为100%。在统计分析中，它主要用来研究结构性问题，如股权结构、投资结构等。

matplotlib 中的 pie 函数可以绘制饼图：

```
from __future__ import division
sizes={}
total=sum(gradeGroup.values())
explode=(0,0.3,0)                          #0.3 表示突出部分的偏移量
colors=['yellowgreen','gold','lightskyblue']   #指定饼图各组成部分的颜色
for i in xt:
    sizes[i]=gradeGroup[i]/total           #计算各职位类型所占百分比
plt.pie(sizes.values(),labels=sizes.keys(),explode=explode,
        autopct='%1.2f%%',colors=colors,shadow=True,startangle=45)
plt.show()
```

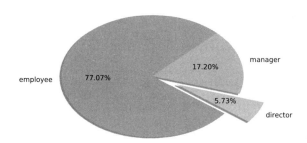

在 pandas 对象中，只要有数据存储了各中属性的比例数据，就可以直接使用 plot 或者 plot.pie 方法绘制饼图：

```
piedf=pd.DataFrame({'percent of position':[0.7707,0.0573,0.1720]},
                    index=['employee','director','manager'])
piedf['percent of position'].plot.pie(colors=colors,labeldistance=0.85,
                        autopct='%1.2f%%',fontsize=12,
                        explode=explode,startangle=45)
piedf['percent of position'].plot(kind='pie',labeldistance=0.85,
                        colors=colors,autopct='%1.2f%%',
                        fontsize=12,explode=explode,
                        startangle=45)
```

上述程序运行之后，可以得到两个与上图一致的饼图。

5.3.7　阶梯图

阶梯图（step）可以很好的反映变量发展趋势，同时也可体现该变量在其发展趋势中与别的变量之间的关系。将 matplotlib 绘制直方图的 hist 稍加改进，使之可以绘制累积曲线，即可得到所谓的阶梯图：

```
plt.hist(salary['salary'],10,density=True,histtype='step',cumulative=True)
'''
第一个参数为待绘制的定量数据，第二个参数为划分的区间个数
density 参数为是否无量纲化，histtype 参数为'step'，表示绘制阶梯状的曲线
cumulative 参数表示是否将所有数据累计起来放在阶梯的最后
'''
plt.xlabel('current salary')
plt.ylabel('frequency')
plt.title('salary of U.S. enterpriceses')
plt.show()
```

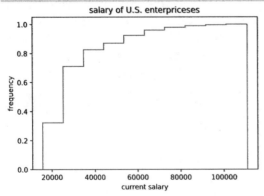

pandas 对象使用 plot.hist 方法通过指定参数 histtype 的值也可得到一模一样的结果：

```
salary['salary'].plot.hist(bins=10,density=True,histtype='step',
                        cumulative=True)
plt.xlabel('current salary')
```

```
plt.ylabel('frequency')
plt.title('salary of U.S. enterpriceses')
```

5.3.8 盒须图

盒须图（box-plot）是用一个类似盒子的图形来描述数据的分布状况的图形，有时候也叫盒形图、盒式图或箱线图。盒须图可显示出数据的如下特征值：最大值、最小值、中位数和上下四分位数，如果把多个盒须图并列起来，还可以考察不同变量或变量不同属性之间的离散程度和数值的平均水平。

matplotlib 中的 boxplot 函数可以直接绘制盒须图：

```
plt.boxplot(salary['salary'],1,'r',0,labels=['current salary'])
'''
第一个参数表示数据；
第二参数表示盒子的形状，0 表示默认矩形，1 表示凹形；
第三个参数表示异常值数据标志的形状，如 r、rs 等
第四个参数表示绘制水平盒须图
'''
plt.title('salary of U.S. enterprises')
plt.show()
```

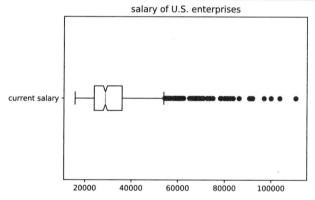

盒须图往往用于不同数据的对比分析。在 boxplot 函数中，需要把进行对比分析的数据组合在一起成为一个列表、元组或 numpy 数组对象：

```
plt.boxplot([salary['salary'],salary['begin_salary']])
plt.title('salary of U.S. enterpriceses')
#plt.xticks([1,2],['current salary','begin_salary'])
combinebox=plt.subplot(111)
combinebox.set_xticklabels(['current salary','begin_salary'])
#上述 plt.xticks 和 combinebox.set_xticklabels 两种方式都可以为盒须图的分类轴挂上标签
```

```
plt.show()
```

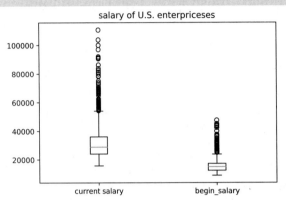

盒须图最主要的部分由 1 个盒子和盒子外的线段构成（盒外横线称之为须或晶须）。盒子的中间线代表数据的中位数，它是数据中占据中间位置的数值，即数据中有一半在该值之上，另一半在其之下；盒子的上下 2 条边代表上下四分位数，即数据中有四分之一的数值大于上四分位数（在盒子之上），另外有四分之一的数值小于下四分位数（在盒子之下），而盒子的高度则被称为四分位距。因此可知，有一半的数值在中间盒子之内，另一半则分布在盒子的上下 2 边。盒子上下 2 边的纵向线段，表明箱子外面点的分布。纵向线段的上下 2 个端点，分别表示数据的最大值和最小值。既然盒子占据了所有数据的一半，也就包含了整个数据的大部分信息。因此盒子高度越高，表明大部分的数据变动的范围越大，其离散程度即差异也越大；盒子高度越低，表明大部分的数据变动的范围越小，其集中程度也越大。本例中，current_salary 的数据分布范围较广（上下两个端点之间的距离最大）且数据离散程度较高，而 begin_salary 所代表的起始薪酬分布较为集中，说明企业开出的起始薪酬针对大多人都是公平的，但是数值偏低。

默认的图形往往比较难看，可以通过设置 boxplot 函数的参数并对所绘制图形的属性进行设置，得到较为美观清晰的盒须图，如把 JD 股票交易数据绘制如下图形：

```
jd_box_data=[jd_stock['opening_price'],jd_stock['closing_price'],
            jd_stock['highest_price'],jd_stock['lowest_price']]
bplot=plt.boxplot(jd_box_data,vert=True,patch_artist=True)

#以下语句用于盒子上色
colors=['pink','lightblue','lightgreen','cyan']
for patch,color in zip(bplot['boxes'],colors):
    patch.set_facecolor(color)
combinebox=plt.subplot(111)
combinebox.set_xticklabels(['opening_price','closing_price',
                            'highest_price','lowest_price'])

plt.show()
```

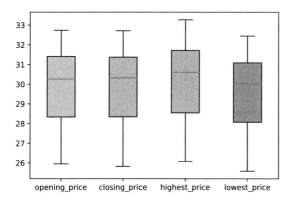

盒须图还可以还可以是水平方向，不同的盒子之间的间距也可以进行调整，但这种调整在实际数据分析工作中意义不大：

```
colors=dict(boxes='lightgreen',whiskers='lightblue',medians='lightgreen',
            caps='cyan')
bplot=jddf[['opening_price','closing_price','highest_price',
'lowest_price']].plot.box(color=colors,vert=False,
                          positions=[1,3,4,8],patch_artist=True)
```

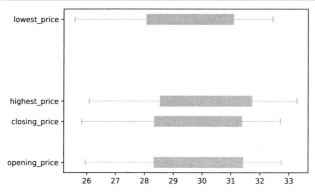

5.3.9　小提琴图

在默认情况下，盒须图将 1.5 倍内距的数据点显示为异常值。而小提琴图（violin）可以显示全部数据。如需绘制小提琴图，需要 1.4 以上的 matplotlib 版本：

```
axes=plt.subplots(nrows=1,ncols=1,figsize=(8,5))
vplot=plt.violinplot(jd_box_data,showmeans=False,showmedians=True)
colors=['pink','lightblue','lightgreen','yellow']
for patch,color in zip(vplot['bodies'],colors):
    patch.set_facecolor(color)
plt.grid(True)      #显示刻度线
plt.xticks([1,2,3,4],['opening_price','closing_price',
                      'highest_price','lowest_price'])
plt.show()
```

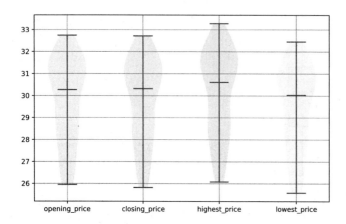

5.3.10　散点图

散点图（scatter）主要用于考察两个变量之间的关系，广泛应用于统计数据整理和建模过程中。其最主要的特点就是分别用坐标轴的 X 轴和 Y 轴来代表其所反映的变量，然后把每个数据点按照 X 轴和 Y 轴所代表变量的值，绘制在二维坐标系中。可以使用 matplotlib 中的 scatter 函数绘制：

```
plt.scatter(salary['salary'],salary['begin_salary'],c='darkblue',alpha=0.4)
plt.xlabel('current salary')
plt.ylabel('begin_salary')
plt.show()
```

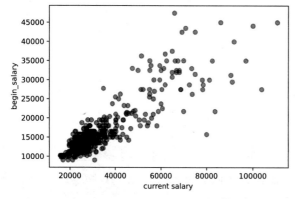

使用 pandas 对象的 scatter 方法也可以直接绘制散点图：

```
salary.plot.scatter(x='salary',y='begin_salary',c='cyan',alpha=0.45)
```

上段程序运行之后，可以得到与上图一致的结果。

散点图还可以叠加在一起，表示分类数据的不同属性之间的关系：

```
sc1=jddf.plot.scatter(x='opening_price',y='closing_price',c='blue',
                  label='opening & closing')
jddf.plot.scatter(x='highest_price',y='lowest_price',c='red',
                  label='highest & lowest',ax=sc1)
#ax 参数表示把指定的 sc1 绘图对象叠加在本次所绘制的图形中
```

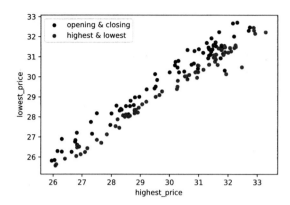

散点图中的散点还可以利用其他变量使用参数 c 来进行标注：

```
jddf.plot.scatter(x='opening_price',y='closing_price',
                  cmap='Blues_r',c='volume',grid=True)
```

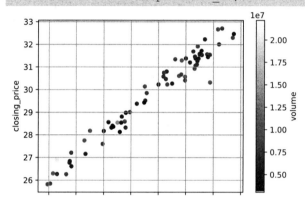

上图右边的标尺表明，在使用 volume 变量标注的散点中，颜色越深的散点代表的股票成交量越大。

在科学研究中经常要绘制散点图矩阵用以描述不同变量之间的统计关系，如：

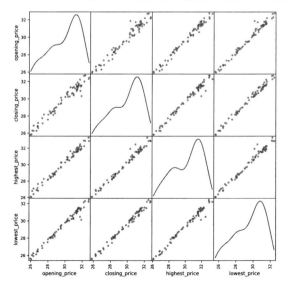

该功能可以从 pandas.plotting 中导入 scatter_matrix 函数来实现：

```
from pandas.plotting import scatter_matrix
scatter_matrix(jddf[['opening_price','closing_price','highest_price',
                'lowest_price']],
            alpha=0.5,figsize=(9,9),diagonal='kde')
```

本段程序运行之后可得到上述图形。在上图中主对角线上的曲线图叫做概率密度曲线图，往往可以采用核密度估计（kernel density estimation）来获得，使用 pandas 对象的 plot 方法可以指定 kind 关键字 kde 来绘制：

```
jddf['opening_price'].plot(kind='kde')
```

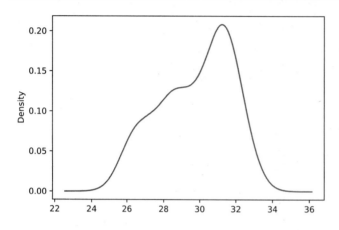

5.3.11　气泡图

气泡图（bubble）可视为散点图的延伸，即使用气泡来表示散点图中的数据点，这些气泡又可以反映除了横纵坐标轴之外的其他变量的数值大小，其数值越大，气泡就越大，反则反之。气泡图常用于 3 个变量之间的统计关系分析。

matplotlib 的 scatter 函数可以通过设定参数 s 来表示泡泡大小：

```
colors=np.random.rand(71)
#要注意生成随机颜色的数量应该与数据的观测数量要一致
plt.scatter(jd_stock['opening_price'],jd_stock['closing_price'],
            marker='o',c=colors,s=jd_stock['volume']/10000,alpha=0.6)
#jd_stock['volume']的数值太大，故使用参数 s 将其 scale 进行缩小 10000 倍进行处理

plt.xlabel('opening_price',fontsize=12)
plt.ylabel('closing_price',fontsize=12)
plt.show()
```

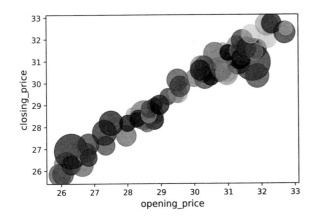

5.3.12 六边形箱图

六边形箱图（hexagonal bin plot）也可叫蜂窝图，是一种利用二元直方图对大样本数据结构进行可视化的有效形式。当数据过于密集而不能单独绘制每个点时它是替代散点图的一个非常好的选择。

使用 pandas 对象的 plot.hexbin 方法可以很快捷的绘制该图形：

```
salary.plot.hexbin(x='salary',y='begin_salary',gridsize=25)
#gridsize 用于控制 x 轴方向上的分箱数目，默认值为 100
```

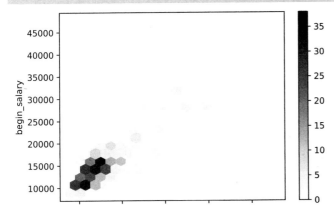

上述图形右边表示不同颜色代表的 x、y 轴交叉出现的次数。该图还可以使用 hexbin 方法的参数 C 来描述类似泡泡图的散点值：

```
salary.plot.hexbin(x='salary',y='begin_salary',C='age',
                   reduce_C_function=np.min,gridsize=25)
```

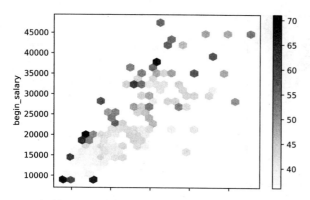

参数 C 用于指定每个 (x，y) 点所代表的含义，即图形右边的标尺。参数 reduce_C_function 的功能是将一个格子代表的所有数据规约至一个单独的数（如均值、最大值、最小值、和、标准差等）。本例中的每一个格子表示起薪和现在薪酬所对应年龄的最小值。

5.3.13 雷达坐标图

雷达坐标图(Radviz,radio coordinate visualization,Ankerst(1996)) 是基于圆形平行坐标系的思想,将一系列多维空间的点通过非线性方法映射到二维空间的可视化技术。在高维数据投影、海量数据投影、反映数据聚类信息等方面有较多应用,是一种多元数据可视化的重要方法。

pandas 中可以从 pandas.plotting 导入 radviz 函数绘制 Radviz 图：

```
from pandas.plotting import radviz
fig=plt.figure()
radviz(salary[['salary','begin_salary','age','education','jobtime',
               'position']],'position')
#第 1 个参数表示要分析对象，第 2 个参数表示分类变量
```

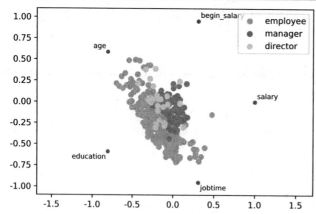

从上图可以明显看出，职位较高的人在各个变量的取值都较高。

对多元数据的可视化还有很多方法，如轮廓图、调和曲线图、星图等。

5.3.14 轮廓图

轮廓图（parallel coordinate plots）的横坐标上依次表示需要进行分析的各个变量；纵坐标则对应各个指标的值（或者经过标准化变换后的值），然后将每一个数据在横坐标所表示的变量所对应的点依次用线条连起来。轮廓图能够展示数据在多个变量构成的不同维度的数据分布状况。

可以使用 pandas 对象的方法来绘制轮廓图。pandas 中绘制轮廓图需要从 pandas.plotting 导入 parallel_coordinates 函数：

```
from pandas.plotting import parallel_coordinates
parallel_coordinates(salary[['salary','begin_salary',
                            'jobtime','position']],'position')
#第一个参数指定所分析的所有变量，第二个参数表示分类变量
```

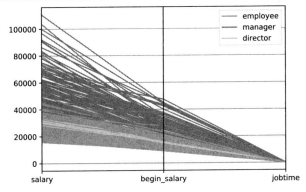

从该图所展示的结果来看，manager 的人群在横坐标对应的三个变量中的数值都偏高。

5.3.15 调和曲线图

调和曲线图（Andrews curves）的思想与傅立叶变换相似，是根据三角变换方法将高维空间上的点映射到二维平面的曲线上，如下图所示：

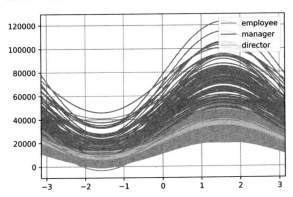

pandas 对象可以绘制该种图形，需从 pandas.plotting 中导入

andrews_curves 函数：

```
from pandas.plotting import andrews_curves
andrews_curves(salary[['salary','begin_salary','jobtime','position']],
               'position')
```

程序运行之后便可得到上述图形。

5.3.16　等高线图

等高线图（contour）常用于地理上的地形描述，在统计数据分析中也可用来描述数据的分布情形。如把第 5.1.1 小节的二维正态分布图形用等高线图来描述：

```
from matplotlib import cm
#导入着色模块 cm
u=np.linspace(-3,3,30)
x,y=np.meshgrid(u,u)
r=0.6;mux=0;muy=0;sx=1;sy=1;
z=(1/(2*3.1415926897*sx*sy*np.sqrt(1-r*r)))*np.exp((-1/(2*(1-r*r)))*(((x-
   mux)**2)/(sx**2)-2*r*(x-mux)*(y-muy)/(sx*sy)+((y-muy)**2)/(sx**2)))
plt.contourf(x,y,z,alpha=.35,cmap=cm.gist_earth)
C=plt.contour(x,y,z,colors='black',linewidth=.5)
plt.clabel(C,inline=1,fontsize=10)
plt.show()
```

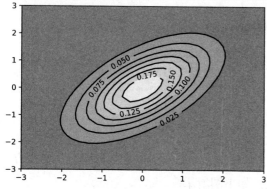

图中曲线越密表示数据点在该区域分布越集中（在反映地理信息的等高线图中曲线越密表示该区域越陡峭）。

5.3.17　极坐标图

极坐标图（polar）是在平面内由极点、极轴和极径组成的坐标系中绘制图形。可以通过指定 matplotlib 中 subplot 函数的参数 projection='polar'，并结合 scatter、bar、plot 等函数和方法来绘制极坐标曲线图、极坐标条形图以及极坐标散点图，如：

```
N=150
r=2*np.random.rand(N)
```

```
theta=2*np.pi*np.random.rand(N)
area=200*r**2*np.random.rand(N)
colors=theta
ax=plt.subplot(111,projection='polar')
c=plt.scatter(theta,r,c=colors,s=area,cmap=plt.cm.hsv)
c.set_alpha(0.75)
plt.show()
```

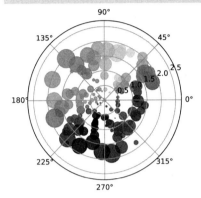

5.3.18 词云图

词云图（word clouds）是由文字组成的图形，在文本数据挖掘中非常常见。该图形绘制的一般过程是：先读入文本信息，然后进行分词（python 常用中文分词包有 jieba、Yaha 等）和词频统计，最后用词云生成器（如 python 中的 WordCloud、pytagcloud 等）绘制词云图。

如有如下文本：

```
s=pd.read_csv('zhuxian.csv',encoding='utf-8')
#注：本段文字来源于网络，版权属于原作者
#处理中文时要注意中文编码，原始数据中文编码要与 encoding 参数指定的编码一致
s.head()
```

	chapter1
0	青云山脉巍峨高耸，虎踞中原，山阴处有大河"洪川"，山阳乃重镇"河阳城"，扼天下咽喉，地理位置...
1	青云山连绵百里，峰峦起伏，最高有七峰，高耸入云，平日里只见白云环绕山腰，不识山顶真容。青云山...
2	只是更有名的，却是在这山上的修真门派——青云门。
3	青云一脉历史悠久，创派至今已有两千余年，为当今正邪两道之首。据说开派祖师本是一个江湖相师，半...
4	相师得此奇遇，潜心修习。忽忽二十年，小有所成，乃出，几番江湖风雨，虽不能独霸天下，倒也成了一...

需要绘制词云图：

```
import jieba
from wordcloud import WordCloud
#请事先安装 jieba 和 wordcloud
mylist=s['chapter1']                   #指定用于制图的文本，也可使用列表或元组等序列
```

```
word_list=[" ".join(jieba.cut(sentence)) for sentence in mylist]
new_text=' '.join(word_list)       #将所有文本字符链接起来
wordcloud=WordCloud(font_path='/Users/Ruan/anaconda/lib/python2.7/
                    site-packages/matplotlib/mpl-data/fonts/ttf/msyh.ttc',
                    background_color="white",width=2000,height=1000,
                    max_words=200).generate(new_text)
#wordcloud 对象用于设置词云图的字体、背景颜色、最大词频数等。
#注意：这是作者所用电脑中的 msyh（微软雅黑）字体存放路径，你的字体有可能存放在/Users/你
的用户名/anaconda/lib/fonts 中，并确定你想用的字体是否存在对应的字体文件


plt.imshow(wordcloud)
plt.axis("off")                   #关闭显示坐标轴
plt.show()
```

此外，还可用图片为模板来绘制词云图：

```
from scipy.misc import imread
from wordcloud import WordCloud,STOPWORDS,ImageColorGenerator

mylist=["""首都经济贸易大学创建于 1956 年，是由原北京经济学院和原北京财贸学院于 1995 年
3 月合并、组建的北京市属重点大学。建校 60 年来，首经贸已发展为拥有经济学、管理学、法学、文
学、理学和工学等六大学科，以经济学、管理学为重要特色和突出优势，各学科相互支撑、协调发展的
现代化、多科性财经类大学。首经贸校本部位于丰台区花乡，以全日制本科和研究生教育为主，红庙校
区位于朝阳区红庙，以留学生和成人教育为主。首经贸拥有应用经济学、管理科学与工程、工商管理、
统计学等 4 个博士学位授权一级学科，应用经济学、统计学、工商管理、管理科学与工程等 4 个博士
后科研流动站，10 个硕士学位授权一级学科，17 个专业硕士学位授权点，本科教育设 43 个专业。首
经贸共设城市经济与公共管理学院、工商管理学院、经济学院、会计学院、劳动经济学院、文化与传播
学院、信息学院、安全与环境工程学院、财政税务学院、法学院、金融学院、统计学院、外国语学院、
华侨学院、马克思主义学院、国际经济管理学院、体育部、国际学院、继续教育学院等 19 个教学单
位。首经贸劳动经济学获批国家级重点学科，并入选教育部"特色重点学科项目"。应用经济学、统计
学获批一级学科北京市重点学科，在教育部第三轮学科评估中分列 88 所参评高校的第 12 位、第 15
位，均列财经类高校第 5 位。企业管理、会计学获批二级学科北京市重点学科，管理科学与工程获批
一级学科北京市重点建设学科，政治经济学等 7 个学科获批二级学科北京市重点建设学科。经济学、
```

劳动与社会保障、统计学、人力资源管理等专业获批国家级特色专业，经济学、统计学、劳动与社会保障获批国家级专业综合改革试点，政治经济学、劳动经济学、社会保障学获批国家级精品课程，政治经济学、社会保障学获批国家级精品资源共享课，财务会计、国际经济学、国际商务获批国家级双语教学示范课程，人力资源管理课程群教学团队、经济学核心课程教学团队被评为国家级教学团队。经济与管理实验教学中心被评为国家高等首经贸实验教学示范中心，经济学国际化人才培养实验区被评为国家级人才培养模式创新实验区，会计学院德勤华永会计师事务所获批国家级大学生校外实践教育基地，《走进管理的世界》被评为国家级精品视频公开课，首经贸获评"国家生态文明教育基地"。目前，首经贸在籍学生 17889 人，其中本科生 9805，专科生 334，硕士研究生 2656，博士研究生 318，留学生 573，成人教育学生 4203 人。近年来，首经贸本科招生录取分数始终在市属市管高校中名列前茅；毕业生考研和出国比例不断提高，就业率保持在 95% 以上，受到社会广泛认可。首经贸教职工 1468 人，其中各类专职教师 803 人，教师中具有博士学位的比例达到 65%，其中教授等正高职专业技术人员 161 人，副教授等副高职专业技术人员 303 人。博士生导师 61 人，硕士生导师 401 人。首经贸在职教师中，入选全国优秀教师 2 人，国家级教学名师 1 人，中国"千人计划"学者 1 人，教育部新世纪人才支持计划 3 人，国务院政府特殊津贴 10 人，北京市教学名师 14 人，北京市海聚项目 7 人。首经贸从 2006 年起开展教师职业生涯规划工作，并在国内高校中率先成立了 OTA（教师促进中心），是北京市最早开展教师职业生涯规划与教师职业促进的教师自治组织，首经贸"非行政化运行模式的教师促进中心 (OTA) 建设与发展"项目获国家级教学成果奖二等奖。首都经济贸易大学特大城市研究院为北京市协同创新中心。首经贸拥有北京市哲学社会科学 CBD 发展研究基地、北京市经济社会发展政策研究基地等市级研究机构，以及人口经济研究所、首都经济研究所等 30 个校级研究机构。首经贸主办的《经济与管理研究》是 CSSCI 来源期刊、全国中文核心期刊、中国人文社会科学核心期刊、RCCSE 核心期刊。《人口与经济》是我国最早创刊的人口学类期刊之一，是 CSSCI 来源期刊、全国中文核心期刊、中国人文社会科学核心期刊、国家社会科学基金资助的 200 个重要期刊之一。首经贸与近 20 多个国家和地区的近百所大学、研究机构、社会团体等有学术交流与合作往来。首经贸自 1986 年开始招收留学生，现已发展形成多层次、多科性的国际人才培养体系，学生类别包含博士研究生、硕士研究生、本科生、高级进修生、普通进修生、语言生和各类短期生等。首经贸于 2007 年开办全英文授课的硕士班，2011 年开办全英文授课的博士班。目前有来自 70 多个国家的留学生在校就读，2015 年达 700 多人。首经贸将继续坚持"立足北京、服务首都、面向全国、走向世界"，秉承"崇德尚能，经世济民"的校训，以培养适应当代经济和社会发展需要、德智体全面发展、理论基础扎实、知识面较宽、富有创新精神和实践能力的高素质应用型人才为目标，朝着建设"现代化、国际化、多科性、有特色的国内一流、国际知名财经大学"的目标开拓奋进。"""]

```
"""
一般进行文本分析往往把文字放置在一个文本文件中
如本例把上述文字存储在 utf-8 编码的 cuebintro.txt 文件中，然后可以利用如下语句对其调用：
wordtxt=pd.read_table('cuebintro.txt',encoding='utf-8',
                      names=['introduction'])
mylist=wordtxt['introduction']
"""
word_list=[" ".join(jieba.cut(sentence)) for sentence in mylist]
new_text=' '.join(word_list)
coloring=imread('cueblogo.png')
```

```
stw=STOPWORDS.copy()      #设置停用词
stw.add(u'人')
stw.add(u'的')
stw.add(u'等')
wordcloud=WordCloud(font_path='/Users/Ruan/anaconda2/lib/python2.7/site-
                    packages/matplotlib/mpl-data/fonts/ttf/msyh.ttc',
                    background_color="white",max_font_size=180,scale=2,
                    width=1800,height=800,mask=coloring,stopwords=stw,
                    random_state=42).generate(new_text)
image_colors=ImageColorGenerator(coloring)      #绘制彩色词云图
plt.imshow(wordcloud)
plt.axis("off")
plt.figure()
wordcloud.to_file('cuebcloud.png')        #将词云图存储在当前工作文件夹下
```

关于词云中具体技术（如中英文分词、停用词等）请参阅其他资料，本书不予赘述。

5.3.19 数据地图

将数据映射到对应区域地图上的数据地图（map）是近年来可视化的常用手段之一，python 中一般可使用 mpl_toolkits.basemap 中的 Basemap 绘制数据地图，但实际应用中往往需要对数据地图进行交互，故本书采用 plotly 包来绘制交互式的数据地图。

plotly 包提供在线作图的 api，故要事先需要在其网站上注册，获取账户 api 信息之后便可轻松绘制非常美观的可交互图形，并且可以存储在账户中供日后调用。

如有如下带有地位位置信息的数据：

```
df=pd.read_csv('chinacitypop.csv')
df.head()
```

	province	pro	city	name	lat	lon	pop
0	安徽省	anhui	合肥	hefei	31.52	117.17	711.5
1	安徽省	anhui	安庆	anqing	30.31	117.02	621.7
2	安徽省	anhui	蚌埠	bengbu	32.56	117.21	366.6
3	安徽省	anhui	亳州	bozhou	33.52	115.47	632.9
4	安徽省	anhui	滁州	chuzhou	32.18	118.18	449.5

本例数据中 lat、lon 和 pop 变量分别表示我国各地级市的纬度、经度和 2014 年末人口数量（万人）。利用上述数据绘制中国各地市人口的数据地图：

```
import plotly
import plotly.plotly as py
#请事先安装 plotly 包

plotly.tools.set_credentials_file(username='你的注册用户名',api_key='密码')
'''
使用 plotly 绘制图形需要事先在 plotly 网站注册，登陆后找到自己账户的 api setting 信息
使用上述语句填写自己注册的用户名和 api 密码后，方可绘制各种图形
'''
df['text']=df['name']+'<br>Population'+(df['pop']).astype(str)+
          'ten thousand'
limits=[(0,2),(3,10),(11,100),(101,200),(201,350)]
colors=['rgb(0,116,217)','rgb(255,65,54)','rgb(133,20,75)',
        'rgb(255,133,27)','lightgrey']
cities=[];scale=10

for i in range(len(limits)):
    lim=limits[i]
    df_sub=df[lim[0]:lim[1]]
    city=dict(type='scattergeo',locationmode='China',lon=df_sub['lon'],
            lat=df_sub['lat'],text=df_sub['text'],
            marker=dict(size=df_sub['pop']/scale,color=colors[i],
            line=dict(width=0.5, color='rgb(40,40,40)'),
            sizemode='area'),name='{0}-{1}'.format(lim[0],lim[1]))
    cities.append(city)

layout=dict(title='2014 China city populations<br>(Click legend to toggle
          traces)',showlegend=True,
          geo=dict(scope='asia',projection=dict(type='mercator'),
          showland=True,
```

```
        landcolor='rgb(217,217,217)',subunitwidth=1,countrywidth=1,
        subunitcolor='rgb(255,255,255)',
        countrycolor='rgb(255,255,255)'),)
```

```
fig=dict(data=cities,layout=layout)
py.iplot(fig,filename='d3-bubble-map-chn-populations')
```

　　由于现行图书中地图的出版政策限制，本书在此暂不给出上段程序运行之后得到的精美的数据地图，请读者自行在 python 环境中运行程序并查看结果。

　　上段程序运行之后可得到一个用世界地图为底图（以中国地图为显示中心），用不同颜色和不同大小的气泡来表示各地人口规模的数据地图。在生成的数据地图中，右边的图例表示不同人口规模；用户可以使用鼠标放在对应的地市便会给出交互式的人口信息；按住鼠标左键可以对地图进行拖动；使用鼠标的放大或缩小功能，还可以将地图放大或者缩小。以上这些交互式的功能都能在该图形右上角的按钮实现。此外，点击图形右下角的 EDIT CHART 按钮，便可在弹出的浏览器窗口中对图形进行交互式的设置。

5.4　其他绘图工具

　　python 除了绘制本书第 5.3 小节介绍的常用图形之外，可以绘制的图形实在是不胜繁举，绘图工具也是多如牛毛，如广受好评的 seaborn、ggplot、Bokeh、pygal、plotly、geoplotlib、Gleam、missingno、Leather 等。

　　如使用当下非常流行的 seaborn 绘制六边形箱图：

```
import seaborn as sns
#请事先安装 seaborn 包
with sns.axes_style("dark"):
    sns.jointplot(salary['salary'],salary['begin_salary'],kind="hex")
```

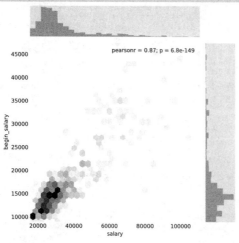

　　上图不仅可以明显看出 2 个变量之间的统计关系，在图形右侧和上方还分别显示了每个变量数据的分布情况。

　　这些绘图工具大都以 matplotlib 工具库为基准，其语法与用法也与本章所介绍的常用图形绘制过程基本一致，本书限于篇幅，请读者自行查看相关绘图工具包的使用说明。

第 6 章
简单统计推断

描述统计（descriptive statistics）和推断统计（inferential statistics）是统计研究同时也是人们认知这个世界的两种重要手段。前面章节介绍的是如何用数字、图形或表格来描述已有数据。但现实世界都是未知的，如果把这个世界作为一个总体，谁也无法准确的知晓这个总体的特征，即准确测算这个总体的参数。但是作为在现实世界中生活的人，可以通过大量的经验观察去推测未知世界的特征，通过收集能够掌握的数据和信息，对这个总体做一个推测性的判断，当然这种推测或判断是有概率保证的即是在一定可靠程度上做出的。统计学家在历史的长河中很大程度上扮演了这样的角色，Florence Nightingale 曾经说过 "若想了解上帝在想什么，我们就必须学统计，因为统计学就是在测量他的旨意"。利用一定的统计推断方法和统计分析工具在数据收集和分析的基础上，为人们了解未知世界提供了钥匙和捷径。

因此，本章将对简单统计推断的基本原理和内容，从如何估计总体的参数到对总体特征进行参数检验都将进行介绍，并利用 python 的 scipy、statsmodels、sklearn 等包来实现统计推断的过程。

6.1 简单统计推断的基本原理

本章主要介绍总体参数推断的内容，故因首先从了解数据的分布特征以及总体参数和样本量统计量之间的对应关系开始。

6.1.1 数据分布

数据分布是描述数据的一种形象方式，可以通过数据分布考察数据中各个数值出现的次数或百分比，描绘了数据出现次数或百分比的变动状况。同时，数据分布通常情况下是针对随机变量而言的，也是进行统计推断的基础之一，绝大多数统计推断的结论都是从数据分布开始展开论述的。

数据分布可以细分为离散变量的分布和连续变量的分布，而连续变量的分布是统计推断的数学基础。根据分布的表现形式又可以分为正态分布、t 分布、F 分布、χ^2（卡方）分布等许多类型，本章为简单实用起见，同时也为本章统计推断的内容做铺垫，只介绍按研究对象进行划分的数据分布，即总体分布、样本分布和抽样分布。

6.1.1.1 总体分布

已知总体往往是一个具有确定分布的随机变量，总体分布就是所有数据的分布；而未知总体由于总体分布的参数无从知晓，对其特征推断则属于非参数统计推断的内容（见第8 章）。总体分布具体指总体所有变量值的分布状况，即总体变量值分布状况的一种概括。如，研究新生儿的性别，把所有新生儿的性别一个不落都收集到，考察他们的性别，男、女二者必居其一，属于两点分布；全世界所有人的身高可以假定服从正态分布等。

在现实生活中总体的每一个观测值（即个体）几乎不可能都能够获得。因此有必要对总体的特征进行推断。所以，总体分布往往是未知的，总体的特征往往也是未知的。通常的情况下是假定总体服从一个特定的分布，在这个假定下去进行统计分析。总体的特征也叫做总体参数，由于不能够完全获得总体数据，所以总体参数往往是未知的，但是总体参数是唯一确定存在的，这是因为当总体一旦确定，总体参数就自然而然确定了。

在 python 中，如不能完全获得所有总体数据则不能够直接计算总体参数，总体的特征只能通过样本数据进行推断。

6.1.1.2 样本分布

总体数据既然很难获得，那么人们可从总体中抽取出若干部分的个体进行调查和数据搜集，去进行研究。从总体中抽取一个容量为 n 的样本，那么这些样本观测值是有差异的，并形成一个样本分布，即样本中各观察值的分布，其中 n 叫做样本容量，简称样本量。

样本总是在一定总体中抽取的，其中包含总体的一些信息，所以也称为经验分布；随着样本量的增大，样本的分布会逐渐接近于总体分布。

样本数据很容易获得，但是同一个总体可以抽取出若干个不同的样本。因此，样本之间还是有差异的，这种差异是随机的，可以通过标准误差来衡量。在通常情况下，可以通过样本统计量和样本分布来对总体进行推断。

在 python 中，能够根据所获得的数据计算样本统计量，并描绘样本分布的状况。

6.1.1.3 抽样分布

抽样分布是指样本统计量的分布。

在进行数据的抽样调查中，由于随机性的存在，同一种抽样方法在不同的时间、地点、环境等条件下进行多次抽样，可能得到多个不同的样本数据；同一种抽样方法在相同的环境下由不同的人员实施，也可能得到多个不同的样本数据。把这种所有类似情况下获得的所有可能样本找出来，如在总体容量为 N 的总体中，随机抽取样本容量为 n 的样本，考虑排列顺序一共可能获得 N^n 个样本；不考虑排列情况，可获得 C_N^n 个样本。

计算每个样本的统计量，可以得到一系列的统计量数据，这些有统计量组成的数据形成的分布就是抽样分布。具体的说，在第 4 章当中介绍过的统计量的分布，如：样本均值的分布、样本标准差的分布、样本方差的分布、样本比例的分布等都可叫做抽样分布。

抽样分布提供了样本统计量长远而稳定的信息，是进行推断的理论基础，也是抽样推断科学性的重要依据。但是在实现生活中不能把所有的样本都抽取出来，因此抽样分布又是一种理论上的分布。为了理解抽样分布，来看一个简单的例子。

【例 6-1】 设一个总体，含有 4 个个体，即总体容量 $N=4$；4 个个体分别为 $x_1=2$，$x_2=4$，$x_3=6$，$x_4=8$。总体的均值、方差如下：

```
pop=np.array([2,4,6,8])    #pop 为总体数据
print (pop.var(ddof=0))    #计算总体方差
print (pop.mean())         #计算总体均值
5.0
5.0
```

现按照随机原则，从总体中抽取样本容量 $n=2$ 的简单随机样本，在重复抽样条件下，共有 $4^2=16$ 个样本。所有样本的结果如表 6-1 所示。

表 6-1　一个总体的所有随机样本

样本的第一个观测值	样本的第二个观测值			
	2	4	6	8
2	2, 2	2, 4	2, 6	2, 8
4	4, 2	4, 4	4, 6	4, 8
6	6, 2	6, 4	6, 6	6, 8
8	8, 2	8, 4	8, 6	8, 8

表中所列的 16 个样本已经穷尽了所有可能从 4 个个体组成的总体中抽取 2 个个体的情况。根据表 6-1 计算每个样本的统计量（通常计算均值），得到表 6-2：

表 6-2　所有随机样本的样本均值统计量

样本的第一个观测值	样本的第二个观测值			
	2	4	6	8
2	2	3	4	5
4	3	4	5	6
6	4	5	6	7
8	5	6	7	8

于是，表 6-2 中所有数据的分布情况构成了均值的抽样分布，把这些均值作为数据，计算其均值和方差：

```
miu=np.array([2,3,4,5,3,4,5,6,4,5,6,7,5,6,7,8])
#miu 为所有样本的均值数据，即均值的抽样分布
print (miu.var(ddof=0))    #计算 miu 的样本方差
print (miu.mean())         #计算 miu 的样本均值
2.5
5.0
```

由上述两段程序的运行结果看出，样本均值的均值与总体均值相等，样本均值的方差

是总体方差的 $1/n$（本例 $n=2$）倍。

这个结论不是本例特有的结论，而是根据抽样分布基本特征可以推导出的中心极限定理，即：

当样本量 n 充分大（经验法则 $n \geq 30$）的时候，样本均值的分布服从以总体均值为均值，以总体方差的 $1/n$ 倍为方差的正态分布。

所以说抽样分布是一种稳定的分布，可以作为统计推断的理论基础。统计推断的内容便是从总体分布、样本分布和抽样分布之间的关系，以抽样分布为核心展开的。所谓统计推断，就是在总体中按随机原则抽取一部分单位作为样本，根据样本数据归纳或推断总体数量特征的一种统计方法。基本原理是抽样推断中的大数定律和中心极限定理。

在对总体的抽样过程中，由于随机原则的存在，样本和总体总是有差异的，总是不可避免的存在抽样误差。抽样误差具体是指所有可能出现的样本指标的标准差，也可以理解为所有样本指标和总体指标之间的平均离差。

由于误差的存在，在对样本数据进行分析的过程中，得出的结论就只能是不确定的结论。这个不确定性不代表不正确，而是代表在一定的误差容许范围内，结论的正确性是有概率保证的。因此，统计学的结论往往是不确定的。

抽样推断的内容涵盖较广，大体上可分为对总体参数的推断和非参数推断。总体参数的推断，主要是指根据抽样分布对总体的特征进行估计和检验，因此参数推断应当事先知道总体的分布状况；非参数推断是在未知总体分布条件下，对总体的分布情况进行推断。此外，统计推断既可对一个总体进行，也可以对多个总体进行。

本章所阐述的简单统计推断内容属于参数推断的主要内容，可分为为参数估计和假设检验 2 个基本问题。

6.1.2 参数估计

总体的特征可称之为参数。通常情况下人们很难获得总体的全部数据，总体往往是未知的，因而总体特征即总体参数也往往是未知的。但是总体一旦确定下来，总体参数就确定了，总体参数的数值也不会改变，因此总体参数是确定的。此外，一个研究对象往往对应一个特定总体，总体参数也是唯一的。

人们总可通过一些手段和方式去收集总体的样本数据，利用样本数据计算出来的样本统计量，根据统计推断的基本原则，在一定的概率或者置信度下对总体参数进行推断。而样本统计量来自于样本数据，样本数据相对于总体数据而言具有多样性和不确定性，但是是已知的。

统计推断的参数估计过程便是利用已知、不确定、不唯一的样本统计量去推断未知、确定、唯一的总体参数的过程，这个过程可以通过利用样本数据对总体特征进行估计的方法实现。如用样本均值估计总体均值、样本方差估计总体方差、样本比例估计总体比例等。

由于估计值和真实值之间存在着一定的误差，所以参数估计过程一般是在一定的概率或者置信度下做出的。

参数估计根据是否有置信度作为保证，可以分为点估计和区间估计 2 种形式。

6.1.2.1　点估计

点估计就是直接用实际抽样的样本数据得到的样本统计量的值，作为总体参数的估计值，如：直接用样本均值作为总体均值的估计值。点估计是一种不考虑抽样误差问题的估计方法，可以利用矩估计、极大似然估计等方法进行测算。

点估计的方法比较简单，但是由于其不考虑抽样误差，可靠性比较差，在大样本的时候比较常用。在实际应用中，用于点估计的估计量应当满足无偏、有效、一致性的要求，即估计量的数学期望等于真实值、估计量的方差是所有可用估计量当中最小的、当样本量充分大时估计量趋近于真实值。

例如，欲知某学校所有学生的统计学期末考试成绩的平均分和标准差，当然最简单的方式便是把所有学生的成绩拿来进行计算即可。但是如果在只获取了部分学生成绩的情况下，用点估计的方法可以得到总体平均分和总体标准差的估计值：如抽查 100 名同学该门课程的成绩作为样本，分别计算样本平均分和标准差得到 85 分和 8.9 分，则这个 85 分和 8.9 分就是总体平均分和总体标准差的点估计值。

6.1.2.2　区间估计

为了提高估计的精度，往往在估计的时候给出一个可靠程度即置信度。根据置信度的要求，利用随机抽取样本的统计量来确定总体参数估计值的估计上限和估计下限，即根据样本数据确定出总体参数置信区间的方法叫做区间估计。

区间估计即在一定的置信度下给出总体参数估计值的一个估计区间，其中的置信度是根据抽样误差设置的一种概率保证。置信区间也可以理解为在置信度条件下，根据样本统计量和抽样误差去推断总体参数的可能范围。

如在 95% 的置信度下，得出某大学全体同学统计学期末考试成绩平均分的置信区间为 [82.5，88.7]。这个估计结果应当这样理解：在重复构造的 100 个总体参数的置信区间中，有 95 个区间都包含了总体参数的真实值，它们的上限是 88.7，下限是 82.5，即有 95% 的样本均值所构成的区间中会包括总体均值。更加通俗的说，是指 100 次抽样，大概有 95 次所得到的这个区间包含总体均值的真实值。而不能错误的理解为这个 [82.5，88.7] 区间以 95% 的概率或可能性包含总体平均分的真实值。区间估计的示意图如图 6-1 所示。

置信度和置信区间是相铺相成的，在抽样误差和样本量保持不变的条件下，置信度越大，置信区间也越大；置信度越小，置信区间也越小。常用的置信度为 95%，99%，90% 等。在 python 中可对总体均值、总体方差等参数进行区间估计。

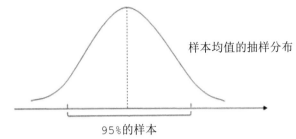

图 6-1 总体均值 95%置信度的区间估计示意图

6.1.3 假设检验

假设检验是统计推断中核心问题之一，主要研究在特定情况下总体是否具备某种/些指定的特征。

6.1.3.1 假设检验的基本思想

一个人说："我是一个从来不做坏事的好人"，那么如何去对这个人所说的话进行检验呢？应当且必须有一个标准。根据好人的严格定义和这个人说的话，好人就是做好事的人，一个人如果是好人的话就不会作坏事。

通常情况下，至少有 2 种方法对"我是一个从来不做坏事的好人"这个结论进行检验。

第 1 种方法是从这个人出生那一刻起，到他死的那一刻为止，每时每刻、每处每地的去观测这个人是否做好事，如果确实做好事的话，就可以肯定这个人是个好人了。抛开观测的实施者是否能够活得比被观测者长的问题，这种方法十分的耗时耗力，在实现生活中几乎没有可能实施，为了一个确定的结论付出了巨大的代价，但是这种巨大代价所得到的结论是十分确定无疑的。

第 2 种方法相对简单。既然肯定一个人这么难，那么否定一个人就显得比较容易了。既然这个人声称是"从来不做坏事"的好人，那么相对于他自身而言，他干坏事的概率或可能性就非常的小，换句话说，他干坏事被人发现的几率应当非常小，或者说他即使干了坏事但被人发现的概率也是非常非常小的。否则的话，也就不会这么理直气壮地发布豪言壮语了。于是，去收集证据去证明这个结论，只要发现他干了坏事，而且有人能够证明他干了坏事，那么他就不是"从来不干坏事的人了"。因为按照他的假设前提，他是不会干坏事的或者说干坏事的几率是非常小的，几乎是没有会发现他干坏事的。但是只要有一个人发现他干过坏事，概率这么小的事情在一次观测中都能发生，都能被人发现，说明事情的假设是不可靠的，也就可以否定他的说法了，就不用着追随他一生，从事情的正面去证明一个结论了。当然，如果已经访问了大部分的人，都没有发现他干过坏事，这个时候只能是说没有足够的理由证明他干过坏事，没有足够的理由去否定他说的这句话，因为是不可能把在所有时间、地点接触过他的人都访问得到。

因此，第 2 种检验方法的结论是不确定的，得到的结论是有犯错误的概率的，这个概率的最大值就是相对于假设的那个不可能发生的事情在一次观测中发生的概率。

相对于假设而言的，在一次观测或试验中几乎不可能发生的事情，称之为小概率事件。小概率事件在一次试验中发生的概率称之为显著性水平。

假设检验的基本原理就是观测小概率事件在假设成立的情况下是否发生，如果在一次试验中小概率事件发生了，说明该假设在一定的显著性水平下不可靠或不成立，从而否定假设；如果一次试验中小概率事件没有发生，只能说明没有足够理由相信假设是错误的，但是不能说明假设是正确的，因为在现有条件下无法收集所有的证据去证明它是正确的。

从上面的分析过程中可以看到，假设检验的结论是在一定的显著性水平下得出的。当我们去观测事件并下结论的时候，是有可能犯错误的。在假设检验过程中，无法保证不犯错误，这些错误归纳起来主要有 2 类：

第 I 类错误：当假设为真的时候却否定它而犯的错误，即拒绝正确假设的错误，也叫弃真错误。犯第 I 类错误的概率记为 α，所以通常也叫做 α 错误，α=1−置信度。

第 II 类错误：当假设为假时却肯定它而犯的错误，即接受错误假设的错误，也叫纳伪错误。犯第 II 类错误的概率记为 β，所以通常也叫做 β 错误。

两类错误在其他条件不变的情况下是相反相成的，即 α 增大时，β 就减小；α 减小时，β 就增大。要想同时减小两类错误，只能增加样本量。

α 错误易受分析人员控制，故在假设检验中，人们通常先控制第 I 类错误发生的概率 α，具体表现为：在做假设检验之前先指定一个 α 的具体数值，通常情况下取 0.05，也可以取 0.1，0.001 等比较小的常用数值。

除了指定理论上的显著性水平 α 之外，在 python 的大多数数据分析工具库中可以根据样本分布和样本数据自动计算出一个实际的显著性水平，通常称之为 P 值，P 值也具体指在进行检验过程中实际犯第 I 类错误的概率。

当 P 值比 α 小的时候，说明实际计算的显著性水平比理论的显著性水平更小，小概率事件在一次试验中发生的几率更小（比理论设定的概率还小），人们在 P 值的显著性水平条件下，如果还能够观测得到小概率事件发生，则说明假设更加不可靠，可以对假设做出否定的判断；但是当 P 值大于 α 的时候，在 P 值的显著性水平条件下，如果能够观测得到小概率事件发生，说明假设可能没有任何问题，因为本来观测一个概率比较大的事件，其发生的可能本来就比较大，不能对假设做出否定的判断。因此，在 python 中进行假设检验，往往是从 P 值入手进行判定的，P 值越小越能否定原假设。

6.1.3.2 假设检验基本步骤

假设检验的基本原理描述了检验的步骤，统计软件的检验过程与传统手工计算的检验过程有区别，本书主要介绍在 python 常用分析工具库中的假设检验基本步骤：

首先，提出假设。没有假设，就没有检验的对象。假设就是对总体特征的一个特定描述。假设可以分为原假设和备择假设。

原假设又称为零假设（null hypothesis），通常情况下把想要搜集证据去否定的结论作为原假设，用 H_0 表示。而备择假设又可称为研究假设，通常情况下把想要搜集证据去支持的结论作为备择假设，用 H_1 表示。

原假设和备则假设通常情况下是对立、互斥的。在原假设中的表达式通常包含"="">"">""≤" 等含有等号的符号；而备择假设中通常包含 "≠"">""<"">" 等含有不等号的符号。

当备择假设含有 "≠" 时，称之为双侧或双尾检验；当备择假设含有 "<" 或 ">" 时，称之为单侧或单尾检验。

如，某灯泡厂生产一批灯泡，通过抽样调查得到 100 只该批灯泡的平均寿命是 6000 小时，能否认为这批灯泡的总体平均寿命（μ）就是 6000 小时，这需要进行假设检验。根据这个问题提出的假设如下：

$$H_0:\ \mu=6000;\ H_1:\ \mu\neq 6000$$

一般情况下，用 null 表示原假设，用 alternate 表示备择假设。

其次，确定理论的显著性水平 α，通常情况下取 0.05，也可以取 0.1，0.001 等常用数值。本步骤为手工检验时常用的手段，在使用软件工具进行检验时可不指定 α。

再次，根据已知条件和总体分布状况，在原假设成立的情况下，选择计算用于检验的统计量。统计量的计算依据检验对象而异，通常情况下对总体均值或总体比例进行检验的统计量计算公式是：

检验统计量=（点估计值–原假设成立时的参数值）/点估计值的标准误差

第四，根据计算出来的统计量值对应的 P 值进行判定。

在传统的手工检验过程中，这一步骤通常是根据 α 的大小去查统计量对应的分布表，得到所谓临界值，然后用计算出来的统计量值与临界值对比，如果统计量值在临界值之外，表示拒绝原假设，否则没有充分理由拒绝原假设。

但是在计算机的数据分析工具中，不可能给出用户一张分布表去查其对应的值，在大部分的 python 数据分析工具库中可以依据如下判定法则对假设检验下结论：

如果 P≤α，说明在显著性水平 α 条件下，原假设不成立，拒绝原假设，选择备择假设；如果 P>α，说明在显著性水平 α 条件下，没有充分证据表明我们应当拒绝原假设。

如果没有指定 α 的值（这也是实际应用中最常见的情形），则 P 值越小越显著。

6.1.3.3　假设检验中总体的几种不同情况

在进行统计推断之前，应当先搞清楚总体的分布情况，因为不同的总体分布情况计算的统计量形式不同。检验所用的统计量的形式和步骤取决于所抽取样本的样本量大小，无论大样本还是小样本，在本章所涵盖内容中均假定其总体服从正态分布。

1．大样本情形下的检验方法

根据经验法则，大样本就是指样本量 $n\geq 30$ 的样本。以总体均值的假设检验为例，在大样本的情况下，根据中心极限定理，均值的抽样分布服从正态分布，所以可以使用正态统计量（即 Z 统计量）进行假设检验。

2. 小样本情形下的检验方法

所谓小样本，即样本量 $n<30$ 的样本。对于小样本的情况又可以细分 2 种情况：

当总体方差已知时，仍然使用正态统计量（Z 统计量）；

当总体方差未知时，则使用 t 统计量，t 统计量服从自由度为（$n-1$）的学生分布（即 t 分布）

上述 2 种典型的情况同样也适用于区间估计。

Python 中提供了不同的分析工具库可以对总体均值、总体比例、总体方差等参数进行假设检验。表 6-3 列示出了在各种情况下所用的检验统计量以供分析参考：

表 6-3　常用统计推断的统计量及其分布

检验类型	统计推断所用的统计量	抽样分布
单样本均值 Z 检验	$z = \dfrac{\bar{x} - \mu_0}{\sigma / \sqrt{n}}$	标准正态分布
单样本均值 t 检验	$t = \dfrac{\bar{x} - \mu_0}{s / \sqrt{n}}$	自由度为（$n-1$）的 t 分布
单样本比例检验	$z = \dfrac{p - \pi_0}{\sqrt{\dfrac{\pi_0(1-\pi_0)}{n}}}$	标准正态分布
单样本方差检验	$\chi^2 = (n-1)s^2 / \sigma_0^2$	自由度为（$n-1$）的 $\chi 2$ 分布
两独立样本均值之差 t 检验	$t = \dfrac{(\bar{x}_1 - \bar{x}_2) - (\mu_1 - \mu_2)}{\sqrt{\dfrac{(n_1-1)s_1^2 + (n_2-1)s_2^2}{n_1 + n_2 - 2}} \sqrt{\dfrac{1}{n_1} + \dfrac{1}{n_2}}}$	自由度为（n_1+n_2-2）的 t 分布
成对样本均值均值之差 t 检验	$t = \dfrac{\sum\limits_{i=1}^{n} d_i \big/ n_d - d_0}{\sqrt{\dfrac{\sum\limits_{i=1}^{n}(d_i - \sum\limits_{i=1}^{n} d_i \big/ n_d)^2}{n_d - 1}} \big/ \sqrt{n_d}}$	自由度为（$n-1$）的 t 分布
两独立样本比例之差的检验	$z = \dfrac{(p_1 - p_2) - d_0}{\sqrt{p_1(1-p_1)/n_1 + p_2(1-p_2)/n_2}}$	标准正态分布
两独立样本方差之比检验	$F = s_1^2 / s_2^2$	第一自由度为（n_1-1），第二自由度为（n_2-1）的 F 分布

其中，σ 表示总体标准差；n_i 表示样本容量，n_d 表示成对样本的个数；$\bar{x}$、p、s^2 分别表示样本均值、样本比例和样本方差；d_i 表示成对样本的两组变量值之差；μ_0、π_0、

σ_0^2 分别表示原假设成立时的总体均值、总体比例和总体方差。

对于表 6-3 所列示的几种检验情形，读者不必按照检验统计量去进行计算，而只需要根据 python 对应的数据分析工具库给出的 P 值结果进行判断。

6.2　单总体参数的估计及假设检验

单总体参数估计和假设检验的问题比较简单，点估计的问题实际上就是计算统计量的问题，这在第 4 章中已经对统计量的计算进行了详细讲解。如要进行点估计，只需把计算的统计量作为总体参数的描述即可。本节重点讲述总体参数的区间估计和假设检验问题。

6.2.1　单总体的参数估计

单总体点估计实际上就是计算对应参数的样本统计量，详见第 4 章数据描述的相关内容，本章不再赘述。

而区间估计顾名思义，在估计总体特征的时候依照置信度给出一个置信区间。置信区间在其他条件不变的情况下，取决于置信度的水平（置信度=1-显著性水平 α）。因此，在大部分的 python 分析工具库中，置信区间的置信度是由 α 控制的，因此，只要给定系统一个确定的理论显著性水平 α 的值，就可以估计出置信区间。

实际应用中，可以对单总体的均值、方差、标准差、比例等特征进行参数估计。

6.2.1.1　单总体均值的参数估计

对单总体的均值进行区间估计主要是在一定的置信度下对总体均值进行估计，广泛的应用于社会经济领域。

【例 6-2】　糖果生产商开发制造一种新型的饼干，如果饼干水分超标就容易促使细菌繁殖，油脂发生氧化，严重缩短产品的实际保质期，因此国家对饼干中的水分含量有严格限定，即水分含量不得超过 4.0%。为了检测水分含量，有关工作人员随机抽取该生产商生产的规格为 100 克/片的饼干 50 块，进行了水分含量测试，具体测试数据如 moisture.csv 所示。为了达到良好的测试效果，需要对该厂生产的所有该型号饼干的水分含量进行置信度为 95% 的区间估计。

本例数据如下：

```
moisture=pd.read_csv('moisture.csv')
moisture.head()
```

	moisture
0	4.50
1	3.50
2	3.55
3	4.03
4	3.19

对总体均值进行 Z 估计可以使用 statsmodels 提供的类 DescrStatsW 配合其 zconfint_mean 方法可得到正态估计区间：

```
import statsmodels.api as sm        #导入模型接口 statsmodels.api 并命名为 sm
sm.stats.DescrStatsW(moisture['moisture']).zconfint_mean(alpha=0.05)
(3.8561051908351796, 4.0910948091648205)
```

上述程序的运行结果是本例是在大样本（$n>30$）的情况下进行估计的结果。

类 DescrStatsW 配合其 tconfint_mean 方法可得到 t 分布下的估计区间，如采用本例数据进行 t 分布下的估计：

```
sm.stats.DescrStatsW(moisture['moisture']).tconfint_mean(alpha=0.05)
(3.8513311237649768, 4.0940688762350232)
```

scipy 中的 stats.bayes_mvs 函数也提供了采用 t 分布下的均值估计结果：

```
from scipy import stats        #导入 scipy 中的 stats 模块
moisture_mean,moisture_var,moisture_std=stats.bayes_mvs(moisture['moisture'],alpha=0.95)
moisture_mean
Mean(statistic=3.9736000000000002,minmax=(3.853131123764977,4.094068876235023))
```

6.2.1.2 单总体方差、标准差的参数估计

单总体方差、标准差的区间估计原理和方法同单总体均值的估计原理方法相同，唯一的区别在于所用的统计量服从卡方分布。

上段程序中的 stats.bayes_mvs 可返回 3 个结果，需要设置 3 个对象分别与其对应。其返回结果分别是总体均值、总体方差和总体标准差的置信区间。因此可利用其对单总体的方差和标准差进行估计：

```
moisture_var
Variance(statistic=0.18733089361702127,
        minmax=(0.12538093683821308, 0.2790231439977582))
moisture_std
(Mean(statistic=3.9736000000000002,
    minmax=(3.853131123764977, 4.094068876235023)),
 Variance(statistic=0.18733089361702127,
        minmax=(0.12538093683821308, 0.2790231439977582)),
 Std_dev(statistic=0.43052145521911656,
        minmax=(0.35409170681931124, 0.5282264135744805)))
```

使用 scipy.stats 的 mvsdist 函数也可获得均值、方差和标准差区间估计的 python 对象，然后利用对象的 interval 方法指定置信度便可得到其对应的置信区间：

```
m,v,s=stats.mvsdist(moisture['moisture'])
m.interval(0.95)        #返回 95%置信度下总体均值的置信区间
(3.853131123764977, 4.094068876235023)
v.interval(0.95)        #返回 95%置信度下总体方差的置信区间
(0.12538093683821308, 0.2790231439977582)
s.interval(0.95)        #返回 95%置信度下总体标准差的置信区间
(0.35409170681931124, 0.5282264135744805)
```

在 mvsdist 返回的均值估计对象使用 std 方法还可以得到均值的估计标准误差：

```
m.std()
```
0.06120962238357936

上述统计量也可以使用 scipy.stats.sem 来得到。

6.2.1.3　单总体比例的参数估计

本小节所指的比例是反映总体某种特征的变量只有 2 种属性，其中某种属性占所有属性的比重或百分比。如全社会男性人口的比例，在反映全社会人口性别特征的变量"性别"上，只有 2 种可能："男"或"女"，如果要研究总人口中的男性比例，可以根据抽样调查的数据结果进行总体男性人口比例的参数估计。再如收集人们对某项政策实施的"支持"和"反对"看法的样本数据，可以对全社会关于该项政策实施的态度进行参数估计。

考察比例的样本数据通常为大样本，可利用大样本条件下的统计量进行统计推断。

【例 6-3】　某厂家生产一批产品，为了检验该批次产品的合格率，从这批产品中随机抽取了 100 个产品进行检验，得到的检验结果为合格品 95 个，不合格品 5 个，试以 99% 的置信度估计该厂家该批次产品合格率的置信区间。

利用 statsmodels 提供的 proportion_confint 函数进行比例的参数估计非常简单，只需要指定我们所关注的属性（一般定义为"成功"的属性）和样本量即可：

```
sm.stats.proportion_confint(95,100,alpha=0.01,method='normal')
'''
第1个参数表示关注"成功"的数目，第2个参数表示样本量。method参数可根据抽样分布选择如下：
normal、agresti_coull、beta、wilson、jeffrey、binom_test
'''
```
(0.8938611018500978, 1.006138898149902)

6.2.2　单总体参数的假设检验

单总体参数的假设检验问题是实现生活中十分常见的问题。如在例 6-3 中，能否利用随机抽样得到的样本以及统计量对该批次产品质量进行是否合格的判定呢？完全可以按照假设检验的基本原理和步骤对实际问题进行检验。

6.2.2.1　总体均值的假设检验

1．大样本、总体方差已知；大样本、总体方差未知或小样本总体方差已知

在大样本（样本量 $n \geq 30$）情形下，通常使用服从正态分布的正态统计量（Z 统计量）进行假设检验，如果总体方差未知，则用样本方差代替。在小样本（样本量 $n < 30$）情形下，如果总体方差已知，也可使用正态统计量（Z 统计量）进行假设检验。

【例 6-4】　饼干水分超标容易促使细菌繁殖，油脂发生氧化，严重缩短产品的实际保质期，国家对饼干中的水分含量有严格限定，即水分含量不得超过 4.0%。为了检测水分含量，有关工作人员随机抽取某生产商生产的某批次规格为 100 克/片的饼干 50 块，进行了水分含量测试，具体测试数据仍然如 moisture.csv 所示。经过测试，抽样得到的水分含量样本均值为 3.97 克，能否认为该生产厂商该批次的饼干符合国家要求？（设显著性水平 $\alpha=0.05$）

该例是例 6-2 的延伸，要研究的是某一批次所有饼干水分含量的总体情况。经过随机抽样获取样本，已经得到样本的均值是 3.97 克，而国家规定的水分含量是不得超过 4%，该批次产品的规格是 100 克/片。因此，对于整批产品而言，如果是合格产品的话，其总体的平均含水分量不应超过 $100\times4\%=4$ 克。而得到的样本平均含水分量为 3.97 克，貌似小于国家标准，那么是否能据此就直接认为该批饼干就是符合国家标准呢？这个问题需要用统计学的方法进行检验。根据样本数据和研究目的，设总体水分含量均值为 μ，提出原假设和备择假设：

$$H_0:\ \mu\leq4;\quad H_1:\ \mu>4$$

对总体均值进行 Z 检验可以使用 statsmodels 提供的类 DescrStatsW 配合其 ztest_mean 方法进行：

```
sm.stats.DescrStatsW(moisture['moisture']).ztest_mean(value=4,
                                              alternative='larger')
'''
alternative 表示备择假设的符号，缺省则表示默认符号为等号，其值为 two-sided（双尾），而
larger 和 smaller 分别表示备择假设符号为大于和小于
'''
(-0.44038583116699515, 0.6701711574008213)
```

上述结果的第 1 个值为根据样本数据计算的 Z 统计量，第 2 个值为该统计量对应的 P 值。结果表明，在给定的理论显著性水平 $\alpha=0.05$ 的条件下，P 值=0.67>>0.05，因此没有充分的证据表明应当拒绝原假设，即没有理由认为该生产厂商生产的该批次饼干是不合格的。

2．小样本、总体方差未知

在小样本（样本量 $n<30$）情形下，如果总体方差未知，通常使用 t 统计量进行检验。

【例 6-5】　某省移动通信公司对其用户进行满意度评估，公司经理根据近期业务发展状况、消费者情况和专家意见，对该省公司管辖范围内的数据业务用户满意度评估值应该超过 82 分，为了验证该评估值，委托市场研究公司对该省数据业务用户进行了小规模的调查，得到如 mobile.csv 所示的 25 个用户评价满意度得分。试在显著性水平 $\alpha=0.05$ 条件下，对该公司数据业务评估值进行检验。

本例所用数据如下：

```
mobile=pd.read_csv('mobile.csv')
mobile.head()
```

	csi
0	76

1	84
2	86
3	90
4	84

本例数据样本量为 25，没有给定总体方差，因此可以使用 t 统计量进行假设检验。

根据样本计算出的满意度平均分为 81.2 分，小于公司经理的评估值 82 分。那么这 0.8 分的差距究竟是调查中的随机因素造成的，还是总体满意度平均值就是小于 82 分呢？此外市场研究公司往往是基于客户委托的目的和意愿来进行研究，对于这个问题可对研究目的即总体满意度 μ 大于 82 分进行验证，提出原假设和备择假设：

$$H_0: \ \mu \le 82；H_1: \ \mu > 82$$

原假设表示总体满意度评价不超过 82 分，备择假设表示支持公司经理的结论即总体满意度超过 82 分。

statsmodels 提供的类 DescrStatsW 配合其 ttest_mean 方法（返回 t 统计量值、P 值和自由度）可以直接得到用于检验的单侧 P 值：

```
sm.stats.DescrStatsW(mobile['csi']).ttest_mean(value=82,
                                               alternative='larger')
'''
alternative 表示备择假设的符号，缺省则表示默认符号为等号，其值为 two-sided
而 larger 和 smaller 分别表示备择假设符号为大于和小于
'''
(-0.6859943405700328, 0.7503546857532633, 24.0)
```

本例中备择假设是 "$H_1: \ \mu > 82$"，t 统计量的值为 -0.69，其 P 值 = 0.75 >> α = 0.05。因此在显著性水平 α = 0.05 的条件下，没有充分证据表明应当拒绝原假设，即没有理由认为该省移动公司数据业务的用户总体评价会大于 82 分，该公司经理的评估值值得商榷。

scipy.stats 的 ttest_1samp 函数也可以用于 t 检验：

```
stats.ttest_1samp(a=mobile['csi'],popmean=82)
#参数 popmean 用于指定原假设取等号时的值
Ttest_1sampResult(statistic=-0.6859943405700328, pvalue=0.4992906284934734)
```

ttest_1samp 的假设检验结果得出的 P 值是双侧检验的 P 值，即备择假设为 "≠" 号时计算出来的 P 值。如果备择假设为 "<" 或 ">" 符号时的单侧 P 值应当按照如下原则计算：

> ➢　如果备择假设取 "<" 符号：
>> ✓　当 $t \ge 0$ 时，进行判定的单侧 P 值 = 1 - Pvalue/2；
>> ✓　当 $t < 0$ 时，进行判定的单侧 P 值 = Pvalue/2。

> ➢　如果备择假设取 ">" 符号：
>> ✓　当 $t \ge 0$ 时，进行判定的单侧 P 值 = Pvalue/2；
>> ✓　当 $t < 0$ 时，进行判定的单侧 P 值 = 1 - Pvalue/2。

因此，本例中备择假设是"H_1: $\mu>82$"，t 统计量的值为-0.69，故进行判定的单侧 P 值=1-0.4993/2=0.75>>α=0.05。因此在显著性水平 α=0.05 的条件下，没有充分证据表明应当拒绝原假设，即没有理由认为该省移动公司数据业务的用户总体评价会大于 82 分，该公司经理的评估值值得商榷。

6.2.2.2 总体比例的假设检验

总体比例的假设检验是指根据样本数据，对总体具备某种属性的个体总数占全体属性总数的比例，提出假设并进行检验的过程。通常情况下都在大样本的条件下进行。本部分内容以例 6-3 的数据为基础进行假设检验。

【例 6-6】 某厂家生产一批产品，根据相关标准规定，该种产品合格率应当大于 97%。为了检验该批次产品的合格率，从这批产品中随机抽取了 100 个产品进行检验，得到的检验结果为合格品 95 个，不合格品 5 个，能否就此认为该批次产品不合格？设显著性水平 α=0.05。

根据题意，从样本中得到的产品合格率为95%，看起来低于标准规定的合格率97%，因此应当考察这 2% 的差距究竟是由随机因素引起的，还是产品确实与标准的规定存在差距，设总体产品合格率为 p，提出原假设和备择假设为：

$$H_0: p\le0.97; \quad H_1: p>0.97$$

原假设表示产品合格率不超过97%，即本批次产品不合格；备择假设表示产品合格率大于97%，即本批次产品合格。

使用 scipy.stats 的 binom_test 函数可以对单总体比例进行检验：

```
stats.binom_test(95,100,p=0.97,alternative='greater')
#alternative 参数分别可取 two-sided,less,greater
0.9191628710986264
```

对总体比例进行假设检验还可以使用 statsmodels 提供的 binom_test 和 proportions_ztest 函数：

```
sm.stats.binom_test(95,100,prop=0.97,alternative='larger')
0.9191628710986264
sm.stats.proportions_ztest(95,100,value=0.97,alternative='larger')
(-0.9176629354822475, 0.8206023210565294)
```

本例检验的单侧 P 值=0.919>>0.05，proportions_ztest 的正态检验 P 值为 0.8206>>0.05。因此，没有充分证据表明应该拒绝原假设，即没有充分理由否定产品合格率不超过97%。

6.3 两总体参数的假设检验

参数估计和假设检验的问题也可以扩展至两个总体的情形，主要考察两个总体的参数是否有差异。如：两个高等学校高考招生的平均录取分数及标准差是否有差异，新开发的减肥良药是否有疗效，即用药后的人群总体平均体重是否比用药前的总体平均体重轻，两个国家之间新生婴儿男女比例是否有差异等。

两个总体的统计推断问题，又可以根据来自于总体样本数据的性质不同，细分为独立样本的统计推断及成对样本的统计推断。

6.3.1 独立样本的假设检验

所谓独立样本即两组样本数据是相互独立，一个样本数据特征的变动不会影响另一个样本数据特征的变动。如考察两种不同技术生产的产品产量是否有差异，对来自于不同技术生产产品批次中，随机抽取的若干样本进行分析。通常情况下对两个独立样本的假设检验问题不要求两个样本的样本量相等。

6.3.1.1 独立样本均值之差的假设检验

独立样本均值之差的假设检验主要考察两个总体的均值是否有差异或检验其差异的具体数值，一般假定两个总体均服从正态分布，使用 t 统计量进行检验。

【例 6-7】 技术革新是生产企业之间赢得竞争的重要法宝之一，某笔记本电脑电池制造商经过研发与创新，开发出两种新的生产工艺，使得使用该品牌电池的笔记本电脑续航时间有所改进。为了检验这两种新的生产工艺对电池续航能力是否有明显的影响，技术人员随机抽取了利用两种新工艺生产的两个批次的 4 芯电池，考察其在同一型号笔记本电脑上的放电时间（小时）如 battery.csv 所示。设显著性水平 $\alpha=0.01$，检验这两种新工艺对电池续航时间影响是否有显著差异。如果存在显著差异，则在给定的显著性水平下计算差异的置信区间。

本例所用数据如下：

```
battery=pd.read_csv('battery.csv')
battery.head()
```

	Endurance	tech
0	4.1	1
1	3.7	1
2	3.5	1
3	3.9	1
4	4.1	1

设 μ_1 和 μ_2 分别表示两种工艺下所有电池的总体平均续航时间。如果两种工艺生产的电池续航时间没有差异，那么 $\mu_1=\mu_2$，即 $\mu_1-\mu_2=0$；如果存在差异，则 $\mu_1-\mu_2\neq0$。据此，可以提出原假设和备择假设：

$$H_0: \mu_1-\mu_2=0; \quad H_1: \mu_1-\mu_2\neq0$$

原假设表示两种工艺（tech 变量取值分别为 1 和 2）条件下生产的电池续航时间无

差异；而备择假设表示两种工艺生产的电池续航时间有差异。

进行两独立样本均值的 t 检验，需要事先对两样本总体方差是否相等（方差齐性）进行检验，scipy.stats 模块中的 bartlett 函数和 levene 函数均可进行：

```
stats.bartlett(battery[battery['tech']==1]['Endurance'],
               battery[battery['tech']==2]['Endurance'])
BartlettResult(statistic=3.3228777945188033, pvalue=0.0683221369421403)
stats.levene(battery[battery['tech']==1]['Endurance'],
             battery[battery['tech']==2]['Endurance'])
LeveneResult(statistic=1.543714821763612, pvalue=0.21833338426451232)
```

上述的 Bartlett 和 Levene 两种方差同质性检验的原假设均是样本所来自的总体方差相等，备择假设是总体方差不等。上述检验结果表明，在 $\alpha=0.01$ 的条件下，两种检验方法的 P 值均大于 α，可以认为两总体方差具有同质性，即二者总体方差相等。

scipy.stats 模块提供了 ttest_ind 函数可进行两独立样本均值的 t 检验：

```
stats.ttest_ind(battery[battery['tech']==1]['Endurance'],
                battery[battery['tech']==2]['Endurance'],equal_var=True)
Ttest_indResult(statistic=-2.9908265619140626, pvalue=0.0038722567339729993)
```

结果显示，P 值为 $0.0039 \ll 0.01$，因此可以在 $\alpha=0.01$ 条件下拒绝原假设，即拒绝两种工艺生产的电池续航时间相等的假设，认为两种工艺生产的电池续航时间有差异。

为方便快捷的进行独立样本 t 检验，scipy.stats 模块还提供了 ttest_ind_from_stats(mean1,std1,nobs1,mean2,std2,nobs2,equal_var =True) 函数，可以直接使用样本统计量而不是原始数据进行检验：

```
stats.ttest_ind_from_stats(3.7257,0.2994,35,3.9829,0.4112,35)
Ttest_indResult(statistic=-2.991473205108904, pvalue=0.0038650297570098266)
```

上述结果与 ttest_ind 函数的结果基本一致，细微的差别是由于小数点位数计算算精度不同。

对独立样本均值的假设检验问题，statsmodels 也提供了 stats.ttest_ind 函数来解决：

```
sm.stats.ttest_ind(battery[battery['tech']==1]['Endurance'],
                   battery[battery['tech']==2]['Endurance'],
                   alternative='two-sided',usevar='pooled',value=0)
'''
usevar 参数 pooled, unequal 用于指定总体方差是否相等
value 参数用户指定原假设取等号时的检验值
'''
(-2.9908265619140626, 0.0038722567339729993, 68.0)
```

该函数返回值有 3 个：t 统计量值、P 值、计算 t 统计量的自由度。

【例 6-8】续前例，技术人员经过样本数据的观测，发现制造工艺 B 生产的电池续航时间比制造工艺 A 生产的电池续航时间要长。经过长时间的实验，技术人员估计制造工艺 B 所生产电池的续航时间要比制造工艺 A 的时间长 0.1 个小时。试问能够在显著性水平

$α=0.05$ 的条件下，对技术人员的估计进行检验？

根据技术人员的推测和研究假设，可以提出该问题的原假设和备择假设：

$$H_0:\ \mu_1-\mu_2 \geq -0.1;\ H_1:\ \mu_1-\mu_2 < -0.1$$

原假设表示制造工艺 B 所生产电池的续航时间与制造工艺 A 的续航时间相比不超过 0.1 个小时；而备择假设表示制造工艺 B 所生产电池的续航时间要比制造工艺 A 的时间长 0.1 个小时。

statsmodels 的 ttest_ind 方法还可以对总体均值的差值进行假设检验：

```
sm.stats.ttest_ind(battery[battery['tech']==1]['Endurance'],
                   battery[battery['tech']==2]['Endurance'],
                   alternative='smaller',usevar='pooled',
                   value=0.1)
```

```
(-4.1539257804361975, 4.6666126944336435e-05, 68.0)
```

因此在显著性水平 $α=0.05$ 下，可以认为制造工艺 B 生产的电池续航时间比制造工艺 A 的电池续航时间要长 0.1 个小时。

6.3.1.2　独立样本比例之差的假设检验

独立样本比例之差的假设检验主要考察两个总体比例是否有差异或检验其差异的具体数值。这里所谓的比例仍然是指总体只具备两种属性，其中具备某种属性的个体数目占总体数目的比重，即假定两个总体都服从二项分布，通常用 Z 统计量进行检验。

【例 6-9】　某出版集团为了对旗下两本时尚杂志进行精确的市场定位，分别对两本杂志读者的性别进行了随机的抽样调查，调查结果如 magzine.csv 所示。试在显著性水平 $α=0.01$ 条件下分析两本杂志读者性别的差异性。

本例所用数据如下：

```
magzine=pd.read_csv('magzine.csv')
magzine.head()
```

	name	gender
0	1	1
1	1	2
2	1	1
3	1	1
4	1	1

为 name、gender 变量挂上值标签便于分析结果的阅读：

```
magzine['name']=magzine['name'].astype('category')
magzine['name'].cat.categories=['Fashion','Cosmetic']
magzine['name'].cat.set_categories=['Fashion','Cosmetic']

magzine['gender']=magzine['gender'].astype('category')
magzine['gender'].cat.categories=['Male','Female']
magzine['gender'].cat.set_categories=['Male','Female']
```

本例中，既可以考察男性读者的比例，也可以考察女性读者的比例。实际生活中时尚杂志往往受女性读者青睐，所以本例中主要考察女性读者的比例。 设 p_1 和 p_2 分别表示两本杂志读者的总体女性比例。假设经过经验判定，订阅了杂志 1 即 Fashion 的女性占该杂志所有读者比例为 0.4；而订阅了杂志 2 即 Cosmetic 的女性比例则达到了 0.7，那么二者的差异是否超过了 0.3 呢？可以提出原假设和备择假设：

$$H_0:\ p_1\text{-}p_2 \leq -0.3;\ H_1:\ p_1\text{-}p_2 > -0.3$$

原假设表示两本杂志女性读者比例无差异；备择假设表示两本杂志女性读者比例有差异。

对于本例问题，可以先统计一下两个杂志的女性读者人数：

```
female=magzine[magzine['gender']=='Female']['name'].value_counts()
female
```
```
Cosmetic    35
Fashion     16
Name: name, dtype: int64
```

两个杂志的总人数为：

```
magzines=magzine['name'].value_counts()
magzines
```
```
Cosmetic    46
Fashion     34
Name: name, dtype: int64
```

然后使用 statsmodels 的 stats.proportions_ztest 函数进行检验：

```
sm.stats.proportions_ztest(np.array(female),np.array(magzines),value=0.3,
                    alternative='smaller',prop_var=False)
'''
第 1 个参数和第 2 个参数分别指定"成功"的数目和样本量，如果是 array，则表示每一个样本的上述
两个值，此时 value 表示样本量差值的假设值
'''
```
```
(-0.0893894201435671, 0.4643862156571413)
```

在输出结果中，假设检验的 P 值=0.464，无充分理由拒绝原假设，即认为两本杂志的女性读者的总体比例之差没有超过 30%。

6.3.2 成对样本的假设检验

有些时候来自于两个总体的样本并不是独立的，如对药物的临床疗效进行检验的问题，参与试验的病人吃药前与吃药后的两组考核指标不是独立的，因为这两组数据都是来自于相同观测者的不同时期或不同情况下的观测值，这些观测值的具体数值与参与试验的观测者自身素质和药物疗效均有关系。

类似于这样非独立的两组样本数据，称之为成对样本或者匹配样本。成对样本数据主要用于对两个总体均值之差进行统计推断。成对样本一般不能使用独立样本的参数估计和假设检验方法进行，往往要先对样本数据进行处理。其处理的理论基础便是组成成对样本

的不同个体之间的观测值是相对独立的，如病人 A 吃药前后的考核指标数据与病人 B 吃药前后的考核指标数据是独立的。基于此，可以首先把两个样本中配对的观测值逐个相减，形成一个由独立观测值组成的样本，然后用单样本检验方法去进行统计推断。

【**例 6-10**】为考察北京市居民生活的幸福程度，首都经济贸易大学统计学院自 2006 年始每年对固定样本进行调查，并向社会公开发布北京市居民幸福指数。随着社会经济的快速发展，居民收入不断提升，生活水平也相应的不断提高，幸福指数是否会得到提升呢（设显著性水平 $\alpha=0.05$）？对于这个问题，本书在 2015 和 2016 年调查数据的基础上分别随机抽取 200 个样本进行分析，如 happiness.csv 所示。

本例所用数据如下：

```
happiness=pd.read_csv('happiness.csv')
happiness.head()
```

	Year2015	Year2016
0	69.48	77.44
1	82.51	67.49
2	82.12	64.56
3	70.32	70.14
4	75.29	74.72

来自于两总体成对样本数据的参数估计和假设检验问题要求成对样本的样本量相同。本例中要分析的假设是 2016 年的北京市居民幸福指数是否在 2015 年的基础之上得到了提升，即利用所收集到的样本数据对所有北京市居民的幸福程度进行统计推断。由于该项调查样本在各年中是固定的，即样本数据是连续观测（即一点多测）得来的数据，所以可认为这些样本数据观测值是成对样本。

设 2015 年幸福指数的总体平均值为 μ_1，2016 年幸福指数总体平均值为 μ_2，依据本例研究假设，可以提出原假设和备择假设为：

$$H_0:\ \mu_1-\mu_2 \geq 0;\ H_1:\ \mu_1-\mu_2 < 0$$

原假设表示随着经济发展，居民幸福指数没有得到提升；而备择假设表示居民幸福指数得到提升。

scipy.stats 模块的 ttest_rel 函数可直接对此种类型的数据进行检验：

```
stats.ttest_rel(happiness['Year2015'],happiness['Year2016'])
Ttest_relResult(statistic=-0.45945807951277384, pvalue=0.6464067663555169)
```

ttest_rel 函数同样给出双侧检验的结果。由分析结果可知，双侧 P 值 $=0.6464$，由于本例进行的是单侧检验且 t 统计量值小于 0，因此单侧 P 值 $=0.6464/2=0.3232 \gg \alpha=0.05$，没有充分理由拒绝原假设，即经过检验居民幸福指数并没有得到显著提升。

statsmodels 的 ttost_paired 函数也可以直接得到双侧和单侧检验的结果：

```
sm.stats.ttost_paired(happiness['Year2015'],happiness['Year2016'],-0,0)
'''
该函数要提供两个样本均值之差的上下界[low,upp]，即：low≤均值之差≤upp，本例为[-0,0]。
输出结果的最后两行分别会给出备择假设差异均值大于 low 和备择假设差异均值小于 upp 的 t 统计
量、P 值和自由度
'''
(0.6767966168222416,
 (-0.45945807951277384, 0.6767966168222416, 199.0),
 (-0.45945807951277384, 0.32320338317775843, 199.0))
```

由上述结果最后一行单侧 P 值=0.3232 得出，没有充分理由拒绝原假设，即经过检验居民幸福指数并没有得到显著提升。那么在经济发展势头良好的情况下，为什么会出现幸福指数不会明显提升的情况呢？其中一个主要原因在于虽然经济增长速度比较快，但是近年来通货膨胀程度也比较高，房价仍然处于高位，大大超出人们的心理预期，生活成本不断提高，生活质量相对下降，故而造成生活幸福指数没有得到显著提升的局面。

第 7 章
方差分析

　　第 6 章研究了单个和两个总体参数的估计和假设检验问题。但是在实际生活中，往往会遇到对多个总体进行统计推断的问题。如考察某集团公司旗下 5 个品牌服装的销量是否有差异，从各大商场中收集这 5 个品牌服装的销售数据对其总体销量进行分析，涉及到对 5 个总体（把每个品牌服装的销量看作是一个总体）参数的假设检验问题。又如，在科学实验中常常要讨论不同实验条件或处理方法对实验结果的影响，通常是通过对不同实验条件下样本均值间差异进行研究来对不同总体间参数的假设检验问题进行探讨。

　　方差分析（analysis of variance, ANOVA）是利用样本数据检验两个或两个以上总体均值间是否有差异的一种方法。在研究单个变量时，它能够解决多个总体的均值是否相等的检验问题；在研究多个变量对不同总体的影响时，它也是分析各个自变量对因变量影响的方法。

　　方差分析不仅广泛应用于社会经济领域，在其他领域往往与实验设计相结合来研究不同因素对研究对象的影响效果，如医学界研究几种药物对某种疾病的疗效，农业研究土壤、肥料、气候、日照时间等因素对某种农作物产量的影响，不同饲料对牲畜重量增长的效果等。

7.1　方差分析的基本原理

　　方差分析主要是通过方差比较的方式来对不同总体参数进行假设检验的。Fisher(1928) 提出一种比较方差的方法，被命名为 F 检验法，其中用作 F 检验的统计量为：

$$F = \frac{S_1^2}{S_2^2} = \frac{\Sigma(x_{1i} - \bar{x}_1)^2 / v_1}{\Sigma(x_{2i} - \bar{x}_2)^2 / v_2} = \frac{总体1的方差}{总体2的方差}$$

其中 v_1，v_2 分别表示总体 1 和总体 2 的自由度。

　　方差是衡量一个总体或样本数据离散程度的重要指标，代表了其所反映数据的差异程度，同时也包含了数据变动的信息。当 $F=1$ 时，表示 2 个总体方差相等，即没有差异；当 $F \approx 1$ 时，表示 2 个总体没有显著差异；当 $F \neq 1$ 时，表示 2 个总体有显著差异。

　　因此，进行方差分析的关键就是找出能够代表在 F 值的分子分母中方差的测度指标进行对比分析。为此，可以先从如下例子入手。

【例 7-1】 某市场研究公司受数码相机制造商委托，对市场上销售的消费级数码相机销量进行研究，假定诸如液晶显示屏尺寸、光学变焦倍数、品牌号召力等影响销量的因素全部相同，现考察数码相机成像元器件像素数是否会对产品销量产生显著的影响。研究人员从地理位置相似、经营规模相当、人气基本无差异的八家电脑器件卖场上收集了某天的销售数据，如 dc_sales.csv 所示。试问成像元器件像素数是否会对数码相机销量产生影响？设显著性水平 $\alpha=0.05$。

本例所用数据如下：

```
dc_sales=pd.read_csv('dc_sales.csv')
dc_sales.head()
```

	market	pixel	sales
0	1	1	70
1	1	2	101
2	1	3	114
3	1	4	120
4	1	5	132

将 market 和 pixel 变量转化为分类变量并为其值挂上标签：

```
dc_sales['pixel']=dc_sales['pixel'].astype('category')
dc_sales['pixel'].cat.categories=['500 像素及以下','500-600 万像素',
                                  '600-800 万像素','800-1000 万像素',
                                  '1000 万像素及以上']
dc_sales['pixel'].cat.set_categories=['500 像素及以下','500-600 万像素',
                                      '600-800 万像素','800-1000 万像素',
                                      '1000 万像素及以上']
```

为了清晰的描述原始数据，本书采用如下程序编制销售数据的表格来清晰展示各变量之间的关系：

```
pd.pivot_table(dc_sales,index=['pixel'],columns=['market'],
               values=['sales'],aggfunc='sum')
```

	sales							
market	1	2	3	4	5	6	7	8
pixel								
500 像素及以下	70	67	82	87	80	80	87	96
500-600 万像素	101	76	97	88	92	99	123	90
600-800 万像素	114	96	128	103	107	91	99	119
800-1000 万像素	120	98	132	128	132	132	131	119
1000 万像素及以上	132	102	123	119	123	135	126	117

在方差分析中，通常把影响因变量的可控制的定性变量或离散型变量称之为"因素"；而各个因素具有的表现称之为"水平"。如本例的销售表格中，像素数 pixel 便是影响因

变量的一个因素，其具有 5 个水平。

而影响因变量的定量变量或连续型变量称之为"协变量"，如销售人员奖金对销售量的影响，奖金可作为影响销售量的一个协变量。

在其他条件相同的情况下，本例所要解决的问题就归结为一个多总体的检验问题，即检验成像元器件的像素数对销售量是否有影响？把每一类不同像素的数码相机总销量分别看成是不同的总体，该问题便转化为如下的假设检验问题：

$$H_0: \mu_1=\mu_2=\mu_3=\mu_4; \quad H_1: \mu_1, \mu_2, \mu_3, \mu_4 \text{不完全相等}$$

从方差分析目的来看，该问题是要检验 5 类像素数的数码相机销售均值是否相等，可以使用上述的方差比较方法来判断。

因此，对于多总体均值比较的方差分析问题实际上是一个假设检验的问题，其研究本质就是要比较在因素不同水平下的因变量总体均值是否相等，可建立如下线性模型进行分析：

$$x_{ij} = \overline{x}_i + \varepsilon_{ij}$$

x_{ij} 表示作为影响因素的第 i 个水平下因变量的第 j 个观测值，在本例中即第 i 种像素数数码相机在第 j 个卖场的销售数据的观测值；$\overline{x}_i$ 表示第 i 个水平下因变量的均值，在本例中即第 i 种像素数的数码相机销售量的均值；ε_{ij} 表示第 i 个水平下的因变量第 j 个观测值与该水平下因变量均值之间的残差，也称之为随即扰动项，服从均值为零的一个正态分布。在实际问题中，残差表示除所考虑因素之外的其他因素或不可观测的随机因素（如天气、政策变动、不可抗力因素等）的影响。

对于上述模型可以找出造成因变量差异的各种不同来源，并根据方差比较的方法，对这些不同来源的差异进行分析，找出对因变量影响较大的因素及其水平。然后根据合适的参数估计方法对该线性模型进行估计，得出因素水平变动对因变量变动的具体影响。

表 7-1 方差分析中各种方差的计算过程

像素数	组内平均数 $\overline{x}_i$	组内离差平方和（SSA） $\sum(x_{ij}-\overline{x}_i)^2$	组间离差平方和 （SSE） $\sum(\overline{x}_i-\overline{\overline{x}})^2$
500 万像素以下	81.13	698.00	
500-600 万像素	95.75	1375.25	
600-800 万像素	107.13	1198.00	10472.85
800-1000 万像素	124.00	1098.00	
1000 万像素以上	122.13	843.00	
合计	—	4682.125	
总离差平方和（SST）		$\sum(x_{ij}-\overline{x})^2=15154.975$	

首先，把抽样得到的销售情况按照不同像素数分为 5 个组，并分别计算各组内部的方

差以及组与组之间的方差，如表 7-1 所示。

上述两个方面产生的差异可以用两个方差来衡量：

➢ **组间方差**：也称为水平之间方差，即组间离差平方和除以自由度（$r-1$），（r 为组数或水平数）。水平之间的方差既包括系统性因素（即确实是由于因素水平不同造成的差异），也包括随机性因素（因为随机因素的影响在随机抽样过程中不可避免）；

➢ **组内方差**：也称为水平内部方差，即组内离差平方和除以自由度（$n-r$），（n 为样本容量）。水平内部方差仅包括随机性因素。

如果不同的水平（如本例的像素数）对因变量没有影响，那么在水平之间的方差中，就仅仅有随机因素的差异，而没有系统性差异，它与水平内部方差就应该近似，即：

$$F = \frac{\text{组间方差}}{\text{组内方差}} \approx 1$$

反之，不同水平对结果有显著影响，水平之间的方差就会大于水平内的方差，当这个比值达到某个程度，或者说达到某临界点，就可做出不同的水平之间存在着显著差异的判断。

因此，方差分析就是通过不同方差的比较，做出拒绝原假设或不能拒绝原假设的判断。组间方差和组内方差之比是一个统计量，该统计量在正态假定下服从第一自由度为 $r-1$，第二自由度为 $n-r$ 的 F 分布。

在对数据进行方差分析时，应该满足如下两个前提条件：

➢ 各组的观察数据，要看作是来自于正态分布总体的随机样本。该条件通常情况下较容易满足。

➢ 各组的观察数据，是从具有相同方差且相互独立的总体中抽取得到的，即具有同方差性。即由各因素水平所区分的各总体的方差应该相等，其原假设为：$H_0 : \sigma_1^2 = \sigma_2^2 = \cdots = \sigma_r^2$。在做方差分析之前应当进行该同方差性检验。

方差分析根据所研究的因变量数目不同，可以分为一元方差分析和多元方差分析；在分析一个因变量时，根据影响因素数目不同，又可以进一步细分为单因素方差分析和多因素方差分析；如果在影响因素中具有协变量，称之为协方差分析。含有协变量的一元多因素方差分析在实际应用中非常常见。

在方差分析的过程中，不仅可以对因素是否对因变量产生显著影响进行检验，还可以通过对因素水平的均值进行多重比较来分析因素的哪个或哪些水平对因变量的影响最显著，也可以通过一般化线性模型估计因素水平对因变量的具体影响。

7.2 一元方差分析

当所研究的因变量只有一个时的方差分析就是一元方差分析,但其可受一个或多个因素或协变量的影响。

7.2.1 一元单因素方差分析

一元单因素方差分析(One-Way ANOVA)主要研究单独一个因素对因变量的影响。通过因素的不同水平对因变量进行分组,计算组间和组内方差,利用方差比较的方法对各分组所形成的总体进行均值比较,从而对各总体均值相等的原假设进行检验。

本节以例 7-1 为例,进行一元单因素方差分析。本例数据中,因变量是 sales;数码相机在生产过程中,可以对成像元器件的像素数进行人为调整,因此可以控制的定性变量便是像素数 pixel,其对因变量产生了影响,通常把它认为是影响因变量变动的一个因素,该因素有"500 万像素以下""500-600 万像素""600-800 万像素""800-1000万像素""1000 万像素以上"5 个水平。

scipy.stats 模块的 f_oneway 函数和 statsmodels 中的 anova_lm 函数均可进行方差分析。

但是,scipy 中往往不会像传统统计软件那样可以自动对数据进行分组处理,需要用户自行对数据进行分组,可以使用如下代码对指定变量进行分组,并将分好组的数据存储在一个可供 scipy 调用的序列中:

```
G=dc_sales['pixel'].unique()        #G 用于统计变量 pixel 的像素属性
args=[]                             #列表 args 用于存储不同像素属性下的销售数据
for i in list(G):
    args.append(dc_sales[dc_sales['pixel']==i]['sales'])
```

对于本例数据,可以实现绘制盒须图来初步考察因素各水平对因变量的影响:

```
dc_sales_plot=plt.boxplot(args,vert=True,patch_artist=True)
colors=['pink','lightblue','lightgreen','cyan','lightyellow']
for patch,color in zip(dc_sales_plot['boxes'],colors):
    patch.set_facecolor(color)
fig=plt.gcf()
fig.set_size_inches(8,5)
combinebox=plt.subplot(111)
combinebox.set_xticklabels(G,fontproperties=myfont)
#注意:myfont 对象是本书此前为解决中文显示问题定义的用于绘图时的字体,见第 5.1.1 小节
plt.show()
```

由下图可明显看出,各种像素级别的数码相机在销售量上确实着显著的区别。但这种区别仅限于本例所搜集的样本数据。那么,对于整个市场上所销售的数码相机这个总体而言,是否就会存在这种由于像素不同而引起的显著差异呢,这需要进行进一步判定。

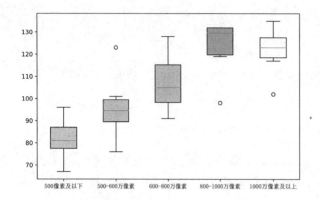

7.2.1.1　方差同质性检验

一元单因素方差分析应当满足方差齐性假设，因此需要对其进行方差同质性检验，该检验原假设是不同水平所代表总体的方差是相同的，对于一元方差分析常用 Levene's 检验，多元方差分析多使用 Bartlett's 球形检验法：

```
stats.levene(*args)
```
```
LeveneResult(statistic=0.233384556281214, pvalue=0.9176929576341715)
```

由上可知，P 值非常大，满足方差齐性假设。

7.2.1.2　方差来源分解及检验过程

接下来可进行方差分解，根据分解结果计算用于分析的统计量并作检验。scipy.stats 模块的 f_oneway 函数可进行一元单因素方差分析并直接得到最终结果：

```
stats.f_oneway(*args)
```
```
F_onewayResult(statistic=19.571762228742291, pvalue=1.54913021532228814e-08)
```

由上述结果可知用于检验的 F 统计量为 19.57，对应 P 值几乎为 0，所以可以认为像素数对数码相机销量而言是非常显著的。为了展示上述结果的计算过程，需要对方差来源进行分解，以便读者更加透彻的理解方差分析的基本原理。

上述分析过程还可以使用 statsmodels 中的 anova_lm 配合 ols 函数得到更加详细的计算结果：

```
from statsmodels.formula.api import ols
dc_sales_anova=sm.stats.anova_lm(ols('sales ~ C(pixel)',dc_sales).fit())
'''
```
因变量 ~ 自变量列表：这是 statsmodels 模块中表示变量关系的最主要形式
ols 两个主要参数的第 1 个参数表示模型，第 2 个参数用于指定所分析的数据，其 fit 方法表示对模型进行拟合或估计。上述语句也可写成如下调用 formula 对象的形式：
```
formula='sales ~ C(pixel)'     #C 表示该变量是分类变量
dc_sales_anova=sm.stats.anova_lm(ols(formula,dc_sales).fit())
'''
print(dc_sales_anova)
```
```
            df     sum_sq     mean_sq          F        PR(>F)
C(pixel)   4.0  10472.850   2618.2125   19.571762  1.549130e-08
Residual  35.0   4682.125    133.7750         NaN           NaN
```

由本段程序运行的结果所知，组间离差平方和为 10472.85；组内离差平方和为 4682.125；对应的组间方差为 2618.2125=10472.85/4；组内方差为 133.775=4682.125/35；用于判定组内方差和组间方差是否存在差异的 F 值为 19.57=2618.2125/133.775，其对应的 P 值=1.549130e-08<<α=0.05。

因此可得到如下结论：在显著性水平 α=0.05 的条件下，可以拒绝由像素变量所划分的各总体均值相等的原假设。即，数码相机成像元器件的像素数目不同，会对数码相机的销售量产生非常显著影响。但是该结论只限于像素数目对销售量有显著影响的表面认识上。

7.2.1.3 多重比较检验

更进一步研究，究竟是因素的哪一个水平对观察变量产生了显著影响，即具体哪种像素数目对销售量有显著影响。这就是单因素方差分析的均值多重比较检验。

statsmodels.stats.multicomp 中提供了 pairwise_tukeyhsd 函数可进行 TukeyHSD 事后多重比较检验：

```
from statsmodels.stats.multicomp import pairwise_tukeyhsd
dc_sales_anova_post=pairwise_tukeyhsd(dc_sales['sales'],
                                dc_sales['pixel'],alpha=0.05)
dc_sales_anova_post.summary()
```

Multiple Comparison of Means - Tukey HSD,FWER=0.05

group1	group2	meandiff	lower	upper	reject
1000 万像素及以上	500-600 万像素	-26.375	-43.0016	-9.7484	True
1000 万像素及以上	500 像素及以下	-41.0	-57.6266	-24.3734	True
1000 万像素及以上	600-800 万像素	-15.0	-31.6266	1.6266	False
1000 万像素及以上	800-1000 万像素	1.875	-14.7516	18.5016	False
500-600 万像素	500 像素及以下	-14.625	-31.2516	2.0016	False
500-600 万像素	600-800 万像素	11.375	-5.2516	28.0016	False
500-600 万像素	800-1000 万像素	28.25	11.6234	44.8766	True
500 像素及以下	600-800 万像素	26.0	9.3734	42.6266	True
500 像素及以下	800-1000 万像素	42.875	26.2484	59.5016	True
600-800 万像素	800-1000 万像素	16.875	0.2484	33.5016	True

在输出的表格中，系统自动将不同像素数进行两两对比，并在 reject 列给出了是否应该拒绝两组属性没有差异的检验结果。

结果表明 600 万像素以下（500-600 万像素与 500 万像素及以下）的数码相机由于

其技术比较落后，消费者需求量不大，与中高像素的数码相机相比，销售量明显萎缩，且差异最为显著；消费者对于像素数量要求的不同，对销售量也产生了显著的影响，像素数高的相机明显比低像素的相机销量大。

至此，本例已经通过单因素方差分析的多重比较检验得知影响销量较为显著的因素水平，但是这些水平究竟是怎么样具体影响因变量，即当从一个水平变为另一个水平时，因变量会增加或降低多少个单位？这需要对方差分析进行参数估计。

7.2.1.4 方差分析模型的参数估计和预测

从第 7.1 小节的原理性解释中可看到，方差分析实际上是对一般线性模型（general linear model）进行分析，其还可以对用于方差分析的线性模型进行参数估计和假设检验，根据参数估计的结果，可以得出因素水平之间的变动状况对因变量产生的具体影响并据此进行模型预测。

```
formula='sales ~ C(pixel)'
dc_sales_est=ols(formula,dc_sales).fit()    #dc_sales_est 是一个模型对象
print (dc_sales_est.summary2())
#模型对象可以使用 summary、summary2 等属性和方法查看估计和检验结果
#请读者使用 dir 函数查看模型对象的这些可用属性和方法
```

Results: Ordinary least squares

Model:	OLS	Adj. R-squared:	0.656
Dependent Variable:	sales	AIC:	314.0202
Date:	2018-04-08 20:59	BIC:	322.4646
No. Observations:	40	Log-Likelihood:	-152.01
Df Model:	4	F-statistic:	19.57
Df Residuals:	35	Prob (F-statistic):	1.55e-08
R-squared:	0.691	Scale:	133.78

	Coef.	Std.Err.	t	P>|t|	[0.025	0.975]
Intercept	81.1250	4.0892	19.8387	0.0000	72.8234	89.4266
C(pixel)[T.500-600万像素]	14.6250	5.7831	2.5289	0.0161	2.8848	26.3652
C(pixel)[T.600-800万像素]	26.0000	5.7831	4.4959	0.0001	14.2598	37.7402
C(pixel)[T.800-1000万像素]	42.8750	5.7831	7.4139	0.0000	31.1348	54.6152
C(pixel)[T.1000万像素及以上]	41.0000	5.7831	7.0897	0.0000	29.2598	52.7402

Omnibus:	0.757	Durbin-Watson:	1.535
Prob(Omnibus):	0.685	Jarque-Bera (JB):	0.172
Skew:	-0.090	Prob(JB):	0.917
Kurtosis:	3.266	Condition No.:	6

本段程序中构建的 dc_sales_est 是一个模型对象，读者可以自行使用 dir 命令查看其常用的方法和属性。

本段程序运行的结果事实上是由两张表格组成的。第 1 张表格主要展示用于模型诊断的总体信息，如拟合优度判定系数 R^2 方、F 统计量、P 值、AIC 和 BIC 等信息指数等。第 2 张表格主要反映方差分析模型的参数估计及其检验结果。

由第 2 张表可知各种像素数对销售量的具体影响。首先找到参数估计值（即 Coef. 列）中没有出现的 C(pixel) 属性值的行,上述结果中 C(pixel)[T.500 万像素及以下] 的水平没有出现。这并不代表该水平对因变量毫无任何影响,而是代表模型中截距项 (Intercept) 的具体含义,即截距项表示像素水平"500 万像素及以下"对因变量的具体影响:在该像素水平下,数码相机销售量为 81.125 台。

而其他水平对因变量的影响均以截距项(即"500 万像素及以下"相机销量)为基准来衡量,其对应的参数估计值代表了各个水平对因变量影响与截距项对因变量影响的差距。如 C(pixel)[T.800-1000 万像素] 这个水平的参数估计值为"42.875",表示与截距项相比,在该水平下的数码相机销量增加 42.875 台,其对应的 P 值几乎为 0,表示这 2 个像素水平之间对数码相机销量有显著影响,该水平下数码相机销量具体为 81.125+42.875=124 台。

如上的方差分析模型参数估计的相对比较结果,对于各种不同因素水平,对因变量影响的差异分析非常直观明了。但是如果根据这个结果来考察因素,对因变量影响的绝对数值还需用户自行计算,并根据估计参数数值为"0"的水平确定比较基准,然后计算具体因素水平对因变量的绝对影响,在因素水平非常多的情况下显得十分麻烦。

为了避免繁琐手工计算,需要估计模型参数的绝对数值,即估计不含截距项模型的参数,可以在上述程序定义 formula 时在"~"右边加上"-1",即:

```
formula = 'sales ~ C(pixel)-1'
dc_sales_est1=ols(formula,dc_sales).fit()
print (dc_sales_est1.summary2())
```

```
                    Results: Ordinary least squares
====================================================================
Model:                OLS                Adj. R-squared:      0.656
Dependent Variable:   sales              AIC:                 314.0202
Date:                 2018-04-08 21:01   BIC:                 322.4646
No. Observations:     40                 Log-Likelihood:      -152.01
Df Model:             4                  F-statistic:         19.57
Df Residuals:         35                 Prob (F-statistic):  1.55e-08
R-squared:            0.691              Scale:               133.78
--------------------------------------------------------------------
                          Coef.   Std.Err.   t     P>|t|  [0.025  0.975]
--------------------------------------------------------------------
C(pixel)[500像素及以下]     81.1250  4.0892 19.8387 0.0000 72.8234  89.4266
C(pixel)[500-600万像素]     95.7500  4.0892 23.4151 0.0000 87.4484 104.0516
C(pixel)[600-800万像素]    107.1250  4.0892 26.1968 0.0000 98.8234 115.4266
C(pixel)[800-1000万像素]   124.0000  4.0892 30.3235 0.0000 115.6984 132.3016
C(pixel)[1000万像素及以上]  122.1250  4.0892 29.8650 0.0000 113.8234 130.4266
--------------------------------------------------------------------
Omnibus:              0.757              Durbin-Watson:       1.535
Prob(Omnibus):        0.685              Jarque-Bera (JB):    0.172
Skew:                 -0.090             Prob(JB):            0.917
Kurtosis:             3.266              Condition No.:       1
====================================================================
```

不含截距项的参数估计结果代表了因素水平对因变量的绝对影响,其具体影响数值与含有截距项用户自行计算出的绝对数值一致。

从上述分析结果来看，高像素（800 万以上）的数码相机销量比较大，而中低像素（500-800 万）的相机销售量一般，低像素（500 万以下）的数码相机销售量最小。

7.2.1.5 方差分析模型的预测

可以使用模型的参数估计值对因变量进行预测。确保预测较为准确的一个重要前提条件是估计出的模型得依据统计理论进行模型诊断（详见第 10 章）。本例模型参数估计均非常显著且 R^2 与 F 值均较大，可以认为该模型比较适合进行预测。

对 statsmodels 的模型对象使用 fittedvalues 属性就可以直接依据模型参数估计结果对因变量进行预测：

```
dc_sales_est.fittedvalues
```

```
0       81.125
1       95.750
2      107.125
3      124.000
......
37     107.125
38     124.000
39     122.125
dtype: float64
```

也可使用模型对象的 get_influence 方法得到更加详细的预测信息：

```
dc_sales_influence=dc_sales_est.get_influence()
print (dc_sales_influence.summary_table())
```

obs	endog	fitted value	Cook's d	student. residual	hat diag	dffits internal	ext.stud. residual	dffits
0	70.000	81.125	0.030	-1.028	0.125	-0.389	-1.029	-0.389
1	101.000	95.750	0.007	0.485	0.125	0.183	0.480	0.181
2	114.000	107.125	0.012	0.635	0.125	0.240	0.630	0.238
3	120.000	124.000	0.004	-0.370	0.125	-0.140	-0.365	-0.138
4	132.000	122.125	0.024	0.913	0.125	0.345	0.911	0.344
......								
35	96.000	81.125	0.054	1.375	0.125	0.520	1.393	0.527
36	90.000	95.750	0.008	-0.531	0.125	-0.201	-0.526	-0.199
37	119.000	107.125	0.034	1.098	0.125	0.415	1.101	0.416
38	119.000	124.000	0.006	-0.462	0.125	-0.175	-0.457	-0.173
39	117.000	122.125	0.006	-0.474	0.125	-0.179	-0.468	-0.177

7.2.2 一元多因素方差分析

当有两个或者两个以上的因素对因变量产生影响时，可以用多因素方差分析的方法来进行分析。多因素方差分析的原理与单因素方差分析基本一致，也是利用方差比较的方法，通过假设检验的过程来判断多个因素是否对因变量产生显著性影响。

在多因素方差分析中，由于影响因变量的因素有多个，其中某些因素除了自身对因变量产生影响之外，它们之间也有可能会共同对因变量产生影响。在多因素方差分析中，把因素单独对因变量产生的影响称之为"主效应"；把因素之间共同对因变量产生的影响，或者因素某些水平同时出现时，除了主效应之外的附加影响，称之为"交互效应"。

以例 7-1 来说，如果同时考虑成像元器件的像素数和镜头的光学变焦倍数两个因素对销售量的影响，当只考虑主效应时，假定 800-1000 万像素的相机比其他相机可以多 20 台的销量，而光学变焦为 10 倍的相机比其他相机可多 15 台的销量。当因素没有交互效应时，同时考虑像素数为 800-1000 万，光学变焦倍数为 10 倍的数码相机可以多卖出 35（=20+15）台。但如果因素存在交互效应，那么同时考虑像素数为 800-1000 万，光学变焦倍数为 10 倍两个因素，则会产生即交互效应，此时多出的销售量就不一定是 35 台了。

因此，多因素方差分析不仅要考虑每个因素的主效应，往往还要考虑因素之间的交互效应。此外，多因素方差分析往往假定因素与因变量之间的关系是线性关系。从这个方面来说，方差分析的模型也是如下一个一般化线性模型的延续：

因变量=因素 1 主效应+因素 2 主效应+…+因素 n 主效应+因素交互效应 1+因素交互效应 2+…+因素交互效应 m+随机误差

所以多因素方差分析往往选用一般化线性模型进行参数估计。

7.2.2.1 只考虑主效应的多因素方差分析

只考虑主效应的多因素方差分析模型中，只有因素自身对因变量的独立影响，不含任何交互作用对因变量的影响。

【例 7-2】 开发商开发某个住宅楼盘时，应当根据购房者住房面积的实际需求来设计和建造房屋，而影响购房者房屋使用面积需求的原因很多，经过前期市场调研和分析，认为学历、购房者所在单位类型、收入水平和户型等几个因素对购房面积（使用面积）需求影响比较显著。现根据某开发商的委托，对上述因素影响购房面积的情况，随机抽取了 472 个样本进行抽样调查，样本数据如 house.csv 所示。试根据样本数据分析各种因素对购房面积的影响。设显著性水平 $\alpha=0.05$。

本例所用数据如下：

```
house=pd.read_csv('house.csv')
house.head()
```

	education	unit	income	type	space
0	1	3	2	2	75
1	1	5	1	6	55
2	3	1	2	8	56
3	2	6	2	4	51
4	2	4	1	5	60

本例数据使用的数据值标签如下：

```
house['education']=house['education'].astype('category')
house['education'].cat.categories=['初中及以下','高中（中专）',
                                   '大学','研究生及以上']
house['education'].cat.set_categories=['初中及以下','高中（中专）',
                                       '大学','研究生及以上']
house['unit']=house['unit'].astype('category')
house['unit'].cat.categories=['国营企业','行政事业单位','大专院校科研单位',
                              '私营企业','失业','其他']
house['unit'].cat.set_categories=['国营企业','行政事业单位','大专院校科研单位',
                                  '私营企业','失业','其他']
house['income']=house['income'].astype('category')
house['income'].cat.categories=['10000 元以下','10000-25000 元',
                                '25000-50000 元','50000-75000 元',
                                '75000 元以上']
house['income'].cat.set_categories=['10000 元以下','10000-25000 元',
                                    '25000-50000 元','50000-75000 元',
                                    '75000 元以上']
house['type']=house['type'].astype('category')
house['type'].cat.categories=['一室一厅','二室一厅','二室二厅','三室一厅',
                              '三室二厅','三室三厅','四室二厅一卫',
                              '四室二厅二卫','四室三厅一卫','四室三厅二卫',
                              '更大户型']
house['type'].cat.set_categories=['一室一厅','二室一厅','二室二厅','三室一厅',
                                  '三室二厅','三室三厅','四室二厅一卫',
                                  '四室二厅二卫','四室三厅一卫','四室三厅二卫',
                                  '更大户型']
```

在考虑各个因素对因变量的影响只有主效应没有交互效应的情况下，可以使用 statsmodels 中的 anova_lm 配合 ols 进行分析：

```
formula='space ~ C(education)+C(unit)+C(income)+C(type)'
house_anova=sm.stats.anova_lm(ols(formula,data=house).fit(),typ=3)
'''
注意，此处 typ=3 表示做方差分析 type III 型检验
type III 即平方和分解法，适用于平衡的 ANOVA 模型和非平衡的 ANOVA 模型，凡适用 type I 和
type II 的模型均可以用该法。该参数默认使用 type I 型。
'''
print(house_anova)

                   sum_sq     df          F        PR(>F)
Intercept     28663.946440    1.0  89.701281  1.591592e-19
C(education)   1519.401986    3.0   1.584945  1.922550e-01
C(unit)         886.371451    5.0   0.554764  7.347011e-01
C(income)     10545.816026    4.0   8.250549  1.990132e-06
```

```
C(type)          9604.428837    10.0    3.005621    1.093296e-03
Residual       143477.460152   449.0         NaN          NaN
```

　　上述结果的方差来源中列示了各因素变量对因变量主效应,可以通过其 P 值即 PR(>F)进行因素主效应是否对因变量有影响的显著性检验。

　　本例中,education 因素主效应的 P 值=0.1923,unit 因素主效应的 P 值=0.7347,均非常大,可以得到这两个因素对因变量的影响十分不显著,应当在模型中予以剔除;而 income 主效应的 P 值<0.0001,type 主效应的 P 值=0.0011,非常显著,应当在模型中予以保留。

　　由此可知,在本例给定的显著性水平 α=0.05 的条件下,education 和 unit 两个因素对拟购房面积的影响不显著,说明拟购房面积的大小受不同学历和工作单位的影响较小。因此,将上段程序程序中的 formula 语句剔除出 education 和 unit 两个变量并修改如下:

```
formula='space ~ C(income)+C(type)'
house_anova=sm.stats.anova_lm(ols(formula,data=house).fit(),typ=3)
print (house_anova)
                 sum_sq      df            F       PR(>F)
Intercept    29277.490099    1.0    91.609792    6.682452e-20
C(income)    12033.242560    4.0     9.413058    2.558367e-07
C(type)      10553.485226   10.0     3.302204    3.765261e-04
Residual    146052.214252  457.0          NaN          NaN
```

　　从结果中可以看到 income 和 type 两个因素对拟购房面积的影响非常显著。说明消费者在考虑拟购房屋面积的时候,主要考虑自身收入的实际情况和开发商户型设计两个重要因素。因此,开发商在建造房屋的时候应当根据消费者的实际购买能力设计出户型合理的房子,才能够得到更多的收益。

　　那么,既然能够得出影响购房面积的两个重要影响因素,具体应当根据何种收入,开发何种户型的房屋,才能够对消费者购房面积产生显著影响,或者因素的哪个/些水平对因变量的影响最大呢?这些问题可以通过对因素多重比较检验得到答案:

```
house_anova_post=pairwise_tukeyhsd(house['space'],house['income'],
                                   alpha=0.05)
house_anova_post.summary()
```

Multiple Comparison of Means - Tukey HSD,FWER=0.05

group1	group2	meandiff	lower	upper	reject
10000-25000 元	10000 元以下	-4.6062	-10.4621	1.2497	False
10000-25000 元	25000-50000 元	7.6175	1.7029	13.5321	True
10000-25000 元	50000-75000 元	12.1263	-1.665	25.9176	False
10000-25000 元	75000 元以上	31.2777	15.812	46.7435	True

10000 元以下	25000-50000 元	12.2238	5.2854	19.1621	True
10000 元以下	50000-75000 元	16.7325	2.4722	30.9929	True
10000 元以下	75000 元以上	35.884	19.9985	51.7694	True
25000-50000 元	50000-75000 元	4.5088	-9.7758	18.7933	False
25000-50000 元	75000 元以上	23.6602	7.753	39.5674	True
50000-75000 元	75000 元以上	19.1514	-1.0539	39.3567	False

```
house_anova_post=pairwise_tukeyhsd(house['space'],house['type'],alpha=0.05)
house_anova_post.summary()
```

因针对 type 因素进行多重比较检验的结果太多，本书不予将其结果在此赘述。

在多重比较检验结果中，系统会自动按照因素的水平进行两两配对的比较，如果配对的两种水平对因变量的影响显著（本例设置显著性水平为 0.05），则会自动在该配对行的最后一列"reject"标注 True 或 False。

结果显示，"75000 元以上"水平配对的多重比较检验结果有 3 个显著，"50000-75000 元"水平的多重比较检验有 1 个显著，"25000-50000 元"水平的多重比较检验结果有 3 个显著，"10000-25000 元"水平的多重比较检验结果有 2 个显著，"10000 元以下"水平的多重比较检验结果有 3 个显著。因此，在显著性水平 α=0.05 的条件下，可以认为低收入群体和高收入群体对购房面积最敏感（影响最显著），而中收入群体同样对购房面敏感，但其敏感性不如高收入群体和低收入群体。

对于 type 因素而言，同样可以通过上述分析方法找出最有影响的水平，发现购买三室一厅和两室一厅户型的最为显著。

因此，在分析各种因素主效应的基础上，可以为开发商针对消费者拟购房面积这一问题提出如下结论：收入和户型对消费者在拟购房面积决策上的影响非常显著，而学历和工作单位对该决策影响不显著；其中，低收入群体和高收入群体对购房面积的要求比较敏感，实用型的户型对面积影响较大。因此，开发商在单独考虑这些因素主效应的情况下，应当优先考虑低收入和高收入人群的需求，并且为消费者有针对性的设计实用型强的户型，在设计这些户型的同时，必须考虑其面积因素的影响。

那么，究竟这些影响显著的因素中具体会对因变量产生怎么样的影响？如当人们收入提高时，其购房面积会增加或降低多少平米呢？对于这种问题，可以利用方差分析模型的参数估计来实现：

```
house_anova_est=ols(formula,data=house).fit()
print (house_anova_est.summary2())
```

```
                     Results: Ordinary least squares
=================================================================
Model:                OLS              Adj. R-squared:      0.146
Dependent Variable:   space            AIC:                 4076.2755
Date:                 2018-04-08 21:07 BIC:                 4138.6302
No. Observations:     472              Log-Likelihood:      -2023.1
Df Model:             14               F-statistic:         6.752
Df Residuals:         457              Prob (F-statistic):  1.38e-12
R-squared:            0.171            Scale:               319.59
-----------------------------------------------------------------
                       Coef.   Std.Err.   t     P>|t|  [0.025   0.975]
-----------------------------------------------------------------
Intercept              86.1464  9.0005  9.5713 0.0000 68.4589 103.8339
C(income)[T.10000-25000元]  4.2072  2.1086  1.9953 0.0466  0.0635   8.3509
C(income)[T.25000-50000元]  9.9601  2.5641  3.8844 0.0001  4.9212  14.9990
C(income)[T.50000-75000元] 16.1291  5.1202  3.1501 0.0017  6.0670  26.1911
C(income)[T.75000元以上]    29.3518  5.9372  4.9437 0.0000 17.6842  41.0193
C(type)[T.二室一厅]       -23.0808  9.1696 -2.5171 0.0122 -41.1005  -5.0610
C(type)[T.二室二厅]       -22.5007  9.2538 -2.4315 0.0154 -40.6859  -4.3155
C(type)[T.三室一厅]       -23.0634  9.1100 -2.5317 0.0117 -40.9660  -5.1608
C(type)[T.三室二厅]       -19.4782  9.0933 -2.1420 0.0327 -37.3481  -1.6083
C(type)[T.三室三厅]       -28.6264 15.5200 -1.8445 0.0658 -59.1259   1.8730
C(type)[T.四室二厅一卫]    -7.2395 10.1864 -0.7107 0.4776 -27.2575  12.7784
C(type)[T.四室二厅二卫]   -12.6134  9.5902 -1.3152 0.1891 -31.4598   6.2329
C(type)[T.四室三厅一卫]   -38.3536 20.0149 -1.9162 0.0560 -77.6864   0.9791
C(type)[T.四室三厅二卫]   -26.4948 12.0484 -2.1990 0.0284 -50.1719  -2.8176
C(type)[T.更大户型]        -4.5995 10.5095 -0.4377 0.6618 -25.2524  16.0533
-----------------------------------------------------------------
Omnibus:              88.385           Durbin-Watson:         1.372
Prob(Omnibus):        0.000            Jarque-Bera (JB):      157.668
Skew:                 1.083            Prob(JB):              0.000
Kurtosis:             4.825            Condition No.:         47
=================================================================
```

虽然本例所构造模型的 R^2 偏低（0.171），但是对于实际截面数据而言，该模型拟合程度勉强可以接受。

与前面单因素方差分析一样，上述结果的截距项（Intercept）表示 income 和 type 变量值在结果中没有出现的因变量期望值。即收入在 10000 元以下且购房户型为一室一厅的平均购房面积为 86.1464。如，要考察年收入为 50000-75000 元，购买意向户型为三室二厅的拟购面积为：86.1464+16.1291-19.4782=82.7973（平米）。

实际生活中，人们在考虑购房面积的同时，往往会根据各种因素的不同情况进行综合考虑。如消费者在买房的时候不仅要结合自身收入，还要同时考虑开发商所提供住房的户型，而不是单独把其中某项因素拿出来考虑，这涉及到因素之间的交互效应，便要用到交互效应的多因素方差分析进行具体分析。

7.2.2.2　存在交互效应的多因素方差分析

存在交互效应的方差分析不仅只考察因素之间的交互效应，同时也考察各因素的主效应。因为在分析模型中，如果没有主效应的存在，就不会有交互效应。本小节仍以上例进行考察。

如果实际分析中，不知道因素之间是否存在交互效应，可以首先考虑利用方差分析的全模型进行分析。方差分析的全模型是指在模型中考虑所有因素的主效应，以及所有因素两两之间的交互效应。

在 statsmodels 的模型描述中，因素之间的交互作用用"：" 或 "＊" 表示。如因素 A 和因素 B 之间的交互作用可表示为 A＊B。交互作用既可以考虑两个因素之间的交互，也可以考虑多个因素之间的交互，如 A＊B＊C＊D。一般情况下，往往只考虑两个因素之间的交互，对于多个因素之间的交互效应分析方法类似于两个因素的交互效应分析。

但是要注意："："仅表示变量之间的交互效应，而 "＊"" 不仅表示变量之间的交互效应，还包括参加交互的变量的各自主效应，即：

'space ~ C(income)+C(type)+C(income):C(type)'

等价于：'space ~ C(income)*C(type)'

对于上例，因为我们已经对每个因素的主效应进行过了分析，仅有 income 和 type 因素对购房面积产生了显著影响。因此，本例在此不考虑所有因素及两两交互的全模型，直接对 income 和 type 的主效应和交互效应的进行方差分析：

```
formula='space ~ C(income)*C(type)'
house_anova_inter=sm.stats.anova_lm(ols(formula,data=house).fit())
print (house_anova_inter)
```

	df	sum_sq	mean_sq	F	PR(>F)
C(income)	4.0	19655.107559	4913.776890	16.629186	1.077135e-12
C(type)	10.0	10553.485226	1055.348523	3.571507	1.438294e-04
C(income):C(type)	40.0	20869.385225	521.734631	1.765652	3.532594e-03
Residual	436.0	128834.132740	295.491130	NaN	NaN

```
ols(formula,data=house).fit().rsquared
```
0.26907101524187094

上述结果系统计算的是 type I 平方和（系统提示方差-协方差阵是奇异矩阵即方阵的行列式为 0），在计算统计量时可能会需要求方差-协方差阵的逆，从而产生错误。

从上述结果中可以看出，存在于模型中的因素主效应及交互效应的 P 值均比较小，在给定的显著性水平条件下非常显著，且模型拟合 R^2=0.269，也较无交互效用模型要大。

此外，还可以绘制交互效应图（interaction plot）用于主观考察两个变量之间是否有明显的交互效应：

```
from statsmodels.graphics.api import interaction_plot
plt.figure(figsize=(12,6))
fig=interaction_plot(np.array(house['income']),np.array(house['type']),
                     house['space'],ax=plt.gca())
fig_adj=plt.subplot(111)
plt.legend(prop={'family':'SimHei','size':10.5},loc='upper left',
           frameon=False)
fig_adj.set_xticklabels(house['income'].unique(),fontproperties=myfont)
```

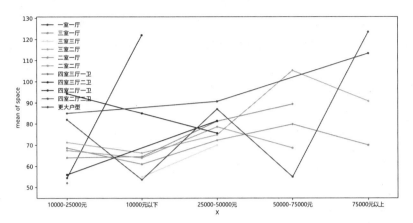

图中折线之间非平行线，且在左半部分交叉较为明显。图形验证了 income 和 type 之间存在交互作用，且在中低收入人群中交互效用更为明显。

对于含有交互效应的方差分析模型，其分析过程和步骤类似于只含有主效应的方差分析过程，本书不予赘述。

7.3 协方差分析

在前面所述的方差分析过程中，本书介绍了各种定性变量对因变量的影响。其中作为因素的定性变量的水平个数是有限个，也是可以控制的，即可以控制某个因素的某个水平，观察因变量的变动状况。如在上例中，可以控制学历因素的水平，只观察硕士以上学历对购房面积的需求。但实际中，有些因素的不同水平很难人为控制，但这些因素对因变量产生了显著影响。在方差分析中如果忽略这些因素的存在，而只分析其他可控因素对因变量的影响，往往会夸大或缩小这些因素的影响效应，使得分析结论与真实结果有偏差。

以例 7-2 为例，在研究住房使用面积需求，仅考虑诸如收入、学历、工作单位、户型等可控因素，而不考虑消费者家庭人口数的影响（无法控制消费者家庭人口数量进行观测），显然是不全面的。因此为了更加准确地研究控制变量即因素的不同水平对因变量的影响，应尽量排除其他因素对分析的影响作用。在实际分析操作中，为了达到这个目的，除了前面章节介绍的根据效应显著性进行的因素筛选之外，还可以利用协方差分析来进行。

协方差分析是将那些难以控制的因素当作协变量，在排除协变量影响的条件下，分析可控因素对因变量的影响，从而更加准确地对可控因素进行评价。如前所述的方差分析中因素都是定性变量，而协方差分析中的协变量往往是连续数值型变量。在进行协方差分析过程中，协变量之间没有交互效应，且与因素变量之间也没有交互效应。

考虑协变量的方差分析模型的一般形式如下：

因变量=因素主效应+因素间的交互效应+协变量+随机误差

对于该模型，同样可以用一般化线性模型的形式进行方差分析。

【例 7-3】某笔记本电脑销售商为考察其不同卖场的店面在一周之内的笔记本销售情况，收集了如 `sale_points.csv` 所示的数据。试分析各种因素对销售额的影响（设显著性水平 $\alpha=0.05$）。

本例所使用的数据如下：

```
sale_points=pd.read_csv('sale_points.csv')
sale_points.head()
```

	market	warranty	sales	points
0	1	1	26.0	1.8
1	1	1	22.0	1.1
2	1	1	21.8	0.9
3	1	1	33.1	2.2
4	2	1	22.0	2.0

本例数据所使用的数据值标签如下：

```
sale_points['market']=sale_points['market'].astype('category')
sale_points['market'].cat.categories=['market 1','market 2','market 3']
sale_points['market'].cat.set_categories=['market 1','market 2','market 3']
sale_points['warranty']=sale_points['warranty'].astype('category')
sale_points['warranty'].cat.categories=['1 year','3 years']
sale_points['warranty'].cat.set_categories=['1 year','3 years']
```

该例要对销售额变量 `sales` 进行分析。因此变量 `sales` 可作为因变量，其受到两个因素即 `market` 和 `warranty` 的影响，分别有 3 个水平和 2 个水平，在进行观测时人们可以选择其中任何一个或多个水平进行考察，在方差分析模型中可以将这两个变量设定为因素；而返点变量 `points` 表示对销售人员的激励，根据销售人员的实际情况给出一定比例的提成。该变量的数值因销售人员表现（如服务态度、销售业绩等）和企业规章制度而定，属于连续型的定量变量，所以在方差分析模型中可作为协变量考虑。

因此，本例分析的目的便是要排除协变量即返点的作用之后，分析卖场因素和售后服务因素对销售量的影响，为企业店面选址和制定售后服务条款提供准确的参考意见。

使用 `statsmodels` 可以方便的进行协方差分析，只需在定义 `formula` 的时候列示出协变量即可，本例分析程序如下：

```
formula='sales~points+C(market)*C(warranty)'
sale_points_anova_cov=sm.stats.anova_lm(ols(formula,
                                         data=sale_points).fit())
print (sale_points_anova_cov)
```

	df	sum_sq	mean_sq	F	PR(>F)
C(market)	2.0	593.160833	296.580417	56.984051	2.903413e-08
C(warranty)	1.0	512.450417	512.450417	98.460650	1.734504e-08
C(market):C(warranty)	2.0	167.155833	83.577917	16.058404	1.211601e-04
points	1.0	196.523934	196.523934	37.759505	1.079351e-05
Residual	17.0	88.478566	5.204622	NaN	NaN

上述结果中，各种效应对因变量的影响均非常显著。对于协方差模型，也可对其进行参数估计及预测：

```
sale_points_anova_cov_est=ols(formula,data=sale_points).fit()
sale_points_anova_cov_est.summary()
```

OLS Regression Results

Dep. Variable:	sales	R-squared:	0.943
Model:	OLS	Adj. R-squared:	0.923
Method:	Least Squares	F-statistic:	47.05
Date:	Sun, 08 Apr 2018	Prob (F-statistic):	1.16e-09
Time:	21:15:05	Log-Likelihood:	-49.711
No. Observations:	24	AIC:	113.4
Df Residuals:	17	BIC:	121.7
Df Model:	6		
Covariance Type:	nonrobust		

	coef	std err	t	P>|t|	[0.025	0.975]
Intercept	12.8441	2.386	5.382	0.000	7.809	17.879
C(market)[T.market 2]	-8.0349	1.707	-4.706	0.000	-11.637	-4.433
C(market)[T.market 3]	1.3456	1.615	0.833	0.416	-2.061	4.752
C(warranty)[T.3 years]	3.0485	1.673	1.822	0.086	-0.481	6.578
C(market)[T.market 2]:C(warranty)[T.3 years]	5.4217	2.478	2.188	0.043	0.193	10.650
C(market)[T.market 3]:C(warranty)[T.3 years]	14.0594	2.338	6.014	0.000	9.127	18.991
points	8.5873	1.397	6.145	0.000	5.639	11.536

Omnibus:	0.619	Durbin-Watson:	3.022
Prob(Omnibus):	0.734	Jarque-Bera (JB):	0.690
Skew:	-0.305	Prob(JB):	0.708
Kurtosis:	2.435	Cond. No.	16.5

请读者自行按照第 7.2 小节介绍的过程对上述结果进行分析。

第 8 章
非参数检验

前面章节所介绍的简单统计推断和方差分析方法，都是在给定或假设总体服从一定分布的前提条件下进行的。在给定分布的条件下，可以根据样本量大小、总体方差是否已知等情况，使用 Z 检验、T 检验、F 检验或 χ^2 检验等来推断总体的某些特征，或是利用 F 检验等对不同总体在某些方面的特征进行比较，这个过程叫做总体参数检验。

而在实际生活中，有许多情况是总体分布未知的，这时在给定分布条件下所进行的 Z 检验、T 检验、F 检验或 χ^2 检验等就不再适用，但是这并不意味着就此不能对总体特征进行推断了。这种在总体分布未知或与总体分布无关的情况下进行统计推断的过程，称之为非参数检验（non-parametric test）。

8.1 非参数检验的基本问题

在实际数据分析过程中，针对来自于不同总体的不同类型的数据，可供选择的非参数检验分析方法非常多，为了避免分析上的混淆，应当首先搞清楚非参数检验的一些基本问题。

依据所检验目的不同，非参数检验大体上可以分为对总体分布形式的检验（即拟合优度检验）和对总体分布位置或形状的检验（即位置检验）。在这两类检验方法中，前者检验样本所在的总体是否服从某个已知的理论分布；后者检验样本所在的总体的分布位置或形状是否相同，由于总体分布未知，位置检验方法通常是对中位数进行检验。

依据所检验样本反映的总体数目不同，非参数检验又可以分为对单个样本的检验、对两个样本的检验和对多个样本的检验等。

在这些众多的检验方法中，秩（rank）是非参数检验中最为常用的概念，在非参数检验中十分重要，很多检验方法都会用到。

秩的概念非常简单，从其英文单词含义就可以明显看出来。所谓秩就是将一个数列按照由小到大的顺序排列后，每个数值所获得的位置序号。例如有一个数列：

8　12　5　17 26 3　31 19 18 20

把这些数值按照从小到大的顺序进行排列，并把各个数值的所处的位置次序标注其下，可得到：

数值：　　　3　5　8　12　17　18　19　20　26　31

次序（秩）：　1　2　3　4　5　6　7　8　9　10

在本例中，数值 3 处于第一位，其秩为 1；而 6 处于第二位，秩为 2；8 的秩为 3；以此类推，每个数据都可以有其对应的秩（在某些情况下，数据的秩也可以称之为等级）。在 python 中利用 pandas 实例对象的 rank 方法很容易获得数值的秩：

```
Rank=pd.Series([8,12,5,17,26,3,31,19,18,20],name='rank')
Rank.index=Rank
Rank.index.name='value'
print (pd.DataFrame(Rank).rank().T)
```

value　8　　12　　5　　17　　26　　3　　　31　　19　　18　　20
rank　3.0　4.0　2.0　5.0　9.0　1.0　10.0　7.0　6.0　8.0

非参数检验方法适用范围比较广，无论样本所在的总体分布形式如何，对于一些非精确测量的资料或等级资料数据均可适用。但是要注意，对于符合用参数检验的数据，如用非参数检验，则可能会丢失信息，导致检验效率下降。

对于不同的研究目的和样本数据有多种可供选择的非参数检验方法，本节不再统一介绍非参数检验的基本原理，把该部分的理论内容放置在后续针对各种数据的分析过程中介绍。

8.2　单样本非参数检验

单样本检验可对样本数据来自于何种位置和形状的总体或是否具有随机性进行检验。主要方法有 Wilcoxon 符号秩检验、K-S 检验、游程检验等。

8.2.1　中位数（均值）的检验

符号检验（sign test）是利用正、负号的数目，对某种假设做出判定的一种非参数统计方法。Wilcoxon 符号秩检验也是符号检验法的一种。简单的符号检验法只是利用符号的正负来说明差异的存在，但是并没有考虑到差异的大小。而 Wilcoxon 符号秩检验对此进行了改进，在该种检验方法中，要求样本来自于连续且对称的总体。

Wilcoxon 符号秩检验的原假设为：

$$H_0: \quad M=M_0$$

其基本思想是：假设总体的中位数为 M_0，从总体中得到一个样本，样本的观测值为 $x_1, x_2, \cdots, x_n$，计算 $D_i = x_i - M_0 (i=1,2,\cdots,n)$，然后按照 $|D_i|$ 进行排序，每个 $|D_i|$ 得到一个相应的秩。然后把 D_i 的符号加到相应的秩上，对带有负号的秩的绝对值求和，记为 W^-；对带正号的秩的绝对值求和，记为 W^+。如果 $M=M_0$ 确实是中位数，W^- 和 W^+ 应当基本上相等；而当 W^- 和 W^+ 相差很大时，则可以拒绝对总体中位数的原假设。通常情况下取 $W = \min(W^-, W^+)$ 作为 Wilcoxon 统计量进行检验。

由于 Wilcoxon 符号秩检验要求假定总体是连续且对称的，对总体中位数的检验等价于对总体均值的检验。此外，Wilcoxon 符号秩检验的基本思想还可用于两个样本的检验，检验两个样本在实验前后是否存在明显的变化。

【例 8-1】 某瓶装纯净水厂商生产的产品标称净含量为 600ml，现质量监督管理部门对该产品是否合格进行抽检，得到如 water.csv 所示的抽检数据，试根据抽检结果对该产品质量进行评价。

本例所用数据如下：

```
water=pd.read_csv('water.csv')
water.head()
```

	Net
0	598.78
1	599.98
2	600.48
3	598.19
4	597.87

分析之前可以事先查看一下该样本数据的中位数：

```
water['Net'].median()
598.86
```

在该数据集中，如果该厂商生产的产品合格，那么经过抽检的瓶装纯净水的平均净含量应当不小于 600ml。

由于事先没有给定该品牌纯净水净含量的总体分布，可以考虑利用非参数的 Wilcoxon 符号秩检验。通过对数据进行分析，可知该样本数据的中位数为 598.86ml，小于标称的 600ml，据此可以提出该问题的原假设和备择假设：

$$H_0: M \geq 600; \quad H_1: M < 600$$

statsmodels.stats.descriptivestats 提供了 sign_test 函数可以进行单样本 Wilcoxon 符号检验，而 scipy.stats.wilcoxon 提供了两个成对样本的符号秩检验。但本例所使用的方法是单样本的符号秩检验。因此，本书编制了如下函数可在大样本情况下进行 Wilcoxon 符号秩检验：

```
def wilcoxon_signed_rank_test(samp, mu0=0):
    temp=pd.DataFrame(np.asarray(samp),columns=['origin_data'])
    temp['D']=temp['origin_data']-mu0
    temp['rank']=abs(temp['D']).rank()
    posW=sum(temp[temp['D']>0]['rank'])
    negW=sum(temp[temp['D']<0]['rank'])
    n=temp[temp['D']!=0]['rank'].count()
    Z=(posW-n*(n+1)/4)/np.sqrt((n*(n+1)*(2*n+1))/24)
    P=(1-stats.norm.cdf(abs(Z)))*2
```

```
    return Z,P
```

```
wilcoxon_signed_rank_test(water['Net'], mu0=600)
```
(-1.9940749174328372, 0.04614386788589431)

上述函数计算的是双侧检验结果,本例备择假设中的符号为"<"号,应当计算单侧检验的 P 值。根据符号秩检验对应的统计量值为-1.99,及本例备择假设符号为"<"号,故其单侧 P 值=0.0461/2=0.02305,因此,如果给定的显著性水平 α=0.05,则可拒绝原假设,认为该厂商生产的该种瓶装纯净水的产品质量不合格。

8.2.2　分布的检验

Kolmogorov-Smirnov 检验简称 K-S 检验,主要用来检验样本数据所反映的总体是否服从某种理论分布族,即用样本数据的累计分布与某个特定的理论分布相比较,若二者间的差距很小,则推断该样本来自于某特定分布族。

设总体累积分布为 $F(x)$,理论分布族为 $F_0(x)$,则 K-S 检验的问题转化为如下的原假设和备择假设:

$$H_0: F(x)=F_0(x); \qquad H_1: F(x)\neq F_0(x)$$

其中 $F_0(x)$ 可以是需要进行检验的分布。

【例 8-2】　某调查公司在某项调查活动中收集到 76 个观测值的样本数据,如 ks.csv 所示。试分析该数据的总体分布是否是正态分布。

本例所使用的数据如下:

```
ks=pd.read_csv('ks.csv')
ks.head()
```

	observation
0	77
1	92
2	90
3	71
4	74

statsmodels.stats.diagnostic 提供 kstest_normal 函数和 lilliefors 函数可在估计均值和方差条件下进行正态检验:

```
sm.stats.diagnostic.kstest_normal(ks['observation'])
```
(0.11085609021293796, 0.021718830360242317)

```
sm.stats.diagnostic.lilliefors (ks['observation'])
```
(0.11085609021293796, 0.021718830360242317)

上述结果中的第 1 个数据是检验统计量的值,第 2 个数据是检验统计量对应的 P 值。

scipy 中可以使用 stats.kstest 对上百种分布进行检验:

```
stats.kstest(ks['observation'],'norm',args=(ks['observation'].mean(),
                                ks['observation'].std()))
```

scipy 中还提供了好几种针对正态分布的非参数检验法，如 Shapiro-Wilk 正态检验：

```
stats.shapiro(ks['observation'])
(0.9556435346603394, 0.009623649530112743)
```

再如 scipy.stats 中的 anderson 检验（一种修正的 K-S 检验，此检验是将样本数据的经验累积分布函数与假设数据呈正态分布时期望的分布进行比较）可对正态分布、指数分布、逻辑分布和耿贝尔分布（Gumbel I 型极值分布）等几种分布进行检验：

```
stats.anderson(ks['observation'],dist='norm')
AndersonResult(statistic=0.9221944197643097,critical_values=array([0.549,0.
626,0.751,0.876,1.042]),significance_level=array([15.,10., 5., 2.5, 1.]))
```

该检验返回三个值：统计量、检验分布的关键值和关键值对应的显著性水平（%）。如统计量值比对应显著性水平下的关键值要大，则可拒绝原假设。本例检验的统计量值在除 0.01 外其余各显著性水平条件下均大于其关键值，故可拒绝数据服从正态分布的原假设。在 0.01 显著性水平下不能拒绝其符合正态分布的原假设。

8.2.3　游程检验

对变量的取值是否随机进行检验的过程即游程检验（run test）。因此，游程检验的原假设为：

$$H_0：总体变量取值是随机的$$

该检验中最基本的概念就是游程。如有如下取值分别为 0 和 1 的数据：

　0 0 1 1 0 1 0 1 1 1 0 0 0 0 0 1 1 0 0 0 0 1 1 1 1 1 0 1

可以把其中相同的 0（或相同的 1）在一起的情况称为一个游程。因此上述序列中一共有 R=12 个游程，即：

　<u>0 0</u> <u>1 1</u> <u>0</u> <u>1</u> <u>0</u> <u>1 1 1</u> <u>0 0 0 0 0</u> <u>1 1</u> <u>0 0 0 0</u> <u>1 1 1 1 1</u> <u>0</u> <u>1</u>

游程检验往往用于对只取两种取值的变量进行随机性检验，但是对于连续性的数值型变量可以使用数据是否大于中位数或均值（或用户指定的数据分割点）的方式进行变通，使之能够进行游程检验。如有如下取值的连续数据：

84　60　89　42　90　90　37　82　25　68　85　22　30　42　16　82　45　64

如果把中位数（数值 62）作为分割点，把小于中位数的数值记为"−"，反之记为"+"，则可以统计出上述各数值对应的标记符号：

+　−　+　−　+　+　−　+　−　+　+　−　−　−　−　+　−　+

因此，由这些符号构成的游程数量为 R=13。可以根据游程数目所近似服从的总体分布对之进行检验。

【例 8-3】　随机搜集了某大学 180 名学生的公共课成绩如 runs.csv 所示，试分析该数据是否具有随机性。

本例所使用的数据如下：

```
runs=pd.read_csv('runs.csv')
```

```
runs.head()
```

	economics	statistics
0	66	72
1	77	60
2	70	65
3	99	45
4	53	78

　　statsmodels 中的 sandbox.stats.runs.runstest_1samp 函数可以进行游程检验：

```
sm.stats.runstest_1samp(np.asarray(runs['economics']),cutoff='median')
(-1.3394253515905177, 0.18043224087490017)
```

　　上述结果表明，用于检验的 Z 统计量值为-1.3394，其 P 值为 0.1804，非常不显著，不能拒绝原假设。因此，对于变量 economics 而言，可以认为所搜集到的数据具有随机性。

　　同样可对 statistics 变量进行检验，这回采用均值分割点：

```
sm.stats.runstest_1samp(np.asarray(runs['statistics']),cutoff='mean')
(-1.93056976097277, 0.053536280411386646)
```

　　用于检验的 Z 统计量值为-1.9306，其 P 值为 0.0535，如取显著性水平 α=0.05，则不能拒绝原假设。因此，对于变量 statistics 而言，可以认为所搜集到的数据具有随机性（其取中位数为分割点时 P 值为 0.1013）。

8.3　两个样本的非参数检验

　　对于来自于两个独立总体的样本数据，同样可以利用非参数检验的方法来检验它们之间的差异。

8.3.1　独立样本中位数比较的 Wilcoxon 秩和检验

　　当比较两个独立样本的均值差异时，可以使用 Wilcoxon 秩和检验。Wilcoxon 秩和检验也可称为 Mann-Whitney-Wilcoxon 检验。两个独立样本的 Wilcoxon 秩和检验的原假设为：

H_0：两个独立样本中位数相等

　　检验前提条件是两个总体的分布具有类似的形状。其基本原理与第 8.2.1 小节介绍过的单样本 Wilcoxon 秩和检验类似，假定第 1 个样本的容量为 n_1，第 2 个样本的容量 n_2，把两个样本进行合并，则合并之后的样本容量为 n_1+n_2，把合并之后的样本数据从大到小进行排序可得到每个观测值所对应的秩。然后分别把第 1 个样本和第 2 个样本的秩相加，得到第 1 个样本的秩和为 W_1，第两个样本的秩和为 W_2。如果 W_1 和 W_2 差异比较大，则可以拒绝两个独立样本中位数相等的原假设。

【**例 8-4**】 某连锁经营公司在全国范围内有若干连锁店，为考察市场的地域差异性，现对南方市场的 32 家和北方市场的 40 家连锁店进行调查，考察其某月销售额是否有差异，数据如 sales_district.csv 所示。

本例所使用的数据如下：

```
sales_district=pd.read_csv('sales_district.csv')
sales_district.head()
```

	district	Sales
0	1	87.17
1	1	88.45
2	1	93.52
3	1	96.17
4	1	92.68

对于南（district=2）、北（district=1）地区某月销售情况差异，可以比较其中位数是否相等。提出原假设和备择假设如下：

$$H_0: M_{北}=M_{南}; \quad H_1: M_{北}\neq M_{南}$$

scipy 中的 stats.ranksums 可进行 Wilcoxon 秩和检验，并可得到用于检验的近似正态统计量及其双侧检验的 P 值：

```
stats.ranksums(sales_district[sales_district['district']==1]['Sales'],
               sales_district[sales_district['district']==2]['Sales'])
RanksumsResult(statistic=-3.6377197716407874, pvalue=0.0002750624589981112)
```

本例检验过程为双侧检验，因此根据正态近似的 P 值=0.0003，可以拒绝原假设，即可认为该公司南方和北方市场的销售情况是有显著差异的。

此种情况下的总体中位数检验还可以使用 Mann-Whitney 秩和检验 U 统计量来检验，在 scipy 中提供了 stats.mannwhitneyu 函数来解决该问题：

```
stats.mannwhitneyu(sales_district[sales_district['district']==1]['Sales'],
                   sales_district[sales_district['district']==2]['Sales'],
                   alternative='two-sided')
'''
参数 alternative 可将备择假设的符号设置为'less','two-sided','greater'分别得到左单侧
检验、双侧检验和右单侧检验的 P 值
'''
MannwhitneyuResult(statistic=319.0, pvalue=0.00028117476297318 05)
```

上述 Mann-Whitney 检验 P 值为 0.0003，与 Wilcoxon 秩和检验结论一致。

8.3.2 独立样本的分布检验

两个独立样本分布的 K-S 检验主要检验样本所来自的总体分布是否相同。类似于单样本分布的 K-S 检验，其原假设和备择假设是：

$$H_0: F_1(x)=F_2(x); \quad H_1: F_1(x) \neq F_2(x)$$

其中 $F_1(x)$ 和 $F_2(x)$ 分别表示两个总体的分布。

【例 8-5】 为考察两个城市（city=1,2）网吧的经营规模，对这两个城市的网吧的电脑数量进行了调查，数据如 cafe_scale.csv 所示。检验这两个城市网吧的电脑规模的分布是否相同。

本例所使用的数据如下：

```
cafe_scale=pd.read_csv('cafe_scale.csv')
cafe_scale.head()
```

	city	Cafe_No	Computers
0	1	1	200
1	1	2	50
2	1	3	160
3	1	4	50
4	1	5	80

scipy 提供了 stats.ks_2samp 函数进行该检验：

```
stats.ks_2samp(cafe_scale[cafe_scale['city']==1]['Computers'],
                    cafe_scale[cafe_scale['city']==2]['Computers'])
Ks_2sampResult(statistic=0.19010989010989013, pvalue=0.43759043646877016)
```

两样本 KS 检验的 D 统计量对应的 P 值=0.4376 显示，没有理由拒绝原假设，即没有充分证据表明可以否定城市 1 和城市 2 网吧电脑数量的分布相同的假设。该结论也可从下图所示两样本数据的经验分布图大致看出来：

```
cafe_scale[cafe_scale['city']==1]['Computers'].hist(bins=50,density=True,
                                        histtype='step',
                                        cumulative=True)
cafe_scale[cafe_scale['city']==2]['Computers'].hist(bins=50,density=True,
                                        histtype='step',
                                        cumulative=True)
plt.xlabel('Computers')
plt.ylabel('frequency')
plt.title('empirical distribution for Computers')
plt.show()
```

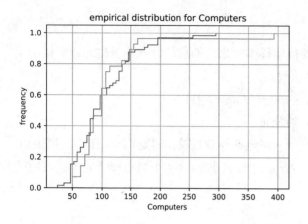

8.3.3 成对（匹配）样本中位数的检验

类似于成对样本均值是否相等的参数检验，成对样本中位数的非参数检验同样也要对成对样本事先进行数据转换，即先求出构成成对样本配对的观测值的差，然后再利用单样本中位数的非参数检验方法如 Wilcoxon 符号秩检验法进行检验，其基本原理一致。

【例 8-6】 在例 6-10 中，考察了 2015 和 2016 年固定样本的北京市居民生活的幸福程度，数据如 happiness.csv 所示（请读者重新使用 pd.read_csv 读入该数据集）。现假定对于两个年份幸福程度的分布状况未知，对于幸福指数是否会得到提升的问题可以用非参数检验的方法进行检验。

来自于成对样本非参数检验的问题要求两个样本的样本量相同，本例的原假设和备择假设如下：

$$H_0: M_{2015} \geq M_{2016}; \quad H_1: M_{2015} < M_{2016}$$

其中 M_{2015}、M_{2016} 分别表示 2015 和 2016 的幸福指数中位数。

scipy 的 stats.wilcoxon 提供了两个成对样本的符号秩检验：

```
stats.wilcoxon(happiness['Year2015'],happiness['Year2016'])
WilcoxonResult(statistic=9660.5, pvalue=0.6346041550198774)
```

该函数只能给出双侧检验 P 值。本例为单侧检验问题，即备择假设取 "<" 符号，且统计量值为 9660.5>0，因此本例 Wilcoxon 符号秩检验 P 值=0.6346/2=0.3173，没有充分理由拒绝原假设，可以认为幸福指数并没有得到显著提升。该结论与前例所得到的参数检验结论一致。

8.3.4 两样本的游程检验

两个样本数据的游程检验主要检验两个样本数据是否来自于同一个分布，主要使用 Wald-Wolfowitz 游程检验方法。

【例 8-7】 在例 8-3 的单样本游程检验中，我们有诸如 runs.csv 的数据，请检验数据中两门课的成绩是否来自于同一总体。

针对该问题，可以提出如下原假设和备择假设：

H_0：两门课来自同一总体；H_1：两门课来自不同总体

statsmodels 提供了 `stats.runstest_2samp` 函数可进行两样本游程检验：

```
sm.stats.runstest_2samp(np.asarray(runs['economics']).astype('float64'),
                        np.asarray(runs['statistics']).astype('float64'))
```
```
(-9.288960762896162, 1.558020813536555e-20)
```

注意：该函数不能直接处理整型数据，需要把数据类型转为浮点型。

程序运行结果表明，两门课的成绩来自不同总体。

该函数还可以使用参数 `groups` 对用指示变量对数据进行分组的数据进行分析。如有 runs2.csv 的数据如下：

```
runs2=pd.read_csv('runs2.csv')
runs2.head()
```

	score	group
0	66	0
1	77	0
2	72	1
3	60	1
4	65	1

该数据中的 group 变量就是一个对数据进行分组的示性变量，用 0 和 1 把 score 变量区分为 2 组。runstest_2samp 函数可以很方便的对之进行分析：

```
sm.stats.runstest_2samp(np.asarray(runs2['score']).astype('float64'),
                        groups=np.asarray(runs2['group']))
```
```
(-9.288960762896162, 1.558020813536555e-20)
```

8.4　多个样本的非参数检验

对于来自多个总体的样本数据，同样可利用非参数检验的方法来检验它们之间的差异。

8.4.1　多个样本的分布检验

多样本 Anderson-Darling 检验是一种在单样本 Anderson-Darling 检验改进的方法，主要用于检验各样本数据是否来自于同一个总体。其原假设就是各样本数据是来自于同一个总体。

【例 8-8】 本书作者每个学年开设 3 个班级的统计学课程。现进行了期末考试，利用该成绩检验 3 个班级的考试成绩是否来自于同一个分布，数据详见 ksampledis.csv。

本例所使用的数据如下：

```
ksampledis=pd.read_csv('ksampledis.csv')
```

```
ksampledis.head()
```

	statistics_score	class
0	91	2
1	95	3
2	75	1
3	52	3
4	57	2

scipy 提供了 `stats.anderson_ksamp` 函数进行多样本分布检验。使用该函数时需要把不同样本数据单独整理成不同的变量：

```
G=ksampledis['class'].unique()
args=[]
for i in list(G):
    args.append(np.array(ksampledis[ksampledis['class']==i]['statistics_score']))
```

然后再对处理过后的数据进行分析：

```
stats.anderson_ksamp(args)
Anderson_ksampResult(statistic=0.5632008353358472,
critical_values=array([0.44925884, 1.3052767 , 1.9434184 , 2.57696569,
3.41634856]), significance_level=0.22153444857207957)
```

检验结果给出的关键显著性水平分别为 25%、10%、5%、2.5%、1%，此外还会给出 P 值。上述结果可以看到，除了在 0.25 显著性水平下可以拒绝原假设，在其余的关键显著性水平下均不能拒绝原假设。而给出的 P 值为 0.2215，当显著性水平小于该值时均不能拒绝原假设。本例结果表明这 3 个班级的成绩可以认为是来自同一个总体，从而可以反映出本人教书水平在不同班级没有显著差异。

8.4.2 独立样本位置的检验

该种非参数检验方法可以检验多个独立总体的位置参数（如中位数）是否一致，其原假设和备择假设如下：

H_0：各总体位置参数相同；H_1：各总体位置参数不全相同

独立样本位置检验的基本原理与两独立样本的 Wilcoxon 检验思想类似。其主要从样本观测值的秩和入手进行考查，即把来自于 n 个总体的样本放在一起进行排序，然后分别把来自于不同总体的样本观测值的秩和 R_n 计算出来，如果 R_n 显著有差异，则可以认为各总体位置参数不同，反则反之。

通常情况下，多个独立样本位置秩和检验可以使用近似服从卡方分布的 Kruskal-Wallis 统计量进行检验，并且假定各个总体具有相似形状的连续分布。

【例 8-9】 某饮料企业为考察其生产的某品牌产品在各个季节的销售情况是否有差异，分别对其各个营销网络销售终端的销量（单位：万元）情况进行了调查，得到如

drinks.csv 所示的数据。试分析季节因素是否会对该品牌的饮料销售状况产生影响。

本例所使用的数据如下：

```
drinks=pd.read_csv('drinks.csv')
drinks.head()
```

	season	terminal_no	Sales
0	1	1	98.96
1	2	1	88.97
2	3	1	88.55
3	4	1	84.34
4	1	2	94.43

scipy 的 stats.kruskal 函数可进行多个独立样本的 Kruskal-Wallis H 统计量的卡方检验。使用该函数时需要把各个参与检验的样本数据整理成对应的各个变量：

```
drinks['season']=drinks['season'].astype('category')
drinks['season'].cat.categories=['春','夏','秋','冬']
drinks['season'].cat.set_categories=['春','夏','秋','冬']
G=drinks['season'].unique()
args=[]
for i in list(G):
    args.append(drinks[drinks['season']==i]['Sales'])
```

然后再对整理之后的分组数据进行分析：

```
stats.kruskal(*args)
KruskalResult(statistic=23.95945806717496, pvalue=2.5471577250553795e-05)
```

scipy 的 stats.median_test 还提供了多个独立样本的 Mood's 中位数检验法：

```
stats.median_test(*args)
(26.0, 9.537406942615968e-06, 90.82,
array([[10, 14,  8,  0],
       [ 6,  2,  8, 16]]))
```

该函数的检验结果一共有 4 个值，分别为即统计量、P 值、所有样本数据的中位数（Grand Median）和形状为 $(2, n)$ 的列联表（n 表示参与检验的样本个数，第 1 行表示每个样本中大于 Grand Median 的数据个数，第 2 行每个样本中小于 Grand Median 的数据个数。由检验结果的 P 值几乎为 0 可知不同季节所反映的总体销售数据的位置并不相同，即可以认为不同季节中该品牌饮料的销售量有显著差异。

statsmodels 提供了 stats.runs.median_test_ksample 可以进行各样本数据大于中位数的比例是否相同的检验，因此可以用来对多独立样本中位数是否相同进行检验。在使用该函数时，需要把各样本数据堆叠在一列并用指示变量标注它们各属于哪个样本：

```
from statsmodels.sandbox.stats.runs import median_test_ksample
median_test_ksample(drinks['Sales'],drinks['season'])
```

```
(Power_divergenceResult(statistic=26.0, pvalue=0.00022264244658763393),
 array([[16,  2,  6,  8],
        [ 0, 14, 10,  8]]),
 array([[8., 8., 8., 8.],
        [8., 8., 8., 8.]]))
```

上述检验统计量对应的 P 值极小，非常显著，可知不同季节所反映的总体销售数据的位置并不相同，即可以认为不同季节中该品牌饮料的销售量有显著差异。这种差异也可以用图形进行描述：

```
above_median=[]
below_median=[]
for i in list(G):
    above_median.append((drinks[drinks['season']==i]
                                ['Sales']>drinks['Sales'].median()).sum())
    below_median.append((drinks[drinks['season']==i]
                                ['Sales']<drinks['Sales'].median()).sum())
    #上述两个语句本不应换行，但由于本书排版原因不得已而为之，请读者注意。
plt.bar(range(4),below_median,color='b',alpha=.2,
        label='Not Above the Median',align='center')
plt.bar(range(4),above_median,color='pink',alpha=.5,
        label='Above the Median',align='center',bottom=below_median)
plt.legend(loc='lower center',frameon=False,bbox_to_anchor=(0.5,-0.3))
plt.xticks(range(4),G,fontproperties=myfont)
plt.show()
```

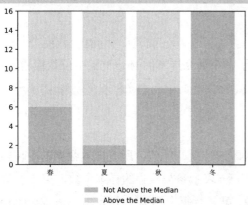

从程序运行得到的图形可以明显的展示出销售量到底在那个/些季度有差异及他们之间有多大的差异。

第 9 章
相关分析与关联分析

现实世界任何事物之间都存在或多或少的必然联系，数据之间也不例外。在现实生活中，人们最常见的便是数据之间的函数关系。在数据间的函数关系下，一个（些）数据发生变动，与之对应的另一个（些）数据会严格按照函数关系发生相应的变动，这种变动情况可以根据函数的具体形式进行精确度量。但实际上，数据之间的变动情况还会受到其他没有考虑到或者根本无法考虑的因素的影响，使得数据变动状况很少真正能够用函数的形式来具体描述，数据之间的关系往往体现为相互依存的非函数关系。而这种关系人们可以根据数据本身的特征和自身经验进行大概的判定。

还有些数据数值上可能不具有上述描述的关系，但是产生这些数据的行为可能发生关联。如去市场上买菜，购买了盐和蒜的顾客，有非常大的可能会购买胡椒，因为这三种东西组合起来的 SPG（salt，pepper，garlic）是烧烤界用得最多的调味品。依照这种数据之间的关联性，人们就可以推测判断顾客购买商品的组合，从而制定有针对性的营销策略。

9.1　相关分析

9.1.1　函数关系与相关关系

相关分析（correlation analysis）主要分析两个变量之间的相互依存关系，在学习相关分析之前，应当先区分变量或数据之间的两种主要关系。

> **函数关系**：当一个或几个变量取一定的值时，另一个变量有确定值与之具体严格相对应，则称这种关系为函数关系；

> **相关关系**：变量之间的影响不能够用具体的函数来度量，但变量之间的关系确实存在数量上不是严格对应的相互依存关系，称之为相关关系。

函数关系是确定性的，往往把发生变动的变量称之为"自变量"，受自变量变动影响而发生变动的变量称之为"因变量"。如牛顿第二定律：$F=ma$，m 代表质量，a 代表加速度，当 m 不变的时候，a 增加一倍成为 $2a$，则代表力的 F 变量随之发生变动，也会增加一倍，变为 $2F$；再如北京市巡游出租车 15 公里内的单价在 5 点到 23 点之间是 2 元/公

里，起步价是 3 公里 10 元，某人在早上 10 点钟打车走了 8 公里的路程，可以根据函数
关系精确计算出其应付的出租车价格为 10+(8-3)*2=20 元。但是，当你打了一个黑车，
黑车没有计价标准，上述函数关系式就很难精确衡量出具体的花费，但我们也可以大致根
据距离远近跟司机讨价还价，一般而言距离越远花费就会越多，这种关系就是我们需要研
究的数据之间的不确定关系。（此处仅用作举例，请读者为自身安全考虑，远离黑车。）

相关关系是不确定的，主要考察变量之间的相互影响，这种影响不存在方向性，即变
量 A 与变量 B 相关和变量 B 与变量 A 相关是一致的。相关关系主要体现为变量之间的相
互依存关系，如身高和体重之间的关系便是相关关系的一种体现。通常情况下，一个人身
高比较高，其体重也会相应比较重，但不能说身高增加 1 厘米，体重就会增加 2 公斤，因
为还有例外，即有些身高比较高但比较瘦的人，其体重反而不如身高比较低的人的体重重。
身高和体重这两个变量之间虽然不能用函数关系来描述，但是从总体上来说，这两个变量
是存在一定的关系的，这种关系便是相互依存的关系。此外，相关分析不具有传递性，即
A 和 C 相关，B 和 C 相关，则 A 和 B 不一定相关。

相关分析根据其分析方法和处理对象不同，可以分为简单相关分析、偏相关分析和非
参数相关分析等，本节将对这些分析过程进行详细介绍；此外，相关分析根据相关关系表
现形式的不同，又可以分为线性相关分析和非线性相关分析，本节主要介绍线性相关的内
容和分析过程。

9.1.2　简单相关分析

简单相关分析主要分析两个变量之间相互依存的关系，人们可以通过主观观测和客观
测度指标来衡量。

主观观测变量之间的相关关系，主要是通过两个变量之间散点图的手段来进行分析的。
而客观测度主要是通过统计分析的方法，计算相关系数，利用相关系数数值的符号和大小
来判定相关关系的方向和强弱。

9.1.2.1　用图形描述相关关系

利用散点图可以描绘出两个变量的相互影响状况。选定两个要分析的变量，把其中任
意一个变量指定为二维坐标轴的横轴，另一个变量指定为纵轴之后，就可以根据两个变量
的每一对数值在二维坐标轴上描点，所有描出来的点在一起形成了散点图。根据散点图的
不同表现情形，主要有以下几种类型，如图 9-1 所示。

图 9-1 中的（a）和（b）表示了两个变量之间的函数关系，而且这种关系是线性的，
可以用一条直线方程来描述两个变量之间一一对应的严格关系。其中（a）表示随着一个
变量的增加（减少），另一个变量对应的也增加（减少），这种同增同减的情况被称之为"正
相关"；而（b）所描绘的是一个变量的增加（减少），另一个变量减少（增加），这种反向
变动的情况被称之为"负相关"。

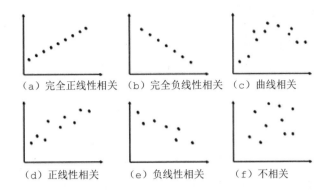

图 9-1　两个变量之间的散点图

而（c）中描绘了变量之间的曲线相关关系，变量之间的变动关系随着曲线的形式发生，但是这种变动关系同样不能用严格的数学函数表示。

（d）和（e）分别描述的是正线性相关和负线性相关关系。在这两个图中，只能够看到两个变量变动状况的趋势是直线的，与（a）和（b）相比，二者之间的变动不能够用直线方程严格对应。在（f）中，基本上看不出两个变量之间有相互依存的关系。

根据散点图来描述相关关系比较简单和直观，但是如果要对相关关系进行进一步分析和下结论，之用图形来描述就显得主观性比较强。因此，还可以使用相关关系的测度指标——相关系数来衡量变量之间的相互依存关系。

9.1.2.2　用相关系数测度相关关系

相关系数是描述线性相关程度和方向的统计量，根据样本收集的数据计算的相关系数通常用字母 r 表示（r 也可称之为样本相关系数）。r 的正负符号表示相关关系的方向，r 的绝对值大小表示相关关系的强弱程度。

设有两个变量分别是 x 和 y，根据样本数据计算相关系数的方法主要采用 Pearson 提出的方法，即 Pearson 相关系数：

$$r = \frac{\sum(x-\overline{x})(y-\overline{y})}{\sqrt{\sum(x-\overline{x})^2 \cdot \sum(y-\overline{y})^2}} = \frac{x 与 y 的协方差}{x 标准差与 y 标准差的乘积}$$

如两个变量之间的正向关系可用线性函数表示，则相关系数 $r=+1$，表示完全正线性相关；如果两个变量之间的负向关系可用线性函数表示，则相关系数 $r=-1$，表示完全负线性相关。相关系数 r 的取值范围为 $[-1, +1]$，具体有以下几种情况：

➢　$r=+1$，表示完全正线性相关；

➢　$r=-1$，表示完全负线性相关；

➢　$r<0$，表示负线性相关；

➢　$r>0$，表示正线性相关；

➢　$r=0$，表示不存在线性关系。

要注意，当计算出来的 $r=0$ 时，只是表示线性关系不存在，但是变量之间有可能存在其他形式的相关关系（如曲线相关）。

此外，$|r|$ 的大小可以根据经验，表示不同程度的线性相关关系：

➤ $|r|<0.3$，表示低度线性相关；

➤ $0.3\leq|r|<0.5$，表示中低度线性相关；

➤ $0.5\leq|r|<0.8$，表示中度线性相关；

➤ $0.8\leq|r|<1.0$，表示高度线性相关。

上述这种对相关程度的大致判断只是从状态上描述了变量之间的相关关系，但是相关系数 r 是根据样本数据计算出来的一个统计量，从样本数据分析出来的相关关系，是否能够对总体数据下结论呢？这需要对相关系数的显著性进行检验。

9.1.2.3 相关系数的显著性检验

相关系数的显著性检验主要就是根据样本数据计算的样本相关系数 r，利用 t 统计量，根据 r 服从自由度为（$n-2$）的 t 分布的假定，对总体相关系数（通常用 ρ 表示）是否等于 0 进行假设检验。如果在一定的显著性水平下，拒绝 $\rho=0$ 的原假设，则表示样本相关系数 r 是显著的。因此，该问题又可以归结为一个假设检验的问题，其原假设和备择假设是：

$$H_0:\ \rho=0;\quad H_1:\ \rho\neq0$$

该假设检验问题的分析过程和得到结论的方法，与第 6.1.3 小节假设检验的分析过程一致。相关系数显著性的检验也可适用于本章后面介绍的其他相关分析方法。

【例 9-1】 某杂志为了评价市场上所销售汽车最高时速与汽车自身相应指标的影响，收集了各大厂商生产的各种系列和型号的中级汽车的最高时速、车身自重、轮胎尺寸、发动机马力等指标数据，如 car_corr.csv 所示。试对这些指标进行相关分析。

本例所用数据如下：

```
car_corr=pd.read_csv('car_corr.csv')
car_corr.head()
```

	Brand_Model	Weight	Circle	Max_Speed	Horsepower
0	Acura Legend V6	3265	42	163	160
1	Audi 100	2935	39	141	130
2	BMW 535i	3640	39	209	208
3	Buick Century	2880	41	151	110
4	Buick Riviera V6	3465	41	231	165

python 中 numpy、pandas、scipy、statsmodels 等包都可以计算样本相关系数，如用 numpy 的 corrcoef 函数计算如下：

```
np.corrcoef((car_corr['Weight'],car_corr['Circle'],car_corr['Max_Speed'],
            car_corr['Horsepower']))
array([[ 1.        ,  0.07548513,  0.85458981,  0.82559164],
```

```
       [ 0.07548513,  1.         ,  0.26369327, -0.02829931],
       [ 0.85458981,  0.26369327,  1.         ,  0.75015192],
       [ 0.82559164, -0.02829931,  0.75015192,  1.         ]])
```

该结果主对角线的相关系数值均为 1，表示自己与自己完全相关。因相关关系是相互的统计关系，故上述由数据构成的结果中的上半部分和下半部分数值是相等的，表示对应变量之间的相关系数。

pandas 的 DataFrame 实例对象本身就带有 corr 方法可以直接计算 person 简单相关系数以及 spearman、kendall 等非参数相关系数（详见第 9.1.4 小节）：

```
car_corr.corr()
'''
corr 方法可以自动识别 DataFrame 对象中的数值型数据
该语句与 car_corr[['Weight','Circle','Max_Speed','Horsepower']].corr()等价
'''
```

	Weight	Circle	Max_Speed	Horsepower
Weight	1.000000	0.075485	0.854590	0.825592
Circle	0.075485	1.000000	0.263693	-0.028299
Max_Speed	0.854590	0.263693	1.000000	0.750152
Horsepower	0.825592	-0.028299	0.750152	1.000000

如需对相关系数的总体显著性进行检验，则应使用 scipy 提供的相关系数函数，如检验 Max_Speed 和 Weight 之间的相关系数：

```
stats.pearsonr(car_corr['Max_Speed'],car_corr['Weight'])
(0.85458980748154889, 1.8591897095041327e-09)
```

从检验结果可以看来，上述两个变量的相关系数为 0.85，显著性检验的 P 值几乎为 0。

scipy 中的 stats.pearsonr 可以计算两组数据的相关系数及其显著性，如需要计算多组数据两两之间的相关系数及其显著性，可以使用本书提供的如下方法：

```
correlation=[]
for i in car_corr[['Weight','Circle','Horsepower']].columns:
    correlation.append(stats.pearsonr(car_corr['Max_Speed'],car_corr[i]))

correlation
[(0.8545898074815489, 1.8591897095041327e-09),
 (0.2636932690716119, 0.15913089371709196),
 (0.7501519209192844, 1.8164321769966703e-06)]
```

上述方法也可以计算指定变量与其他变量之间的相关系数及其显著性水平。

此外，主要用于机器学习的 scikit-learn 包提供的 f_regrssion 方法，可以直接计算出多个变量之间相关性检验的 P 值（但不能给出相关系数值本身）：

```
from sklearn.feature_selection import f_regression
F,P_Value=f_regression(car_corr[['Weight','Circle','Horsepower']],
```

```
                    car_corr['Max_Speed'])
print (P_Value)
[1.85918971e-09   1.59130894e-01   1.81643218e-06]
```

从上述各种模块提供的分析结果综合来看，对于最高时速 Max_Speed 变量，其与车身自重、轮胎尺寸、马力 3 个变量的相关系数分别为 0.85459、0.26369、0.75015。其中最高时速和轮胎尺寸之间的相关系数 0.26369 在 α=0.05 的条件下不显著（即 **P** 值 =0.1591>>α=0.05）。因此，在不考虑其他因素的作用下，最高时速与车身自重存在显著的高度正线性相关，与发动机马力存在显著的中度正线性相关关系。

9.1.3 偏相关分析

简单相关分析有时不能够真实反映现象之间的关系。如上例，发动机作为汽车的心脏，可以说对汽车的各项指标均会产生一定的影响。因此，在研究其他指标与最高时速指标之间的相关关系时，会不知不觉地在变量之间加入发动机相关指标，对所研究的变量有影响，而这种影响由于相关关系的不可传递性，往往会得到错误的结论。

所以，在进行相关分析时往往要控制这种变量，剔除其对其他变量的影响之后，来研究变量之间的相关关系。这种剔除其他变量影响之后再进行相关分析的方法称之为偏相关分析（partial correlation analysis）。

仍然以上例为例，在收集的 4 个指标中，依据常识，发动机马力这个变量对最高时速影响非常大，在考虑最高时速与其他变量的相关关系时，有可能包含了发动机马力因素的影响，因此，考虑剔除发动机马力变量影响的偏相关分析。

本书主要讨论一阶偏相关分析（即控制住一个变量 p，单纯分析 x 和 y 之间的相关关系），其计算公式如下：

$$r_{xy.p} = \frac{r_{xy} - r_{xp}r_{yp}}{\sqrt{\left(1 - r_{xp}^2\right)}\sqrt{\left(1 - r_{yp}^2\right)}}$$

其中 r_{xy}、r_{xp}、r_{yp} 分别表示 x 和 y 之间、x 和控制变量 p 之间、y 和控制变量 p 之间的简单相关系数。

由于 python 中目前还没有现成的模块可对偏相关系数进行计算，故本书编制了如下用于计算一阶偏相关系数的 partial_corr 函数（请读者根据相关统计量的计算公式自行编制高阶偏相关系数计算及其检验的函数）：

```
def partial_corr(x,y,partial=[]):
    #参数 x 和 y 分别为考察相关关系的变量，partial 为控制变量
    xy,xyp=stats.pearsonr(x,y)
    xp,xpp=stats.pearsonr(x,partial)
    yp,ypp=stats.pearsonr(y,partial)
    n=len(x)
    df=n-3
```

```
r=(xy-xp*yp)/(np.sqrt(1-xp*xp)*np.sqrt(1-yp*yp))
if abs(r)==1.0:
    prob=0.0
else:
    t=(r*np.sqrt(df))/np.sqrt(1-r*r)
    prob=(1-stats.t.cdf(abs(t),df))*2
return r,prob
```

用上述函数计算控制住马力变量之后其他变量之间的偏相关系数及其显著性水平如下：

```
pcorrelation=[]
for i in car_corr[['Weight','Circle']].columns:
    pcorrelation.append(partial_corr(car_corr[i],car_corr['Max_Speed'],
                              partial=car_corr['Horsepower']))
```

```
pcorrelation
```
```
[(0.6305309485292881, 0.00024594990184656496),
 (0.43104653010728905, 0.019570366951163783)]
```

从偏相关分析结果中看到，控制住发动机动力变量的影响之后，最高时速与车身自重的相关系数有所降低，具体数值为 0.63053，处于中度线性相关的范围，该相关系数显著性检验 P 值为 0.0002，非常显著；而轮胎尺寸与最高时速的相关系数大幅提升到 0.4310，检验 P 值为 0.01957，也较为显著。这个分析结果，尤其是轮胎尺寸与最高时速之间的关系，较简单相关分析结果而言与实际状况更加接近。汽车轮胎的尺寸增加，在一定程度上可以增加车身的抓地性能，从而提升速度；反过来，汽车速度不断增加，在其他条件不变的情况下，没有一定尺寸的轮胎，其最高速度也很难提升。

9.1.4 点二列相关分析

点二列相关分析（point-biserial correlation）适用于两个变量中一个是来自正态总体的定距或定比数据，另一个变量是二分类数据。一般将后者编码为 0、1，然后计算 Pearson 相关系数。其计算公式为：

$$r = \frac{\overline{x}_p - \overline{x}_q}{s_x} \sqrt{pq}$$

其中 p 表示二分类数据某类的占比，$q=1-p$ 表示另一类别的占比。$\overline{x}_p$ 和 $\overline{x}_q$ 表示对应分类对应的另一个变量的平均数，s_x 为另一个变量的样本标准差。

【例 9-2】 某学期统计学课程期末考试成绩按照性别进行统计的情况如 scorebygender.csv 所示，试分析性别与成绩之间的相关关系。

本例所用数据如下：

```
scorebygender=pd.read_csv('scorebygender.csv')
scorebygender.head()
#0 表示女生，1 表示男生
```

	score	gender
0	68	1
1	81	1
2	78	0
3	91	0
4	91	1

scipy 中的 stats.pointbiserialr 函数可用于计算该相关系数及其显著性水平：

```
stats.pointbiserialr(scorebygender['gender'],scorebygender['score'])
#第一个参数要求是 0、1 布尔形式的数据
PointbiserialrResult(correlation=0.013517390176463265, pvalue=0.8777414982748971)
```

结果表明，该门课程成绩与性别的相关性非常弱，且非常不显著，可以认为成绩与性别无关。

9.1.5 非参数相关分析

简单相关分析和偏相关分析广泛应用于定量数据或连续型数据的研究。对于某些数据尤其是定性数据的相关分析而言，如果用 Pearson 法计算相关系数，很难得到定性数据的协方差和标准差。因此，可以考虑其他的方法对这些数据尤其是顺序数据进行相关分析。

对于上述情况的相关分析往往从数据值的次序入手，并借助非参数统计分析的思想。次序在数列中代表了某个具体变量值的位置、等级或秩，因此这类相关分析通常称之为非参数相关分析、等级相关分析或秩相关分析，其计算的相关系数便对应的称为非参数相关系数、等级相关系数或秩相关系数。

非参数相关系数计算方法较多，常见的主要有 Spearman、Kendall tau-b 和 Hoeffding's D 相关系数等。

9.1.5.1 Spearman 相关系数

该相关系数主要测度顺序变量间的线性相关关系，在计算过程中只考虑变量值的顺序而不考虑变量值的大小。

其计算过程为：首先把变量值转换成在样本所有变量值中的排列次序，再利用 Pearson 方法求解转换后的两个变量对应的排列次序（rank，即"秩"或等级）的相关系数。其具体计算公式为：

$$r = \frac{\sum (R_{x_i} - \bar{R}_x)(R_{y_i} - \bar{R}_y)}{\sqrt{\sum (R_{x_i} - \bar{R}_x)^2 \cdot \sum (R_{y_i} - \bar{R}_y)^2}}$$

其中，R_{x_i} 和 R_{y_i} 分别表示第 i 个 x 变量和 y 变量经过排序后的次序，$\bar{R}_x$ 和 $\bar{R}_y$ 分别表示 R_{x_i} 和 R_{y_i} 的均值。

9.1.5.2 Kendall tau-b 系数

该系数与 Spearman 相关系数作用类似，主要测度顺序变量间的线性相关关系，其计算过程中也是只考虑变量值的顺序而不考虑变量值的大小。

在 Kendall tau-b 系数计算过程中，除对数据进行排列顺序之外，还应当综合考虑该排序与变量值的具体情况，即：

➢ 同序对：在两个变量上排列顺序相同的一对变量；

➢ 异序对：在两个变量上排列顺序相反的一对变量。

上述对子的数目简称为对子数，设 P 为同序对子数，Q 为异序对子数，T_x 为在 x 变量上是同序但在 y 变量上不是同序的对子数，T_y 为在 y 变量上是同序在 x 变量上不是同序的对子数，则 Kendall tau-b 系数为：

$$\tau_b = \frac{P-Q}{\sqrt{\left(P+Q+T_x\right)\left(P+Q+T_y\right)}}$$

τ_b 的取值范围与简单相关系数相同，即 $\tau_b \in \left[-1,+1\right]$。

9.1.5.3 Hoeffding's D 系数

该系数主要用于测度顺序变量或具有等级水平变量间的线性相关关系，其具体计算公式如下：

$$D = 30 \times \frac{(n-2)(n-3)D_1 + D_2 - 2(n-2)D_3}{n(n-1)(n-2)(n-3)(n-4)}$$

其中：

$D_1 = \sum (Q_i - 1)(Q_i - 1)$；

$D_2 = \sum (R_i - 1)(R_i - 2)(S_i - 1)(S_i - 2)$；

$D_3 = \sum (R_i - 2)(S_i - 2)(Q_i - 1)$。

R_i、S_i 分别表示变量 x、y 的排列顺序；Q_i 表示 1 加上变量 x 和 y 的值均小于这两个变量中的第 i 个值时的个数，也称之为双变量等级。

上述相关系数计算方法也可应用于定量数据中，在相关分析中只要除去定量数据的数值意义即可。如例 9-1 所示的数据，同样可用于非参数相关系数的计算，只是计算结果所代表的相关含义会发生相应的变化。

【例 9-3】　为了评价目前我国高等院校研究生的教学和培养效果，首都经济贸易大学研究生院和统计学院根据抽样方案联合对全国各省市 40 多个高等院校的研究生导师及研究生进行了研究生培养状况调查。本书从调查原始数据中节选出如 graduate.csv 所示的 1012 个样本，考察研究生对自身所选专业的兴趣与其他因素之间的相关关系。

本例所使用的数据如下：

```
graduate=pd.read_csv('graduate.csv')
graduate.head()
```

	Interest	Major	Teaching	Tutor
0	2	2	2	2
1	2	2	1	2
2	4	3	4	4
3	1	1	2	1
4	3	3	3	3

各变量均以量表 1~5 打分的形式进行收集，对应 1~5 的值标签如下：

Interest："更高""没变化""下降""失去兴趣""根本不感兴趣"；

Major＝"完全一致""基本一致""有点联系""不一致""完全不一致"；

Teaching＝"非常满意""比较满意""一般满意""不太满意""非常不满意"；

Tutor＝"非常大""比较大""一般""不大""没作用"。

由于本例需要用数字进行相关系数的计算，故无需将上述值标签加挂到数据集的变量中。本例数据中的 4 个变量都是顺序变量，即各个变量都可以分为 5 个等级，随着所代表的顺序值（等级）加大，表示对该问题的否定程度越大。在这种情形下，可以使用非参数相关系数考察各个变量之间的相关关系。

scipy.stats 提供了 spearmanr、kendalltau 函数分别计算对应的非参数相关系数：

```
rho,p=stats.spearmanr(graduate)    #该函数返回两个值，分别为相关系数和显著性检验 P 值
print (rho)
print (p)
[[ 1.          0.72134588  0.27430442  0.8062982 ]
 [ 0.72134588  1.          0.28790361  0.73184305]
 [ 0.27430442  0.28790361  1.          0.28440269]
 [ 0.8062982   0.73184305  0.28440269  1.        ]]
[[ 0.00000000e+000  2.58589179e-163  6.31375185e-019  1.49316919e-232]
 [ 2.58589179e-163  0.00000000e+000  9.09876371e-021  2.08047486e-170]
 [ 6.31375185e-019  9.09876371e-021  0.00000000e+000  2.77199934e-020]
 [ 1.49316919e-232  2.08047486e-170  2.77199934e-020  0.00000000e+000]]
```

scipy.stats 中的 kendalltau 函数只能计算两个变量之间的关系，要得到相关系数矩阵及其 P 值，可以使用本书提供的如下方法：

```
kt=[]
for i in graduate[['Interest','Major','Teaching']].columns:
    kt.append(stats.kendalltau(graduate[i],graduate['Tutor']))

kt
[KendalltauResult(correlation=0.7764436113158888, pvalue=3.906585846189082e-182),
 KendalltauResult(correlation=0.679802586117344, pvalue=9.988471538085373e-140),
 KendalltauResult(correlation=0.2505554510047037, pvalue=3.3733693453210805e-20)]
```

从上述结果所示系数的大小和方向来看,本例所分析的专业兴趣与其他变量的相关关系状况基本一致。学生所学知识与专业方向相符性和导师对学业的帮助,对入学后研究生同学的专业兴趣影响比较大。研究生与本科教育不同,其在校期间的学习和科研工作与导师的指导密不可分,导师对学生指导越到位,对学生帮助越大,学生对专业的兴趣就会越浓厚。

因此,导师对学生的帮助与学生对所学专业的兴趣相关关系程度最强,且这种相关关系对于全国所有研究生的总体而言是显著的;而所学知识专业方向相符性与专业兴趣的相关关系也比较强且是显著的,这是因为研究生教育强调的是研究性的学习和进行创造性的工作,其研究方向往往代表了对应专业领域内的前沿水平,如果专业方向没有把握好或者没有选择好,则会对研究生的科研工作造成较大的压力,所以,这两个变量之间的相关关系也比较强;而教师水平与学生的专业兴趣相关程度不高,这是因为研究生强调科研能力,往往也强调培养其独立科研的能力,通过导师在思想上的适当指导,独立进行论文写作和科研开发,因此,教师上课的水平高低基本与专业兴趣无关。

9.2　关联分析

关联分析（association analysis）常用于发现大量数据中有意义的联系,这种联系强调的是产生数据的行为之间的联系。如在关联分析最为经典的"啤酒-尿布"购物篮分析的例子中,从大量的购物数据中发现很多顾客买了尿布还会买啤酒,即产生了如下的数据关联:

{尿布} ➔ {啤酒}

上述数据之间的关联即关联规则（association rule）。该规则或模式表明尿布和啤酒的销售之间存在着很强的联系,因为许多购买尿布的顾客同时也购买啤酒。作为商家,他们可以利用这种规则或模式帮助他们发现新的搭售商品的商机。但是要注意,本章讨论的数据之间的关联是指这些数据会同时出现,但不讨论他们之间的因果关系。

除了类似上述的购物篮数据之外,关联分析也可以广泛的应用于其他领域。但在进行关联分析时,需要处理两个关键的问题:一是从海量数据中发现规则或模式的计算成本非常高;二是所发现的规则或模式可能是偶然性的,实际应用价值不大。因此,围绕这些问题,对数据之间的关联分析便产生了很多算法。

9.2.1　基本概念与数据预处理

关联分析往往是对交易数据进行分析,如超市的购物小票、电商网站的购物订单等是常见的分析对象。

【例 9-4】　有如 Association.csv 所示的购物篮数据,请对其进行关联分析。

本例所使用的数据如下:

```
aa=pd.read_csv('Association.csv',encoding='gbk')
aa.index=range(1,6)
aa
```

	TID	项集
1	1	{面包，牛奶}
2	2	{面包，尿布，啤酒，鸡蛋}
3	3	{牛奶，尿布，啤酒，可乐}
4	4	{面包，牛奶，尿布，啤酒}
5	5	{面包，牛奶，尿布，可乐}

本例所展示的数据中，每一行数据是一笔交易或事务（transaction），记其总量为 N；具体的某种商品，如面包、牛奶、尿布、啤酒等都可以叫做**项（item）**，是分析的基本对象。本小节将就例 9-4 来介绍关联分析的基本概念。

项集（itemset）：项的集合。若一个项集包含 k 个项，则称其为"k-项集"，k 为项集的长度。如{面包，牛奶}是一个 2-项集。空集是不包含任何项的项集。

关联规则（association rule）：形如 $X \rightarrow Y$ 的蕴含表达式，其中 X 和 Y 是不相交的项集。关联规则的强度可以用支持度和置信度来衡量，同时满足最小支持度和置信度的关联规则称之为**强关联规则**。

支持度计数（support count）：指定项集出现的频数，通常用 σ 表示。如项集{啤酒，尿布，牛奶}的支持度计数为 2，因为在 aa 对象中，TID=3 及 TID=4 包含该项集，共有 2 笔交易，因此该项集的支持度计数为 2。

支持度（support）：所有交易中包含指定项集的比例，其定义为：

$$s(X \rightarrow Y) = \frac{\sigma(X \cup Y)}{N}$$

如有关联规则：{牛奶，尿布}$\rightarrow${啤酒}，其支持度为 2/5，这是因为总共 5 笔交易中有 2 笔包含了项集{牛奶，尿布，啤酒}。支持度可用于衡量给定项集的频繁程度。

置信度（confidence）：Y 在包含 X 的交易中出现的频繁程度，其定义为：

$$c(X \rightarrow Y) = \frac{\sigma(X \cup Y)}{\sigma(X)}$$

如上关联规则的置信度为 2/3，这是因为项集{牛奶，尿布，啤酒}的支持度计数为 2，项集{牛奶，尿布}的支持度计数为 3，二者的商即为置信度。

频繁项集（frequent itemset）：支持度大于等于所设定阈值的项集，如果频繁项集中有 L 项，记为 L-频繁项集。

如果一个项集是频繁的，则它的所有子集也一定是频繁的，此即为**先验原理 1**。如果一个项集是非频繁的，那么包含该项集的超集也一定是非频繁的，此即为**先验原理 2**。

依据频繁项集的原理可以节约算法搜索相关项集的时间，提高计算效率，这种过程称之为剪枝。如项集{牛奶，尿布，啤酒}在一个事务中出现，即{尿布，啤酒}等子项集也一定会出现。基于支持度度量修剪搜索空间的策略称为基于支持度的剪枝，这种剪枝策略依赖于支持度的一个关键性质，即一个项集的支持度绝不会超过它的子集的支持度，该性质也被称为支持度度量的反单调性(anti-monotone)。

关联规则的主要任务就是要从给定的交易或事务数据集合中，找出支持度和置信度大于等于其各自阈值的所有规则。但是当数据规模较大时（如数目为 d 项的数据，理论上有 2^d 个候选项集和 $3^d-2^{d+1}+1$ 个规则），如果再去计算每个项集的支持度和置信度，这将会给系统的计算能力提出极高的要求。

因此，围绕如何发现频繁项集降低计算频次等具体问题产生了较多的关联分析算法。这些算法大体上可以划分为 3 类：

> **搜索法**：该类算法只适合于项集数量相对较小数据集的关联规则挖掘；
> **分层算法**：宽度优先算法，以 Apriori 算法为典型代表，需扫描数据集的次数等于最大频繁项目集的项目数；
> **深度优先算法**：以 FP-growth 算法为典型代表。

在对实际分析的过程中，形如例 9-4 中的事务数据或交易数据较难以处理，往往是通过正则表达式、分词等文本分析技术将数据中的项识别出来，然后处理为如下的结构数据进行分析：

```
aa_t=pd.read_csv('Association_01.csv',encoding='gbk')
aa_t.index=range(1,6)
aa_t
```

	TID	面包	牛奶	尿布	啤酒	鸡蛋	可乐
1	1	1	1	0	0	0	0
2	2	1	0	1	1	1	0
3	3	0	1	1	1	0	1
4	4	1	1	1	1	0	0
5	5	1	1	1	0	0	1

为了方便将数据用数字表示，一般采用如上所示的"0-1"型二元变量：如果项在事务中出现则赋值为 1，反之赋值为 0。

9.2.2　Apriori 算法

Apriori 算法是一种频繁项集算法，其两个输入参数分别是最小支持度和数据集。该算法首先生成所有单项（即项集长度为 1）列表，得到满足最小支持度的 1-项集，将其进行组合生成包含 2 个元素的 2-项集，继续剔除不满足最小支持度的项集，重复上述过程直到所有非频繁项集都被剔除。

【例 9-5】 某移动通讯运营商想了解用户订购相关业务之间的关联性，现从业务系统中随机提取了手机新闻（news）、手机邮箱（email）、来电提醒（callreminder）等业务的订购情况共 98371 条事务，数据见 mpb.csv。利用关联分析找出业务订购之间的关联规则。

本例所使用的数据如下：

```
import random
mpb=pd.read_csv('mpb.csv')
mpb.loc[[random.randint(0,98371) for _ in range(10)]]    #随机显示10行数据
```

	news	email	callreminder
3324	1	0	0
89801	0	1	0
64973	1	0	0
24486	0	1	0
76288	0	1	0
18607	0	1	0
88746	0	0	1
60533	0	1	0
53181	0	0	1
70712	0	1	0

python 中目前有 apriori、orange 等包可以实现该算法，但是这两个包已经多年未更新，实际数据分析工作中较少用到，可靠性未知。因此，本书定义了类 Apriori 进行关联规则挖掘：

```
sign='-->'    #定义蕴含符，用于描述关联规则
class Apriori(object):
    def __init__(self,minsupport=0.1,minconfidence=0.4):
        self.minsupport=minsupport
        self.minconfidence=minconfidence
    def link(self,x,sign):
        '''
        该函数用于链接前项和后项
        '''
        x=list(map(lambda i:sorted(i.split(sign)),x))
        l=len(x[0])
        r=[]
        for i in range(len(x)):
            for j in range(i,len(x)):
                if x[i][:l-1]==x[j][:l-1] and x[i][l-1] !=x[j][l-1]:
                    r.append(x[i][:l-1]+sorted([x[j][l-1],x[i][l-1]]))
        return r
```

```python
def apriori(self,data):
    '''
    该函数用于频繁项集的挖掘
    '''
    final=pd.DataFrame(index=['support','confidence'])
    support_series=1.0*data.sum()/len(data) #生成支持度序列
    column=list(support_series[support_series>self.minsupport].index)
    #初步支持度筛选
    k=0
    while len(column)>1:
        k=k+1
        column=self.link(column,sign)
        sf=lambda i: data[i].prod(axis=1,numeric_only=True)
        #支持度的计算函数
        data_2=pd.DataFrame(list(map(sf,column)),
                            index=[sign.join(i) for i in column]).T
        support_series_2=1.0*data_2[[sign.join(i) for i in
                                    column]].sum()/len(data)
        #更新支持度
        column=list(support_series_2[support_series_2>
                                    self.minsupport].index)
        #更新后支持度筛选
        support_series=support_series.append(support_series_2)
        column2=[]
        for i in column:
            i=i.split(sign)
            for j in range(len(i)):
                column2.append(i[:j]+i[j+1:]+i[j:j+1])
        #计算置信度
        cofidence_series=pd.Series(index=[sign.join(i) for i in
                                        column2])
        for i in column2:
            cofidence_series[sign.join(i)]=\
                            support_series[sign.join(sorted(i))]/\
                            support_series[sign.join(i[:len(i)-1])]
        for i in cofidence_series[cofidence_series>
                                        self.minconfidence].index:
            #置信度筛选
            final[i]=0.0
            final[i]['confidence']=cofidence_series[i]
            final[i]['support']=support_series[
                                sign.join(sorted(i.split(sign)))]
    #计算结果
    final=final.T.sort_values(['confidence','support'],
                                ascending=False)
```

```
        return final
'''
```
创建实例 rule，并对实例使用 Apriori 算法进行关联规则挖掘
本书将类 Apriori 默认支持度和置信度阈值分别设置为 0.1 和 0.4
创建实例时可修改支持度和置信度，如 rule=Apriori(minsupport=0.3,minconfidence=0.7)
```
'''
```

```
rule=Apriori()              #创建用于分析的实例对象
rule.apriori(mpb)           #调用实例对象的 apriori 方法对 mpb 数据对象进行规则挖掘
```

	support	confidence
news-->email	0.184727	0.540640
callreminder-->email	0.100120	0.477597

　　上段程序运行的结果可以看到，满足最小支持度 0.1，最小置信度 0.4 的关联规则只有两条。如果把置信度放宽，可得到 3 条规则：

```
rule_relax=Apriori(minsupport=0.1,minconfidence=0.2)
rule_relax.apriori(mpb)
```

	support	confidence
news-->email	0.184727	0.540640
callreminder-->email	0.100120	0.477597
email-->news	0.184727	0.242870

　　由挖掘出来的结果可以看到，开通来电提醒业务的用户也都倾向于开通邮件功能。

　　Apriori 算法需要多次遍历数据，运算速度较慢。在 python3 中目前还没有现成的工具库供读者直接调用。但是在 python2 中的 orange 包可进行 apriori 算法的规则挖掘，要注意使用该包的数据文件格式为*.basket，否则有可能会出现问题（其实将*.csv 文件拓展名直接修改为*.basket 即可）。

　　如读入 mpb.basket 的数据：

```
import random
a=pd.read_table('mpb.basket')
a.loc[[random.randint(0,98371) for _ in range(10)]]
```

	email
97771	news,email,callreminder
74289	news,email
13105	email
38984	email
52047	email
68715	news,email
94312	news,email

37833	email
23638	email
26560	email

然后进行关联规则的挖掘：

```
#本段程序适用于事先安装好 orange 包的 python2, 不适用 python3!
import orange
data=orange.ExampleTable('mpb.basket')
rules=orange.AssociationRulesSparseInducer(data,support=0.1,confidence=0.4)
#挖掘关联规则, 参数分别为事务数据集、最小支持度、最小置信度、最大项集数 （本例省略）
for r in rules:
    print (("%5.3f   %5.3f   %s")% (r.support, r.confidence, r))
0.100   0.478   callreminder -> email
0.185   0.541   news -> email
```

可以看到，利用 orange 包得到的分析结果与本书定义的 apriori 函数输出结果一致。

9.2.3 FP-growth 算法

Apriori 通过不断构造并筛选候选集挖掘出频繁项集，需要多次扫描原始数据，当原始数据较大时，效率会变为及其低下。FP-Growth 算法（Han, 2000）则只需扫描原始数据 2 遍，将原始数据中的事务压缩到一个 FP-tree 中，从而达到压缩数据的目的。在 FP-tree 中找出每个项集的条件模式基、条件 FP-tree，递归的挖掘条件 FP-tree 得到所有的频繁项集。

构造 FP-tree 主要有 2 个步骤：从事务数据集中构建 FP-tree 和从 FP-tree 中挖掘出规则。具体步骤如下：首先扫描数据集 1 次，生成 1-频繁项集，然后将 1-频繁项集降序排列后放入 L 频繁项集表中；再次扫描数据集，将每个事务相应项集的关联及频数等信息记入 FP-tree 中。

同样，在 python3 中目前还没有现成的工具库供读者直接调用来实施该算法。但可以使用 python2 中的 fp_growth 包进行 FP-growth 算法的关联规则挖掘。但是该包对原始数据格式要求比较特殊，需要将事务数据整理为如下样式：

```
mpb_fpg=pd.read_csv('mpb_fpgrowth.csv')
mpb_fpg.loc[[random.randint(0,98371) for _ in range(10)]]
```

	news	email	callreminder
68501	NaN	email	NaN
27056	NaN	email	NaN
19305	NaN	email	NaN
78815	new	NaN	NaN
46799	new	email	NaN

90088	new	email	NaN
37032	NaN	email	callreminder
27150	NaN	email	NaN
38014	NaN	email	NaN
6767	NaN	NaN	callreminder

　　fp_growth 包中的 find_frequent_itemsets 可用于频繁项集的挖掘，其有 3 个参数，其中常用的第 1 个参数为事务数据；第 2 个参数为最小支持度计数，所以需要使用支持度阈值乘以样本量得到最小支持度计数。

　　由于数据中存在"NaN"，find_frequent_itemsets 会默认将"NaN"当作一个项，所以在调用该方法时应当做一些调整，舍去 1-项集和含有"NaN"的项集：

```python
#以下程序仅适用于python2
from fp_growth import find_frequent_itemsets as ffi
for itemset in ffi(array(mpb_fpg),
                                 minimum_support=int(len(array(mpb_fpg))*0.1)):
#以上 for 语句在 notebook 中是一行语句，此处由于版面原因排成了两行。
    if nan in itemset:
        #舍去含有 NaN 的项集
        pass
    elif len(itemset)==1:
        #舍弃 1-项集
        pass
    else:
        print (itemset[::-1])
        #该算法是逆向输出结果，将列表反序即可得到结果。
```

```
['news', 'email']
['callreminder', 'email']
```

　　上段程序运行之后输出满足最小支持度 0.1 的结果与 Apriori 算法一致，但其运行效率更高。

第 10 章
回归分析

在现实生活中变量之间的关系往往不仅限上一章所讨论的相关关系这种相互影响，多个变量可能都会对所研究的因变量产生影响。而现实生活中人们大多都会对所关注的问题分析其原因，试图找出产生结果的根源所在，如春秋时期的《道德经》便说到："合抱之木，生于毫末；九层之台，起于累土；千里之行，始于足下。"说的就是由因生果的关系。因而这种变量之间的因果关系及其具体的影响便成为人们生活中考虑问题的基本方式之一。本章将要介绍的回归分析不仅可以分析两个变量的因果影响，还可以分析多个变量之间的统计关系。

回归分析是统计分析中最为重要的方法之一，本章将在结合实际问题的基础上，对一些最为常用的回归分析方法进行介绍。

10.1 线性回归

当变量之间存在相互依存的关系时，还可以进行回归分析（regression）。"回归"一词来源于高尔顿研究人类身高遗传问题的过程。十九世纪中叶，高尔顿在研究人类身高的遗传问题时，发现高个子父母的子女，其身高有低于其父母身高的趋势，而矮个子父母的子女，其身高有高于其父母的趋势，即有"退回"（即 regression 的原意）到身高均值的趋势。高尔顿首次引入了回归直线等概念，始创了回归分析。回归分析的研究领域非常多，有线性回归、非线性回归、定性自变量回归、离散因变量回归等。在社会经济领域的实际应用中，线性回归分析应用非常广泛。

10.1.1 回归分析的基本原理

回归分析与相关分析在理论和方法上具有一致性，变量之间没有关系，就谈不上回归分析或建立回归方程；相关程度越高，回归效果就越好，而且相关系数和回归系数方向一致，可以互相推算。

相关分析中的两个变量之间的地位是对等的，即变量 A 与变量 B 相关等价于变量 B 与变量 A 相关，相关分析的两个变量均为随机变量；而回归分析中要确定自变量和因变量，通常情况下只有因变量是随机变量，人们可以利用回归分析来对研究对象进行预测或控制。

回归分析往往是通过一条拟合的曲线来表示模型的建立。以线性回归为例，设 y 表示因变量，x 表示自变量，则有如下线性回归模型：

$$y = \alpha + \beta x + \varepsilon$$

其中：α 和 β 是回归模型的参数，称为回归系数（α 也可称为截距项）；ε 是随机误差项或随机扰动项，反映了除 x 和 y 之间线性关系之外的随机因素或不可观测的因素。

通常在回归分析中，对 ε 有如下最为常用的基本经典假定：

➤ ε 的期望值为 0；

➤ ε 对于所有 x 而言具有同方差性；

➤ ε 是服从正态分布且相互独立的随机变量。

如果存在多个自变量，回归模型可以写作：

$$y = \alpha + \beta_1 x_1 + \beta_2 x_2 + \cdots + \beta_i x_i + \varepsilon$$

因为上述直线模型中含有随机误差项，所以回归模型反映的直线是不确定的。回归分析的主要目的就是要从这些不确定的直线中，找出一条最能够代表数据原始信息的直线，来描述因变量和自变量之间的关系，这条直线称之为回归方程，如只有一个自变量的情况下，可对模型左右两边取 x 的条件期望并根据 ε 的经典假定，可得：

$$E(y|x) = \alpha + \beta x + 0$$

然后通过一定的参数估计方法，可得到估计的直线方程如下：

$$\hat{y} = \hat{\alpha} + \hat{\beta} x$$

因为回归模型的参数往往是未知的，人们只能靠样本数据去进行参数估计，所以可用 $\hat{\alpha}$ 和 $\hat{\beta}$ 分别表示回归模型中 α 和 β 的参数估计值。方程 $y = \hat{\alpha} + \hat{\beta} x$ 也可称之为估计的回归方程，如图 10-1 所示。

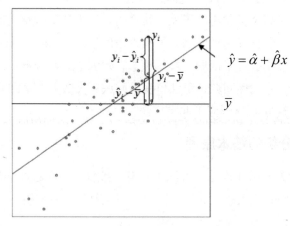

图 10-1　回归方程与散点图

$\hat{\alpha}$ 是估计的回归直线在 y 轴上的截距，$\hat{\beta}$ 是直线的斜率，它表示自变量 x 每变动一个单位时，因变量 y 的平均变动值，$\hat{y}$ 是 y 的估计值（即从回归方程中计算出来的值）。

10.1.1.1　参数估计的普通最小二乘法

可把具体某个因变量的观测值记为 y_i，其期望值为 $\bar{y}$，把其估计值（即在回归直线上的值）记为 $\hat{y}_i$。那么如何在存在随机因素的回归模型中找出最能代表原始数据信息的回归直线呢？可以通过对因变量的离差入手进行分析。

如图 10-1 所示，因变量的离差为 $y_i - \bar{y}$，可以把离差分解为两个部分：即 $y_i - \hat{y}_i$（称之为残差）和 $\hat{y}_i - \bar{y}$（称之为回归离差）。每个因变量的离差等于残差与回归离差之和，即 $y_i - \bar{y} = y_i - \hat{y}_i + \hat{y}_i - \bar{y}$。对于所有因变量的观测值而言，为了避免正负符号的影响，可以对上述分解出来的 3 个差值求平方得：

$$\sum(y_i - \bar{y})^2 = \sum(y_i - \hat{y}_i)^2 + \sum(\hat{y}_i - \bar{y})^2$$

即，总离差平方和（记为 SST）等于残差平方和（SSE）与回归离差平方和（SSR）之和，上述等式可以进行严格数学证明，证明过程本书不予赘述，请查阅相关统计学原理书籍。

从图 10-1 可以看出，如果残差越小，y_i 就越往回归直线靠近。对于所有的因变量而言，残差平方和越小，观测值就越往回归直线靠近。当残差平方和（SSE）达到极小值时，即 $\sum(y_i - \hat{y}_i)^2 \Rightarrow$ 最小值时，估计出来的回归直线能在最大程度上代表原始数值的信息。

当 $\sum(y_i - \hat{y}_i)^2 = \sum\left[y_i - (\hat{\alpha} + \hat{\beta}x)\right]^2 \Rightarrow \min$ 时，可以利用微分求极值的方法，分别对 $\sum\left[y_i - (\hat{\alpha} + \hat{\beta}x)\right]^2$ 求 $\hat{\alpha}$ 和 $\hat{\beta}$ 的偏微分，并使之同时为 0，然后求解联立方程组便可计算出 $\hat{\alpha}$ 和 $\hat{\beta}$ 的具体数值，作为回归模型中 α 和 β 的参数估计值如下：

$$\begin{cases} \hat{\alpha} = \bar{y} - \hat{\beta}\bar{x} \\ \hat{\beta} = \dfrac{n\sum y_i x_i - \sum y_i \sum x_i}{n\sum x_i^2 - \left(\sum x_i\right)^2} \end{cases}$$

这种参数估计的方法和过程是在随机误差项 ε 是一个期望值为 0，且对于所有 x 而言具有同方差性，服从正态分布且相互独立的假定下进行的，通常被称之为"普通最小二乘法"（OLS，ordinary least squares）。由上述通过条件期望形式使用普通最小二乘估计出来的参数估计值，代表了自变量变动对因变量期望变量的影响。

普通最小二乘法同样适用于多个自变量和因变量之间的模型参数估计，在大多数的回归分析模型中，普遍默认使用普通最小二乘法对线性回归模型进行估计。

回归分析的主要内容之一便是利用上述方法对模型的参数进行估计，对模型进行参数估计之后，还应当对模型的拟合程度和回归系数的显著性进行检验，经过检验和评估的模型便可用来对因变量进行预测。

10.1.1.2 回归方程的检验及模型预测

对于估计出来的回归方程，可以从模型的解释程度、回归方程总体显著性以及回归系数的显著性等几个方面进行检验。

1. 回归方程的拟合优度判定

回归方程的拟合优度主要用于判定 $\hat{y}_i$ 估计 y 的可靠性问题，可用来衡量模型的解释程度。拟合优度判定是建立在模型参数估计时对总离差平方和（SST）分解的基础上的，SST可以分解为残差平方和（SSE）和回归离差平方和（SSR），通常使用回归离差平方和（SSR）占总离差平方和（SST）的比重来判断模型的解释能力，即：

$$R^2 = \frac{\sum (\hat{y}_i - \bar{y})^2}{\sum (y_i - \bar{y})^2} = 1 - \frac{\sum (y_i - \hat{y}_i)^2}{\sum (y_i - \bar{y})^2}$$

其中 R^2 表示拟合优度的判定系数或决定系数，其取值范围为 $[0,1]$。R^2 越接近于 1，说明变量之间的相互依存关系越密切，其相互依存关系就越接近于函数关系，两变量之间的相关程度越高，回归方程的拟合程度越好。所以，R^2 越接近 1，模型的解释程度越好，模型越精确。

但是，R^2 的数值与自变量的数目有关，即自变量的个数越多 R^2 越大，这在一定程度上削弱了 R^2 的评价能力，因此可考虑剔除自变量数目影响的修正 R^2。

2. 回归方程总体显著性检验

利用普通最小二乘法拟合出来的回归方程，都是由样本数据进行的，那么用它来对总体进行推断是否显著呢？可以对回归方程整体的显著性进行检验。

回归方程总体显著性检验主要是检验因变量和自变量之间的线性关系是否显著。其原假设和备择假设如下：

$$H_0 : \beta_1 = \beta_2 = \cdots = \beta_i = 0; \quad H_1 : \beta_i \text{不全为零}$$

对于回归方程总体显著性检验可用 F 检验并计算出用于检验判定的 P 值来进行。如果 P 值小于理论显著性水平 α 值，可认为在显著性水平 α 条件下，回归方程总体显著。

3. 回归方程系数显著性检验

如果模型的线性关系显著，还应对模型参数估计的结果即回归方程的系数进行显著性检验，用于考察单个自变量与因变量的线性关系是否成立。其原假设和备择假设如下：

$$H_0 : \beta_i = 0(i = 1, 2, \cdots, k); \quad H_1 : \beta_i \neq 0(i = 1, 2, \cdots, k)$$

回归方程系数显著性检验要求对所有估计出来的回归系数分别进行检验（截距项通常不进行显著性检验），可以利用 t 检验进行。t 检验可以计算出每个回归系数所对应的 t 统计量值及其检验 P 值。如果某个系数对应的 P 值小于理论显著性水平 α 值，可认为在显著性水平 α 条件下，该回归系数是显著的。

有些情况下，没有任何关联的变量之间进行回归分析也可能得到显著的检验结果，会对分析过程造成不良的影响。因此，在进行回归分析之前，必须考虑好变量之间的关系及其所代表的经济含义。

4. 回归方程的预测

回归预测是一种有条件的预测，依据估计出来的回归方程，在给定自变量数值的条件下，对因变量进行预测，其预测的基本公式为：

$$\hat{y}_f = \hat{\alpha} + \hat{\beta} x_f$$

其中 x_f 是另外给定的自变量的值，$\hat{y}_f$ 为根据回归方程计算出来的预测值。

10.1.2 一元线性回归

一元线性回归是回归分析中最简单的一种形式，主要考察单独 1 个自变量对因变量的影响。其模型形如：$y = \alpha + \beta x + \varepsilon$

一元线性回归分析的基本步骤如下：

依据变量之间的关系，判断其是否是线性关系。如果是线性关系，可以利用 OLS 方法或其他方法进行回归模型的参数估计，然后根据参数估计的结果进行检验。

在检验过程中，可以先对模型的解释能力进行拟合优度判定，拟合优度的判定系数如果非常小，说明建立的回归方程解释能力较差，在进行回归分析的过程中可能还有其他重要因素没有加入到模型当中，可以考虑增加有重要影响的自变量；回归方程总体显著性如果不显著，说明变量之间的线性关系不明显，不适合做线性回归；在拟合优度判定系数比较高、方程总体显著的情况下，对回归系数进行检验，通过显著性检验的回归系数才对因变量有解释能力。

只有通过检验的模型才能够充分描述变量之间的关系，建立的模型才有现实意义。

【例 10-1】 通常情况下，一个国家或地区的犯罪率在很大程度上受到国民素质的影响，而反映国民素质的一个重要指标便是文盲率。在正常逻辑思维当中，文盲率越低，其普法程度就越低，可能会对社会造成一定的危害。为了研究文盲率与犯罪率之间的关系，现在全世界范围内收集到来自于不同区域的 50 个地区的文盲率与谋杀犯罪率的数据如 murder.csv 所示。试对文盲率与谋杀犯罪率进行回归分析。

本例所使用的数据如下：

```
murder=pd.read_csv('murder.csv'); murder.head()
```

	region	illiteracy	murder
0	4	0.5	11.5
1	8	0.5	2.3
2	8	0.5	1.7
3	4	0.6	5.3
4	4	0.6	5.0

变量 region 的值标签如下：

```
murder['region']=murder['region'].astype('category')
murder['region'].cat.categories=['East North Central','East South Central',
                                 'Middle Atlantic','Mountain',
                                 'New England',
                                 'Pacific','South Atlantic',
                                 'West North Central',
                                 'West South Central']
murder['region'].cat.set_categories=['East North Central',
                                     'East South Central',
                                     'Middle Atlantic',
                                     'Mountain','New England','Pacific',
                                     'South Atlantic','West North Central',
                                     'West South Central']
```

本例要研究文盲率对谋杀犯罪率的影响，因变量为谋杀犯罪率（murder），自变量为文盲率（illiteracy），二者之间的实际意义明显。在进行回归分析之前，应当对两个变量之间的是否是线性关系进行研究，根据本例变量绘制散点图：

```
plt.scatter(murder['illiteracy'],murder['murder'],c='blue',alpha=0.75)
plt.xlabel('illiteracy')
plt.ylabel('murder')
plt.show()
```

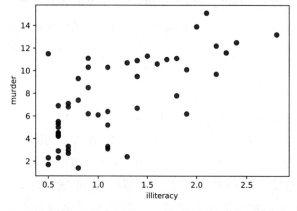

可发现二者之间在一定程度上呈线性关系。

scipy 中的 stats.linregress 可以进行一元线性回归分析：

```
murder_model1=stats.linregress(murder['illiteracy'],murder['murder'])
#要注意该函数参数的顺序是自变量在前面，因变量在后面
print (murder_model1)
print ('r_square: %.5f' % murder_model1.rvalue**2)
#请读者自行使用dir语句查看模型对象murder_model1的属性和方法
LinregressResult(slope=4.257456742653118,intercept=2.396775611095851,
                 rvalue=0.70297519868417,pvalue=1.2579116392501683e-08,
                 stderr=0.6217132752343031)
r_square: 0.49417
```

该函数的结果不会返回用于回归方程总体显著性检验的 F 统计量及其显著性水平。

但是从该结果来看，拟合优度的判定系数 R^2（r_square）=0.49417，拟合程度不高，但是从本例所用的截面数据来看，该拟合程度还是可以接受的。

在估计结果中，截距项（intercept）的参数估计值为 2.39678（通常不对截距项进行显著性检验）；自变量 illiteracy 对应的回归系数估计值为 4.25746，其对应显著性检验的 P 值<0.0001，在给定的显著性水平条件下非常显著。

综上所述，本例所建立的回归模型拟合程度尚可，回归系数也是显著的。因此，可以依据参数估计的数值写出回归方程式，并根据此方程式对自变量与因变量之间的关系进行分析：

```
murder=2.39678+4.25746×illiteracy
```

从上述通过拟合优度判定和显著性检验的方程中可知，当文盲率每增加/降低 1 个单位时，谋杀犯罪率会平均增加/降低 4.25746 个单位。具体而言，文盲率每增加/降低 1 个百分点时，谋杀犯罪率平均增加/降低 4.25746 个百分点。

对于一元线性回归分析，也可用其他工具包，如 statsmodels 中的 ols、sklearn.linear_model 中的类 LinearRegression 等。

如，使用 statsmodels 进行回归分析，一般可先定义模型，然后对模型进行估计，对估计出来的模型对象用 summary 或 summary2 方法查看结果：

```
from statsmodels.formula.api import ols
'''
一般可采用 import statsmodels.api as sm 的方式调用 statsmodels 的相关功能，然后使用
sm.ols 的调用方法，此处为了简便起见，直接导入 ols
'''
formula='murder~illiteracy'
murder_model2=ols(formula,data=murder).fit()
murder_model2.summary2()
```

Model:	OLS	Adj. R-squared:	0.484
Dependent Variable:	murder	AIC:	241.4099
Date:	2018-04-09 19:13	BIC:	245.2340
No. Observations:	50	Log-Likelihood:	-118.70
Df Model:	1	F-statistic:	46.89
Df Residuals:	48	Prob (F-statistic):	1.26e-08
R-squared:	0.494	Scale:	7.0367

	Coef.	Std.Err.	t	P>|t|	[0.025	0.975]
Intercept	2.3968	0.8184	2.9285	0.0052	0.7512	4.0424
illiteracy	4.2575	0.6217	6.8479	0.0000	3.0074	5.5075

Omnibus:	0.452	Durbin-Watson:	2.000
Prob(Omnibus):	0.798	Jarque-Bera (JB):	0.452
Skew:	0.210	Prob(JB):	0.798
Kurtosis:	2.797	Condition No.:	4

在 statsmodels 中调用估计方法来对模型进行估计，还有另外一种采用大写字母的调用方式（即类的方式），这种情况下的语法与小写字母的调用方式有区别：

```
from statsmodels.formula.api import OLS
x=murder['illiteracy']
x=sm.add_constant(x)
'''
构建模型的自变量数组，该数组包含截距项
如果没有 x=sm.add_constant(x)这一行，表明构建的模型中没有截距项
'''
y=murder['murder']
murder_model3=OLS(y,x).fit()
'''
OLS 是一个类，不能使用 ols 那样的 formula 方式来直接构造模型，而应采用创建实例对象并调用
fit 方法的方式来估计模型
'''
murder_model3.summary2()
```

本段程序运行的结果与前面使用 ols 建模的方式是一样的。

相比 scipy 的分析结果，statsmodels 提供了更为详细的结果，这非常符合统计分析的逻辑过程和要求。在该结果中，除了上述已经分析过的结果之外，还提供了调整的 R^2、用于回归方程总体显著性检验的 F 统计量及其对应的 P 值、用于检验是否存在序列相关的 DW 统计量等诸多信息。这些结果除了可以使用 summary 等方法统一查看之外，还可以通过调用模型对象的方法来单独查看其他计算出来的统计量和估计参数。这些方法可以在 python 中使用 dir 函数来查看。

本例结果的第 1 个表格中，F 统计量的值(F-statistics) 为 46.89，其对应的 P 值即 Prob(F-statistics) 为 1.26e-08，非常显著，因此回归方程总体上是显著的。关于回归方程总体显著性检验，在 statsmodels 中还提供了 Rainbow 检验方法（该检验的原假设是：回归建模被正确的进行线性建模）：

```
sm.stats.diagnostic.linear_rainbow(murder_model2)
(0.6152086826947935, 0.8811091720318109)
```

上述结果分别是该检验的 F 统计量及其对应显著性水平即 P 值，由此可以看出，并不能拒绝原假设，可以认为该规模性进行线性建模是正确的。

根据回归方程估计出来的残差项 ε 也应当符合经典假定。因此，在进行回归分析的过程当中，还应当对残差项是否符合假定进行判定，只有在符合假定的前提条件下，上述用 OLS 方法估计出来的回归方程才有解释能力。在一元线性回归模型中，通常可用残差图来判定残差是否与变量相关，用 P-P 图或 Q-Q 图来判定残差项是否符合正态分布。

statsmodels 提供了 graphics 模块来进行各种诊断图形的绘制，也可用使用诊断函数进行诊断。如，绘制残差 Q-Q 图：

```
sm.qqplot(murder_model2.resid,fit=True,line='45')
plt.show()
```

本段程序运行之后可得到与下一段程度运行后一样的 Q-Q 图，因此本书不展示本段程序运行的结果。

类 ProbPlot 的实例对象也可绘制 Q-Q 图等诊断图形，如同时绘制残差 P-P 和 Q-Q 图：

```
sm.ProbPlot(murder_model2.resid,stats.t,fit=True).ppplot(line='45')
sm.ProbPlot(murder_model2.resid,stats.t,fit=True).qqplot(line='45')
plt.show()
```

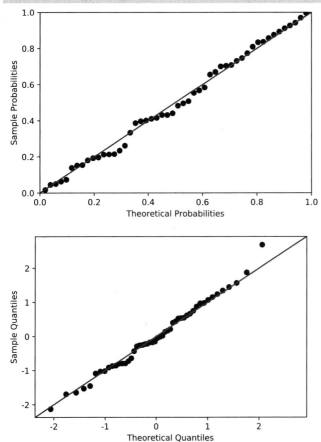

Q-Q 和 P-P 图形在残差符合正态假定条件下，散点图看起来应该像是一条截距为 0、斜率为 1 的直线。本例数据分析结果通过 P-P 和 Q-Q 图来看，大部分的散点均落在 45 度线上，可以表明残差基本符合正态分布。

在经典假定下，自变量及因变量预测值跟残差性应当没有相关关系，即残差图形散点的分布是无规则的，当残差图的散点分布呈现规律性或趋势时，可对模型假设提出怀疑。因此，这是进行回归诊断最有效的方法之一：

```
fig=plt.gcf()
fig.set_size_inches(8,4)
plt.subplot(121)
```

```
plt.plot(murder['illiteracy'],murder_model2.resid,'o')
plt.xlabel('illiteracy')
plt.ylabel('residual')
plt.subplot(122)
plt.plot(murder_model2.fittedvalues,murder_model2.resid,'o')
plt.xlabel('predicted_value')
plt.ylabel('residual')
plt.show()
```

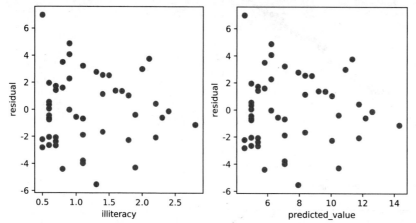

从上图可以看出，自变量与残差之间的关系不明显，基本上无关，符合 ε 对于所有 x 而言具有同方差性的假定；而残差大体均匀的分布在 $[-6，6]$ 之间，其均值与 0 非常接近，故符合 ε 零均值的假定。因此，因变量的预测值与残差项没有什么关系，对本例数据采用线性回归进行建模没有问题。

一些用于回归诊断的图形还可以由 statsmodels.graphics.regressionplots 提供的函数绘制出来，如：

```
fig=plt.figure(figsize=(12,8))
#因图形重叠会导致部分文字叠加在一起，故事先定义好图像大小
from statsmodels.graphics.regressionplots import plot_regress_exog
plot_regress_exog(murder_model2,1,fig=fig)
#第 2 个参数是指模型中的第几个自变量，第 3 个参数 fig（可以省略）表示在指定的对象上绘图。
plt.show()
```

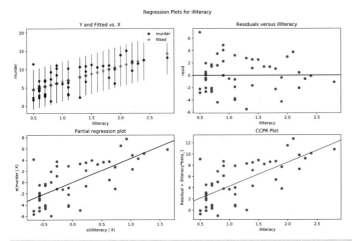

```
from statsmodels.graphics.regressionplots import plot_fit
plot_fit(murder_model2,1)     #第 2 个参数是指模型中的第几个自变量
plt.show()
```

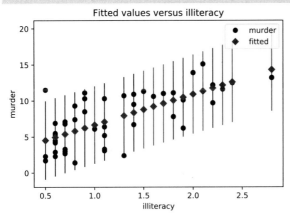

statsmodels 中回归模型预测模块 sandbox.regression.predstd 提供了 wls_prediction_std 函数用于计算模型预测值的标准差和置信区间。因此，可以将拟合曲线和因变量预测置信区间的图形绘制出来：

```
from statsmodels.sandbox.regression.predstd import wls_prediction_std
prstd,interval_l,interval_u=wls_prediction_std(murder_model2,alpha=0.05)
fig=plt.subplots(figsize=(7,4))
plt.plot(murder['illiteracy'],murder['murder'],'o',label="data")
plt.plot(murder['illiteracy'],murder_model2.fittedvalues,
        'r--.',label="OLS")
plt.plot(murder['illiteracy'],interval_u,'r--')
plt.plot(murder['illiteracy'],interval_l,'r--')
plt.legend(loc='best');
plt.show()
```

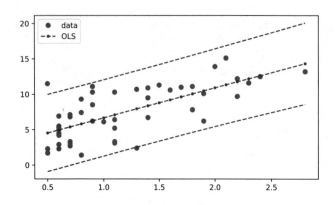

10.1.3　多元线性回归

对因变量产生影响的自变量可能不止单独一个，有可能有多个。如一个人的体重可能会受到其身高、血型、生活习惯、收入水平等变量的影响。对于多个变量对因变量的影响，可以考虑利用多元线性回归分析的方法进行分析。多元线性回归模型如下：

$$y = \beta_0 + \beta_1 x_1 + \beta_2 x_2 + \cdots + \beta_n x_n + \varepsilon$$

ε 仍然服从零均值、相互独立且同方差服从正态分布等经典假定。同一元线性回归一样，可以对上述模型左右两边同时取条件期望，可得：

$$E(y|x) = \beta_0 + \beta_1 x_1 + \beta_2 x_2 + \cdots + \beta_n x_n + 0$$

仍然利用普通最小二乘法，可估计出参数 $\beta_0, \beta_1, \beta_2, \cdots, \beta_n$ 的估计值 $\hat{\beta}_0, \hat{\beta}_1, \hat{\beta}_2, \cdots, \hat{\beta}_n$，即可得到多元回归方程：

$$\hat{y} = \hat{\beta}_0 + \hat{\beta}_1 x_1 + \hat{\beta}_2 x_2 + \cdots + \hat{\beta}_n x_n$$

对于多元回归方程的拟合优度判定、方程总体显著性检验与回归系数显著性检验过程与一元回归方程的检验过程一样。

【例 10-2】　公司管理层往往会根据公司员工的起薪、年龄大小、工作经验、职位以及学历等诸多因素来决定其当前薪酬。为了考察某国公司员工当前薪酬水平（以美元计）的影响因素，现收集了 471 名公司雇员的背景信息，具体信息如 salary_r.csv 所示。试对该国公司员工的当前薪酬及其影响因素进行回归分析（设显著性水平 $\alpha=0.1$）。

本例所用的数据如下：

```
salary=pd.read_csv('salary_r.csv')
salary=salary.dropna(axis=0)
'''
本数据含有较少缺失值，有关缺失值的处理方法读者参见本书第 3.2.2.9 小节及相关统计书籍
本例数据量较多，故考虑将含有缺失值的行去除（statsmodels 会自动不考虑含有缺失值的数据）
'''
salary.head()
```

	position	ID	Gender	Education	Current_Salary	Begin_Salary	Experience	Age
0	1	1	1	15	57000	27000	144	55
1	1	34	1	19	92000	39990	175	58
2	1	18	1	16	103750	27510	70	51
3	1	200	1	17	67500	34980	9	44
4	1	199	1	16	51250	27480	69	49

本例所用值标签如下，为便于本书利用本例进行具有虚拟变量的回归分析，本书将上述例子中的值标签用新的变量来存储：

```
salary['position_valuelabel']=salary['position']
salary['Gender_valuelabel']=salary['Gender']
salary['position_valuelabel']=salary['position_valuelabel'].astype('category')
salary['position_valuelabel'].cat.categories=['经理','主管','普通员工']
salary['position_valuelabel'].cat.set_categories=['经理','主管','普通员工']
salary['Gender_valuelabel']=salary['Gender_valuelabel'].astype('category')
salary['Gender_valuelabel'].cat.categories=['女','男']
salary['Gender_valuelabel'].cat.set_categories=['女','男']
```

在上述背景资料中，性别变量 Gender 和职位变量 Position 都是定性变量，对于定性自变量的回归有其特殊的处理方法，本例的分析暂不考虑定性变量对因变量的影响。现考虑其余定量变量对当前薪酬的影响。

对于多元线性回归，同样可以用 statsmodels 提供的 ols 方式进行建模：

```
formula='Current_Salary~Education+Begin_Salary+Experience+Age'
salary_model1=ols(formula,data=salary).fit()
salary_model1.summary2()
```

Model:	OLS	Adj. R-squared:	0.781
Dependent Variable:	Current_Salary	AIC:	9243.8648
Date:	2018-04-09 19:18	BIC:	9264.3664
No. Observations:	446	Log-Likelihood:	-4616.9
Df Model:	4	F-statistic:	398.8
Df Residuals:	441	Prob (F-statistic):	5.53e-145
R-squared:	0.783	Scale:	5.8068e+07

	Coef.	Std.Err.	t	P>|t|	[0.025	0.975]
Intercept	703.3118	3147.8045	0.2234	0.8233	-5483.2503	6889.8740
Education	490.5022	180.7222	2.7141	0.0069	135.3185	845.6860
Begin_Salary	1.8936	0.0722	26.2203	0.0000	1.7517	2.0356
Experience	-11.6277	5.9764	-1.9456	0.0523	-23.3735	0.1182
Age	-74.9263	53.2311	-1.4076	0.1600	-179.5445	29.6918

Omnibus:	194.312	Durbin-Watson:	1.887
Prob(Omnibus):	0.000	Jarque-Bera (JB):	1481.311
Skew:	1.695	Prob(JB):	0.000
Kurtosis:	11.259	Condition No.:	160242

通过各自变量对应回归系数的 t 检验 P 值（P>|t|）的大小，可以判定各个回归系数是否显著（截距项通常情况下不用检验）。在上述结果中，如果给定显著性水平 $\alpha=0.1$，Education、Experience 和 Begin_Salary 的 P 值均小于 0.1，因而在模型中影响显著；而 Age 在显著性水平 $\alpha=0.1$ 下不显著，说明年龄对当前薪酬的影响不显著。

对于回归系数不显著的变量，应当在模型中剔除。

```
formula='Current_Salary~Education+Begin_Salary+Experience-Age'
salary_model2=ols(formula,data=salary).fit()
print (salary_model2.summary2())
```

```
                    Results: Ordinary least squares
=================================================================
Model:              OLS              Adj. R-squared:     0.781
Dependent Variable: Current_Salary   AIC:                9243.8641
Date:               2018-04-09 19:19 BIC:                9260.2653
No. Observations:   446              Log-Likelihood:     -4617.9
Df Model:           3                F-statistic:        529.9
Df Residuals:       442              Prob (F-statistic): 5.93e-146
R-squared:          0.782            Scale:              5.8197e+07
-----------------------------------------------------------------
                Coef.      Std.Err.    t      P>|t|   [0.025    0.975]
-----------------------------------------------------------------
Intercept    -2708.6776  2010.3943 -1.3473 0.1786 -6659.7972 1242.4419
Education      512.4963   180.2451  2.8433 0.0047   158.2523  866.7403
Begin_Salary     1.8939     0.0723 26.1949 0.0000     1.7518    2.0360
Experience     -18.2230     3.7139 -4.9067 0.0000   -25.5221  -10.9239
-----------------------------------------------------------------
Omnibus:               191.615     Durbin-Watson:          1.876
Prob(Omnibus):           0.000     Jarque-Bera (JB):    1424.408
Skew:                    1.675     Prob(JB):               0.000
Kurtosis:               11.088     Condition No.:        102459
=================================================================
* The condition number is large (1e+05). This might indicate
strong multicollinearity or other numerical problems.
```

上述结果显示，最终模型当中含有 Education、Begin_Salary 和 Experience 等 3 个自变量，且均通过 F 检验和回归系数显著性检验（即模型中的所有自变量回归系数的显著性（即 P 值）都小于 0.1）。但上述结果提示该模型可能具有较强的多重共线性或有其他问题，经本书对原始数据进行效验没有发现数据存在问题，但变量之间可能会存在多重共线问题，如受教育年限越高即代表学历越高，其起始薪酬也会相应增高，二者有一定的线性关系。经典计量经济学提供了较多的方法可以解决此问题，本书在此不予讨论，请读者自行查阅计量经济学相关资料。

对上述所构建的模型 `salary_model2` 还可以进行诊断，诊断过程往往可以通过图形来直观进行判断：

```
fig=plt.gcf()
fig.suptitle('Residual by Regressors & Predicted for Current_Salary')
fig.set_size_inches(6,6)
plt.subplot(221)
plt.plot(salary['Education'],salary_model2.resid,'o')
plt.xlabel('Education')
plt.ylabel('Residual')
plt.subplot(222)
plt.plot(salary['Begin_Salary'],salary_model2.resid,'o')
plt.xlabel('Begin_Salary')
plt.subplot(223)
plt.plot(salary['Experience'],salary_model2.resid,'o')
plt.xlabel('Experience')
plt.ylabel('Residual')
plt.subplot(224)
plt.plot(salary_model2.fittedvalues,salary_model2.resid,'o')
plt.xlabel('Predicted')
plt.subplots_adjust(hspace=0.3,wspace=0.35)
plt.show()
```

Residual by Regressors & Predicted for Current_Salary

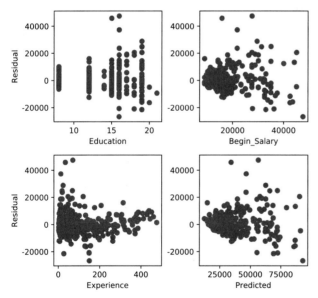

上图给出了残差项与各自变量之间的散点图。从这些图形来看，可以认为模型随机误差项与各自变量均没有太显著的影响关系，且均值趋近于 0。

当然，还可以利用前面章节介绍过的 `statsmodels.graphics.regressionplots` 绘制用于诊断的各种图形（因图形太多本书不予赘述，请读者按照第 10.1.1 小节介绍过的程序进行绘制）。从这些诊断图形来看，残差项基本符合正态分布，本例数据分布特征符合线性回归建模的基本要求。

至此，可以得到如下的回归方程：

```
Current_Salary=-2708.68+512.50×Education+1.89×Begin_Salary-18.22×Experience
```

从回归方程中可以得知，Education 变量对因变量的平均影响最大，当学历每增加一个单位时，当前薪酬平均增加 512.50 个单位；起始薪酬状况对当前薪酬的影响不大，说明公司在考虑当前薪酬的时候主要考虑个人素质，即学历以及工作经验等主观因素；而年龄对当前薪酬的影响不显著，不能作为制定薪金的主要考虑因素。

scikit_learn 中也提供了 linear_model 来进行多元线性回归，并能给出参数估计等的最终结果：

```
from sklearn import linear_model
salary_model3=linear_model.LinearRegression()
salary_model3.fit(salary[['Education','Begin_Salary','Experience']],
                  salary['Current_Salary'])
LinearRegression(copy_X=True, fit_intercept=True, n_jobs=1, normalize=False)
print ('intercept: %.6f, coefficients: %s' %(salary_model3.intercept_,
                                 salary_model3.coef_))
intercept: -2708.677631, coefficients: [512.4962845  1.89389266  -18.22300788]
```

本书建议使用 statsmodels 而不是 scikit_learn 来做传统的回归分析，因为后者默认提供的信息太少，不能处理含有缺失值的数据，也不太符合统计分析的流程和思路。

10.1.4　含有定性自变量的线性回归

在影响因变量的诸多因素中，除了定量变量的影响之外，有些时候还有一些定性因素的影响，如本例中的性别、职位等对当前薪酬的影响。定性因素对因变量的影响在进行回归分析的过程中，需要进行特殊的处理，即应当把定性变量转化为虚拟变量（或哑变量）之后再引入回归模型中进行分析。

虚拟变量的设定即是把对变量的定性描述转化成定量数据来进行描述，如性别定性变量有"男"和"女"2 种表现，在设定虚拟变量时，可考虑用"0""1"数字分别代表"男""女"。在例 10-2 的数据中，Gender 变量便是一个不需要设定的虚拟变量。

设定虚拟变量时应当遵循如下原则：

➤　　对于有 k 个表现值的定性变量，只设定（k-1）个虚拟变量；

➤　　虚拟变量的值通常用"0"或"1"来表示；

➤　　对于每个样本而言，同一个定性变量对应虚拟变量的值之和不超过 1。

如性别变量，有 2 个表现值，即"男"和"女"（即 k=2），因此只需设定 1 个虚拟变量即可，可以考虑用"0"代表女性，"1"代表男性。

而例 10-2 中的职位变量（position），有 3 个表现值（即 k=3），因此需要设定 2

个虚拟变量（Position1 和 Position2）来进行分析，如：

Position1	Position2	职位含义	数据集中position变量的取值
1	0	经理	1
0	1	主管	2
0	0	普通员工	3

在如上所示的虚拟变量中，其具体数值表示何种含义，用户可以根据自身需求进行指定。按照上述的关系指定职位的虚拟变量，考虑例 10-2 中的所有自变量，建立的回归方程为：

$$Current\_Salary=\alpha+\beta_1\times Gender+\beta_2\times Education+\beta_3\times Position1+\beta_4\times Position2$$
$$+\beta_5\times Begin\_Salary+\beta_6\times Experience+\beta_7\times Age$$

当虚拟变量 Gender 为 0 时，回归方程中不含 Gender 变量，表示女性职员当前薪酬的影响状况。而 Gender 为 1 时，回归方程中含有 Gender 变量，表示男性职员当前薪酬的影响状况；同理，当 Position1 和 Position2 同时为 0 时，表示普通员工的当前薪酬影响状况。

python 的 patsy 包中的 contrasts 模块提供了类 Treatment 可以自动实现上述这种虚拟变量的处理，具体用法见下面的程序：

```
from patsy.contrasts import Treatment
contrast=Treatment(reference=3).code_without_intercept([1,2,3])
#列表中的数字是分类变量的属性以数字来对应表示
print (contrast)
```
```
ContrastMatrix(array([[ 1.,  0.],
                      [ 0.,  1.],
                      [ 0.,  0.]]), ['[T.1]', '[T.2]'])
```

上述程序中将类 Treatment 实例化的 reference 参数，可以指定对照组即参考对象（亦即所有虚拟变量均为 0）的位置。上述程序的具体意思是分类变量有 3 个属性，分别可以用 1、2、3 来表示，参考属性设置为 3。

在 statsmodels 中的 ols 函数中，可以直接使用上述参考属性的设置方法来估计带有虚拟变量（本例将普通员工设置为参照属性）的模型：

```
formula='Current_Salary~Education+Begin_Salary+Experience-
                      Age+C(position,Treatment(reference=3))+C(Gender)'
#本行语句在 notebook 中是一行语句，由于排版原因在此断行
salary_model4=ols(formula,data=salary).fit()
print (salary_model4.summary2())
```

```
                        Results: Ordinary least squares
===================================================================================
Model:                  OLS                Adj. R-squared:        0.813
Dependent Variable:     Current_Salary     AIC:                   9175.9545
Date:                   2018-04-09 19:22   BIC:                   9204.6567
No. Observations:       446                Log-Likelihood:        -4581.0
Df Model:               6                  F-statistic:           323.8
Df Residuals:           439                Prob (F-statistic):    1.02e-157
R-squared:              0.816              Scale:                 4.9647e+07
-----------------------------------------------------------------------------------
                                  Coef.    Std.Err.    t     P>|t|   [0.025    0.975]
-----------------------------------------------------------------------------------
Intercept                      3908.9330  2155.2003  1.8137 0.0704 -326.8598  8144.7258
C(position, Treatment(reference=3))[T.1] 11501.1261 1543.7087 7.4503 0.0000 8467.1481 14535.1041
C(position, Treatment(reference=3))[T.2]  6691.6927 1692.3071 3.9542 0.0001 3365.6621 10017.7234
C(Gender)[T.1]                 1970.6471   813.6961  2.4218 0.0158  371.4232  3569.8711
Education                       506.7274   172.5026  2.9375 0.0035  167.6939   845.7609
Begin_Salary                      1.3221     0.0988 13.3870 0.0000    1.1280     1.5162
Experience                      -22.5668     3.7782 -5.9728 0.0000  -29.9925   -15.1411
-----------------------------------------------------------------------------------
Omnibus:                206.434            Durbin-Watson:         1.962
Prob(Omnibus):          0.000              Jarque-Bera (JB):      1762.413
Skew:                   1.786              Prob(JB):              0.000
Kurtosis:               12.060             Condition No.:         130698
===================================================================================
* The condition number is large (1e+05). This might indicate     strong multicollinearity
or other numerical problems.
```

当然，也可以使用最直接亦即最老土的方法，即用传统赋值的方式设定虚拟变量：

```python
salary.loc[(salary.position_valuelabel=='经理'),'position1']=1
salary.loc[(salary.position_valuelabel=='经理'),'position2']=0
salary.loc[(salary.position_valuelabel=='主管'),'position1']=0
salary.loc[(salary.position_valuelabel=='主管'),'position2']=1
salary.loc[(salary.position_valuelabel=='普通员工'),'position1']=0
salary.loc[(salary.position_valuelabel=='普通员工'),'position2']=0
salary.head()
```

	position	ID	Gender	Education	Current_Salary	Begin_Salary	Experience	Age	position_valuelabel	Gender_valuelabel	position1	position2
0	1	1	1	15	57000	27000	144.0	55.0	经理	男	1.0	0.0
1	1	34	1	19	92000	39990	175.0	58.0	经理	男	1.0	0.0
2	1	18	1	16	103750	27510	70.0	51.0	经理	男	1.0	0.0
3	1	200	1	17	67500	34980	9.0	44.0	经理	男	1.0	0.0
4	1	199	1	16	51250	27480	69.0	49.0	经理	男	1.0	0.0

上述这种直接生成变量的方法实在麻烦，当变量有很多值时不便处理。pandas 提供的 get_dummies 函数也可以将指定变量处理为虚拟变量：

```python
dm=pd.get_dummies(salary['position_valuelabel'],prefix='position_')
```

将虚拟变量 dm 加入原数据集中：

```python
salary=salary.join(dm)
salary[['position_valuelabel','position1','position2','position__主管',
    'position__普通员工']].loc[[0,440,470]]
```

	position_valuelabel	position1	position2	position__主管	position__普通员工
0	经理	1.0	0.0	0	0
440	普通员工	0.0	0.0	0	1
470	主管	0.0	1.0	1	0

上段程序抽取了索引号分别为 0、440 和 470 的样本来查看虚拟变量的设置是否正确要注意，使用 pd.get_dummies 生成的虚拟变量所代表的含义与手工定义的含义可能是不同的。请读者自行仔细对照上述输出结果。

设置好虚拟变量之后便可按照普通线性回归的方法直接建模：

```
formula='Current_Salary~Education+Begin_Salary+
                    Experience-Age+position1+position2+Gender'
salary_model5=ols(formula,data=salary).fit()
print (salary_model5.summary2())
```
```
                    Results: Ordinary least squares
=================================================================
Model:              OLS              Adj. R-squared:      0.813
Dependent Variable: Current_Salary   AIC:                 9175.9545
Date:               2018-04-09 19:27 BIC:                 9204.6567
No. Observations:   446              Log-Likelihood:      -4581.0
Df Model:           6                F-statistic:         323.8
Df Residuals:       439              Prob (F-statistic):  1.02e-157
R-squared:          0.816            Scale:               4.9647e+07
-----------------------------------------------------------------
                 Coef.      Std.Err.    t     P>|t|   [0.025    0.975]
-----------------------------------------------------------------
Intercept      3908.9330  2155.2003  1.8137  0.0704 -326.8598  8144.7258
Education       506.7274   172.5026  2.9375  0.0035  167.6939   845.7609
Begin_Salary      1.3221     0.0988 13.3870  0.0000    1.1280     1.5162
Experience      -22.5668     3.7782 -5.9728  0.0000  -29.9925   -15.1411
position1     11501.1261  1543.7087  7.4503  0.0000 8467.1481 14535.1041
position2      6691.6927  1692.3071  3.9542  0.0001 3365.6621 10017.7234
Gender         1970.6471   813.6961  2.4218  0.0158  371.4232  3569.8711
-----------------------------------------------------------------
Omnibus:            206.434          Durbin-Watson:       1.962
Prob(Omnibus):      0.000            Jarque-Bera (JB):    1762.413
Skew:               1.786            Prob(JB):            0.000
Kurtosis:           12.060           Condition No.:       130698
=================================================================
* The condition number is large (1e+05). This might indicate
strong multicollinearity or other numerical problems.
```

上述模型对象 salary_model4 和 salary_model5 的结果是一模一样的，只是变量的顺序在结果显示上有所不同。

在结果中可以看到所有变量的回归系数均在 $\alpha=0.1$ 条件下显著，且回归方程拟合优度的判定系数 $R^2=0.816$，其总体显著性检验的 F 统计量为 323.8，对应 P 值 <0.0001，非常显著。其回归诊断结果略。

根据参数估计结果，可写出回归方程如下：

```
Current_Salary=3908.93+506.73×Education+1.32×Begin_Salary
              -22.57×Experience+11501.13×position1
              +6691.69×position2+1970.65×Gender
```

对含有虚拟变量的回归方程进行分析，应当先确定分析的参照方程。参照方程就是指当所有虚拟变量为 0 时的方程，本例的参照方程为：

```
Current_Salary=3908.93+506.73×Education
             +1.32×Begin_Salary-22.57×Experience
```

因本例中有 2 个虚拟变量，故所有虚拟变量均为 0 时的参照方程表示女性（Gender=0）、且职位为普通员工（Position1=Position2=0）的当前薪酬影响关系。参照方程的具体含义即女性普通员工的学历每增加 1 年，当前薪酬平均增加 506.73 元；工作经验增加 1 周，则当前薪酬反而平均减少 22.57 元；而起薪增加 1 元，则当前薪酬平均增加 1.32 元。

对于不同职位不同性别的员工起薪影响，可根据虚拟变量取值来进行分析。如要分析职位为经理的男性起薪状况，即把虚拟变量 Gender=1，Position1=1，Position2=0 代入估计方程中（或直接在 salary_model4 中找到对应的自变量及其系数），得到：

```
Current_Salary=3908.93+506.73×Education+1.32×Begin_Salary
             -22.57×Experience+11501.13+1970.65
             =3908.93+506.73×Education+1.32×Begin_Salary
             -22.57×Experience＋13471.79
```

从以上回归方程可知，男性经理的当前薪酬比女性普通员工平均高出 13471.79 元。

10.2　非线性回归

现实生活中，很多变量之间的关系并不一定就像是第 9.1 小节和本章前几节描述的线性关系一样，变量之间可能还存在非线性关系。如人的生长曲线，经济增长会随着时间的推移而发生周期性的波动等。如果在存在非线性关系的情况下去使用线性回归拟合曲线，则会丢失数据之间的大量有用信息，甚至会得出错误的结论。这种情况下，可以使用非线性回归分析来对数据之间的统计关系进行考察。

10.2.1　可线性化的非线性分析

变量之间的非线性形式较多，较为常见的形式如图 10-2：

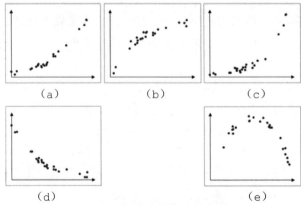

图 10-2　常见的非线性关系

非线性形式的变量关系一般可以通过变量代换或转换的方式转化为线性关系。如图 10-2 中的（a）图，横纵轴所代表变量之间的关系为幂函数形式的关系，即可建立的模型为：

$$y=\alpha x^{\beta}+\varepsilon$$

其中 α、β 为模型参数，ε 为误差项。

在实际建模过程中，可以把上述模型左右变量同时取对数，可得：

$$\ln y=\ln\alpha+\beta\ln x+\varepsilon$$

令 $y'=\ln y$，$x'=\ln x$，$\alpha'=\ln\alpha$ 可得如下模型：

$$y'=\alpha'+\beta x'+\varepsilon$$

该转换后的模型为线性模型，可以采用第 10.1 小节介绍的方法对其进行参数估计和模型检验。

类似的，图 10-2 中（b）的对数模型 $y=\alpha+\beta\ln x+\varepsilon$，可以转换成 $y=\alpha+\beta x'+\varepsilon$ 的线性形式；将（c）中的指数模型 $y=\alpha e^{\beta x}+\varepsilon$ 两边同时取对数，可得 $\ln y=\ln\alpha+\beta x+\varepsilon$，再用变量代换转换为 $y'=\alpha'+\beta x+\varepsilon$ 的线性形式；将（d）中的逻辑斯蒂（Logistic）模型 $y=1/(1+\alpha e^{\pm\beta x})+\varepsilon$ 转换为 $\ln(y/(1-y))=-\ln\alpha\pm\beta x$，再使用变量代换的形式转换成线性形式；（e）中的抛物线模型同理也可作类似处理。

类似的，在存在多个自变量情形下的非线性回归，也可以按照上述变量转换和代换的方式把多元非线性模型转化为多元线性模型。

在 statsmodels 的 ols 中，用户可在建模的过程中直接把自变量和因变量按照指定方式转换并进行回归分析，其分析过程与前面章节所介绍的内容无异。

【例 10-3】 电商平台在互联网络技术日趋成熟的今天，仍然具有良好的前景。本书搜集了 25 个网站在某时期的注册用户数（百万人）和销售收入（百万元），数据如 electronic_business.csv 所示，试对该数据进行回归分析。

本书所用的数据如下：

```
eb=pd.read_csv('electronic_business.csv')
eb.head()
```

	registration	sales
0	16.9	67.5
1	15.3	88.3
2	4.5	77.4
3	14.7	84.6
4	4.0	77.2

对于本例数据，首先可以使用如下程序对销售收入和注册用户数的原始变量进行关系的描述：

```
plt.scatter(eb.registration,eb.sales,marker='o')
```

```
plt.xlabel('registration')
plt.ylabel('sales')
plt.show()
```

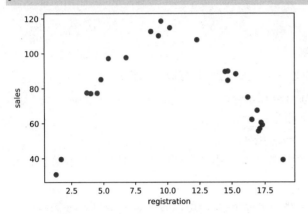

从图中不难看出，如果以销售收入作为因变量，注册用户数作为自变量，二者之间的关系与抛物线比较接近。因此，本例考虑建立抛物线模型，并且通过变量转化及代换的方式把抛物线模型转化为多元线性模型。

statsmodels 提供的 ols 可以直接使用函数对变量进行转换，并拟合出线性模型：

```
formula='sales~registration+np.square(registration)'
eb_model=ols(formula,data=eb).fit()
print (eb_model.summary2())
```

Results: Ordinary least squares

Model:	OLS	Adj. R-squared:	0.968
Dependent Variable:	sales	AIC:	148.0375
Date:	2018-04-09 19:32	BIC:	151.6942
No. Observations:	25	Log-Likelihood:	-71.019
Df Model:	2	F-statistic:	360.7
Df Residuals:	22	Prob (F-statistic):	1.53e-17
R-squared:	0.970	Scale:	19.520

	Coef.	Std.Err.	t	P>|t|	[0.025	0.975]
Intercept	9.1189	3.4492	2.6437	0.0148	1.9656	16.2721
registration	20.7981	0.8147	25.5296	0.0000	19.1086	22.4876
np.square(registration)	-1.0394	0.0390	-26.6602	0.0000	-1.1202	-0.9585

Omnibus:	0.921	Durbin-Watson:	1.490
Prob(Omnibus):	0.631	Jarque-Bera (JB):	0.777
Skew:	0.095	Prob(JB):	0.678
Kurtosis:	2.157	Condition No.:	780

```
plot_fit(eb_model,1)
plt.show()
```

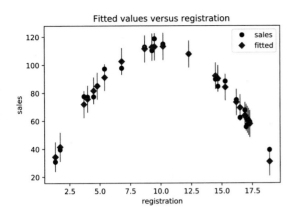

从上面的结果中不难看出，经过变量代换方式转换成线性模型的拟合优度判定系数 $R^2=0.970$ 非常高，且回归方程总体显著（F 值=360.7，对应 P 值几乎为 0），各回归系数也非常显著。除此之外，模型诊断结果也比较正常，对残差项的检验也符合线性建模的经典假定（请读者自行编制程序查看该结果）。这充分说明了电商注册用户数与销售收入之间存在显著的抛物线关系。

10.2.2 非线性回归模型

对常见非线性模型进行线性转换后用线性回归的参数估计方法进行参数估计虽然较简单，但有时估计效果不理想。当对因变量 y 作变换时，由于线性回归的最小二乘估计是对变换后的 y 而不是直接对 y 进行估计，在此基础上估计的曲线可能会造成拟合效果并不理想。此外，有些时候变量间的曲线关系比较明显，关系式也已知，但是难以用变量变换或代换的方式将其线性化，这个时候可以考虑直接使用非线性最小二乘估计方法来估计模型参数。

此外，非线性回归模型还有一种情况：模型中至少有一个参数不是线性的，该模型也可称之为非线性模型。如有如下模型：

$$y = \alpha + x/\beta + \varepsilon$$

对模型右边求偏导数并利用回归模型经典假定，得到：

$$\frac{\partial y}{\partial \alpha} = \frac{\partial(\alpha + x/\beta + \varepsilon)}{\partial \alpha} = 1$$

$$\frac{\partial y}{\partial \beta} = \frac{\partial(\alpha + x/\beta + \varepsilon)}{\partial \beta} = -\frac{x}{\beta^2}$$

由上述第二个偏导数得知，自变量对因变量的影响还会受到参数 β 本身的影响，而自变量通过 β 对因变量发生的作用并不是线性的。这种模型可称之为非线性回归模型。

非线性模型的参数一般可以使用最小二乘及迭代算法进行估计，主要估计方法有最速下降法（Steepest-Descent）或梯度法（Gradient Method）、牛顿法（Newton

Method）、修正高斯-牛顿法（Modified Gauss-Newton Method）和麦夸特法
（Marquardt Method）等。一般而言，非线性曲线的拟合程度均较高，在考虑实际数
据的拟合问题时，一般的分析过程往往不会给出模型检验结果。

【例 10-4】 本例是对例 10-3 的拓展。为了更好的研究电商注册用户数量与其销售收入
之间的关系，在数据搜集过程中对样本量进行了扩展，如 eb_extended.csv 所示，试
对该数据进行回归分析。

本例所使用的数据如下：

```
eb_ex=pd.read_csv('eb_extended.csv')
eb_ex.head()
```

	registration	sales
0	16.9	67.5
1	15.3	88.3
2	4.5	77.4
3	14.7	84.6
4	4.0	77.2

为了较为准确的判定模型形式，可以用如下程序绘制变量之间的散点图，在散点图的
基础上对模型形式进行预估：

```
plt.scatter(eb_ex.registration,eb_ex.sales,marker='o')
plt.xlabel('registration')
plt.ylabel('sales')
plt.show()
```

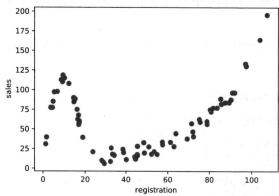

从上图中可以看出，注册用户数大致低于 20 时，变量之间的关系可以用抛物线来描
述，而当用户数大于 20 时，变量之间的关系呈指数形式。因此，本例可以建立如下分段
非线性模型：

$$sales = \begin{cases} \alpha_1 + \beta_1 \times registration + \beta_2 \times registration^2 + \varepsilon, & if \ \ registration \le 20 \\ \alpha_2 \gamma \exp^{\beta_3 registration} + \varepsilon, & if \ \ registration > 20 \end{cases}$$

　　scipy.optimize 提供了 curve_fit 来进行非线性最小二乘曲线拟合。首先，定义上述函数中的两个分段函数：

```
from scipy.optimize import curve_fit
def func1(x,alpha2,beta3,gamma):
    return alpha2*(gamma**(beta3*x))
def func2(x,alpha1,beta1,beta2):
    return alpha1+beta1*x+beta2*np.square(x)
```

　　根据拟合的参数可以得到回归方程（默认使用 Levenberg-Marquardt 法进行估计）：

```
m1=curve_fit(func1,eb_ex[eb_ex['registration']>20]['registration'],
             eb_ex[eb_ex['registration']>20]['sales'])
m2=curve_fit(func2,eb_ex[eb_ex['registration']<=20]['registration'],
             eb_ex[eb_ex['registration']<=20]['sales'])
```

　　curve_fit 函数返回使得离差即 $f(x)$-y 平方和最小的参数估计值，以及参数估计值的协方差：

```
m1,m2
((array([ 3.3457962 , 1.27874618, 1.02971756]),
 array([[ 1.21284595e+00,  -1.85651675e+05,   4.37794795e+03],
        [ -1.85651676e+05,   3.09968910e+10,  -7.30953726e+08],
        [  4.37794796e+03,  -7.30953726e+08,   1.72369980e+07]])),
 (array([ 9.11887122, 20.79806299,  -1.03935516]),
 array([[ 1.18971759e+01,  -2.54291948e+00,   1.10578766e-01],
        [ -2.54291948e+00,   6.63677073e-01,  -3.11621801e-02],
        [  1.10578766e-01,  -3.11621801e-02,   1.51985540e-03]])))
```

　　可根据估计出来的参数写出本例所构建的分段非线性模型如下：

$$sales = \begin{cases} 9.1189 + 20.7981 \times registration - 1.0394 \times registration^2, & if\ \ registration \le 20 \\ 3.3458 \times 1.2787 \exp^{1.0297 \times registration}, & if\ \ registration > 20 \end{cases}$$

　　根据上述回归方程，可以利用给定的用户注册数量对销售额进行预测

```
eb_ex.loc[eb_ex['registration']>20,'predicted']=func1(eb_ex[eb_ex['registra
tion']>20]['registration'],m1[0][0],m1[0][1],m1[0][2])
eb_ex.loc[eb_ex['registration']<=20,'predicted']=func2(eb_ex[eb_ex['registr
ation']<=20]['registration'],m2[0][0],m2[0][1],m2[0][2])
```

　　也可以根据模型预测进行曲线拟合：

```
eb_ex_sorted=eb_ex.sort_values(by='registration')
plt.plot(eb_ex_sorted['registration'],eb_ex_sorted['sales'],'o',
         eb_ex_sorted['registration'],eb_ex_sorted['predicted'],'r-',lw=3)
plt.show()
```

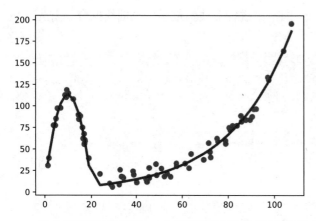

从上图可明显看出，本例所得到的非线性分段方程较好的拟合了样本数据。

10.3 多项式回归

理论上可以利用第 10.2 小节的方法拟合任何曲线，但前提条件是要事先对模型的形式进行判断，即知道非线性模型的参数设置。在一般情况下，通过绘制散点图的形式可以做到这一点。但是在更一般的情况下，如有多个自变量的情况下，无法绘制散点图，同时也很难对模型形式进行预估，这个时候可以使用本小节所介绍的方法。根据数学的相关理论，任何曲线均可以使用多项式进行逼近，这种逼近的分析过程即多项式回归。

多项式回归类似于可线性化的非线性模型，可通过变量代换的方式使用普通最小二乘对参数进行估计。

设有因变量 y 和自变量 x，它们之间的关系为 n 次多项式的关系，则有如下模型：

$$y = \alpha + \beta_1 x + \beta_2 x^2 + \cdots + \beta_n x^n + \varepsilon$$

令 $x_1 = x, x_2 = x^2, \cdots, x_n = x^n$，则多项式模型就转化为如下的多元线性模型：

$$y = \alpha + \beta_1 x_1 + \beta_2 x_2 + \cdots + \beta_n x_n + \varepsilon$$

这样就可以按照多元线性回归模型进行分析了。对于多元的多项式模型：

$$y = \alpha + \beta_1 x_1 + \beta_2 x_2 + \beta_3 x_1^2 + \beta_4 x_1 x_2 + \beta_5 x_2^2 + \cdots + \beta_m x_m^n + \varepsilon$$

同样可做变量代换，令 $z_1 = x_1, z_2 = x_2, z_3 = x_1^2, z_4 = x_1 x_2, z_5 = x_2^2, \cdots, z_m = x_m^n$，则有：

$$y = \alpha + \beta_1 z_1 + \beta_2 z_2 + \beta_3 z_3 + \beta_4 z_4 + \beta_5 z_5 + \cdots + \beta_m z_m + \varepsilon$$

转化之后的模型同样可以按照多元线性回归模型进行分析。

多项式回归当阶数过高时，待估参数过多，在样本量不大的情况下会比较困难，这是多项式回归的一大缺陷。因此，一般的多项式回归模型很少应用到三阶以上。

【例 10-5】 基尼系数（Gini coefficient）是 20 世纪初意大利学者基尼根据洛仑兹曲线（Lorenz curve）所定义用于判断收入分配公平程度的指标。其值在 0 和 1 之间，越往 1 靠近则表示收入分配公平程度越低。如果要较为精确的计算基尼系数，则主要通过拟合洛仑兹曲线来进行。其中拟合洛仑兹曲线的方法主要有广义二次洛仑兹曲线法、指数曲线法等，本书利用 CHNS（美国北卡罗来纳大学中国健康营养调查）中 2008 年的人均家庭收入数据，按照 1322 个有效调查样本计算出了收入累计百分比（cincome）和人口累计百分比（cpop），如 lorenz.csv 所示。试利用本例数据对洛仑兹曲线进行拟合。

本例所用的数据如下：

```
lorenz=pd.read_csv('lorenz.csv')
lorenz.head()
```

	cpop	cincome
0	0.018	0.000000e+00
1	0.019	9.701260e-07
2	0.020	3.366135e-06
3	0.020	5.785387e-06
4	0.021	8.521446e-06

由于事先不知道曲线的形式，因此无法像非线性回归模型那样为模型设置参数，故考虑采用多项式回归分析。

numpy 中的 polyfit 函数可以直接对多项式函数进行拟合：

```
lorenz_est=np.polyfit(lorenz['cpop'],lorenz['cincome'],2)
#三个参数分别是自变量、因变量和阶数
lorenz_est
array([ 1.02722918, -0.20824691,  0.02550764])
```

估计出参数之后，可以使用前面章节介绍过的 numpy 的 poly1d 对象来处理多项式，此对象可以像函数一样调用，并且返回多项式的值：

```
lorenz_poly=np.poly1d(lorenz_est)
print (lorenz_poly)

        2
1.027 x - 0.2082 x + 0.02551
```

上述结果即为估计出来的多项式回归方程式。

在实际应用中，除了得到上述拟合的回归方程式之外，更多的是想要得到模型的检验过程。如前所述，多项式回归模型可通过转换之后按照多元线性回归模型进行分析。因此，同样可以使用 statsmodels 中的 ols 函数进行分析：

```
formula='cincome~cpop+np.square(cpop)'
lorenz_model1=ols(formula,data=lorenz).fit()
print (lorenz_model1.summary2())
```

```
                Results: Ordinary least squares
===================================================================
Model:              OLS              Adj. R-squared:    0.994
Dependent Variable: cincome          AIC:               -6659.2479
Date:               2018-04-09 19:37 BIC:               -6643.6872
No. Observations:   1322             Log-Likelihood:    3332.6
Df Model:           2                F-statistic:       1.105e+05
Df Residuals:       1319             Prob (F-statistic): 0.00
R-squared:          0.994            Scale:             0.00037922
-------------------------------------------------------------------
                  Coef.   Std.Err.    t     P>|t|   [0.025  0.975]
-------------------------------------------------------------------
Intercept         0.0255  0.0017  14.9508 0.0000  0.0222  0.0289
cpop             -0.2082  0.0077 -26.9092 0.0000 -0.2234 -0.1931
np.square(cpop)   1.0272  0.0074 139.4493 0.0000  1.0128  1.0417
-------------------------------------------------------------------
Omnibus:            732.937          Durbin-Watson:     0.002
Prob(Omnibus):      0.000            Jarque-Bera (JB):  8902.124
Skew:               2.320            Prob(JB):          0.000
Kurtosis:           14.835           Condition No.:     24
===================================================================
```

在上述结果可以看到，cpop 和 square(cpop) 即二次项均在模型中显著，且 F 统计量为 1.105e+05，模型非常显著。模型的 R^2 也非常高，达到了 0.994。此外，参数估计和检验结果表明，各项回归系数均非常显著。据此可写出形如 lorenz_poly 对象的多项式回归方程：

收入累计百分比=0.0255−0.2082×人口累计百分比+1.0272×人口累计百分比 ^{2}

上述结论也可通过绘制的拟合图形明显看出来：

```
plot_fit(lorenz_model1,1)
plt.show()
```

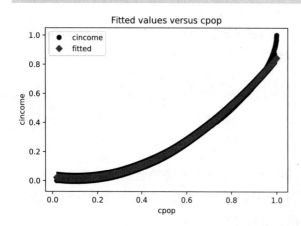

上述图形也可由 matplotlib 的 plot 语句绘制：

```
plt.plot(lorenz['cpop'],lorenz['cincome'],'ro',lorenz['cpop'],
        lorenz_model1.fittedvalues,linewidth=2)
```

由上图可以看出，本例所拟合出来的二次曲线与原始数据散点图较为接近，只是在人口累计百分比的两侧，偏离程度有点大。

　　但对于从洛仑兹曲线中进行基尼系数测算的这个实际问题而言，要在准确拟合曲线的基础上才能精确的计算出基尼系数。本例考虑使用高次（三次）多项式重新拟合曲线：

```
statsmodels 的 ols 函数建立模型时的变量不能使用表达式做变换，故先定义一个三次方函数：
def cube(x):
    return x**3
formula='cincome~cpop+np.square(cpop)+cube(cpop)'
lorenz_model2=ols(formula,data=lorenz).fit()
print (lorenz_model2.summary2())
```

```
                    Results: Ordinary least squares
=================================================================
Model:                OLS           Adj. R-squared:      0.998
Dependent Variable:   cincome       AIC:                 -7995.1774
Date:                 2018-04-09 19:38  BIC:             -7974.4298
No. Observations:     1322          Log-Likelihood:      4001.6
Df Model:             3             F-statistic:         2.034e+05
Df Residuals:         1318          Prob (F-statistic):  0.00
R-squared:            0.998         Scale:               0.00013794
-----------------------------------------------------------------
                   Coef.   Std.Err.    t      P>|t|   [0.025   0.975]
-----------------------------------------------------------------
Intercept         -0.0238  0.0015  -16.4017  0.0000  -0.0267  -0.0210
cpop               0.3350  0.0122   27.3831  0.0000   0.3110   0.3589
np.square(cpop)   -0.2877  0.0277  -10.3769  0.0000  -0.3421  -0.2333
cube(cpop)         0.8611  0.0179   48.0430  0.0000   0.8259   0.8963
-----------------------------------------------------------------
Omnibus:             943.668      Durbin-Watson:       0.005
Prob(Omnibus):       0.000        Jarque-Bera (JB):    23537.954
Skew:                2.997        Prob(JB):            0.000
Kurtosis:            22.784       Condition No.:       134
=================================================================
```

　　从上述结果中可以看到，回归方程拟合程度的 R^2 更高，回归方程总体显著性检验的 F 值为 2.034e+05，对应 P 值几乎为 0，非常显著。参数估计及回归系数显著性检验结果表明，各回归系数均显著。因此，可以写出如下的高次多项式回归方程：

$$cincome = -0.0238 + 0.3350 \times cpop - 0.2877 \times cpop^2 + 0.8611 \times cpop^3$$

10.4　分位数回归

　　前面章节介绍的回归分析都是通过对模型求其条件期望的形式，然后利用最小误差平方（即最小二乘法）进行参数估计。即对于回归模型：

$$y = \beta_0 + \beta_1 x_1 + \beta_2 x_2 + \cdots + \beta_n x_n + \varepsilon$$

在满足经典假定情况下求其条件期望，可得：

$$E(y|x) = \beta_0 + \beta_1 x_1 + \beta_2 x_2 + \cdots + \beta_n x_n + 0$$

然后通过最小化误差平方损失函数：

$$\min \sum \varepsilon^2 = \min \left[y - \left(\beta_0 + \beta_1 x_1 + \beta_2 x_2 + \cdots + \beta_n x_n \right) \right]^2$$

得到普通最小二乘（OLS）的估计方程：

$$\hat{y}^{OLS} = \hat{\beta}_0^{OLS} + \hat{\beta}_1^{OLS} x_1 + \hat{\beta}_2^{OLS} x_2 + \cdots + \hat{\beta}_n^{OLS} x_n$$

使用上述过程进行回归分析，其模型的实质是随机变量的条件均值函数。因此，回归分析得到的常见结论便是：x 变动一个单位，y 平均变动 β 个单位。但是当数据具有尖峰厚尾的分布特征或有离群点（即异常值）时，模型稳健性较差。因此，应该采用更能精确地描述自变量对于因变量的变化范围以及条件分布形状影响且参数估计比 OLS 回归系数估计更稳健的模型。

分位数回归（quantile regression）便是对以古典条件均值模型为基础的延伸，它用几个分位函数来估计整体模型。这种模型依据因变量的条件分位数对自变量进行回归，可得到所有分位数下的回归模型，能够得到更加稳健的估计结果。

关于分位数的概念在本书第 4 章中介绍过，其实质就是顺序数据划分为 k 个等分，每个等分点上的数值。因此，实值随机变量 y 的右连续分布函数为：

$$F(y) = P(Y \le y)$$

则 y 的 τ 分位数为：$Q(\tau) = \inf(y : F(y) \ge \tau)$，对回归模型取条件中位数，可得：

$$Median(y|x) = \beta_0 + \beta_1 x_1 + \beta_2 x_2 + \cdots + \beta_n x_n + Median(\varepsilon)$$

然后通过最小化绝对误差损失函数 $\min \sum |\mu| = \min \left| y - \left(\beta_0 + \beta_1 x_1 + \beta_2 x_2 + \cdots + \beta_n x_n \right) \right|$，可得到最小绝对偏差（LAD，least absolute deviation）的估计方程：

$$\hat{y}^{LAD} = \hat{\beta}_0^{LAD} + \hat{\beta}_1^{LAD} x_1 + \hat{\beta}_2^{LAD} x_2 + \cdots + \hat{\beta}_n^{LAD} x_n$$

上述方程的估计系数则反映了各个自变量对因变量中位数的影响。因为中位数也是分位数的一种特殊形式（即 50% 分位数或第 2 个分位数），更进一步，可以取回归模型的条件 τ 分位数，即：

$$Q_{y|x}(\tau) = \beta_0 + \beta_1 x_1 + \beta_2 x_2 + \cdots + \beta_n x_n + Q_{\varepsilon/x}(\tau)$$

通过最小化不对称损失函数 $\min \sum \rho_\tau \left(y - \left(\beta_0 + \beta_1 x_1 + \beta_2 x_2 + \cdots + \beta_n x_n \right) \right)$ 的方式，得到分位数回归方程：

$$\hat{y}^\tau = \hat{\beta}_0^\tau + \hat{\beta}_1^\tau x_1 + \hat{\beta}_2^\tau x_2 + \cdots + \hat{\beta}_n^\tau x_n$$

在分位数回归分析中，损失函数可进行如下定义：

$$\rho_\tau(\varepsilon) = \varepsilon(\tau - I(\varepsilon))$$

其中 $I(\varepsilon)$ 为示性函数，即 $I(\varepsilon) = \begin{cases} 0, \varepsilon \ge 0 \\ 1, \varepsilon < 0 \end{cases}$，则有：

$$\rho_\tau(\varepsilon) = \varepsilon(\tau - I(\varepsilon)) = \begin{cases} \tau\varepsilon, & \varepsilon \geq 0 \\ \varepsilon(\tau-1), & \varepsilon < 0 \end{cases}, \ \text{且} \rho_\tau(\varepsilon) \geq 0$$

因此，可将损失函数改写为：

$$\rho_\tau(\varepsilon) = \varepsilon(\tau - I(\varepsilon)) = \begin{cases} \tau\varepsilon, & \varepsilon \geq 0 \\ \varepsilon(\tau-1), & \varepsilon < 0 \end{cases} = \tau\varepsilon I_{(\varepsilon \geq 0)} + (\tau-1)\varepsilon I_{(\varepsilon < 0)}$$

最小化不对称损失函数：$\min \sum \rho_\tau(y - \xi) = \min\left[\sum_{y_i \geq \xi} \tau|y - \xi| + \sum_{y_i < \xi}(\tau-1)|y - \xi|\right]$，其中

$\xi = (\beta_0 + \beta_1 x_1 + \beta_2 x_2 + \cdots + \beta_n x_n)$。

于是，求 τ 分位点的参数估计如下：$\hat{\beta}^\tau = \arg\min_{\beta \in R^m}\left(\sum \rho_\tau(y - \beta x)\right)$，其中 β、x 分别为回归系数和自变量的向量。

在 $\tau \in (0,1)$ 上，可得到 y 关于 x 的条件分布曲线簇。分位数回归可用的估计方法包括单纯型法、内点法（预处理后内点法）、平滑法以及 Majorize-Minimize 法等。

与一般的回归分析过程一样，分位数回归模型进行参数估计之后，也需要对模型进行评价以及进行显著性检验。Koenker 与 Machado 依据最小二乘中拟合优度 R^2 的计算思想，提出了一种拟合优度统计量可以用来判定模型的拟合程度，还给出了拟似然比检验对回归系数的显著性进行判定。除此之外，分位数回归中系数是随分位水平变化的，因此可对不同分位点上的模型斜率相等性进行检验（即异方差性检验），也可对不同分位点的模型关于中位数是否对称进行对称性检验。

【例 10-6】 在例 10-2 关于 salary_r.csv 的例题中，本书已经对公司人员的当前薪酬进行了研究，现要求对该公司员工的当前薪酬及其影响因素进行分位数回归分析。

在现实状况中，员工的现有工资水平是有等级之分的，即不同层次的人赚取不同层次的工资，此外工资或薪水还会受到不同层次的教育水平、工作经验等因素的影响。这些不同等级或层次是分位数的一种具体体现，如较低学历层次就是把受教育年限进行升序排列之后处于较低分位点的人群。因此可对本例中的公司员工当前薪酬及其影响因素进行分位数回归分析。

statsmodels 提供了 quantreg 类可进行分位数回归分析：

```
from statsmodels.formula.api import quantreg

formula='Current_Salary~Begin_Salary+Education+Experience'
salary_qt=quantreg(formula,data=salary)
salary_qtmodel1=salary_qt.fit(q=0.1)
#参数 q 表示分位点，本段程序给出 10%分位点上的模型拟合结果
print (salary_qtmodel1.summary())
```

```
                        QuantReg Regression Results
==============================================================================
Dep. Variable:         Current_Salary   Pseudo R-squared:              0.4469
Model:                       QuantReg   Bandwidth:                      3076.
Method:                 Least Squares   Sparsity:                   1.720e+04
Date:                   一, 09  4 2018   No. Observations:                 446
Time:                        19:42:06   Df Residuals:                     442
                                        Df Model:                           3
==============================================================================
                 coef    std err          t      P>|t|      [0.025      0.975]
------------------------------------------------------------------------------
Intercept      86.9399   1431.099      0.061      0.952   -2725.665    2899.545
Begin_Salary    1.4572      0.056     25.905      0.000       1.347       1.568
Education     298.0171    133.674      2.229      0.026      35.302     560.733
Experience    -13.3543      2.261     -5.906      0.000     -17.798      -8.911
==============================================================================
```

The condition number is large, 1.02e+05. This might indicate that there are
strong multicollinearity or other numerical problems.

分位数回归的参数估计结果及回归系数的显著性检验过程同一般的回归分析过程。在该结果中可以得知，如果给定显著性水平 $\alpha=0.1$，则在 0.1 分位点下模型的所有参数估计结果均显著（P 值均小于 0.1）。

再如在 0.85 分位点下的模型估计结果如下：

```
salary_qtmodel2=salary_qt.fit(q=0.85)
print (salary_qtmodel2.summary())
```

```
                        QuantReg Regression Results
==============================================================================
Dep. Variable:         Current_Salary   Pseudo R-squared:              0.6465
Model:                       QuantReg   Bandwidth:                      3103.
Method:                 Least Squares   Sparsity:                   2.767e+04
Date:                   一, 09  4 2018   No. Observations:                 446
Time:                        19:43:06   Df Residuals:                     442
                                        Df Model:                           3
==============================================================================
                 coef    std err          t      P>|t|      [0.025      0.975]
------------------------------------------------------------------------------
Intercept   -5684.6774   2716.874     -2.092      0.037     -1.1e+04    -345.082
Begin_Salary    2.4948      0.082     30.530      0.000       2.334       2.655
Education     440.0576    241.952      1.819      0.070     -35.461     915.576
Experience    -12.9493      5.476     -2.365      0.018     -23.711      -2.188
==============================================================================
```

The condition number is large, 1.02e+05. This might indicate that there are
strong multicollinearity or other numerical problems.

如果给定显著性水平 $\alpha=0.1$，则在 0.85 分位点下模型的所有参数估计结果均显著（P 值均小于 0.1）。对比这两个模型的分析结果可知，对于高薪和低薪的员工而言，起始薪酬、工作经验及受教育水平的影响是非常显著的。为了对比各分位点上回归模型的参数估计值，可以将各分位点上的模型都估计出来：

```
import warnings
warnings.filterwarnings('ignore')
```

```
#分位数回归执行过程中有些分位点估计参数时会有收敛循环提示，以上两行语句可屏蔽掉这些信息
quantiles=np.arange(0.05,1,0.05)
def fit_model(v,q):
    res=salary_qt.fit(q=q)
    return [q,res.params['Intercept'],res.params[v]]+
            res.conf_int(alpha=0.05).ix[v].tolist()
#以下程序用于自动生成各个自变量在不同分位点上的参数估计值及其 95%置信区间
names=locals()
for i in ['Intercept','Begin_Salary','Education','Experience']:
    names['params_%s' % i]=[fit_model(i,x) for x in quantiles]
    names['params_%s' % i]=pd.DataFrame(names['params_%s' % i],
                                columns=['quantile','Intercept',
                                'Beta','Beta_L','Beta_U'])
```

本段程序运行之后,会自动生成名为params_Intercept、params_Begin_Salary、params_Education 和 params_Experience 的三个变量, 即:

```
params_Begin_Salary.head()
```

	quantile	Intercept	Beta	Beta_L	Beta_U
0	0.05	29.668429	1.290738	1.153871	1.427606
1	0.10	86.939877	1.457217	1.346534	1.567900
2	0.15	235.214558	1.509601	1.405673	1.613528
3	0.20	689.525970	1.551411	1.446781	1.656041
4	0.25	21.784564	1.630912	1.522986	1.738838

为了对比各分位点上回归模型的参数估计值, 利用各分位点估计出来的模型参数, 可以绘制各分位数点上参数估计的对比图:

```
#绘制一张 2*2 共享 x 轴坐标的图形
fig,((ax1,ax2),(ax3,ax4))=plt.subplots(2,2,sharex=True)
fig.set_size_inches(6,6)
fig.suptitle('Estimated Parameter by Quantile for Current_Salary
            \n with 95% confidence limits')
#上面这个语句是一行语句，由于排版原因截断成 2 行
ax1.plot(params_Intercept['quantile'],params_Begin_Salary['Intercept'])
ax1.fill_between(params_Intercept['quantile'],params_Intercept['Beta_L'],
            params_Intercept['Beta_U'],color='b',alpha=0.1)
ax1.set_ylabel('Intercept')
ax2.plot(params_Begin_Salary['quantile'],params_Begin_Salary['Beta'])
ax2.fill_between(params_Begin_Salary['quantile'],
            params_Begin_Salary['Beta_L'],
            params_Begin_Salary['Beta_U'],
            color='b',alpha=0.1)
ax2.set_ylabel('Begin_Salary')
ax3.plot(params_Education['quantile'],params_Education['Beta'])
```

```
ax3.fill_between(params_Education['quantile'],params_Education['Beta_L'],
                 params_Education['Beta_U'],color='b',alpha=0.1)
ax3.set_xlabel('quantiles')
ax3.set_ylabel('Education')
ax4.plot(params_Experience['quantile'],params_Experience['Beta'])
ax4.fill_between(params_Experience['quantile'],params_Experience['Beta_L'],
                 params_Experience['Beta_U'],color='b',alpha=0.1)
ax4.set_xlabel('quantiles')
ax4.set_ylabel('Experience')
fig.subplots_adjust(wspace=0.3)        #将横向图形之间宽度调宽以便美观
plt.show()
```

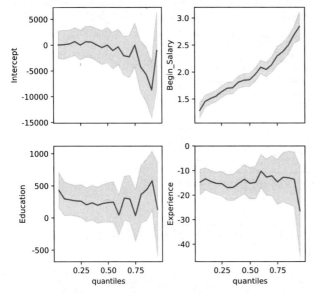

通过上图的对比，可以分析出各个自变量对因变量条件分位数影响的差异。对于起始薪酬自变量而言，当前收入越高（即取的分位点越高）的阶层，其收入受起始薪酬的影响也越来越大，这种影响有呈线性关系的趋势；受教育年限在中低收入阶层的影响作用较为稳定，但是对高收入阶层而言，该自变量所体现出来的学历影响则有显著提升；而工作经历对中等薪酬阶层的影响较小，对于高薪阶层而言，工作经历的影响稍稍偏大。

第 11 章
离散因变量模型

在第 10 章中介绍的经典回归分析模型中，被解释变量或因变量通常假定为连续的定量变量，解释变量中可以含有离散的定性变量，通常用虚拟变量处理之。但在实际的社会经济问题分析过程中，常常会遇到被解释变量可能是离散的定性变量，或受限制变量，如人们对某项政策的态度，有支持和不支持两种情况；人们购买手机的意愿也有两种情况，即购买和不购买；人们出行选择交通工具的情况，可以选择步行、自行车、公交、地铁、私家车等方式。

要考察人们做出某种具体选择的情况及其影响因素时，可把这些离散的定性变量作为因变量进行分析。如出行选择交通工具的种类可能与家庭收入、生活习惯、城市交通状况等因素有关，把交通工具的选择作为因变量，把上述影响因素作为自变量，这样所建立的模型称之为离散选择模型。

此外，还有一种情况是因变量是以离散计数的方式描述的，如发生交通事故的次数、运动会上获得的奖牌数、本书每页中的错别字个数等，这都是以整数计数的形式出现的。分析自变量对计数因变量的影响时所建立的模型，可以称之为计数模型，也是离散因变量模型的一种典型形式。

上述这些可供选择的选项都是离散定性变量的表现形式，那么是否能够按照第 10 章中的回归思想把定性变量作为因变量与其影响因素作回归分析呢？这便是本章将要阐述的离散因变量模型的主要内容，该部分内容也属于微观计量经济学的重要研究内容。

离散因变量模型起源于 Fechner 在 1860 年进行的动物条件二元反射研究。1962 年，Warner 首次将它应用于经济研究领域，用以研究公共交通工具和私人交通工具的选择问题。1980 年代之后，该模型被普遍应用于社会、经济决策领域的研究。

11.1　线性概率模型

离散选择模型在广义线性模型（generalized linear model）的框架下展开，并依赖结果是两个或多个选择将模型分为二项选择、多项选择模型和受限因变量模型。因此本章首先介绍线性概率模型。

离散选择模型主要研究选择结果的概率与影响因素之间的关系，即：

$$\mathrm{Prob}(事件\,i\,发生) = \mathrm{Prob}(Y = i) = F(影响因素)$$

其中的影响因素可能包含做出选择的主体属性和选择方案属性。如选择何种交通工具出行，既受到选择主体收入程度、生活习惯等属性的影响，也受到交通工具的价格、便捷性等属性的影响。

【例 11-1】 某咨询公司针对不同特征的潜在客户进行了一次小规模的摸底调查，对影响手机购买意向的因素进行分析。

其中，购买意向为定性变量，有两种选择，"0"表示不购买，"1"表示购买。其影响因素可能有性别、年龄、收入、职位、行业等诸多因素。

针对上述问题，设定因变量为 y，表示是否购买手机，则 y 可以赋予两个值，即：

$$y = \begin{cases} 0, & 不购买 \\ 1, & 购买 \end{cases}$$

则影响 y 的因素记为 $x = (x_1, x_2, \cdots, x_n)$，根据多元回归的思想，可得到如下的回归模型：

$$y = \beta_0 + \beta_1 x_1 + \beta_2 x_2 + \cdots + \beta_n x_n + \varepsilon$$

其中 $(\beta_1, \beta_2, \cdots, \beta_n)^T = \beta$ 表示回归模型中的参数即回归系数，则模型可以简记为：

$$y = \beta_0 + \beta x + \varepsilon$$

在因变量是离散变量的情况下，不能把 $\beta_i (i = 1, 2, \cdots, n)$ 理解为保持其他因素不变的情况下对 y 的边际影响，因为 y 的取值为 1 或者 0。

回忆经典回归分析中 $E(\varepsilon | x) = 0$ 的假定，对回归模型左右两边求条件期望，则有：

$$E(y | x) = \beta_0 + \beta_1 x_1 + \beta_2 x_2 + \cdots + \beta_n x_n$$

因为 y 的取值为 1 或者 0，记 $y=1$ 的概率为 p，依据数学期望的定义有：

$$E(y) = 0 \times (1 - p) + 1 \times p = p = \mathrm{Prob}(y = 1 | x)$$

因此，做出"购买"决策的概率等于 y 的期望值，把上述 2 个式子联立起来，有：

$$\mathrm{Prob}(y = 1 | x) = \beta_0 + \beta_1 x_1 + \beta_2 x_2 + \cdots + \beta_n x_n$$

即做出"购买"决策的概率 $p(y = 1 | x)$ 是 x_i 的一个线性函数，该回归方程亦即线性概率模型（LPM, linear probability model），$p(y = 1 | x)$ 可称之为"响应概率"。用普通最小二乘法对模型进行参数估计，可得到如下回归方程：

$$\mathrm{Prob}(y = 1 | x) = \hat{y} = \hat{\beta}_0 + \hat{\beta}_1 x_1 + \hat{\beta}_2 x_2 + \cdots + \hat{\beta}_n x_n = \hat{\beta}_0 + \hat{\beta} x$$

$\hat{y}$ 则是 $y=1$ 时的概率，在保持其他因素不变的情况下，β_i 表示因 x_i 的变化导致"购买"（即 $y=1$）决策概率的变化，即 $\Delta P(y = 1 | x) = \beta_i \Delta x_i$。

11.2 二元选择模型

二元选择模型（binary choice model）具体是指离散因变量具有两个选项或两种属性。二元离散因变量的属性往往是对立或互斥的，如是、否；成功、失败；购买、不购买；使用、不使用等。按照人们通常的习惯，一般可以用"1"表示具备有某种属性，用"0"表示不具备某种属性，可用回归模型来描述这些变量作为因变量时与其他自变量之间的关系，因此二元选择模型又可以称之为"0-1因变量回归模型"。

在应用二元选择模型时要注意，因变量中的"0"和"1"只是对应属性的标注或符号，不具备任何数值上的意义，不能进行直接数学运算。

二元选择模型是离散选择模型中最简单的情形，其研究目的是具有某给定特征的个体做出某种选择决策的概率。其基本原理可从克服线性概率模型的缺陷入手进行研究。

11.2.1 线性概率模型的缺陷与改进

线性概率模型虽然能够测度出因变量事件发生的响应概率，可以考察出因自变量变动导致因变量决策的概率变化。但是该模型存在着几个比较严重的缺陷：

➢ 解释变量的合理变化会导致概率预测值溢出在[0，1]区间之外；

➢ 随机误差项的分布未知；

➢ 模型误差项具有异方差性，异方差性使参数估计不具有有效性；

➢ 即使用加权最小二乘法修正异方差性同样也无法保证概率预测值在[0，1]区间之内。

随机误差项分布的缺陷较容易克服，当样本量充分大时，其普通最小二乘参数估计量的结果近似服从正态分布。但其他问题却难以解决，如有回归方程 $\hat{y} = -0.24 + 0.026x_1 + 0.039x_2$，当 $x_1 = 15$，$x_2 = 25$ 时，$\hat{y} = 1.125$，因 $\hat{y}$ 为一个概率值，不可能大于1，故模型设定有误。造成这种缺陷的重要原因是在模型设定的时候就假设响应概率与自变量之间是线性关系。因此需要对变量之间的线性关系进行变换，使得自变量 x 对应的所有概率值都在[0，1]区间范围之内，且自变量 x 变化时，y 单调变化。

显然，选择对 $\beta_0 + x\beta$ 的适当变换成为最为关键的问题。依据上述要求，最为常见且符合要求的形式便是利用分布函数 $F(\cdot)$ 进行变换。因为分布函数对于所有的自变量而言，其值均在区间[0，1]范围之内，且当自变量发生变化时，分布函数值单调变化。

11.2.2 二元选择模型的基本原理

依据分布函数的基本特征，二元选择模型可从一个满足经典线性模型假定的隐变量模型中推导出来。所谓隐变量便是不能够直接进行观测，但可以通过其他直接观测得到的变量（显变量）进行描述和反映的变量。

11.2.2.1　模型构建和参数估计过程

设 y^* 是一个由 $y^* = \beta_0 + x\beta + \varepsilon^*$, $y = \begin{cases} 1, & y^* > 0 \\ 0, & y^* \leq 0 \end{cases}$ 所决定的不能够直接观测得到的隐变

量，隐变量通常是解释变量或影响因素的线性函数；且假定 ε^* 与 x 相互独立，ε^* 服从某种对称于 0 的分布。则 $y^* = \beta_0 + x\beta + \varepsilon^*$ 也可称之为隐变量模型。

记 F 为分布函数或链接函数（link function），因为 ε^* 假定对称于 0，则有：$F(z) = 1 - F(-z)$，其中 z 是随机变量。

依据 y^* 与 y 的对应关系和对称分布函数性质，则 y 的响应概率为：

$$P(y = 1 \mid x) = P(y^* > 0 \mid x) = P((\beta_0 + x\beta) + \varepsilon^* > 0 \mid x) = P(\varepsilon^* > -(\beta_0 + x\beta) \mid x) = P(\varepsilon^* < (\beta_0 + x\beta) \mid x)$$
$$= F(\beta_0 + x\beta)$$
$$= 1 - F(-(\beta_0 + x\beta))$$

如果已知 ε^* 分布函数 $F(z)$ 的具体形式，那么决定 y 响应概率的模型便确定了。

在二元选择模型中，通常情况下给定 ε^* 服从的分布具有如表 11-1 所示的两种最为常用的形式：

表 11-1　二元选择模型的分布及对应的模型

ε^* 的分布	分布函数 $F(z)$	二元选择模型	模型具体形式
标准正态分布	$\Phi(z)$	Probit 模型	$P(y = 1 \mid x) = F(\beta_0 + x\beta) = \Phi(\beta_0 + x\beta)$
逻辑（Logistic）分布	$\dfrac{\exp(z)}{1 + \exp(z)}$	Logit 模型	$P(y = 1 \mid x) = F(\beta_0 + x\beta) = \dfrac{\exp(\beta_0 + x\beta)}{1 + \exp(\beta_0 + x\beta)}$

$$\because E(y) = P(y = 1 \mid x) = F(\beta_0 + x\beta)$$
$$\therefore y = E(y) + (y - E(y)) = E(y) + \varepsilon = F(\beta_0 + x\beta) + \varepsilon$$

二元选择模型中一般选用极大似然法进行参数估计，其似然函数为：

$$L = \prod_{i=1}^{n} \left[F(\beta_0 + x\beta) \right]^{y_i} \left[1 - F(\beta_0 + x\beta) \right]^{1 - y_i}$$

其对数似然函数为：

$$\ln L = \sum_{i=1}^{n} \left\{ y_i \ln F(\beta_0 + x\beta) + (1 - y_i) \ln \left[1 - F(\beta_0 + x\beta) \right] \right\}$$

求对数似然函数对每个参数的偏导数，使之均为 0，再求解方程组即可解得模型中的参数估计值。

在对模型进行解读时要注意：二元选择模型的参数估计结果不能理解为自变量变动对因变量的边际影响，而应当理解为自变量的变动，对因变量取"1"的概率的影响有多大，

即：

$$\frac{\partial P(y=1|x)}{\partial x_i} = \frac{\partial F(\beta_0 + x\beta)}{\partial (\beta_0 + x\beta)} \beta_i = f(\beta_0 + x\beta)\beta_i$$

其中 $f(\cdot)$ 是分布函数 $F(\cdot)$ 的密度函数。

11.2.2.2 模型检验

二元选择模型与经典回归模型一样，同样可以用 Z 统计量对回归系数进行显著性检验，该 Z 统计量由极大似然法给出。对于多个系数的约束显著性检验，还可以计算 Wald 统计量，利用 Wald 统计量近似服从 χ^2 分布进行 χ^2 检验。而对于模型的拟合优度检验，则可以利用 LR 似然比进行 χ^2 检验。此外，还可以计算模型的 AIC、BIC 等信息指数在多个模型之间进行评价和模型选择。

因各统计量计算过程较复杂，本书不再讲述检验过程的原理，在具体分析实际事例的时候再一并讲解。

11.2.3 BINARY PROBIT 模型

二元（binary）Probit 模型对隐变量随机误差项假定服从标准正态分布，其模型具有如下形式（见表 11-1）：

$$P(y=1|x) = F(\beta_0 + x\beta) = \Phi(\beta_0 + x\beta)$$

【例 11-2】某快速消费品生产厂商针对其某个品牌的产品进行了一次满意度调查，用以考察消费者的满意状况、对产品的抱怨状况及对产品购买使用的忠诚度状况，依据这些用户特征和态度对消费者是否会持续购买使用该产品进行分析。本次调查搜集了 337 个有效样本，如 product_usage.csv 所示。

本例所使用的数据如下：

```
product=pd.read_csv('product_usage.csv')
product.head()
```

	CSI	Complaint	Loyalty	Attitude
0	8	3	8	1
1	9	4	10	1
2	6	1	10	1
3	8	4	7	1
4	8	7	7	1

用户持续购买使用意向（Attitude）是本次调查研究的对象，该变量有两个离散且互斥的变量值，即"继续购买"和"不继续购买"，在数据中分别用"1"和"0"来表示。因此用户对于该问题有两个选择，用户选择情况受满意度、抱怨情况及忠诚度因素的影响

（以被调查者打分的形式表示），故本例可以建立二元 Probit 模型进行分析。

statsmodels.genmod.generalized_linear_model 提供了类 GLM 进行广义线性模型分析，其建模过程与第 10 章介绍过的 ols 建模过程无异。

但是，要注意 glm 建模过程需要指定随机误差项的分布簇及其链接函数，常用的分布簇有 Binomial、Gamma、Gaussian、InverseGaussian、NegativeBinomial、Poisson 等，其链接函数又有 Probit、Logit、Log 等 15 种转换形式。

本例欲构建二元 Probit 模型，所以选择 Binomial 分布簇并使用 Probit 链接函数：

```python
from statsmodels.formula.api import glm
formula='Attitude~CSI+Complaint+Loyalty'
product_m=glm(formula,data=product,
              family=sm.families.Binomial(sm.families.links.probit)).fit()
print (product_m.summary())
```

```
               Generalized Linear Model Regression Results
==============================================================================
Dep. Variable:           Attitude     No. Observations:               337
Model:                        GLM     Df Residuals:                   333
Model Family:            Binomial     Df Model:                         3
Link Function:             probit     Scale:                          1.0
Method:                      IRLS     Log-Likelihood:             -134.37
Date:                 一, 09  4 2018   Deviance:                    268.74
Time:                    19:49:02     Pearson chi2:                   395.
No. Iterations:                 7
==============================================================================
                 coef    std err          z      P>|z|      [0.025      0.975]
------------------------------------------------------------------------------
Intercept     -1.7923      0.550     -3.260      0.001      -2.870      -0.715
CSI            0.2479      0.065      3.792      0.000       0.120       0.376
Complaint     -0.1329      0.046     -2.890      0.004      -0.223      -0.043
Loyalty        0.1984      0.044      4.512      0.000       0.112       0.285
==============================================================================
```

类似于经典回归模型，对二元 Probit 模型也可进行拟合优度检验。上述结果中对数似然比（Log-Likelihood）和卡方统计量（Pearson chi2）均非常大，可以认为本模型拟合效果非常好。

对二元 Probit 模型的参数进行显著性检验可用结果中的 z 统计量进行检验。检查各个系数（通常情况下截距项不进行检验）所对应的近似 P 值（P>|z|）均非常小，如果给定 $\alpha=0.05$ 的条件，则所有的 P 值<α，故该模型中的系数估计结果是显著的，即各自变量均对因变量有显著影响。而且，依据正态分布函数的单调性和参数估计结果可以明显看出，满意度变量 CSI 和忠诚度变量 Loyalty 的系数为正，表示随着满意度或忠诚度的增加，消费者"持续购买"的概率也会增加；而用户抱怨情况变量 Complaint 的系数为负，表示随着用户抱怨的增加，消费者"持续购买"的概率会降低。

因为模型是通过链接函数建立的，所以估计出来的系数并不代表随着自变量变动，因变量概率变动的绝对数值。但是可以通过参数估计之后所建立的模型对现有观测样本或新的观测样本进行考察或预测。

依据参数估计结果，可以写出本例的 Probit 模型：

$P(y=1|x)=F(\beta_0+\beta x)=\Phi(\beta_0+\beta x)$

$\quad\quad\quad =\Phi(-1.7923+0.2479\times CSI-0.1329\times Complaint+0.1984\times Loyalty)$

如现有对某个消费者的调查访问数据，调查显示其满意度得分为 8，抱怨程度得分为 4，忠诚度得分为 7，现可以依据所建立模型考察其"持续购买"产品的概率。把上述自变量的数值代入如上的模型中，可得到：

$P(y=1|x)=\Phi(-1.7923+0.2479\times 8-0.1329\times 4+0.1984\times 7)=\Phi(1.0485)=0.8528$

即该消费者持续购买该企业产品的概率为 0.8528。该响应概率也可以从如下方式获得：

```
product_m.predict(pd.DataFrame({'CSI':[8],'Complaint':[4],'Loyalty':[7]}))
0    0.8528
dtype: float64
```

在 Probit 模型的影响因素中，还可以加入定性变量作为自变量进行研究。

【例 11-3】 某咨询公司针对不同性别、年龄的潜在客户进行了一次小规模的摸底试调查，对影响手机购买意向的因素进行分析，数据如 threeg.csv 所示。

本例所用数据如下：

```
G3=pd.read_csv('threeg.csv')
G3.head()
#本例 Purchase 变量有两个属性，即 0：表示不买，1：表示购买。Gender 变量为 1：女，2：男。
```

	Gender	Age	Purchase
0	1	35	0
1	1	59	1
2	1	56	1
3	1	46	1
4	1	39	0

其中 Gender 变量的值标签如下：

```
G3['Gender']=G3['Gender'].astype('category')
G3['Gender'].cat.categories=['女','男']
G3['Gender'].cat.set_categories=['女','男']
```

仍然可使用 statsmodels 中的 glm 进行建模：

```
formula='Purchase~C(Gender)+Age'
G3_model1=glm(formula,data=G3,
            family=sm.families.Binomial(sm.families.links.probit)).fit()
print (G3_model1.summary())
```

在上述结果中可以看到，Gender 和 Age 作为自变量对消费者购买手机的影响显著，因为其 P 值（Pr>|z|）均比较小。截距项"Intercept"的参数估计值为-4.6363，该估计值代表定性变量 Gender 取值为"女"时对响应概率的影响（因 Gender 变量取值为"女"时，其对应的参数估计值为"0"，上述表格中并没有将 Gender 的"女"属性值显示出来）。

```
                    Generalized Linear Model Regression Results
========================================================================
Dep. Variable:              Purchase   No. Observations:             65
Model:                           GLM   Df Residuals:                 62
Model Family:               Binomial   Df Model:                      2
Link Function:                probit   Scale:                       1.0
Method:                         IRLS   Log-Likelihood:          -33.267
Date:                 一, 09  4 2018   Deviance:                 66.534
Time:                       19:52:15   Pearson chi2:               72.8
No. Iterations:                    5
========================================================================
                   coef    std err        z     P>|z|    [0.025    0.975]
------------------------------------------------------------------------
Intercept       -4.6363      1.186   -3.908     0.000    -6.961    -2.311
C(Gender)[T.男]   0.7986      0.358    2.234     0.026     0.098     1.499
Age              0.0962      0.025    3.789     0.000     0.046     0.146
========================================================================
```

从估计系数的符号还可以看出，男性消费者购买手机的概率要比女性消费者大。

如有一性别为"男"、年龄为 45 岁的样本，其购买手机的概率为：

$P(y=1|x)=\Phi(-4.6363+0.7986×1+0.0962×45)=\Phi(0.4913)=0.6886$

而性别为"女"、年龄同样为 45 岁的样本，其购买手机的概率为：

$P(y=1|x)=\Phi(-4.6363+0.0962×45)=\Phi(-0.3073)=0.3796$

该结果同样可以用 glm 对象的 predict 方法实现：

```
G3_model1.predict(pd.DataFrame({'Gender':['男','女'],'Age':[45,45]}))
0    0.688636
1    0.379574
dtype: float64
```

Probit 模型也可以使用 statsmodels.discrete.discrete_model.Probit 类直接进行建模：

```
from statsmodels.formula.api import probit
G3_model2=probit(formula,data=G3).fit();print (G3_model2.summary2())
```

```
Optimization terminated successfully.
        Current function value: 0.511798
        Iterations 6
                      Results: Probit
=================================================================
Model:              Probit            No. Iterations:   6.0000
Dependent Variable: Purchase          Pseudo R-squared: 0.260
Date:               2018-04-09 19:54  AIC:              72.5338
No. Observations:   65                BIC:              79.0569
Df Model:           2                 Log-Likelihood:   -33.267
Df Residuals:       62                LL-Null:          -44.985
Converged:          1.0000            Scale:            1.0000
-----------------------------------------------------------------
                 Coef.   Std.Err.     z     P>|z|   [0.025  0.975]
-----------------------------------------------------------------
Intercept       -4.6363   1.1681  -3.9692  0.0001  -6.9257 -2.3469
C(Gender)[T.男]   0.7986   0.3561   2.2424  0.0249   0.1006  1.4966
Age              0.0962   0.0253   3.8100  0.0001   0.0467  0.1457
=================================================================
```

Probit 类所得到的模型结果与 glm 一致。

使用 Probit 类得到的模型对象还可以使用如下方式得到模型自变量对因变量的边际影响：

```
print (G3_model2.get_margeff().summary())
```

```
        Probit Marginal Effects
===================================
Dep. Variable:          Purchase
Method:                   dydx
At:                      overall
========================================================================
               dy/dx    std err       z      P>|z|    [95.0% Conf. Int.]
------------------------------------------------------------------------
C(Gender)[T.男]  0.2326    0.093     2.489    0.013     0.049     0.416
Age            0.0280    0.005     6.027    0.000     0.019     0.037
========================================================================
```

结果中的 dy/dx 列即为边际影响。

11.2.4 BINARY LOGIT 模型

二元（Binary）Logit 模型对隐变量随机误差项假定服从标准正态分布，其模型具有如下形式（见表 11-1）：

$$P(y=1|x) = F(\beta_0 + x\beta) = \frac{\exp(\beta_0 + x\beta)}{1 + \exp(\beta_0 + x\beta)}$$

本小节仍然以例 11-3 为例构建二元 Logit 模型。该模型仍然可使用 glm 函数进行建模，只需要把 glm 函数中链接函数的参数改成 logit(logit 是系统默认的链接函数)即可：

```
G3_model3=glm(formula,data=G3,
            family=sm.families.Binomial(sm.families.links.logit)).fit()
print (G3_model3.summary())
```

```
           Generalized Linear Model Regression Results
==============================================================================
Dep. Variable:          Purchase   No. Observations:               65
Model:                       GLM   Df Residuals:                   62
Model Family:           Binomial   Df Model:                        2
Link Function:             logit   Scale:                         1.0
Method:                     IRLS   Log-Likelihood:             -33.110
Date:               一, 09 4 2018   Deviance:                    66.219
Time:                   19:58:02   Pearson chi2:                  71.6
No. Iterations:                5
==============================================================================
                  coef    std err      z      P>|z|    [0.025     0.975]
------------------------------------------------------------------------------
Intercept       -8.0925     2.223    -3.640    0.000   -12.450    -3.735
C(Gender)[T.男]   1.4311     0.628     2.279    0.023     0.200     2.662
Age              0.1671     0.047     3.550    0.000     0.075     0.259
==============================================================================
```

在上述结果中可以看到,Gender 和 Age 作为自变量对消费者购买手机的影响显著，因为其 P 值（Pr>|z|）均比较小。截距项"Intercept"的参数估计值为-8.0925，该

估计值代表定性变量 Gender 取值为"女"时对响应概率的影响（因 Gender 变量取值为"女"时，其对应的参数估计值为"0"，上述表格中并没有显示出来）。从估计系数的符号还可以看出，男性消费者购买手机的概率要比女性消费者大。

根据参数估计结果，可以写出如下本例所构建的模型：

$$P\left(y=1\mid x\right)=F\left(\beta_0+x\beta\right)=\frac{\exp\left(\beta_0+x\beta\right)}{1+\exp\left(\beta_0+x\beta\right)}$$

$$=\frac{\exp\left(-8.0925+1.4311\times Gender+0.1671\times Age\right)}{1+\exp\left(-8.0925+1.4311\times Gender+0.1671\times Age\right)}$$

如有一性别为"男"、年龄为 45 岁的样本，其购买手机的概率为：

$$P\left(y=1\mid x\right)=F\left(\beta_0+x\beta\right)=\frac{\exp\left(\beta_0+x\beta\right)}{1+\exp\left(\beta_0+x\beta\right)}$$

$$=\frac{\exp\left(-8.0925+1.4311\times1+0.1671\times45\right)}{1+\exp\left(-8.0925+1.4311\times1+0.1671\times45\right)}=\frac{\exp\left(0.8581\right)}{1+\exp\left(0.8581\right)}$$

$$=0.7024$$

而性别为"女"、年龄同样为 45 岁的样本，其购买手机的概率为：

$$P\left(y=1\mid x\right)=\frac{\exp\left(-8.0925+0.1671\times45\right)}{1+\exp\left(-8.0925+0.1671\times45\right)}=\frac{\exp\left(-0.5730\right)}{1+\exp\left(-0.5730\right)}=0.3607$$

该结果同样可以用 glm 对象的 predict 方法实现：

```
G3_model3.predict(pd.DataFrame({'Gender':['男','女'],'Age':[45,45]}))
0    0.702411
1    0.360706
dtype: float64
```

Logit 模型也可以使用 statsmodels.discrete.discrete_model.Logit 类直接进行建模：

```
from statsmodels.formula.api import logit
G3_model4=logit(formula,data=G3).fit(); print (G3_model4.summary2())
Optimization terminated successfully.
        Current function value: 0.509380
        Iterations 6
                        Results: Logit
===============================================================
Model:              Logit            No. Iterations:    6.0000
Dependent Variable: Purchase         Pseudo R-squared:  0.264
Date:               2018-04-09 20:00 AIC:               72.2194
No. Observations:   65               BIC:               78.7425
Df Model:           2                Log-Likelihood:    -33.110
Df Residuals:       62               LL-Null:           -44.985
Converged:          1.0000           Scale:             1.0000
---------------------------------------------------------------
                 Coef.  Std.Err.    z    P>|z|   [0.025   0.975]
---------------------------------------------------------------
Intercept       -8.0925  2.2232 -3.6400 0.0003 -12.4500 -3.7350
C(Gender)[T.男]  1.4311  0.6281  2.2786 0.0227   0.2001  2.6621
Age              0.1671  0.0471  3.5495 0.0004   0.0748  0.2594
===============================================================
```

所得到的结果与 glm 一致。

使用 logit 得到的模型对象还可以使用如下方式得到模型自变量对因变量的边际影响：

```
print (G3_model4.get_margeff().summary())
          Logit Marginal Effects
=====================================
Dep. Variable:              Purchase
Method:                         dydx
At:                          overall
==============================================================================
               dy/dx    std err        z      P>|z|    [95.0% Conf. Int.]
------------------------------------------------------------------------------
C(Gender)[T.男]   0.2427     0.091     2.658     0.008     0.064     0.422
Age             0.0283     0.005     6.153     0.000     0.019     0.037
==============================================================================
```

可以看出，上述两个样本的 Logit 模型响应概率与 Probit 模型的响应概率略有差异。

对于社会经济分析过程中的实际二元选择问题，究竟是建立 Probit 模型还是建立 Logit 模型，这是一个不确定的问题。对于绝大多数的数据而言，两种模型所得到的结果非常接近。

11.3　多重选择模型

前面章节分析的问题都是因变量只有两个选项。对于更一般的现实问题，往往可能有多个选项。如对某项措施的看法，可能有非常满意、满意、一般、不满意、非常不满意等 5 种选择。这种情况下，同样可以用多重选择离散变量进行描述。对于分析具有多个属性的离散因变量与自变量之间的关系，可以利用本节介绍的多重选择模型（multiple choice）进行分析。

在多重选择模型中，不同选项或者选择结果之间的关系有两种情况。一种情况是各项选择是有顺序之分的，如刚才所举例子中的非常满意、满意、一般、不满意、非常不满意等 5 个选项，这 5 个选项是按照满意的程度依次进行选择的，它反映了被调查者的不同偏好程度；而另一种情况是选项之间没有次序或顺序之分，如选择公交、私家车、自行车、地铁等交通工具出行，各种选择之间没有次序上的联系。

因此，依据离散因变量选项的含义和次序不同，又可以分为顺序选择（ordinal）模型和无序选择（multinomial）模型。

对于顺序选择模型，设有 0、1、2、M 种选择，则有：

仍然设 y^* 是一个由 $y^* = \alpha + x\beta + \varepsilon^*$，$y = \begin{cases} 0, & y^* < c_1 \\ 1, & c_1 \le y^* < c_2 \\ 2, & c_2 \le y^* < c_3 \\ \vdots \\ M, & c_M \le y^* \end{cases}$ 所决定的不能够直接观测

得到的隐变量，$c_1, c_2, \cdots, c_M$ 可称之为临界值或统称为截距项；ε_i^* 是独立同分布的随机变量，其分布函数为 $F(z)$，则选择 $j(j = 0, 1, 2, \cdots, M)$ 方案的概率为：

$$P(y=0) = F(c_1 - \alpha - x\beta)$$
$$P(y=1) = F(c_2 - \alpha - x\beta) - F(c_1 - \alpha - x\beta)$$
$$P(y=2) = F(c_3 - \alpha - x\beta) - F(c_2 - \alpha - x\beta)$$
$$\vdots$$
$$P(y=M) = 1 - F(c_M - \alpha - x\beta)$$

当分布函数 $F(z)$ 为标准正态分布时，上述模型称之为 ordinal probit 模型；当分布函数 $F(z)$ 为逻辑分布时，称之为 ordinal logit 模型。

同理，无序选择模型也可以细分为 multinomial probit 模型和 multinomial logit 模型。估计 multinomial probit 模型的参数非常困难，在分析时比较少采用该类模型。

对于无序选择模型，选择选项 j 的模型基本形式如：$y_j^* = x_j\beta + \varepsilon^*$

在影响因素 x_j 的作用下，选择选项 j 表示 y_j^* 在所有选项中的效用是最大的。因此，选择选项 j 的概率模型为：$P(y=j) = P(y_j^* > y_k^*)$，$\forall k \ne j$

ε^* 是独立同分布的随机变量，一般假定其服从韦伯（Weibull）分布，具体的分布函数形式为 $F(z) = e^{-e^{-z}}$，则有：

$$P(y=j) = \frac{e^{x_j\beta}}{\sum_{k \ne j} e^{x_k\beta}}$$

此即为条件 Logit 模型。

对于多重选择模型，其估计和检验过程与二元选择模型类似。

此外，顺序选择模型中离散因变量的各种选择通常也是用阿拉伯数字来表示的，如对于某个产品的偏好程度作出选择：1-喜欢，2-无所谓，3-不喜欢；这些数字之间只有顺序意义，没有数值上的意义。即这些所选择的数字仅能代表偏好的程度，如选择 1 所代表的偏好程度就比选择 3 所代表的偏好程度要高；所选择的数字代表之间不能够进行数值运算。

【例 11-4】 在例 11-3 中，针对不同性别、年龄的潜在客户进行了一次小规模的摸底试

调查，在预调查中发现了一个问题，即问卷所设计的"购买意向"问题太过于笼统，不能全面反映消费者的各种层次的真实意愿。因此，为了更好的细分消费者群体，对该问题进行了改进，即对该问题的选项进行细化，主要考察消费者"1-不购买""2-无所谓""3-购买"等的购买意向，现假定购买意向 Purchase 的选项之间没有顺序关系，"不购买""无所谓""购买" 3 种选择只反映消费者的购买态度，没有任何程度的偏好上的差异或顺序之分，则该问题便转化为一个无序选择问题。调查结果如 threeg_multi.csv 所示。

本例所使用的数据如下：

```
G3_m=pd.read_csv('threeg_multi.csv')
G3_m.loc[[0,1,28,38,58]]
```

	gender	age	purchase
0	2	54	1
1	1	59	1
28	2	31	2
38	1	39	2
58	2	42	3

purchase 变量具有三个顺序属性，即：1 表示不购买，2 表示无所谓，3 表示购买。purchase 和 gender 变量的值标签如下：

```
G3_m['gender']=G3_m['gender'].astype('category')
G3_m['gender'].cat.categories=['女','男']
G3_m['gender'].cat.set_categories=['女','男']
G3_m['purchase']=G3_m['purchase'].astype('category')
G3_m['purchase'].cat.categories=['不买','无所谓','买']
G3_m['purchase'].cat.set_categories=['不买','无所谓','买']
```

本例因变量的选项没有考虑顺序，故考虑构建 multinomial logit 模型。

statsmodels.discrete.discrete_model.MNLogit 类可进行无序 Logit 模型的建模：

```
from statsmodels.formula.api import mnlogit
formula='purchase~C(gender)+age'
G3_m_model=mnlogit(formula,data=G3_m).fit()
print (G3_m_model.summary())
```

```
Optimization terminated successfully.
        Current function value: 0.747045
        Iterations 7
                        MNLogit Regression Results
==============================================================================
Dep. Variable:                      y   No. Observations:                65
Model:                         MNLogit   Df Residuals:                    59
Method:                            MLE   Df Model:                         4
Date:                Wed, 07 Jun 2017   Pseudo R-squ.:               0.2667
Time:                         08:58:57   Log-Likelihood:             -48.558
converged:                        True   LL-Null:                    -66.217
                                         LLR p-value:              3.997e-07
==============================================================================
y=purchase[无所谓]      coef    std err          z      P>|z|      [95.0% Conf. Int.]
------------------------------------------------------------------------------
Intercept           11.2468      3.207      3.507      0.000       4.961     17.533
C(gender)[T.男]       1.5088      0.909      1.659      0.097      -0.274      3.291
age                 -0.2343      0.067     -3.499      0.000      -0.366     -0.103
------------------------------------------------------------------------------
 y=purchase[买]       coef    std err          z      P>|z|      [95.0% Conf. Int.]
------------------------------------------------------------------------------
Intercept           10.3972      3.611      2.879      0.004       3.320     17.474
C(gender)[T.男]       3.5062      1.107      3.168      0.002       1.337      5.675
age                 -0.2634      0.078     -3.372      0.001      -0.416     -0.110
==============================================================================
```

　　如果因变量有 k 种选择，则在结果中只能得到 $k-1$ 个响应概率，默认次序最小的选项对应的响应概率不会给出。模型分析过程与前面章节的分析过程类似，本节不再赘述。

　　如同样预测年龄 45 岁，性别分别"男""女"的手机购买概率：

```
G3_m_model.predict(pd.DataFrame({'gender':['男','女'],'age':[45,45]}))
0    0.05583091    0.30746658
1    0.50961618    0.62071107
2    0.43455292    0.07182234
dtype: float64
```

　　上述预测概率结果的列分别与自变量 gender 的两个属性"男""女"对应；行分别与因变量"不买""无所谓""买"三种情况对应。

11.4　计数模型

　　在前面章节中，详细研究了因变量值是离散形式数据的处理方法。现实生活中，还有一种常见的离散数据类型：当因变量表示事件发生的次数的时候，则因变量是一个离散形式的整数计数变量。如一届奥运会上某个国家获得的金牌数目、消费者一周光顾商场的次数、轮船发生事故的次数等。这些变量都是以整数计数为表现形式的，分析这种离散计数因变量的模型即为计数模型（count model）。

　　计数模型中的离散因变量的数字是有数值含义的，即次数之间是可以进行运算的，如 2 次与 3 次之间的差距同 4 次与 5 次之间的差距从数值上看是一样的，2 次加上 5 次就等于 7 次等。因此对于只能处理无数值意义的二元选择模型或多重选择模型而言，计数数据不适用。

　　对于在某个时间、空间等范围之内事情发生次数的计数数据，一般都认为其近似服从泊松（Poisson）分布。因此，Poisson 分析方法在计数模型中应用非常广泛。

对于因变量和自变量之间的关系可以考虑建立回归模型。Poisson 回归模型即是考虑变量服从 Poisson 分布而建立一种回归模型，其假定因变量 y 服从参数为λ的泊松分布，则该模型的初始方程为：

$$\mathrm{Prob}(y=k) = \frac{e^{-\lambda}\lambda^k}{k!}, \quad k = 0,1,2,\cdots$$

其中：λ表示所考察的事件在一定范围之内平均发生的次数；k 为整数，表示事件实际观测到的发生次数。

Poisson 回归模型的研究可以从初始方程的唯一参数λ入手。所考察的事件在一定范围内平均发生的次数即参数λ受到各种条件或影响因素 x 的影响，因此参数是变化的。经过对数变换，可以写出如下的 Poisson 回归模型：

$$\ln \lambda = \alpha + \beta_1 x_1 + \beta_2 x_2 + \cdots + \beta_n x_n + \varepsilon = \alpha + x\beta + \varepsilon$$

对于 Poisson 回归模型，仍然可以使用极大似然法进行参数估计，其模型及参数估计值的检验问题类似于前面章节。

【例 11-5】为监测某厂家生产的某款激光打印机的质量问题，考察该款打印机发生故障的次数。其发生故障的次数可能会受到打印纸张数量（千页）、打印机使用时长（千小时）、硒鼓（原装／兼容）等因素的影响。现搜集了 30 个调查得到的样本数据，结果如 printer.csv 所示。试对该款打印机发生故障的情况进行分析。

本例所使用的数据如下：

```
printer=pd.read_csv('printer.csv')
printer.head()
```

	cartridge	Counts	Pages	Length
0	2	5	87.8	44.194
1	1	1	52.2	3.663
2	2	0	0.7	0.331
3	2	1	81.7	18.422
4	2	4	89.9	45.003

cartridge 变量的值标签如下：

```
printer['cartridge']=printer['cartridge'].astype('category')
printer['cartridge'].cat.categories=['原装','兼容']
printer['cartridge'].cat.set_categories=['原装','兼容']
```

statsmodels.discrete.discrete_model.Poisson 类可进行 poisson 回归：

```
from statsmodels.formula.api import poisson
formula='Counts~C(cartridge)+Pages+Length'
printer_model=poisson(formula,data=printer).fit()
print (printer_model.summary2())
```

```
Optimization terminated successfully.
        Current function value: 1.326793
        Iterations 8
                        Results: Poisson
=================================================================
Model:                Poisson        No. Iterations:    8.0000
Dependent Variable:   Counts         Pseudo R-squared:  0.360
Date:                 2018-04-09 20:05  AIC:             87.6076
No. Observations:     30             BIC:               93.2124
Df Model:             3              Log-Likelihood:    -39.804
Df Residuals:         26             LL-Null:           -62.175
Converged:            1.0000         Scale:             1.0000
-----------------------------------------------------------------
                      Coef.   Std.Err.   z     P>|z|   [0.025  0.975]
-----------------------------------------------------------------
Intercept             -1.8102  0.5243  -3.4524  0.0006  -2.8379  -0.7826
C(cartridge)[T.兼容]   0.9585  0.3593   2.6676  0.0076   0.2543   1.6627
Pages                 0.0167  0.0051   3.2672  0.0011   0.0067   0.0266
Length                0.0240  0.0100   2.3923  0.0167   0.0043   0.0437
=================================================================
```

从分析结果可以看到，如果给定显著性水平 $\alpha=0.05$，则 3 个自变量影响显著性检验的 P 值（Pr>|z|）都非常小，均非常显著。而且还可以得到如下结论：随着打印机的使用时长、已打印页数的增加，预示着打印机发生故障的次数增加；使用兼容耗材预示着比使用原装耗材的故障发生次数要多（因为 Cartridge 取值为兼容即使用兼容硒鼓时的估计系数符号为正）。

Poisson 回归模型建立之后，便可利用现有样本数据或新的样本数据进行预测。如现有一个样本数据（如本例数据集中的第 16 个样本），使用的是原装耗材，已打印页数达到 92000 页，使用时长为 46228 个小时，根据模型的参数估计结果，把已打印页数和使用时长转化为以"千"为计量单位的数值，即：

$$\ln\lambda = -1.8102 + 0.9585 \times (cartridge=兼容) + 0.0167 \times Pages + 0.0240 \times length$$
$$= -1.8102 + 0 \times (cartridge=原装) + 0.0167 \times 92 + 0.0240 \times 46.228$$
$$= 0.835672$$

上式左右两边取指数形式，得：$\lambda = \exp(0.83567) = 2.30$

此预测结果同样可以用 Poisson 建模对象的 predict 方法直接得到：

```python
printer_model.predict(pd.DataFrame({'cartridge':['原装'],'Pages':[92],
                                    'Length':[46.228]}))
```

```
0    2.299743
dtype: float64
```

经过模型预测，该种情况下估计的打印机出现故障次数为 2.30 次，而样本数据中的真实故障次数为 2 次。

第 12 章
主成分与因子分析

　　客观世界是复杂多变的，在社会发展的过程中体现出多样性，人们的生活因此而丰富多彩。那么，人们如何简练的从若干个方面去归纳概括出事物发展的历程和特征呢，如何抓住主要矛盾，抓住矛盾的主要方面？即如何对事物发展过程中呈现出纷繁芜杂的数据进行简单明了的描述？这需要对数据进行精简和概括。

　　人们往往希望能够找出少数具有代表性的变量来对复杂事物进行描述，这需要把反映该事物的很多变量或数据进行高度概括。本章所阐述的主成分分析和因子分析便是如何利用复杂多样的数据来综合描述客观事物特征的分析方法和过程。

12.1　　数据降维

　　每个人都会遇到有很多变量的数据，如反映全国或各省市经济、社会发展状况的变量数据、反映一个国家总体发展状况的数据等。这些数据的共同特点是变量很多，在如此多的变量之中，有很多变量之间是相关的，人们同时分析很多个变量是比较困难的，这就会带来"维度灾难"的问题。因此，人们希望能够找出这些变量的"代表"，来对更多的变量进行描述。

　　如在学校中进行奖学金的评定，需要考虑学生各门课程的学习成绩、与人相处的能力、尊重师长的程度、乐于助人的程度、担任学生干部努力的程度、参加社会实践活动的积极性等因素。假设有一个学生本学期考试的科目有 10 门课程，那么其参加奖学金评定按照上述的参考变量，便会有 15 个变量之多。在实际工作中，不会同时考虑这 15 个变量的数据来进行奖学金评定，通常的做法是把相互关联的变量进行综合，如把上述 15 个变量综合为学习成绩（含 10 门课程）变量、思想品德（含与人相处能力、尊重师长程度、乐于助人程度）变量、工作态度（含担任学生干部努力程度、参加实践积极性）变量等 3 个具有代表性的综合变量，然后依照这 3 个综合变量进行奖学金的评定，从而实现了化繁为简的目的。

12.1.1　数据降维的基本问题

　　把反映一个事物特征的多个变量用较少且具有代表性的变量来描述，这个过程称之为数据降维。不同的变量往往是从不同的侧面或方面去描述事物特征的，这些不同的方面称之为事物的维度，如从身高、体重、血型 3 个方面反映一个人的特征，则具有三个维度。当反映事物方面太多的时候，过多的数据会对所描述对象造成混乱，很难得到正确结论。因此，应当把相关的维度进行总结概括，尽量降低数据维度，简要地对事物特征进行描述。

为了能够简要而不遗漏的反映事物特征，数据降维过程中应当解决如下几个基本问题：

➢ 能否把数据的多个变量用较少的综合变量来表示？

➢ 较少的综合变量包含有多少原来的信息？

➢ 能否利用找到的综合变量来对事物进行较为全面的分析？

上述第 1 个问题具体是指在进行数据降维之前，应当考虑原始变量数据之间的关联性，即变量之间是否具有可提取综合变量所存在的必然联系；而第 2 个问题主要考虑所提取出来的综合变量在多大程度上代表了原始数据的信息，这是利用综合变量进行统计分析，进而得到正确结论的理论基础；第 3 个问题主要阐述了数据降维应当在统计分析过程中发挥的重要作用，并且在降维得到综合变量的基础之上进行进一步的统计分析活动。

解决好这些基本问题之后，就可以用简化的数据对事物进行描述或判定，从而得出统计分析的结论。

12.1.2 数据降维的基本原理

数据降维过程可以从最简单的二维数据降为一维数据开始。先假设只有二维，即只有两个变量，它们可由二维坐标轴上的横坐标（x）和纵坐标（y）来表示，因此每个观测值都有相应于这两个坐标轴的两个坐标值。在正态分布的假定下，这些数据在二维坐标轴上形成一个椭圆的分布形状，如图 12-1 所示。

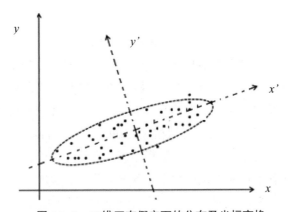

图 12-1　二维正态假定下的分布及坐标变换

众所周知，椭圆有一个长轴和一个短轴，且互相垂直。在短轴方向上，数据变化很少；而长轴方向，数据变化的范围较大。在极端的情况，短轴如果退化成一点，则只有在长轴的方向才能够解释这些点的变化了。因此，长轴就是要找的主要综合变量。至此，由二维到一维的降维过程就完成了。

当坐标轴和椭圆的长短轴平行,那么代表长轴的变量就描述了数据的主要变化,而代表短轴的变量就描述了数据的次要变化。但是,坐标轴通常并不和椭圆的长短轴平行。因此,需要寻找椭圆的长短轴,即进行坐标平移或旋转变换,使得新变量和椭圆的长短轴平行。如果长轴变量代表了数据包含的大部分信息,就用变量在该轴上的变化代替原先的两个变量(舍去次要的另一个维度),降维就完成了。椭圆的长短轴相差得越大,降维效果就越好。

对于多维变量的降维情况和二维降维类似,主要从高维椭球入手。首先把高维椭球的主轴找出来,再用代表大多数数据信息的最长的几个轴作为新变量。与二维椭圆分布形状类似,高维椭球的主轴也是互相垂直的。这些互相正交的新变量是原先变量的线性组合,可叫做主成分。正如二维椭圆有两个主轴,三维椭球有 3 个主轴一样,有几个变量,就有几个主成分。

究竟要选择多少个主成分,是不是越少越好呢?这个问题有一定的选择标准,就是这些被选中主成分所代表的主轴的长度之和与主轴长度总和的比值,这个比值也称之为"阈值"。根据相关文献建议,所选的主轴总长度之和占所有主轴长度之和大约 85%(即阈值为 85%)即可。但在实际应用过程中,要依据研究目的、研究对象和所搜集的变量具体情况而定。

主轴越长,表示变量在该主轴方向上的变动程度越大,亦即方差越大。所以一般情况下,不去计算主轴的长度,而是计算其主轴方向的方差,根据所选取主轴的方差之和与所有主轴方向上方差之和的比值,即方差贡献率的大小来判断应该取多少个主成分。

12.2 主成分分析

12.2.1 主成分分析的基本概念与原理

主成分分析(principal component)是数据降维的基本方法之一。从第 12.1 节的数据降维过程中,已经得知主成分提取的几何意义。主成分是由原始变量提取的综合变量,可以用如下式子来表示:

$$Y_1 = \mu_{11}x_1 + \mu_{12}x_2 + \cdots + \mu_{1p}x_p$$
$$Y_2 = \mu_{21}x_1 + \mu_{22}x_2 + \cdots + \mu_{2p}x_p$$
$$\vdots$$
$$Y_p = \mu_{p1}x_1 + \mu_{p2}x_2 + \cdots + \mu_{pp}x_p$$

其中,Y 表示主成分,x 为原始变量;μ_{ij} 为系数,有约束条件:$\mu_{k1}^2 + \mu_{k2}^2 + \cdots + \mu_{kp}^2 = 1$,$\mu_{ij}$ 可由原始数据协方差矩阵或相关系数矩阵确定。

在提取出来的各个主成分当中，Y_i 与 Y_j 相互无关，且第一个主成分 Y_1 是 $x_1, x_2, \cdots, x_p$ 的一切线性组合最大的；第二个主成分 Y_2 是 $x_1, x_2, \cdots, x_p$ 的一切线性组合第二大的；以此类推，第 n 个主成分 Y_n 是 $x_1, x_2, \cdots, x_p$ 的一切线性组合第 n 大的。

由原始数据的协方差阵或相关系数据阵，可计算出矩阵的特征值或特征根：

$$\lambda_1 \geq \lambda_2 \geq \cdots \geq \lambda_p$$

其中：λ_1 对应 Y_1 的方差，λ_2 对应 Y_2 的方差，$\cdots$，λ_p 对应 Y_p 的方差，因此有：

$$阈值 = \frac{被选择的主成分长度}{主轴成分总合} = \frac{选择的特征根的和}{特征根总合} = 累积方差贡献率$$

λ 对应的特征向量 μ 就是主成分分析线性模型中对应的系数，如：λ_{11} 对应的特征向量为 μ_{11}，$\mu_{12}, \cdots$，μ_{1p} 为第 1 主成分的线性组合系数，即：$Y_1 = \mu_{11}x_1 + \mu_{12}x_2 + \cdots + \mu_{1p}x_p$。

这些系数称为"主成分载荷"（loadings），它表示主成分和相应原始变量的相关系数。相关系数绝对值越大，主成分对该变量的代表性也越大。根据上式计算出来的 Y 值称之为主成分得分。

在实际问题中，不同的变量往往有不同的量纲（即计量单位或测度规模），为了不同量纲数据之间的可比性，保证所提取主成分与原始变量意义上的一致性，在进行主成分分析之前，可按照如下 Z-Score 公式将变量标准化或无量纲化：

$$x_i^* = \frac{x_i - E(x_i)}{\sqrt{Var(x_i)}} \quad (i = 1, 2, \cdots, p)$$

其中，$E(x_i)$ 表示原始变量 x_i 的期望，$Var(x_i)$ 表示 x_i 的方差。

12.2.2 主成分分析的基本步骤和过程

在主成分分析的过程中，通常要先把各变量进行无量纲化（即标准化）。把变量进行标准化之后，可按照如下顺序进行主成分分析：

➢ 选择协方差阵或相关阵计算特征根及对应的特征向量；
➢ 计算方差贡献率，并根据方差贡献率阈值选取合适的主成分个数；
➢ 根据主成分载荷大小对选取主成分进行命名；
➢ 根据主成分载荷计算各个主成分得分。

【例 12-1】为评价全国各省/直辖市/自治区的综合发展水平，现收集了全国 24 个地区的人均 GDP、人均可支配收入、人均消费支出等数据进行综合考察，如 live.csv 所示。试利用主成分分析方法对各地区综合发展状况进行评价。

本例所用的数据如下：

```
live=pd.read_csv('live.csv',encoding='gb2312')
#注意，本例原始数据含有 gb2312 编码的中文，可使用 encoding 参数指定编码格式读入
```

```
live.head()
```

	District	GDP	Income	Consumption	Employment	Education	Health	Life
0	北京	45444	17652.95	13244.20	0.3937	584.43	1295.76	76.10
1	山西	12495	8913.91	6342.63	0.2554	548.83	538.70	71.65
2	内蒙古	16331	9136.79	6928.60	0.2158	504.77	533.36	69.87
3	吉林	13348	8690.62	6794.71	0.1836	502.08	675.77	73.10
4	黑龙江	14434	8272.51	6178.01	0.2418	479.85	613.15	72.37

在本例中，共有 7 个变量可供用来综合评价各地区的发展状况。但是，如果从 7 个方面来考察综合发展状况，不免显得过于复杂。因此，可以把 7 个变量进行降维，从中提取出若干个综合变量，利用综合变量所反应的主成分来对地区发展状况进行评价。

Python 中可以使用 matplotlib.mlab 提供的类 PCA 进行主成分分析：

```
from matplotlib.mlab import PCA as mlabPCA
#注意：类 PCA 在 matplotlib 2.2 以上版本被弃用了，建议读者还是选用本书编制的 PCA 函数
X=live.iloc[:,1:8]         #构造原始变量
live_pca1=mlabPCA(X,standardize=True)      #standardize 表示是否将原始数据标准化
```

mlab 的 PCA 实例对象的 fracs 属性表示每个特征值占特征值总和的百分比，即每个主成分对应的方差贡献率。为了更好的依据这些结果来决定应当取多少个主成分比较合适，将其结果输出如下：

```
live_var=pd.DataFrame((live_pca1.s)/np.mean(live_pca1.s),
                    columns=['Eigenvalue'],index=list(range(1,8)))
s=0
p,c=[],[]
for i in range(0,len(live_pca1.fracs)):
    s+=live_pca1.fracs[i]
    p.append(live_pca1.fracs[i])
    c.append(s)
live_var['Proportion']=p
live_var['Cumulative']=c
live_var
#本过程也可以直接使用 pandas 对象的 cumsum 方法直接实现
```

	Eigenvalue	Proportion	Cumulative
1	4.725499	0.675071	0.675071
2	1.234341	0.176334	0.851406
3	0.448662	0.064095	0.915500
4	0.306114	0.043731	0.959231
5	0.213755	0.030536	0.989767
6	0.060574	0.008653	0.998421
7	0.011054	0.001579	1.000000

本例特征根结果根据输出结果进行了显示调整（将特征根 live_pca1.s 的值除以所有特征根的均值），可以得到使用相关系数矩阵计算的特征根（Eigenvalue）及其对

应方差贡献率（Proportion）及累计贡献率（Cumulative）。

通常情况下，可参照特征根累计贡献率阈值 85% 的标准来进行判定。由上述结果可以看出，第 1 个特征根的值占所有特征根值之和的比例（即贡献率）为 0.6751；第 2 个特征根的贡献率为 0.1763，该两个特征根的累积贡献率已经达到 0.8514，说明针对本例的原始数据提取出两个主成分即可代表原始数据的大部分信息，而且前两个特征根的贡献远远大于其余特征根的贡献。因此，根据累积特征根贡献率，本例可考虑提取出两个主成分进行分析。

上述分析过程还可以用碎石图和带有方差贡献率的碎石图来描述：

```
fig,(ax1,ax2)=plt.subplots(1,2)
fig.set_size_inches(6.8,3)
fig.subplots_adjust(wspace=0.4)

ax1.plot(range(1,8),live_var['Eigenvalue'],'o-')
ax1.set_title('Scree Plot')
ax1.set_xlabel('Principal Components')
ax1.set_ylabel('Eigenvalue')
ax1.grid()

ax2.plot(range(1,8),live_var['Proportion'],'o-')
ax2.plot(range(1,8),live_var['Cumulative'],'bo-.')
ax2.set_title('Variance Explained')
ax2.set_xlabel('Principal Components')
ax2.set_ylabel('Proportion')
ax2.grid()
plt.show()
```

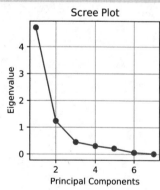
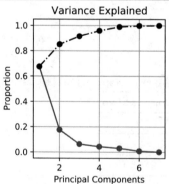

碎石图可以形象的展现各特征根的大小及其贡献，图中横轴代表所计算出来的主成分特征根，可以根据图中线条的倾斜程度来进行主成分个数的选择（越平缓表示贡献越小）。

除考查特征根外，主成分分析中还应当考察如何提取主成分并计算主成分得分的问题，即计算特征根对应的特征向量，将其作为原始变量线性组合的系数。

类 PCA 实例对象的 Wt 属性可以给出基于原始特征根计算的对应特征向量：

```
live_eigenvectors=pd.DataFrame(live_pca1.Wt,
```

```
                         index=['Prin1','Prin2','Prin3','Prin4',
                                 'Prin5','Prin6','Prin7'],
                         columns=(live.columns)[1:8]).T
live_eigenvectors
```

	Prin1	Prin2	Prin3	Prin4	Prin5	Prin6	Prin7
GDP	-0.441618	0.073883	-0.083499	0.153700	-0.325047	0.796130	0.171583
Income	-0.447192	-0.029164	0.193227	0.036980	-0.358861	-0.213764	-0.765499
Consumption	-0.435590	-0.016302	0.394963	0.035468	-0.276029	-0.450039	0.611568
Employment	-0.122961	0.827743	-0.098366	0.463616	0.231263	-0.143879	-0.030374
Education	-0.365034	-0.397744	0.255464	0.336966	0.718524	0.101607	-0.056051
Health	-0.374018	0.307351	0.001732	-0.801352	0.345642	0.062374	-0.010942
Life	-0.356365	-0.235799	-0.851325	0.055691	0.011964	-0.288153	0.079822

根据上述所示各主成分对应的特征向量即系数，可以计算出各主成分的得分。如第一个主成分得分为：

Y_1=-0.441618×GDP-0.447192×Income-0.435590×Consumption

-0.122961×Employment-0.365034×Education-0.374018×Health

-0.356365×Life

第二个主成分得分为：

Y_2=0.073883×GDP-0.029164×Income-0.016302×Consumption

+0.827743×Employment-0.397744×Education+0.307351×Health

-0.235799×Life

可以根据主成分计算公式中的系数，即主成分载荷绝对值的大小来判定该主成分所主要代表原始变量的含义。如第一主成分中，除变量 Employment 的系数之外，其余变量的系数均比较大，说明这些变量在第一主成分中发挥的影响作用比较大。因此，对于第一主成分，可归纳除变量 Employment 之外其余变量所共同表示的含义，可把第一主成分命名为"经济生活"成分。

同理，对于第二主成分，变量 Employment 的系数显著大于其余变量，说明该变量在第二主成分中发挥的影响作用比较大。因此，可以根据第二主成分中发挥作用最大的变量所代表的含义，可以把第二主成分命名为"就业成分"。

把原始变量进行标准化之后，代入上述公式，便可计算出每个样本在对应主成分的得分。

如，有索引号为 20 即甘肃省的数据需要计算各主成分得分：

```
live.iloc[20:21,:]
```

	District	GDP	Income	Consumption	Employment	Education	Health	Life
20	甘肃	7477	8086.82	6529.2	0.2496	505.9	492.23	67.47

PCA 类实例对象的 Y 属性可以自动计算出各个样本在各个主成分上的得分：

```
live_pca1.Y[20]
```
```
array([ 1.50330439, 0.60019111, 0.55010765, 0.32100101, 0.40545839,
    -0.01128084, -0.03155784])
```

PCA 类实例对象的 `project` 方法可以对新增数据进行各主成分得分的计算，如将索引号为 20 即甘肃省的数据作为新的原始数据，计算其主成分得分为：

```
live_pca1.project([7477,8086.82,6529.2,0.2496,505.9,492.23,67.47])
```
```
array([ 1.50330439, 0.60019111, 0.55010765, 0.32100101, 0.40545839,
    -0.01128084, -0.03155784])
```

此结果与模型 Y 属性对应索引号样本数据的计算结果完全一致。

采用 SAS、SPSS 软件对上述例子的数据进行验证，发现上述结果与经典统计上的主成分分析思路有差异，其重要原因是类 `matplotlib.mlab.PCA` 采用的是 SVD（奇异值分解）方法进行计算。

基于上述问题，本书依据传统统计上主成分分析的思路，构造了如下函数进行完整的主成分分析，能够得到与 SAS、SPSS 等常用统计分析软件一致的结果：

```python
def PCA(x,components=None):
    if components==None:
        components=int(x.size/len(x))
        #如参数 components 未指定，则其赋值为原始变量个数
    average=np.mean(x,axis=0)
    sigma=np.std(x,axis=0,ddof=1)
    r,c=np.shape(x)
    data_standardized=[]
    mu=np.tile(average,(r,1))
    data_standardized=(x-mu)/sigma    #使用 Z-score 法对原始数据进行标准化
    cov_matrix=np.cov(data_standardized.T)    #计算协方差矩阵
    EigenValue,EigenVector=np.linalg.eig(cov_matrix)
    #求解协方差矩阵的特征值和特征向量
    index=np.argsort(-EigenValue)#按特征值大小降序排列
    Score=[]
    Selected_Vector=EigenVector.T[index[:components]]
    Score=data_standardized*np.matrix(Selected_Vector.T)
    return EigenValue[index],Selected_Vector,np.array(Score)
```

使用自定义的 PCA 函数计算特征值贡献及累计贡献率：

```python
EigenValue,Vector,Score=PCA(np.asarray(X))
live_ev=pd.DataFrame((EigenValue),columns=['Eigenvalue'],
                     index=list(range(1,8)))
prop=live_ev['Eigenvalue']/live_ev['Eigenvalue'].sum()
s=0
p,c=[],[]
for i in range(1,len(prop)+1):
    s+=prop[i]
    p.append(prop[i])
    c.append(s)
```

```
live_ev['Proportion']=p
live_ev['Cumulative']=c
live_ev
```

	Eigenvalue	Proportion	Cumulative
1	4.725499	0.675071	0.675071
2	1.234341	0.176334	0.851406
3	0.448662	0.064095	0.915500
4	0.306114	0.043731	0.959231
5	0.213755	0.030536	0.989767
6	0.060574	0.008653	0.998421
7	0.011054	0.001579	1.000000

打印出特征值对应的特征向量：

```
live_ev=pd.DataFrame(Vector,index=['Prin1','Prin2','Prin3','Prin4','Prin5',
                        'Prin6','Prin7'],
                    columns=(live.columns)[1:8]).T
live_ev
```

	Prin1	Prin2	Prin3	Prin4	Prin5	Prin6	Prin7
GDP	0.441618	0.073883	0.083499	-0.153700	-0.325047	-0.796130	0.171583
Income	0.447192	-0.029164	-0.193227	-0.036980	-0.358861	0.213764	-0.765499
Consumption	0.435590	-0.016302	-0.394963	-0.035468	-0.276029	0.450039	0.611568
Employment	0.122961	0.827743	0.098366	-0.463616	0.231263	0.143879	-0.030374
Education	0.365034	-0.397744	-0.255464	-0.336966	0.718524	-0.101607	-0.056051
Health	0.374018	0.307351	-0.001732	0.801352	0.345642	-0.062374	-0.010942
Life	0.356365	-0.235799	0.851325	-0.055691	0.011964	0.288153	0.079822

最后计算出各主成分得分：

```
live_S=pd.DataFrame(live['District'])
live_S['Prin1_Score']=Score[:,0]
live_S['Prin2_Score']=Score[:,1]
live_S['Score']=Score[:,0]*0.675071+Score[:,1]*0.176334
live_S.sort_values(by='Score',ascending=False)
```

	District	Prin1_Score	Prin2_Score	Score
0	北京	5.697979	3.551375	4.472769
5	上海	6.049685	-1.500794	3.819326
7	浙江	3.817791	-1.245874	2.357590
6	江苏	1.154256	-1.300429	0.549895
8	福建	0.540295	0.011427	0.366753

9	山东	0.422840	-0.329803	0.227292
15	重庆	0.412800	-1.337303	0.042857
4	黑龙江	-0.571680	0.418921	-0.312054
3	吉林	-0.327915	-0.535612	-0.315813
1	山西	-0.581030	0.404957	-0.320829
19	陕西	-0.493203	0.063999	-0.321662
2	内蒙古	-0.667531	-0.004352	-0.451398
12	湖南	-0.463060	-0.841579	-0.460997
23	新疆	-1.259577	2.027835	-0.492728
11	湖北	-0.879394	-0.332502	-0.652285
10	河南	-1.136978	0.384593	-0.699724
22	宁夏	-1.297820	0.535104	-0.781764
13	广西	-0.938053	-0.876802	-0.787862
20	甘肃	-1.503304	0.600191	-0.909003
16	四川	-1.273157	-0.600263	-0.965318
18	西藏	-1.633711	0.663251	-0.985917
17	云南	-1.578860	0.373034	-1.000064
14	海南	-1.593914	-0.459780	-1.157080
21	青海	-1.896461	0.330405	-1.221984

由上述所示结果，可以分别对第一、第二主成分进行分析，也可以对各地区的发展依据综合得分进行综合分析。如，把第一、第二主成分分别作为横、纵坐标绘制主成分载荷图：

```python
fig,ax=plt.subplots(1)
ax.plot(live_S['Prin1_Score'],live_S['Prin2_Score'],'o')
ax.set_xlabel('Component 1（经济生活）',fontproperties=myfont)
ax.set_ylabel('Component 2（就业）',fontproperties=myfont)
ax.axvline(live_S['Prin1_Score'].mean(), color='k',ls='--')
ax.axhline(live_S['Prin2_Score'].mean(), color='k',ls='--')
dotxy=tuple(zip(live_S['Prin1_Score']-0.2,
           live_S['Prin2_Score']+0.15))
i=-1
for dot in dotxy:
    i+=1
    ax.annotate(live_S.ix[i]['District'],xy=dot,fontproperties=myfont)
    #注意此处的 myfont 是我们在第 5.1 小节中定义过的绘图字体
```

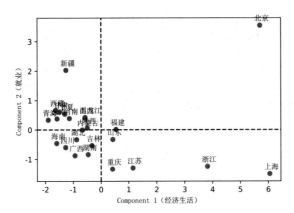

由上图可以看出，北京、上海等直辖市及沿海地区等地，由于地理位置优越及改革开放政策的优惠措施，人才普遍比较集中，其经济、教育等方面的发展比较好，人民生活水平也随之较高，受教育的程度也较高，因此体现为这些地区的第一主成分（即经济生活成分）排名靠前；而对于第二主成分（即就业成分）而言，反而是经济发展相对落后的地区排名靠前，究其原因可能是由于经济发展滞后、人才竞争不激烈、流动性不大等原因造成的；从社会经济生活发展的总体情况看，北京、上海、江浙一带总体发展状况相对较好，其综合得分也名列前茅。

Python 中还可以用 sklearn 和 mdp 提供的类 PCA 来进行无监督学习的主成分分析，如：

```
from sklearn.decomposition import PCA as skPCA
from sklearn.preprocessing import scale      #导入数据标准化 Z-Score 转换函数
x=scale(X)
live_pca2=skPCA(n_components=len(X.columns)).fit(x)
#参数 n_components 可省略，此时表示保留所有主成分，拟合主成分模型时应采用标准化转换数据
```

同样可得到特征值的方差贡献率：

```
live_pca2.explained_variance_ratio_
array([ 0.67507132,  0.17633444,  0.06409455,  0.04373058,  0.03053648,
        0.00865347,  0.00157915])
```

同样也可以得到与 mlabPCA 一致的各个主成分特征值对应的特征向量，即主成分载荷：

```
live_pca2.components_
array([[ 0.44161842,  0.44719158,  0.4355896 ,  0.12296062,  0.3650339 ,
         0.37401802,  0.35636501],
       [ 0.07388346, -0.02916376, -0.01630157,  0.82774347, -0.39774384,
         0.30735092, -0.23579859],
       [-0.08349857,  0.19322704,  0.39496334, -0.09836587,  0.25546362,
         0.00173219, -0.8513253 ],
       [-0.15369971, -0.03697985, -0.03546836, -0.46361551, -0.33696562,
         0.80135152, -0.05569072],
       [-0.32504735, -0.35886119, -0.27602861,  0.23126301,  0.71852416,
```

```
         0.34564199,  0.01196397],
      [ 0.79612966, -0.21376358, -0.4500389 , -0.14387884,  0.10160667,
         0.06237445, -0.28815288],
      [ 0.17158256, -0.76549902,  0.61156775, -0.03037356, -0.05605106,
        -0.01094167,  0.07982213]])
```

上述二维数组的第一维度表示主成分，第二维度表示各变量在主成分上的载荷。
同样也可得到各个样本的主成分得分（如本例计算第一和第二主成分得分）：

```
live_pca2.transform(x)[:,:2]
array([[  5.82053058e+00,   3.62775703e+00],
      [ -5.93527114e-01,   4.13666985e-01],
      [ -6.81887725e-01,  -4.44541795e-03],
      [ -3.34967853e-01,  -5.47131743e-01],
      [ -5.83975125e-01,   4.27930723e-01],
      [  6.17980083e+00,  -1.53307269e+00],
      [  1.17908199e+00,  -1.32839801e+00],
      [  3.89990352e+00,  -1.27267020e+00],
      [  5.51915946e-01,   1.16731070e-02],
      [  4.31934797e-01,  -3.36896398e-01],
      [ -1.16143241e+00,   3.92864715e-01],
      [ -8.98307512e-01,  -3.39653118e-01],
      [ -4.73019121e-01,  -8.59679414e-01],
      [ -9.58228194e-01,  -8.95659830e-01],
      [ -1.62819568e+00,  -4.69669275e-01],
      [  4.21678287e-01,  -1.36606580e+00],
      [ -1.30053942e+00,  -6.13173495e-01],
      [ -1.61281735e+00,   3.81056842e-01],
      [ -1.66884829e+00,   6.77516578e-01],
      [ -5.03811182e-01,   6.53758715e-02],
      [ -1.53563722e+00,   6.13099918e-01],
      [ -1.93725027e+00,   3.37511610e-01],
      [ -1.32573357e+00,   5.46612801e-01],
      [ -1.28666790e+00,   2.07144922e+00]]])
```

可以看到，上述结果与我们用自定义函数 PCA 计算的结果有误差，这是因为原始数据使用 Z-Score 进行标准化时采用的标准差不同。sklearn 中的 scale 采用分母为样本量 n，而我们通常使用的是满足无偏性的样本修正标准差，其分母是样本量 $n-1$。如，将本例原始数据重新使用样本修正标准差进行标准化，然后进行主成分得分计算：

```
x1=(X-X.mean())/X.std(ddof=1)
live_pca2.transform(x1)[:,:2]
```

本段程序运行结果得到的主成分得分与本书自定义 PCA 函数结果一致，分析过程略。

使用 mdp 提供的 pca 也可以进行主成分分析，如：

```
import mdp
#需要事先安装 mdp 包
live_pca3=mdp.pca(np.asarray(x1))
live_pca3
```

`mdp.pca` 可以直接得到各主成分得分，`live_pca3` 便是存储了各主成分得分的一个数组，其数组元素同上段程序的运行结果一致。

12.3　因子分析

因子分析（factor analysis）是主成分分析的推广和发展，也是多元统计分析中降维分析的一种方法。主成分分析通过线性组合将多个原始变量综合成若干主成分。在多变量分析中，某些变量间往往存在相关性。那么，是什么原因使变量间有关联呢？是否存在不能直接观测到的、但影响可观测变量变化的公共因子？

因子分析就是寻找这些公共因子的分析方法，它是在综合原始变量信息的基础上构筑若干意义较为明确的公因子，以它们为框架分解原始变量，以此考察原始变量间的联系与区别。

12.3.1　因子分析的基本原理

因子分析的基本目的就是用少数几个公共因子去描述许多指标或因素之间的联系，即将比较密切的几个变量归在同一类中，每一类变量就成为一个因子（之所以称其为因子，是因为它往往是不可观测的，类似于隐变量），以较少的几个因子反映原始资料的大部分信息。如在评价学生多门成绩的时候，可分别从各门课程的共性出发，提取出文科因子和理科因子对学生进行综合考评。

主成分分析是因子分析的一个特例。通常情况下可采用主成分法估算出因子个数，二者区别和联系主要体现在如下几个方面：

> ➢ 因子分析是把原始变量表示成各因子的线性组合，而主成分分析中则是把主成分表示成各原始变量的线性组合；
> ➢ 主成分分析的重点在于解释原始变量的总方差，而因子分析则把重点放在解释原始变量之间的协方差；
> ➢ 因子分析中的因子个数可根据研究者的需要而事先指定，指定因子数量不同可导致分析结果可不同。在主成分分析中，有几个变量就有几个主成分；
> ➢ 主成分分析中，当给定的协方差矩阵或者相关矩阵的特征值是唯一的时候，主成分一般是唯一的；而因子分析中因子不是唯一的，可以旋转得到不同的因子。

12.3.1.1　因子分析模型

因子分析是从研究变量内部相互依存关系出发，把一些具有错综复杂关系的变量归结为少数几个综合因子的一种多元统计分析方法。它的基本思想是将原始变量进行分类，将相关性较高，即联系比较紧密的变量分在同一类中，而不同类变量之间的相关性则较低，那么每一类变量实际上就代表了一个基本结构，即公共因子。对于所研究的问题就是试图用最少个数的不可观测的所谓公共因子的线性函数来描述所研究的对象。

因子分析的一般模型如下：

$$x_1 = a_{11}F_1 + a_{12}F_2 + \cdots + a_{1m}F_m + \varepsilon_1$$
$$x_2 = a_{21}F_1 + a_{22}F_2 + \cdots + a_{2m}F_m + \varepsilon_2$$
$$\vdots$$
$$x_p = a_{p1}F_1 + a_{p2}F_2 + \cdots + a_{pm}F_m + \varepsilon_p$$

其中，$F_j(j=1,2,\cdots,m)$ 表示不可观测的因子或公因子组成的向量。利用 α 因子提取法、Harris 成分分析法、主成分法、最大似然法等方法均可进行因子提取。因子的含义必须结合具体问题的实际意义而定。

$a_{ij}(i=1,2,\cdots,p;j=1,2,\cdots,m)$ 称为因子载荷。因子载荷就是第 i 变量与第 j 因子的相关系数，反映了第 i 变量在第 j 因子上的重要性，即表示变量 x_i 依赖于 F_j 的份量（比重）。

在因子分析模型中，把原始变量 x_i 的信息能够被 m 个公因子解释的程度称作共同度。其计算公式如下：

$$\text{Communality}=\sum_{i=1}^{p}\sum_{j=1}^{m}a_{ij}^2$$

由此可以判断公因子的解释能力。

在实际问题中，究竟取多少个因子进行分析？这可依据提取出来的主成分方差贡献率来决定，方差贡献率越大，因子分析越有意义。通常情况下可参考累积方差贡献率 85% 阈值进行判定。

12.3.1.2　因子旋转

因子分析的目的不仅是找出因子，更重要的是知道每个因子的意义，以便对实际问题进行分析。如果因子的典型代表变量不很突出，为了对公因子 F 能够更好的解释，还需要进行因子旋转，通过适当的旋转得到比较满意的主因子。即使得每个原始变量仅在一个公因子上有较大的载荷，而在其余的公因子上的载荷比较小。

进行因子旋转，就是要使因子载荷矩阵中因子载荷的平方值向 0 和 1 两个方向分化，使大的载荷更大，小的载荷更小。旋转的方法有很多，因子旋转过程中，按照旋转坐标轴的位置不同，如果主轴相互正交，则称为正交旋转；如果主轴相互间不是正交的，则称为斜交旋转。可供选择的因子旋转方法主要有：方差最大化法、四分位最大法、平衡法、正交旋转法等。一般实际问题中常用方法是方差最大化正交旋转法。

12.3.1.3　因子得分

在因子分析中，人们往往更愿意用公因子反映原始变量，这样有利于描述研究对象的特征。因而往往将因子表示为原始变量的线性组合，即因子得分函数：

$$f_1 = \beta_{11}x_1 + \beta_{12}x_2 + \cdots + \beta_{1p}x_p$$
$$f_2 = \beta_{21}x_1 + \beta_{22}x_2 + \cdots + \beta_{2p}x_p$$
$$\vdots$$
$$f_m = \beta_{m1}x_1 + \beta_{m2}x_2 + \cdots + \beta_{mp}x_p$$

因子得分函数可计算每个样本的因子得分。但因子得分函数中方程的个数 m 小于变量的个数 p，所以并不能精确计算出因子得分，只能对因子得分进行估计。估计因子得分的方法较多，常用的有回归估计法、Bartlett 估计法、Thomson 估计法等。

12.3.2　因子分析的基本步骤和过程

因子分析的核心问题有两个：一是如何构造因子变量；二是如何对因子变量进行命名解释。因此，因子分析的基本步骤和解决思路就是围绕这两个核心问题展开的。通常情况下，在进行因子分析之前亦要进行标准化或无量纲化，然后可按照如下顺序进行因子分析：

- ➢ 考察原始变量之间的相关性，如果各变量之间是独立的，那么可能不适用因子分析；
- ➢ 计算变量之间的相关系数矩阵作为分析基础；
- ➢ 确定提取公因子的方法并根据累积方差贡献率阈值进一步确认提取公因子的数目；
- ➢ 进行因子旋转，使公因子更具有可解释性；
- ➢ 计算各公因子得分；
- ➢ 可根据各公因子得分对各样本进行综合考察。

【例 12-2】为评价某省网吧业主对某运营商提供上网服务的满意情况，调查人员在该省范围内随机抽取了 70 家网吧进行上网服务满意度调查。其调查主要内容如 internet_cafe.csv 所示。试利用因子分析方法对该省网吧满意度进行综合评价。

本例所使用的数据如下：

```
ic=pd.read_csv('internet_cafe.csv')
ic.head()
```

	No	Switch	Connection	Speed	Transformation	Offline	Timeliness	Initiative	Attitude	Skill	Consideration	Standard	Settlement	Success	Efficiency
0	24	8	8	8	8	8	1	1	2	2	2	2	2	2	2
1	14	3	10	4	3	2	7	1	10	6	9	6	5	6	5
2	40	7	6	5	6	6	6	6	6	5	5	5	6	5	5
3	25	4	5	2	4	5	5	5	8	5	5	2	4	6	5
4	64	3	5	3	3	3	5	5	9	8	8	8	8	5	6

上图所示数据变量分别表示：交换率（Switch）、接通率（Connection）、网络速度（Speed）、数据传输速率（Transformation）、掉线率（Offline）、提供服务及时性（Timeliness）、提供服务主动性（Initiative）、服务态度（Attitude）、服务熟练程度（Skill）、对客户关注程度（Consideration）、服务规范性（Standard）、解决问题能力（Settlement）、解决问题成功率（Success）、服务效率（Efficiency）。

本例使用了 14 个原始变量对网吧满意度问题进行分析。如直接利用该 14 个变量对满意度进行分析评价，显得比较复杂。因此，本例分析目的是如何从 14 个变量中提取出这些变量共同反映的东西即因子，来对研究对象进行综合评价，并根据所综合到的各个方面对各个网吧进行深入研究，找出满意度较低的原因。

sklearn.decomposition 提供的类 FactorAnalysis 可以进行因子分析，但其没有提供进行因子旋转的方法。

首先构造一个用于分析的原始数据集：

```
X=ic.iloc[:,1:len(ic.columns)]  #构造一个由变量 Switch 到 Efficiency 组成的分析对象
```

然后进行分析：

```
from sklearn.decomposition import FactorAnalysis as skFA
x1=(X-X.mean())/X.std(ddof=1)       #对数据进行标准化
ic_fa=skFA(n_components=2).fit(x1)
#可以采用 ic_fa=skFA(n_components=2).fit_transform(X)直接得到因子得分结果。
```

components_ 属性可以查看所提取因子的因子载荷：

```
ic_ev=pd.DataFrame(ic_fa.components_,index=['Factor1','Factor2'],
                   columns=(ic.columns)[1:len(ic.columns)]).T
ic_ev
```

	Factor1	Factor2
Switch	0.582478	0.528556
Connection	0.429031	0.454933
Speed	0.485045	0.692086
Transformation	0.597193	0.726104
Offline	0.446862	0.350292
Timeliness	0.774072	-0.195321
Initiative	0.720335	-0.341740
Attitude	0.800198	-0.191606
Skill	0.877506	-0.134735
Consideration	0.713257	-0.313362
Standard	0.818310	-0.336146
Settlement	0.938715	-0.153312
Success	0.912336	-0.095775
Efficiency	0.903343	-0.052739

由因子载荷得知，公因子 Factor1 与提供服务及时性、提供服务主动性、服务态度、服务熟练程度、对客户关注程度、服务规范性、解决问题能力、解决问题成功率和服务效率等变量的正相关性很强，载荷均达到了 0.82 以上；而公因子 Factor2 与接通率、网络速度、数据传输速率、掉线率和接通率等变量的正相关性很强。

与 Factor1 相关性较强的原始变量，均是从运营商服务人员为网吧提供服务的角度

来进行满意度的衡量的，因此可以把公因子 Factor1 命名为"人员服务质量"因子；而与 Factor2 相关性较强的原始变量，都是从运营商的技术角度来考察网吧用户满意度的，因此把公因子 Factor2 命名为"技术质量"因子。

　　sklearn 的 FactorAnalysis 没有提供进行因子旋转的方法，部分原始变量在两个因子的载荷都较大（如 Switch 和 Connection 变量在 Factor1 和 Factor2 的载荷差异极小），这给因子含义的确定带来困难。因此，本书在本章后续部分提供自定义类 FA，按照传统统计分析流程，提供了包括因子旋转在内的因子分析全过程。

　　此外，所提取因子对应的特征根及其贡献可以通过第 12.2 小节介绍过的 matplotlib.mlab 提供的类 PCA 或者 matplotlib 提供的类 PCA 来查看（FactorAnalysis 没有提供该属性）：

```
skPCA().fit(x1).explained_variance_ratio_
array([ 0.56809628, 0.17452022, 0.05608952, 0.04657723, 0.03539289,
        0.03051194, 0.02372083, 0.0173827 , 0.013038  , 0.01021827,
        0.0090125 , 0.00743606, 0.00424777, 0.00375577])
```

为了更加明确对上述结果进行分析，也可使用本书在第 12.2 小节编制的 PCA 函数来展示特征根及其对应贡献：

```
EigenValue,Vector,Score=PCA(np.asarray(x1))
x1_ev=pd.DataFrame((EigenValue),columns=['Eigenvalue'],
                   index=list(range(1,15)))
prop=x1_ev['Eigenvalue']/x1_ev['Eigenvalue'].sum()
s=0
p,c=[],[]
for i in range(1,len(prop)+1):
    s+=prop[i]
    p.append(prop[i])
    c.append(s)
x1_ev['Proportion']=p
x1_ev['Cumulative']=c
x1_ev
```

	Eigenvalue	Proportion	Cumulative
1	7.953348	0.568096	0.568096
2	2.443283	0.174520	0.742617
3	0.785253	0.056090	0.798706
4	0.652081	0.046577	0.845283
5	0.495501	0.035393	0.880676
6	0.427167	0.030512	0.911188
7	0.332092	0.023721	0.934909

8	0.243358	0.017383	0.952292
9	0.182532	0.013038	0.965330
10	0.143056	0.010218	0.975548
11	0.126175	0.009013	0.984560
12	0.104105	0.007436	0.991996
13	0.059469	0.004248	0.996244
14	0.052581	0.003756	1.000000

从各特征根贡献来看，前两个特征根的贡献率分别是 0.5681 和 0.1745，远大于其他的特征根贡献率，且这前 2 个特征根累积贡献率达到 74.26%，基本上可以在较大程度上反映原始数据的信息。

利用 transform 方法可以得到因子得分，可以分别按照两个因子所反映的"人员服务质量"和"技术质量"找出得分最低的网吧进行进一步深入调查：

```
ic['Factor1']=ic_fa.transform(x1)[:,0]
ic['Factor2']=ic_fa.transform(x1)[:,1]
```

请读者自行在 python 中查看上段程序的输出结果。

在经典的因子分析过程中，除了上述分析过程得到的结论之外，为加强所提取出公因子含义的解释性，还需要对因子载荷进行旋转。

Python 中目前尚无成熟的用于因子旋转的包或模块。此外，python 现有计算载荷方法均采用 SVD，与传统统计分析过程得到的结果和结论均有差异。因此，本书基于传统因子分析流程，定义了从特征值及特征向量计算、因子提取（使用主成分提取法）、基于方差最大化方法因子旋转、因子得分系数估计、因子得分计算全过程的类 FA：

```
#基于方差最大化正交旋转的因子分析
class FA(object):
    '''
    该类用于因子分析，有五个方法分别用于计算：特征值和方差贡献率、旋转前的因子载荷、旋转
    后的因子载荷、因子得分系数和因子得分。
    '''
    def __init__(self,component,gamma=1.0,q=20,tol=1e-8):
        '''
        gamma、q、tol：均为最大方差正交旋转的参数，无特殊需求默认即可
        '''
        self.component=component
        self.gamma=gamma
        self.q=q
        self.tol=tol
    def var_contribution(self,data):
        '''
        该方法用于输出特征值、方差贡献率以及累计方差贡献率
```

```
'''
    #将数据转存为数组形式方便操作
    var_name=data.columns
    data=np.array(data)
    #标准化数据
    z=(data-data.mean())/data.std(ddof=1)
    #按列求解相关系数矩阵，存入 cor 中(rowvar=0 指定按列求解相关系数矩阵)
    cor=np.corrcoef(z,rowvar=0)
    #求解相关系数矩阵特征值与特征向量，并按照特征值由大到小排序
    #注意 numpy 中求出的特征向量是按列排列而非行，因此注意将矩阵转置
    eigvalue,eigvector=np.linalg.eig(cor)
    eigdf=pd.DataFrame(eigvector.T).join(pd.DataFrame(eigvalue,
                                          dtype=float,
                                          columns=["eigvalue"]))

    #将特征向量按特征值由大到小排序
    eigdf=eigdf.sort_values("eigvalue")[::-1]
    #将调整好的特征向量存储在 eigvector
    eigvector=np.array(eigdf.iloc[:,:-1])
    #将特征值由大到小排序，存入 eigvalue
    eigvalue=list(np.array(eigvalue,dtype=float))
    eigvalue.sort(reverse=True)
    #计算每个特征值的方差贡献率，存入 varcontribution 中
    varcontribution=list(np.array(eigvalue/sum(eigvalue),dtype=float))
    #累积方差贡献率
    leiji_varcontribution=[]
    for i in range(len(varcontribution)):
        s=float(sum(varcontribution[:i+1]))
        leiji_varcontribution.append(s)
    #将特征值、方差贡献率、累积方差贡献率写入 DataFrame
    ##控制列的输出顺序
    col=["Eigvalue","Proportion","Cumulative"]
    eig_df= pd.DataFrame({"Eigvalue":eigvalue,
                          "Proportion":varcontribution,
                          "Cumulative":leiji_varcontribution},
                          columns=col)
    self.eigvalue=eigvalue
    self.eigvector=eigvector
    return eig_df

def loadings(self,data):
    '''
    该方法用于输出旋转前的因子载荷阵
    '''
    factor_num=self.component
    #接下来求解因子载荷阵
```

```
        ##生成由前 factor_num 个特征值构成的对角阵，存入 duijiao 中用于计算因子载荷阵
        eigvalue=self.var_contribution(data)["Eigvalue"]
        duijiao=list(np.array(np.sqrt(eigvalue[:factor_num]),dtype=float))
        eigmat=np.diag(duijiao)
        zaihe=np.dot(self.eigvector[:factor_num].T,eigmat)
        self.zaihe=zaihe
        n=range(1,factor_num+1)
        col=[]
        for i in n:
            c="Factor "+str(i)
            col.append(c)
        zaihe=-pd.DataFrame(zaihe,columns=col)
        zaihe.iloc[:,1]=-zaihe.iloc[:,1]
        self.col=col
        zaihe.index=data.columns
        self.zaihe=zaihe
        return zaihe

    def varimax_rotation(self,data):
        '''
        该方法对因子载荷阵进行最大方差正交旋转，返回旋转后的因子载荷阵
        '''
        zaihe=self.loadings(data)
        m,n=zaihe.shape
        R=np.eye(n)
        d=0
        for i in range(self.q):
            d_init=d
            Lambda=np.dot(zaihe, R)
            w,a,wa=np.linalg.svd(np.dot(zaihe.T,
                            np.asarray(Lambda)**3-
                            (self.gamma/m)*np.dot(Lambda,
                        np.diag(np.diag(np.dot(Lambda.T,Lambda))))))
            #请注意此处往上 4 行（排版印刷问题）在 python 中是 1 行语句。
            R=np.dot(w,wa)
            d=np.sum(a)
            if d_init!=0 and d/d_init<1+self.tol:
                break
        orthogonal=np.dot(zaihe,R)
        self.orthogonal=orthogonal
        return pd.DataFrame(orthogonal,index=data.columns,columns=self.col)

    def score_coef(self,data):
        '''
        该方法用于计算因子得分函数
        '''
        #R 为原始变量的相关阵
```

```
        corr=np.corrcoef(data,rowvar=0)
        A=self.varimax_rotation(data)
        coefficient=pd.DataFrame(np.dot(np.array(A).T,np.mat(corr).I),
                            columns=data.columns,index=self.col)
        self.coefficient=coefficient
        return coefficient


    def score(self,data):
        '''
        该方法用于计算因子得分
        '''
        data_scale=(data-data.mean())/data.std(ddof=1)
        F=np.dot(data_scale,self.coefficient.T)
        F=pd.DataFrame(F)
        col2=[]
        n=range(1,self.component+1)
        for i in n:
            c="Score F"+str(i)
            col2.append(c)
        F.columns=col2
        return F
```

类 FA 中自定义的属性和方法有：

```
list(filter(lambda x:x[0]!='_',dir(FA(component=2))))
['component','gamma','loadings','q','score','score_coef','tol',
'var_contribution','varimax_rotation']
```

类 FA 中的属性的作用如下：

➢ **component**：表示提取公因子的数目，在做因子分析时必须事先指定；

➢ **gamma、q、tol**：均表示方差最大化正交旋转法的参数，如无特殊需求使用本类提供的默认值即可；

类 FA 中的方法的作用如下：

➢ **var_contribution**：返回特征根的方差贡献；

➢ **loadings**：返回因子载荷；

➢ **varimax_rotation**：返回旋转过后的因子载荷；

➢ **socre_coef**：返回因子得分系数；

➢ **score**：返回根据因子得分系数矩阵计算的因子得分。

将类 FA 实例化，利用本例数据进行完整的因子分析过程：

```
ic_fa=FA(component=2)      #将类 FA 实例化，固定为两个公因子
contributation=ic_fa.var_contribution(X)
#X 是本例之前构造的一个由变量 Switch 到 Efficiency 组成的分析对象
contributation
```

	Eigvalue	Proportion	Cumulative
0	7.953348	0.568096	0.568096
1	2.443283	0.174520	0.742617
2	0.785253	0.056090	0.798706
3	0.652081	0.046577	0.845283
4	0.495501	0.035393	0.880676
5	0.427167	0.030512	0.911188
6	0.332092	0.023721	0.934909
7	0.243358	0.017383	0.952292
8	0.182532	0.013038	0.965330
9	0.143056	0.010218	0.975548
10	0.126175	0.009013	0.984560
11	0.104105	0.007436	0.991996
12	0.059469	0.004248	0.996244
13	0.052581	0.003756	1.000000

　　contribution 对象得到特征根、特征根方差贡献和累计方差贡献等内容，与之前我们使用 PCA 函数得到的 x1_ev 内容一模一样。从各特征根贡献来看，前两个特征根的贡献率分别是 0.5681 和 0.1745，远大于其他的特征根贡献率，且这前 2 个特征根累积贡献率达到 74.26%，基本上可以在较大程度上反映原始数据的信息。

　　本例提取 2 个因子，前 2 个特征根对应的特征向量为：

```
loadings=ic_fa.loadings(X)
loadings
```

	Factor 1	Factor 2
Switch	0.612655	0.629533
Connection	0.473459	0.549148
Speed	0.494931	0.677657
Transformation	0.595114	0.691249
Offline	0.508545	0.501489
Timeliness	0.816996	-0.239573
Initiative	0.751754	-0.385172
Attitude	0.833623	-0.185283
Skill	0.883247	-0.151843
Consideration	0.751921	-0.341353
Standard	0.824808	-0.365608
Settlement	0.932066	-0.163706
Success	0.909980	-0.109911
Efficiency	0.919745	-0.068276

根据上表所示的因子载荷,可以根据因子分析模型写出原始变量与公因子之间的关系:

Switch=0.61266 × Factor1+0.62953 × Factor2

Connection=0.47346 × Factor1+0.54915 × Factor2

Speed=0.49493 × Factor1+0.67766 × Factor2

$\vdots$

Success=0.90998 × Factor1-0.10991 × Factor2

Efficiency=0.91975 × Factor1-0.06828 × Factor2

为了对公因子 Factor1 和 Factor2 能够进行更好的解释,可通过因子旋转的方法,使得每个变量,仅在一个公因子上有较大载荷,而在其余公因子上的载荷比较小,调用实例对象的 varimax_rotation 方法可到旋转之后的因子载荷:

```
rotated_loadings=ic_fa.varimax_rotation(X)
rotated_loadings
```

	Factor 1	Factor 2
Switch	0.254884	0.840650
Connection	0.168188	0.705294
Speed	0.128211	0.829299
Transformation	0.210946	0.887405
Offline	0.221250	0.679086
Timeliness	0.835723	0.162619
Initiative	0.844677	0.003322
Attitude	0.825545	0.218478
Skill	0.854255	0.270980
Consideration	0.824691	0.042318
Standard	0.900574	0.054266
Settlement	0.903065	0.282876
Success	0.858731	0.320507
Efficiency	0.848273	0.361974

从因子旋转结果可明显看到,各个原始变量分别在 Factor1 和 Factor2 两个因子的载荷数值差距较未旋转载荷的差距要大,因而使得这两个因子的意义显得更加明显。从该旋转过后的因子载荷得知,公因子 Factor1 与提供服务及时性、提供服务主动性、服务态度、服务熟练程度、对客户关注程度、服务规范性、解决问题能力、解决问题成功率和服务效率等变量的相关性很强,载荷均达到了 0.8 以上;而公因子 Factor2 与接通率、网络速度、数据传输速率、掉线率和接通率等变量的相关性很强。

与 Factor1 相关性较强的原始变量,均是从运营商服务人员为网吧提供服务的角度来进行满意度的衡量的,因此可以把公因子 Factor1 命名为"人员服务质量"因子;而与 Factor2 相关性较强的原始变量，都是从运营商的技术角度来考察网吧用户满意度的，因此把公因子 Factor2 命名为"技术质量"因子。

对提取出来的公因子进行实际意义上的命名之后，可以根据估计出的因子得分系数：

```
coef=ic_fa.score_coef(X)
coef.T
```

	Factor 1	Factor 2
Switch	-0.049975	0.264243
Connection	-0.050402	0.226980
Speed	-0.072171	0.274936
Transformation	-0.063540	0.285664
Offline	-0.037521	0.211682
Timeliness	0.136292	-0.039889
Initiative	0.156388	-0.096586
Attitude	0.127939	-0.019193
Skill	0.127192	-0.004170
Consideration	0.148166	-0.080648
Standard	0.160867	-0.085254
Settlement	0.134875	-0.005662
Success	0.122291	0.012618
Efficiency	0.115552	0.028317

利用因子得分函数计算出每个样本在公因子上的因子得分：

f_1=-0.04998Switch-0.05040Connection-0.07217Speed

-0.063540Transformation-0.03752Offline+0.13629Timeliness

+0.15639Initiative+0.12794Attitude+0.12719Skill

+0.14817Consideration+0.16087Standard+0.13488Settlement

+0.12229Success+0.11556Efficiency

f_2=0.26424Switch+0.22698Connection+0.27493Speed

+0.28566Transformation+0.21168Offline-0.03989Timeliness

-0.09659Initiative-0.01919Attitude-0.00417Skill

-0.08065Consideration-0.08525Standard-0.00566Settlement

+0.01262Success+0.028317Efficiency

使用类 FA 的 score 方法可查看用上述方法计算的各个样本的因子得分：

```
s=ic_fa.score(X)
s['No']=ic['No']
```

```
print ('Cafe No.%2.f is the min of Factor1: %.4f' % (s[s['Score
F1']==s['Score F1'].min()]['No'],s['Score F1'].min()))
print ('Cafe No.%2.f is the min of Factor2: %.4f' % (s[s['Score
F2']==s['Score F2'].min()]['No'],s['Score F2'].min()))
Cafe No.24 is the min of Factor1: -4.7203
Cafe No.38 is the min of Factor2: -3.3790
```

本例中，编号为 24 的网吧在"人员服务质量"上得分最低，为 -4.720 分；编号为 38 的网吧在"技术质量"上得分最低，为 -3.379 分。该运营商应当针对排名靠后的网吧进行深入调查，找出改进服务的路径和手段，促进整体满意度的提升。

由于因子得分可按照多种方法进行旋转，在估计因子得分函数的系数过程中也可使用多种分析方法，故因子得分函数的系数是不确定的。因此在实际问题中，一般不再像主成分分析过程中那样可根据各公因子得分及其贡献计算每个样本的综合得分。

第 13 章
列联分析与对应分析

人们在研究某一个事物或现象的过程中，有些时候不只是考察单独某一个方面的信息，即可以把几个方面的信息联合起来一并考察。如考察某项政策实施之后广大市民对该政策的民意反映，可以用单独一个民意指标"满意状况"来考察。如果把性别指标一并联合起来，考察不同性别人群对该项政策的满意状况，这就是用两个指标来衡量同一个事物，这两个指标的不同表现可以通过交叉的方式形成若干种状况，如男性对该项政策的满意状况、女性对该项政策的不满意状况等，把性别和满意状况这两个变量交叉联合起来，共同对所研究的问题展开研究，这个过程就叫做"交叉分析"。本章将要讲述的列联分析和对应分析就是交叉分析的两种典型形式，同时也是数据降维分析的一种形式。

13.1 列联分析

对于定类或定序等定性数据的描述和分析，通常可使用列联表进行分析，本节主要介绍基于列联表 χ^2 检验的列联分析。

13.1.1 列联表

两个或两个以上变量交叉形成的二维频数分布表格，称之为"列联表"。如本章引言部分的不同性别对政策实施满意状况的交叉频数分布，设"性别"变量有"男""女"2 种属性，"满意状况"变量有"满意""不满意"2 种属性，得到的列联表形如表 13-1 所示。

表 13-1   二维列联表的一般形式

人数		满意状况		合计
		满意	不满意	
性别	男	128	117	245
	女	109	96	205
合计		237	213	450

表 13-1 所示的列联表形式非常简单，只是把两个变量的不同属性进行交叉，计算出各种属性组合的频数，作为表格中的主要数据。

从列联表中，可以清楚看到所有人和不同性别的人对该项政策的不同观点分布状况；

同时也可以看到所有满意状况及其两种属性表现的性别分布状况。

列联表中变量的属性或取值通常也叫做"水平",如性别变量有"男""女"两个水平,"满意状况"变量有"满意"和"不满意"两个水平。

列联表行变量的水平个数一般用 R 表示,列变量水平的个数一般用 C 表示,那么一个 R 行 C 列的频数分布表叫做 $R×C$ 列联表,如表 13-2 所示。

表 13-2 $R×C$ 列联表

频数		列变量				行合计
		水平 1	水平 2	…	水平 c	
行变量	水平 1	f_{11}	f_{12}	…	f_{1c}	$\sum_{i=1}^{c} f_{1i}$
	水平 2	f_{21}	f_{22}	…	f_{2c}	$\sum_{i=1}^{c} f_{2i}$
	⋮	⋮	⋮	⋮	⋮	⋮
	水平 r	f_{r1}	f_{r2}	…	f_{rc}	$\sum_{i=1}^{c} f_{3i}$
列合计		$\sum_{i=1}^{r} f_{i1}$	$\sum_{i=1}^{r} f_{i2}$	…	$\sum_{i=1}^{r} f_{ic}$	$\sum_{i=1}^{r}\sum_{j=1}^{c} f_{ij}$

$R×C$ 列联表中各元素 f_{ij} 就是行列变量进行交叉分类得到的观测值个数所形成的频数分布,行合计表示行变量每个水平在列变量不同水平交叉分类的观测值总数;列合计表示列变量每个水平在行变量不同水平交叉分类的观测值总数;行合计加总应当等于列合计加总,记为总计频数。

【例 13-1】某单位欲推行一套新的工资改革方案,为了考查该方案的合理性,提高改革方案在公司各部门推行之后的实际效果,特抽查了市场部、客户服务部、发展战略部、综合部、研发中心等 5 个部门共 220 名员工了解对该套工资改革方案的态度,数据如 salary_reform.csv 所示。

本例所使用的数据如下:

```
sc=pd.read_csv('salary_reform.csv')
sc.head()
```

	department	attitude	ID
0	3	2	1
1	5	2	2
2	5	2	3
3	4	2	4
4	1	1	5

department 和 attitude 变量的值标签如下:

```
sc['department']=sc['department'].astype('category')
sc['department'].cat.categories=['发展战略部','客户服务部','市场部',
                                 '研发中心','综合部']
sc['department'].cat.set_categories=['发展战略部','客户服务部','市场部',
                                     '研发中心','综合部']
sc['attitude']=sc['attitude'].astype('category')
sc['attitude'].cat.categories=['支持','反对']
sc['attitude'].cat.set_categories=['支持','反对']
```

可以事先利用本例数据编制列联表如下：

```
sc_contingencytable=pd.crosstab(sc['attitude'],sc['department'],
                                margins=True)
sc_contingencytable
```

department	发展战略部	客户服务部	市场部	研发中心	综合部	All
attitude						
支持	16	21	23	22	22	104
反对	25	15	20	27	29	116
All	41	36	43	49	51	220

可以计算各个单元格占总人数的百分比：

```
sc_contingencytable/sc_contingencytable.loc['All']['All']
```

department	发展战略部	客户服务部	市场部	研发中心	综合部	All
attitude						
支持	0.072727	0.095455	0.104545	0.100000	0.100000	0.472727
反对	0.113636	0.068182	0.090909	0.122727	0.131818	0.527273
All	0.186364	0.163636	0.195455	0.222727	0.231818	1.000000

可以计算出上述列联表的行百分比：

```
def percent_observed(data):
    return data/data[-1]

pd.crosstab(sc['attitude'],sc['department'],
            margins=True).apply(percent_observed,axis=1)
```

department	发展战略部	客户服务部	市场部	研发中心	综合部	All
attitude						
支持	0.153846	0.201923	0.221154	0.211538	0.211538	1.0
反对	0.215517	0.129310	0.172414	0.232759	0.250000	1.0
All	0.186364	0.163636	0.195455	0.222727	0.231818	1.0

也可以计算出列百分比：

```
pd.crosstab(sc['attitude'],sc['department'],
            margins=True).apply(percent_observed,axis=0)
```

department	发展战略部	客户服务部	市场部	研发中心	综合部	All
attitude						
支持	0.390244	0.583333	0.534884	0.44898	0.431373	0.472727
反对	0.609756	0.416667	0.465116	0.55102	0.568627	0.527273
All	1.000000	1.000000	1.000000	1.00000	1.000000	1.000000

13.1.2 列联表的分布

列联表中的分布有两种：一种是如表 13-2 以及上一小节的输出结果那样，能够直接从样本数据中获得的交叉分类分布，可以直接观测得到。其行、列合计分别称为行边缘分布和列边缘分布；另一种是期望值的分布，是不能直接观测出来的，可以通过样本数据和相关理论依据进行计算。

以例 13-1 为例，如果要想了解不同部门的员工对工资改革方案的态度是否存在显著差异，在没有显著差异的假定条件下，各部门员工不同态度的分布即为列联表的理论分布。据此可以计算出各部门态度人数的理论期望频数值。

在本例中，持"反对"态度的员工总人数为 116 人，持"支持"态度的员工总人数为 104 人。因此对整个单位而言，对工资改革方案的反对率应当为 116/220=0.5273，即 52.73%；对工资改革方案的支持率应当为 104/220=0.4727，即 47.27%。

现假定各部门对工资改革的态度没有差异，故各部门反对该项政策的人数应当为该部门被调查人数乘以反对率，支持该项政策的人数应当为该部门人数乘以支持率。如发展战略部一共有员工 41 人，持支持态度的理论人数应当为 41*47.27%=19.38 人。由此计算出来的人数便是列联表的期望值，计算过程及期望值分布如表 13-3 所示。

表 13-3 列联表的期望分布

期望人数		部门					合计
		发展战略部	客户服务部	市场部	研发中心	综合部	
态度	支持	41*0.4727=19.38	36*0.4727=17.02	43*0.4727=20.33	49*0.4727=23.16	51*0.4727=24.11	104
	反对	41*0.5273=21.62	36*0.5273=18.99	43*0.5273=22.67	49*0.5273=25.84	51*0.5273=26.89	116
合计		41	36	43	49	51	220

scipy.stats.contingency 中提供了 expected_freq 方法可以直接计算列联表的期望值分布：

```
from scipy.stats import contingency
pd.DataFrame(contingency.expected_freq(sc_contingencytable),
             columns=sc_contingencytable.columns,
```

index=sc_contingencytable.index)						
department attitude	发展战略部	客户服务部	市场部	研发中心	综合部	All
支持	19.381818	17.018182	20.327273	23.163636	24.109091	104.0
反对	21.618182	18.981818	22.672727	25.836364	26.890909	116.0
All	41.000000	36.000000	43.000000	49.000000	51.000000	220.0

13.1.3 χ^2 分布与 χ^2 检验

从第 13.1.2 节中可以得知列联表的分布主要有观测值分布和期望值分布，同时也计算了观测值与期望值之间的偏差。设 f_{ij}^o 表示各交叉分类频数的观测值，f_{ij}^e 表示各交叉分类频数的期望值，则各交叉分类频数观测值与期望值的偏差为 $f_{ij}^o - f_{ij}^e$，则 χ^2（卡方）统计量为：

$$\chi^2 = \sum_{i=1}^{r} \sum_{j=1}^{c} \frac{(f_{ij}^o - f_{ij}^e)^2}{f_{ij}^e}$$

当样本量较大时，χ^2 统计量近似服从自由度为 $(R\text{-}1)(C\text{-}1)$ 的 χ^2 分布，χ^2 值与期望值、观测值和期望值之差均有关，χ^2 值越大表明观测值与期望值的差异越大。因此，可以由此对第 13.1.2 节中计算期望值的假设进行 χ^2 检验。

上一节在计算期望值分布时，假定各部门对工资改革的态度没有差异，即各部门对该项改革方案的支持率或反对率均相等，即员工对该项改革方案的态度与其所在部门无关，行列变量之间是独立的。据此可以提出原假设和备择假设：

H_0：部门与对改革方案态度独立；H_1：部门与对改革方案态度不独立

对于该假设所进行的检验，除了可用上述介绍的近似 χ^2 检验之外，还可以进行 Fisher 精确检验。

对于该假设所进行的检验，可用上述介绍的近似 χ^2 检验。scipy.stats 提供了 chi2_contingency 函数进行该检验：

```
stats.chi2_contingency(sc_contingencytable.ix[:-1,:-1])
#其参数为不含有 margin 即边缘分布的列联表数据
(4.013295405516321,
 0.4042095025927255,
 4,
 array([[19.38181818, 17.01818182, 20.32727273, 23.16363636, 24.10909091],
        [21.61818182, 18.98181818, 22.67272727, 25.83636364, 26.89090909]]))
```

该函数返回 χ^2 统计量的值、χ^2 统计量对于的 P 值、自由度及列联表的期望值分布。

本例中，χ^2 统计量的值为 4.0133，其对应的 P 值为 0.4042，非常不显著。因此，没有充分理由拒绝行列变量即部门与态度之间独立的原假设。

由于 χ^2 统计量是一个近似的统计量，scipy.stats 提供了 fisher_exact 函数进行 Fisher 精确检验的过程（注意：该方法只能对 2×2 列联表进行检验）。Fisher 精确检验的统计量服从超几何分布，在样本量较大的时候运算量非常大。如，检验发展战略部、客户服务部两个部门之间的态度是否独立：

```
stats.fisher_exact(sc_contingencytable.ix[:-1,:-4])
#其参数为不含有 margin 即边缘分布的列联表数据
(0.45714285714285713, 0.11232756314249981)
```

该方法返回先验 odds ratio（即比值比或相对风险）和 P 值。本例中，P 值为 0.1123 非常不显著，因此，没有充分理由拒绝发展战略部、客户服务部两个部分态度之间独立的原假设。

13.1.4　χ^2 分布的期望值准则

从 12.1.3 节介绍的内容中可知 χ^2 检验是一种近似检验，依据观测值和期望值计算出来的统计量在大样本的情况下近似服从 χ^2 分布。因此，要求在进行列联表检验过程中，样本量应当足够大，而且每个交叉分类的期望频数不能偏小，否则进行 χ^2 检验可能会得出错误的结论。

进行 χ^2 检验时，χ^2 分布的期望值准则主要有两条：

➢ 当交叉分类为两类时，要求每一类别的期望值不少于 5；
➢ 当交叉分类为两个以上类别时，期望值小于 5 的比例不应超过 20%，否则应把期望值小于 5 的类别与相邻的类别合并。

如表 13-4 所示的列联表中，有一个期望频数值为 4，小于 5，依据期望值准则，则不能够进行 χ^2 检验。

表 13-4　两个类别的列联表分布

产品合格情况	观测值（f^o）	期望值（f^e）
合格	123	115
不合格	6	4

当数据交叉分类为两个以上类别时，期望值小于 5 的比例超过 20% 时，如表 13-5 所示。

表 13-5　两个以上类别的列联表分布

产品质量分类	观测值（f^o）	期望值（f^e）
A	123	115
B	120	132
C	78	87
D	23	45
E	8	4
F	7	3

表中一共有 6 个分类，其 20%为 6*20%=1.2，但其期望值小于 5 的分类个数为 2，超过了 20%的数目。此种情况，要把期望值小于 5 的类别与相邻的类别合并。即把 E 类和 F 类合并，如表 13-6 所示。

表 13-6　两个以上类别的合并列联表分布

产品质量情况	观测值（f^o）	期望值（f^e）
A	123	115
B	120	132
C	78	87
D	23	45
E 和 F 合并	15	7

在进行分析时，用经过合并处理后形如表 13-6 所示的表格进行 χ^2 检验即可。

13.2　对应分析

χ^2 检验可以对行列变量之间是否有关联进行检验，但是行列变量之间的关联性具体是如何相互作用的，通过列联表的 χ^2 检验则很难进行判断。

因此，行列变量相互关系的研究可进一步进行深入分析，对应分析便是交叉分析进一步研究的一种方式，它利用数据降维方法直观明了的分析行列变量之间的相互关系。对应分析是在 R 型（样本）和 Q 型（变量）因子分析的基础上发展起来的一种多元统计分析方法，它不仅仅关注行变量或列变量本身的关系，更加关注的是行列变量之间的相互关系。

对应分析可根据所分析变量的数目分为简单对应分析和多重对应分析。简单对应分析主要用于两个分类变量之间关系的研究，多重对应分析用于分析 3 个或更多变量之间的关系。由于对应分析可以明确划定行列变量之间的影响关系，在市场研究、市场细分、产品定位等领域使用尤为广泛。

13.2.1　对应分析的基本思想

对应分析的基本思想是将一个联列表的行列变量的比例结构，以散点形式在较低维的空间中表示出来。对应分析省去了因子选择和因子轴旋转等中间运算过程，可以从因子载荷图上对样品进行直观的分类，而且能够指示分类的主因子以及分类的依据。此外，对应分析最主要是要得到能够同时反映众多样本和众多变量的对应分析图。

为了实现上述基本思想，对应分析通常先找到能够代表行列变量的行得分与列得分。行得分与列得分互为对方的加权均值，它们之间具有相关性。行、列得分在一个数据中可以得到多组数值，可以根据各组行列得分绘制多个二维散点图，然后把各个散点图堆叠起来，最终形成对应分析图。

为了直观明了的描述行列变量之间的对应关系，通常选择 2 对行、列得分，通过 2 张散点图叠加得到对应分析图。在对应分析中，把衡量行列关系强度的指标称之为"惯量"（inertia），其累积所占的百分比成为选取行、列得分对的数目的主要依据。同时，惯量所占比例也成为衡量某对行、列得分在对应分析图中重要性的重要依据。

13.2.2 对应分析的步骤和过程

在进行对应分析之前，应当依据列联分析的知识先判定行列变量之间是否存在相关性。通过检验，如果存在相关性，可进行进一步的对应分析，以找出行列变量之间的具体影响关系。对应分析最主要的内容是依据惯量的累积百分确定选取行、列得分的数目，然后绘制对应分析图，从图中找出行列变量之间的对应关系。

以 1 对行、列变量为例，对应分析一般按照如下步骤进行：

13.2.2.1 概率矩阵 P

编制两定性变量的交叉列联表，得到一个 $r×c$ 的矩阵 X ，即：

$$X = \begin{bmatrix} x_{11} & x_{12} & x_{13} & \cdots & x_{1c} \\ x_{21} & x_{22} & x_{23} & \cdots & x_{2c} \\ x_{31} & x_{32} & x_{33} & \cdots & x_{3c} \\ \vdots & \vdots & \vdots & & \vdots \\ x_{r1} & x_{r2} & x_{r3} & \cdots & x_{rc} \end{bmatrix}$$

其中，r 为行变量的分类数，c 为列变量的分类数，且 $x_{ij}>0$。

将矩阵 X 规格化为 $r×c$ 的概率矩阵 P，即：

$$P = \begin{bmatrix} p_{11} & p_{12} & p_{13} & \cdots & p_{1c} \\ p_{21} & p_{22} & p_{23} & \cdots & p_{2c} \\ p_{31} & p_{32} & p_{33} & \cdots & p_{3c} \\ \vdots & \vdots & \vdots & & \vdots \\ p_{r1} & p_{r2} & p_{r3} & \cdots & p_{rc} \end{bmatrix}$$

其中，$p_{ij} = x_{ij} \Big/ \sum_{i=1}^{r}\sum_{j=1}^{c} x_{ij}$ 为各单元频数的总百分比。矩阵 P 表示了一组关于比例的相对数据。

13.2.2.2 数据点坐标

将 P 矩阵的 r 行看成 r 个样本，并将这 r 个样本看成 c 维空间中的 r 个数据点，且各数据点的坐标定义为：$z_{i1}, z_{i2}, z_{i3}, \cdots, z_{ic}, \ i=1,2,3,\cdots,r$ 。

其中：$z_{ij} = p_{ij} \Big/ \sqrt{\sum_{k=1}^{r} p_{kj} \sum_{k=1}^{c} p_{ik}}, \ i=1,2,3,\cdots,r, j=1,2,3,\cdots,c$

此时，各个数据点的坐标是一个相对数据，它在各单元总百分比的基础上，将在行和列上的分布比例考虑了进来。如果某两个数据点相距较近，则表明行变量的相应两个类别在列变量所有类别上的频数分布差异均不明显；反之，则差异明显。

P 矩阵中，p_{ij} 表示行变量第 i 属性与列变量第 j 属性同时出现的概率，相应的 $p_{i.}$ 与 $p_{.j}$ 就有边缘概率的含义，可定义行剖面：行变量取值固定为 i 时，列变量各个属性相对出现的概率情况，即把 P 中第 i 行的每一个元素除以 $p_{i.}$，同理，可定义列剖面。这样便可把第 i 行表示成在 c 维欧氏空间中的一个点，其坐标为：

$$p_i^{r} = \left(\begin{array}{cccc} \dfrac{p_{i1}}{p_{i.}} & \dfrac{p_{i2}}{p_{i.}} & \cdots & \dfrac{p_{ic}}{p_{i.}} \end{array} \right), i=1,2,3,\cdots,r$$

其中 p_i^{r} 的分量 $\dfrac{p_{ij}}{p_{i.}}$ 表示条件概率 $P(B=j|A=i)$。

第 i 个行剖面 p_i^{r} 就是把 P 中的第 i 行剖开单独研究第 i 行的各个取值在 c 维超平面上的分布情况。通过剖面的定义，行变量的不同取值就可用 c 维空间中的不同点来表示，各个点的坐标分别为 p_i^{r}；列表量的不同取值就可用 r 维空间中的不同点来表示，各点坐标分比为 p_j^{c}。

可引入距离概念来分别描述行列变量各个属性之间的接近程度。行变量第 k 属性与第 l 属性的欧氏距离为：

$$d^2\left(k,l\right) = \left(p_k^{r} - p_l^{r}\right)'\left(p_k^{r} - p_l^{r}\right) = \sum_{j=1}^{c}\left(\frac{p_{kj}}{p_{k.}} - \frac{p_{lj}}{p_{l.}}\right)^2$$

但这样定义的距离会受到列变量各属性边缘概率的影响，因此可用 $\dfrac{1}{p_{.j}}$ 作为权重，得到加权距离公式：

$$D^2\left(k,l\right) = \sum_{j=1}^{c}\left(\frac{p_{kj}}{p_{k.}} - \frac{p_{lj}}{p_{l.}}\right)^2 \bigg/ p_{.j} = \sum_{j=1}^{c}\left(\frac{p_{kj}}{\sqrt{p_{.j}\,p_{k.}}} - \frac{p_{lj}}{\sqrt{p_{.j}\,p_{l.}}}\right)^2$$

因此，上式定义的距离也可看做是坐标为 $\left(\begin{array}{cccc} \dfrac{p_{i1}}{\sqrt{p_{.1}\,p_{i.}}} & \dfrac{p_{i2}}{\sqrt{p_{.2}\,p_{i.}}} & \cdots & \dfrac{p_{ic}}{\sqrt{p_{.c}\,p_{i.}}} \end{array} \right)$ 的任意两点之间的欧氏距离。

同理，将 P 矩阵的 c 列看成 c 个样本，并将这 c 个样本看成 r 维空间中的 c 个数据点，且各数据点的坐标定义为：$z_{1i}, z_{2i}, z_{3i}, \cdots, z_{ci}$，$i=1,2,3,\cdots,c$。

其中：$z_{ij} = p_{ij} \bigg/ \sqrt{\sum_{k=1}^{c}p_{ik}\sum_{k=1}^{r}p_{kj}}$，$i=1,2,3,\cdots,r, j=1,2,3,\cdots,c$

13.2.2.3 行列变量分类降维

通过上述步骤能将两变量的各个类别看作是多维空间上的点，并通过点与点间距离的测度分析类别间的联系。在变量的类别较多时，数据点所在空间维数必然较高。由于高维空间比较抽象，且高维空间中的数据点很难直观地表示出来，因此最直接的解决方法便是降维。对应分析采用类似因子分析的方式分别对行变量类别和列变量类别实施降维。

如，对列变量实施分类的降维：

P 矩阵的 c 列看作 c 个变量，计算 c 个变量的协方差矩阵 A。可以证明，第 i 个变量与第 j 个变量的协方差矩阵为：$\Sigma = \left(a_{ij}\right)$，其中 $a_{ij} = \sum_{k=1}^{r} z_{ki} z_{kj}$，并记为 $A = Z'Z$。从协方差矩阵 A 出发，计算协方差矩阵 A 的特征根 $\lambda_1 > \lambda_2 > \cdots > \lambda_k, 0 < k \leq \min\{r,c\} - 1$ 以及对应的特征向量 $\mu_1, \mu_2, \cdots, \mu_k$，根据累计方差贡献率确定最终提取特征根的个数 m（通常 m 取 2），并计算出相应的因子载荷矩阵 F，即：

$$
F = \begin{bmatrix}
\mu_{11}\sqrt{\lambda_1} & \mu_{12}\sqrt{\lambda_2} & \cdots & \mu_{1m}\sqrt{\lambda_m} \\
\mu_{21}\sqrt{\lambda_1} & \mu_{22}\sqrt{\lambda_2} & \cdots & \mu_{2m}\sqrt{\lambda_m} \\
\vdots & \vdots & & \vdots \\
\mu_{c1}\sqrt{\lambda_1} & \mu_{c2}\sqrt{\lambda_2} & \cdots & \mu_{cm}\sqrt{\lambda_m}
\end{bmatrix}
$$

同理，对行变量也可实施类似的分类降维。将 P 矩阵的 r 行看作 r 个变量，计算 r 个变量的协方差矩阵 B。可以证明，第 i 个变量与第 j 个变量的协方差矩阵为：$\Sigma = \left(b_{ij}\right)$，其中 $b_{ij} = \sum_{k=1}^{c} z_{ik} z_{jk}$，并记为 $B = ZZ'$。从协方差矩阵 B 出发，计算协方差矩阵 B 的特征根和特征向量。可以证明，协方差矩阵 A 和协方差矩阵 B 有相同的非零特征根。如果 μ_i 为矩阵 A 的相应特征根 λ_k 的特征向量，那么 $v_i = Z\mu_i$ 就是矩阵 B 的相应特征根 λ_k 的特征向量，根据累计方差贡献率确定最终提取特征根的个数 m 可得到因子载荷矩阵 G，即：

$$
G = \begin{bmatrix}
v_{11}\sqrt{\lambda_1} & v_{12}\sqrt{\lambda_2} & \cdots & v_{1m}\sqrt{\lambda_m} \\
v_{21}\sqrt{\lambda_1} & v_{22}\sqrt{\lambda_2} & \cdots & v_{2m}\sqrt{\lambda_m} \\
\vdots & \vdots & & \vdots \\
v_{r1}\sqrt{\lambda_1} & v_{r2}\sqrt{\lambda_2} & \cdots & v_{rm}\sqrt{\lambda_m}
\end{bmatrix}
$$

13.2.2.4 对应分析图

由第 13.2.2.3 小节计算可知，因子载荷矩阵 F 和 G 中的元素，其取值范围是相同的，且元素数量大小的含义也是类似的，因此可以将它们分别看成 c 个二维点和 r 个二维点绘制在一个共同的坐标平面中，形成对应分布图，各点的坐标即为相应的因子载荷。

通过以上基本步骤，实现了对行列变量多类别的降维，并以因子载荷为坐标，将行列变量的多个分类点直观地表示在对应分布图中，实现了定性变量各类别间差异的量化。通过观察对应分布图中各数据点的远近就能判断各类别之间联系的强弱。

【例 13-2】 目前通信终端市场竞争激烈，产品研发周期缩短，受"山寨机"冲击，消费者对手机功能要求越来越高，对价格都非常敏感。某品牌手机研发部门新开发一款新手机，为了使该款新手机定位更加准确，快速找准消费群体，该部门委托市场研究公司进行了调查，主要了解不同收入群体在购买手机时最主要考虑的影响因素。通过发放问卷，在全国范围内收集到 7934 份有效样本，调查数据如 CellPhone.csv 所示。试对调查结果进行对应分析。

本例所用的数据如下：

```
import random
cp=pd.read_csv("CellPhone.csv")
cp.ix[[random.randint(0,65) for _ in range(10)]]    #随机显示10行数据
```

	Element	Income	Count
30	6	1	104
63	11	4	10
62	11	3	19
30	6	1	104
36	7	1	143
61	11	2	46
60	11	1	52
61	11	2	46
38	7	3	46
8	2	3	108

本例是一个汇总数据，Count 变量表示不同 Element 和 Income 出现的次数。变量 Element 和 Income 的值标签如下：

```
cp['Element']=cp['Element'].astype('category')
cp['Element'].cat.categories=['价格','待机时间','外观','功能','IO 接口',
                              '网络兼容性','内存大小','品牌','摄像头',
                              '质量口碑','操作系统']
cp['Element'].cat.set_categories=['价格','待机时间','外观','功能','IO 接口',
                              '网络兼容性','内存大小','品牌','摄像头',
                              '质量口碑','操作系统']
cp['Income']=cp['Income'].astype('category')
cp['Income'].cat.categories=['小于1000元','1000-3000元','3000-5000元',
                              '5000-8000元','8000-10000元','高于10000元']
cp['Income'].cat.set_categories=['小于1000元','1000-3000元','3000-5000元',
                              '5000-8000元','8000-10000元',
                              '高于10000元']
```

截至本书成稿之时，python 中没有较为成熟可靠的对应分析包或模块。因此，本书根据以上对应分析的步骤，定义了用于 2 变量对应分析的类 Ca：

```
import pandas as pd
import numpy as np
```

```
import matplotlib.pyplot as plt
plt.rcParams['font.sans-serif']=['SimHei'] #用来正常显示中文标签, 可自行修改字体
plt.rcParams[u'axes.unicode_minus']=False  #用来正常显示负号
class Ca(object):
    '''
    类 Ca 的 dim 属性用于指定行列变量降维降至的维度, 默认 2 维, 无特殊需求使用默认值即可
    '''
    def __init__(self,dim=2):
        self.dim=dim
    def ca(self,data):
        '''
        ca 方法用于对应分析的计算过程并存储该过程中的一些主要结果
        '''
        #将数据框数据转换为数组方便后续操作
        data_array=np.array(data).astype(float)
        #样本总数
        total=data_array.sum().sum()
        #行列百分比
        row_percent=data_array.sum(axis=1)/float(total)
        row_percent=np.array(row_percent,dtype=float)
        col_percent=data_array.sum(axis=0)/float(total)
        col_percent=np.array(col_percent,dtype=float)
        #交叉表的概率矩阵形式
        p=data_array/float(total)
        #重构
        product=np.outer(row_percent.reshape(-1,1),
                        col_percent.reshape(-1,1))
        center=p-product

        #卡方值
        ##总卡方值
        chi_squared=float(total)*((center**2)/product).sum().sum()
        row_sqrt_I=np.diag(1/np.sqrt(row_percent))
        col_sqrt_I=np.diag(1/np.sqrt(col_percent))
        resid=np.dot(np.dot(row_sqrt_I,center),col_sqrt_I)
        resid=np.array(resid,dtype=float)
        U,D_lamb,V_T=np.linalg.svd(resid,full_matrices=False)
        inertias=D_lamb**2
        D_lamb_array=np.diag(D_lamb)
        #行列变量前两个特征值方差贡献率
        #各主惯量贡献率
        percent=inertias/float(inertias.sum())
        #累计方差贡献率
        cumulative_percent=[]
        cp=0
```

```
    for i in percent:
        cp=cp+i
        cumulative_percent.append(cp)
    #每个主惯量卡方值
    chisquare_list=chi_squared * percent
    chisquare_list=[float(item) for item in chisquare_list]
    #完整因子载荷阵
    row_coords_all=np.dot(np.dot(row_sqrt_I,U),D_lamb_array)
    col_coords_all=np.dot(np.dot(col_sqrt_I,V_T.T),D_lamb_array.T)
    #行变量和列变量坐标（完整因子载荷阵的前 2 维）
    row_coords=np.dot(np.dot(row_sqrt_I,U),D_lamb_array)[:,:self.dim]
    row_coords.T[1]=-row_coords.T[1]
    col_coords=np.dot(np.dot(col_sqrt_I,V_T.T),
                        D_lamb_array.T)[:,:self.dim]
    col_coords.T[1]=-col_coords.T[1]
    #保存类属性
    self.data=data
    #总样本个数
    self.total=total
    #交叉表概率矩阵
    self.p=p
    #行变量因子载荷阵
    self.row_coords_all=row_coords_all
    #列变量因子载荷阵
    self.col_coords_all=col_coords_all
    #(二维)行变量坐标
    self.row_coords=row_coords
    #(二维)列变量坐标
    self.col_coords=col_coords
    #奇异值
    self.singular_value=D_lamb
    #主贯量
    self.principal_inertia=inertias
    #各主贯量方差贡献率
    self.percent=percent
    #各主贯量累积方差贡献率
    self.cumulative_percent=cumulative_percent
    #总卡方值
    self.chi_squared=chi_squared
    #各卡方值
    self.chisquare_list=chisquare_list
def get_coords(self):
    '''
    该函数用于输出行列变量坐标
    '''
```

```
            row_coords_df=pd.DataFrame(data=self.row_coords,
                                    index=self.data.index,
                                    columns=["dim1","dim2"])
            col_coords_df=pd.DataFrame(data=self.col_coords,
                                    index=self.data.columns,
                                    columns=["dim1","dim2"])
        print ("行变量坐标: ")
        print (row_coords_df)
        print ()
        print ("列变量坐标: ")
        print (col_coords_df)
    def summary(self):
        '''
        该函数用于汇总输出主要结果
        '''
        sv=pd.DataFrame(self.singular_value).astype('float16')
        pi=pd.DataFrame(self.principal_inertia).astype('float16')
        chi=pd.DataFrame(self.chisquare_list).astype('float16')
        per=pd.DataFrame(self.percent).astype('float16')
        cuper=pd.DataFrame(self.cumulative_percent).astype('float16')
        summary_df=pd.concat([sv,pi,chi,per,cuper],axis = 1)
        summary_df.columns=["Singular Value","Principal Inertia",
                        "Chi-square","Percent","Cumulative Percent"]
        return summary_df
#考虑到图像可视化效果, 行、列变量、双变量散点图与类参数 dim 无关
#取载荷系数的前两个维度作为坐标, 输出二维散点图
def rowplot(self,data):
    #行变量图
    x=self.row_coords.T[0]
    y=self.row_coords.T[1]
    fig1=plt.figure()
    plt.scatter(x,y,c='r',marker='o')
    plt.title('Plot of Rows variabels')
    plt.xlabel('dim1')
    plt.ylabel('dim2')
    #为点添加标签
    zipxy_r=list(zip(x,y))
    for (x,y) in zipxy_r:
        plt.annotate((list(data.index))[zipxy_r.index((x,y))],
                xy=(x,y),xytext=(x,y),xycoords="data",
                textcoords='offset points',ha='center',va='top',
                fontproperties=myfont)
    plt.show()
def colplot(self,data):
    #列变量图
    x=self.col_coords.T[0]
```

```
            y=self.col_coords.T[1]
            fig2=plt.figure()
            plt.scatter(x,y,c='b',marker='+',s=50)
            plt.title('Plot of Columns variabels')
            plt.ylabel('dim1')
            plt.xlabel('dim2')
            #为点添加标签
            zipxy_c=list(zip(x,y))
            for (x,y) in zipxy_c:
                plt.annotate((list(data.columns))[zipxy_c.index((x,y))],
                            xy=(x,y),xytext=(x,y),xycoords="data",
                            textcoords='offset points',ha='center',
                            va='top',fontproperties=myfont)
            '''
```

注意：fontproperties 指定对象 myfont 是本书之前使用的字体
读者在使用其进行绘图时应该事先定义，见第 5.1.1 小节

```
            '''
            plt.show()
        def caplot(self,data):
            #叠加的对应分析图
            x_c=self.col_coords.T[0]
            y_c=self.col_coords.T[1]
            x_r=self.row_coords.T[0]
            y_r=self.row_coords.T[1]
            fig=plt.figure()
            plt.scatter(x_r,y_r,c='r',marker='o')
            plt.scatter(x_c,y_c,c='b',marker='+',s=50)
            plt.title('Plot of Two variabels')
            plt.xlabel('dim1'+" "+"("+"+'%.2f%%' % (self.percent[0]*100)+")")
            plt.ylabel('dim2'+" "+"("+"+'%.2f%%' % (self.percent[1]*100)+")")
            #为点添加标签
            zipxy_c=list(zip(x_c,y_c))
            for (x,y) in zipxy_c:
                plt.annotate((list(data.columns))[zipxy_c.index((x,y))],
                            xy=(x,y),xytext=(x,y),xycoords="data",
                            textcoords='offset points',ha='center',va='top',
                            fontproperties=myfont)
            zipxy_r=list(zip(x_r,y_r))
            for (x,y) in zipxy_r:
                plt.annotate((list(data.index))[zipxy_r.index((x,y))],xy=(x,y),
                            xytext=(x,y),xycoords="data",
                            textcoords='offset points',ha='center',va='top',
                            fontproperties=myfont)
            plt.show()
```

类 Ca 中自定义的属性和方法有：

```
list(filter(lambda x:x[0]!='_',dir(Ca())))
```

```
['ca', 'caplot', 'colplot', 'dim', 'get_coords', 'rowplot', 'summary']
```

这些方法和属性的作用如下：

> ➤ **ca**：主要用于存储对应分析过程中的一些中间运算结果；
> ➤ **get_coords**：输出行列变量坐标；
> ➤ **summary**：汇总输出主要结果；
> ➤ **colplot**：输出行变量图行；
> ➤ **rowplot**：输出列变量图形；
> ➤ **caplot**：输出由行变量图形和列变量图形叠加的对应分析图；
> ➤ **dim 属性**：表示指定行列变量降维降至的维度（默认设置为2）。

为把原始数据转换为二维表格的形式，本书定义了一个原始数据转换函数：

```python
import traceback

def transform_crosstable(data):
    '''
    该函数用于将前两列为行列变量各个水平，第三列为频数的原始数据转换为交叉表
    返回行频数和、列频数和以及交叉表
    '''
    if data.shape[1]!=3:
        raise Exception("Program can only do CA with 2 Variables data.")
    else:
        data=data
    #计算样本总数 n
    n=sum(data.iloc[:,2])
    p=data.iloc[:,2]/float(n)
    #查看每个变量的水平数
    v1_len=len(data.iloc[:,0].value_counts())
    v2_len=len(data.iloc[:,1].value_counts())
    v1_name=list(data.iloc[:,0].unique())
    v2_name=list(data.iloc[:,1].unique())
    cross_table=pd.DataFrame(columns=v1_name,index=v2_name)
    cross_table_array=np.array(cross_table)
    for i in v2_name:
        i_index=v2_name.index(i)
        cross_table_array[i_index]=list(data[data.iloc[:,1]==
                                    v2_name[i_index]].iloc[:,2])
    cross_table_f=pd.DataFrame(cross_table_array,index=v2_name,
                            columns=v1_name)
    total_r=[]
    total_c=[]
    for i in range(cross_table_f.shape[0]):
        total_r.append(sum(cross_table_f.loc[v2_name[i]]))
    for j in range(cross_table_f.shape[1]):
        total_c.append(sum(cross_table_f[v1_name[j]]))
```

```
total=sum(total_r)
total_r=pd.DataFrame(total_r)
total_c=pd.DataFrame(total_c)
return cross_table_f
```

本书定义的 `transform_crosstable` 函数可将前两列为行列变量各个水平，第 3 列为频数的原始数据转换为交叉表，返回行频数和、列频数和以及交叉表。

而对于所分析数据没有第 3 列的样本频数，而是所有变量原始观测的情况，只需使用 pandas 中 crosstab 函数，即可直接将两列数据转换为交叉表形式。

如将例 13-2 的数据转为交叉表：

```
cp=transform_crosstable(cp)
cp
```

	价格	待机时间	外观	功能	IO 接口	网络兼容性	内存大小	品牌	摄像头	质量口碑	操作系统
小于1000元	658	374	528	332	50	104	143	363	90	626	52
1000-3000元	665	406	522	323	36	86	165	387	110	637	46
3000-5000元	139	108	119	76	9	24	46	93	26	147	19
5000-8000元	26	19	26	13	9	10	5	20	16	27	10
8000-10000元	13	10	14	11	9	9	8	12	13	15	12
高于10000元	13	14	11	6	11	15	7	11	6	18	7

然后创建类 Ca 的实例，对交叉表所代表的行列变量进行对应分析：

```
cp_ca=Ca()
cp_ca.ca(cp)
cp_ca.summary()      #查看对应分析过程主要结果
```

	Singular Value	Principal Inertia	Chi-square	Percent	Cumulative Percent
0	0.175049	0.030624	243.000000	0.847168	0.847168
1	0.058380	0.003407	27.031250	0.094238	0.941406
2	0.036804	0.001355	10.750000	0.037476	0.978516
3	0.023636	0.000559	4.433594	0.015457	0.994141
4	0.014465	0.000209	1.660156	0.005787	1.000000
5	0.000000	0.000000	0.000000	0.000000	1.000000

summary 方法输出结果的第 1 列 Singular Value 为奇异值，即行列变量进行因子分析所得综合变量的典型相关系数，数值上等于惯量的平方根；第 2 列 Principal Inertia 即为惯量；第 3 列 Chi-Square 为 χ^2 统计量，其值与列联分析中计算的 χ^2 值相等。

本例计算出总的 χ^2 统计量为 286.875（请读者自行计算），远远大于 $\alpha=0.05$ 条件下对应的临界值，表明行列变量之间有较强的相关性；第 4、5 列的 Percent、Cumulative Percent 分别为惯量比例与累积惯量比例。从惯量比例来看，第一维度的惯量所占比例为 84.72%，其重要性非常大。其余的惯量所占比例均比较小。因此，在本例最后得到的对应分析图中，将主要考察第一维度上的变动情况。

可以对类 Ca 的实例对象使用 get_coords 方法查看行列坐标：

```
cp_ca.get_coords()
```

行变量坐标：

	dim1	dim2
小于 1000 元	-0.030768	-0.028231
1000-3000 元	-0.059991	0.016077
3000-5000 元	0.005742	0.034820
5000-8000 元	0.486516	0.147748
8000-10000 元	0.877744	0.198273
高于 10000 元	0.859663	-0.338700

列变量坐标：

	dim1	dim2
价格	-0.090981	-0.011639
待机时间	-0.031835	-0.004089
外观	-0.058469	0.007325
功能	-0.060204	0.012071
IO 接口	0.817753	-0.178094
网络兼容性	0.401819	-0.175205
内存大小	0.021973	0.007856
品牌	-0.026646	0.015874
摄像头	0.331351	0.199702
质量口碑	-0.057744	-0.016852
操作系统	0.671848	0.166509

有了坐标就可以绘制散点图，把行列变量的属性值标注在二维坐标系中。对类 Ca 的实例对象分别调用 rowplot、colplot 方法即得到行、列变量的散点图：

```
cp_ca.rowplot(cp)
cp_ca.colplot(cp)
```

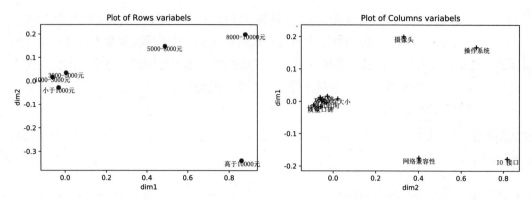

把上图所示的行变量散点图与列变量散点图叠加在一起,便形成了行列变量的对应分析图。调用类 Ca 实例对象的 caplot 方法即可得到最终的对应分析图:

```
cp_ca.caplot(cp)
```

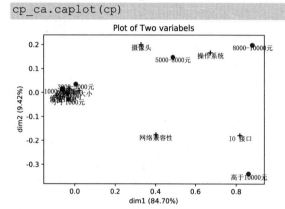

从上图可以清楚看到,月收入在 5000 元以下的人群在购买手机时主要考虑待机时间、价格、功能、质量口碑、品牌、内存大小等因素,即收入越低想法就越多。因此针对中低收入人群的手机应当考虑从上述方面来吸引客户;而中高收入群体(即收入在 5000-10000 元之间)在购买手机时更加关注摄像头、操作系统等方面,因此厂商应该在这两个方面下功夫来满足中高收入群体;对于月收入 10000 元以上的高端客户,则基本上没有什么影响因素与其对应。

第 14 章
聚类

"物以类聚、人以群分"往往被人们视为自然的法则。正是由于不同现象之间客观存在的共性,使得大千世界芸芸众生有了界限的划分和质的区别,而呈现出五花八门的景象。

在事物分类思想上最为瞩目的是生物分类学的发展,这也成为统计分类发展的主要动力。希腊时期亚里士多德仅描述了 500 个物种,17 世纪后,人们知道约 6000 种植物,而仅仅 100 年后,植物学家又发现了 12000 个新种。对生物物种进行科学的分类变得极为迫切。因此有了林奈把自然界分为 3 界:即动物界、植物界和矿物界,并提出了纲、目、属、种的分类概念,人们可以依照各门类物种的典型特征,把新发现的物种归类至现有的门类当中。

近代统计分析中的聚类和分类受到了生物分类学的影响,现实生活中需要对复杂的对象依据一定的标准进行分类,有了既定的类别之后,还可涉及到对事物进行归类。因而有了本章所要介绍的聚类分析(clustering analysis)及下一章将要介绍的判别分析(discriminant analysis)和分类(classification)。聚类和分类都是机器学习与数据挖掘中的重要方法,前者是无监督学习的重要数据分析技术,后者是监督学习所研究的主要内容。

14.1　聚类的基本原理

人们根据事物现象的一个指标或某一个方面,可以很容易进行分类活动。如按照收入指标把全社会人群划分为高、中、低 3 类,学生考试成绩划分为及格、不及格两类等。在进行归类时,只需考查新加入的对象在某个指标上的表现是否符合特定类别即可。

实际上,需考察的事物或对象往往不是单一指标这么简单,很可能是通过许多侧面或许多指标来进行综合考察。如按照经济发展、教育水平、面积大小、人口等诸多方面对我国地市级以上城市进行分类;学生凭考试成绩、社会实践、思想品德等方面划分奖学金的等级等。这些指标在反映事物特征的作用、量纲、紧密关系等方面可能有所不同,因此很难再按照单一指标分类的原则进行分类和归类了,需要考虑多元统计分析的方法进行分类和归类。

多元统计分析中的聚类分析方法既可以对样本进行分类(记为 Q 型分类),也可以对反映事物特征的指标或变量（记为 R 型分类）进行分类。两种分类是对等的，在算法上没有任何区别，本书主要以 Q 型分类为例进行详细讲解。

"近朱者赤，近墨者黑"。人们往往可根据事物之间的距离远近或相似程度来判定类别。个体与个体之间的距离越近，其相似性可能也越大，是同类的可能性越大，聚在一起形成类别的可能性也就越大。因此就有了聚类分析的基本原则。

14.1.1 聚类的基本原则

首先考虑在没有进行聚类之前，所有参加聚类过程的个体没有归入任何类别，即对于每个个体而言，其独树一帜，自成一类。

有了一定的分类原则之后，人们可以根据个体与个体之间的距离大小或长短进行聚类。如首先把最近的个体聚为同类，然后再根据最短距离继续扩大类别所涵盖的范围，直到所有个体都聚为 1 个大类为止。整个聚类过程就如同生活在地球上的人一样，首先每个人都是自成一类，然后有了人种的区分，最后所有人都可以归集到"人类"这个类别当中，即所有人都是一类。在数据分析过程中，人们通常把类似上述的聚类过程称之为"系统聚类"。

而聚类过程所依据的距离主要有明氏距离、马氏距离等几大类。那么究竟什么是距离呢？设样本数据可以用如下矩阵形式表示：

$$X = \begin{bmatrix} x_{11} & x_{12} & \cdots & x_{1p} \\ x_{21} & x_{22} & \cdots & x_{2p} \\ \vdots & \vdots & & \vdots \\ x_{n1} & x_{n2} & \cdots & x_{np} \end{bmatrix}, \text{ 记为} X = \left\{ x_{ij} \right\}_{n \times p}$$

设 d_{ij} 表示第 i 个样本与第 j 个样本之间的距离。如果 d_{ij} 满足以下 4 个条件，则称其为"距离"：

➢ $d_{ij} \geq 0, \ \forall i, j;$

➢ $d_{ij} = 0,$ 当且仅当 $i=j;$

➢ $d_{ij} = d_{ji}, \ \forall i, j;$

➢ $d_{ij} \leq d_{ik} + d_{kj}, \ \forall i, j, k.$

第 1 个条件表明聚类分析中的距离是非负的；第 2 个条件表明个体自身与自身的距离为 0；第 3 个条件表明距离的对等性，即 A 和 B 之间的距离与 B 和 A 之间的距离是一致的；最后一个条件表明两点之间直线距离是最小的。

明氏距离（Minkowski）是最常用的距离度量方法之一，其计算公式为：

$$d_{ij}(q) = (\sum_{k=1}^{p} \left| x_{ik} - x_{jk} \right|^q)^{1/q}$$

明氏距离有如下几种典型情况：

➢ 当 $q=1$ 时：$d_{ij}(1) = \sum_{k=1}^{p}|x_{ik} - x_{jk}|$，称为"绝对距离"（Block）；

➢ 当 $q=2$ 时：$d_{ij}(2) = (\sum_{k=1}^{p}|x_{ik} - x_{jk}|^2)^{1/2}$，称为"欧氏距离"（Euclidean）；

➢ 当 $q=\infty$ 时：$d_{ij}(\infty) = \max_{1 \leq k \leq p}|x_{ik} - x_{kj}|$，称为"车比雪夫距离"（Chebychev）。

但是明氏距离的大小与个体指标的观测单位有关，没有考虑指标之间的相关性。为克服明氏距离的缺点，可以考虑采用马氏距离进行改进。马氏距离（Mahalanobis）是由协方差矩阵计算出来的相对距离，具体计算公式如下：

$$d_{ij} = (X_i - X_j)'\sum^{-1}(X_i - X_j)$$

有了距离的定义，就可以在对事物现象的分类过程中，依据如前所述的距离最小原则来进行聚类分析。

除了最短距离原则进行分类之外，还可以采用相关系数、相似系数、匹配系数等指标来衡量个体之间的相似性，以此为依据进行分类。

在分类的过程当中，为了便于分析，还应当注意如下 3 个重要原则：

➢ **同质性原则**：即同一类中的个体之间有较大的相似性；

➢ **互斥性原则**：即不同类中的个体差异很大；

➢ **完备性原则**：每个个体在同一次分类过程中，能且只能分在一个类别当中。

同质性原则保证了类别之内个体特征的共性；互斥性原则保证了类别之间的差异性；而完备性原则则说明了每一个个体应当包含在所进行的分类当中，同时每一个个体不能同时被分在不同的类别当中。

实际应用中，以最短距离原则进行的系统聚类（hierarchical clustering）比较常用。本书以此为依据进行详细的聚类过程介绍。

14.1.2 单一指标的系统聚类过程

为了更好的理解最短距离分类的基本原理，首先考察最简单的单一指标情况。

【例 14-1】为考察公司的经营业绩并对其进行分类，可从它们的年盈利额来归类。具体数据如表 14-1 所示。

表 14-1 公司年盈利额数据

公司	年盈利（十万元）
甲	1
乙	3
丙	9
丁	14

为直观的分析，把表 14-1 的数据排列在数轴上进行分析，用数轴上的点来代表各个

公司相应的财务指标，如图 14-1 所示。

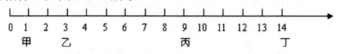

图 14-1　单一指标的分类过程（一）

直观的看，哪两个点距离最近呢？自然是甲和乙，它们的距离是 2=3-1。如果按照最短距离的原则来归类，首先就要把甲乙两点聚合成一类，以后为了方便，称之为"类（甲乙）"。于是就把它们归为一类，如图 14-2 所示。

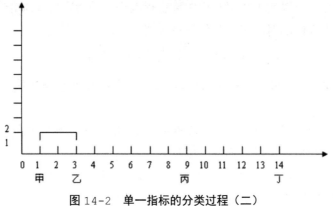

图 14-2　单一指标的分类过程（二）

在图 14-2 所示的分类过程中，可增加一个维度（即增加了纵轴）表示两点之间的距离。如甲和乙之间的距离为 2，用横线把代表甲和乙的点连线起来，连线的高度便是纵轴所代表的"2"。

继续观察，发现剩下的点里，丙丁的距离最近，为 5=14-9。因此把二者聚为"类（丙丁）"。于是就把它们归为一类，如图 14-3 所示。

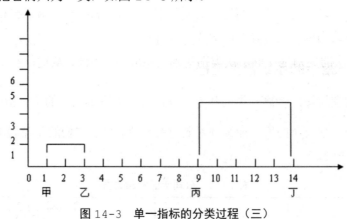

图 14-3　单一指标的分类过程（三）

这样，该分类过程就剩下两类，"类（甲乙）"和"类（丙丁）"，在这两类相互聚合的过程中可能有 4 个距离，即甲丙、甲丁、乙丙、乙丁，其距离分别是：8=9-1、13=14-1、6=9-3 和 11=14-3。

如果按照最短距离的原则来归类, 那么上述的乙丙之间是最近距离, 因此它就代表了"类（甲乙）"和"类（丙丁）"的距离。至此, 这样整个聚类过程就完成了, 如图14-4所示。

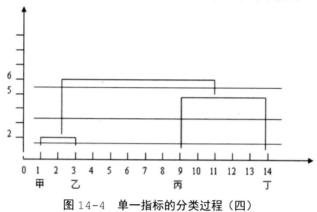

图14-4 单一指标的分类过程（四）

上述过程可以形象的解答什么叫"聚类"。

聚类的结果（如图14-4所示）如同一棵大树的根系, 最上面是根, 再往下就是根的分叉, 这种分叉一直分下去, 最后就是这一组事物的各个个体了。通俗的说, 根系的顶端, 表明任何一组事物最终均可聚为一类; 反之从根系的末端来看, 如果归类达到最详细和最具体, 那么各个个体自成一类, 即每个个体自身都可看成是一个类。

而描述上述分类过程的图形可以称之为系统聚类过程中的"谱系聚类图", 简称"谱系图", 因而系统聚类又可以称之为"谱系聚类"。

在谱系图中, 存在着若干层次的类。如图14-4所示, 从上往下看, 有3个层次。即在第1层次的水平上可以分为2类（距离在5-6之间的任意位置, 画一条直线, 与整个根系有2个交点）; 第2层次上可分为3类（距离在2-5之间的任意位置, 画一条直线, 与根系有3个交点）; 以此类推, 第3层次上可以分4个类。这样, 整个系统聚类的过程可以按照不同层次的类别对个体进行不同的聚类, 每一层次上的聚类相对其他层次而言不是独立的, 高层次的类别是在低层次类别基础上完成的。因此, 从这个意义上来说, 系统聚类也可以称之为"层次聚类"方法。

14.1.3 多指标的系统聚类过程

当要根据多个特征或指标对所反映的事物现象进行分类时, 其过程相对较复杂。如对全国的大学进行分类, 应当同时综合考虑学生生源、学术声誉、师资力量、学科门类齐全程度等各方面的情况。本书以例14-2的2个指标分类为例, 来描述多指标的系统聚类过程。

【例14-2】 为考察投资者的盈利能力并对其进行分类, 可从资金的投入与回报两个方面来进行考察。具体数据如表14-2所示。

表 14-2　投资者资金投入与回报情况

投资者	资金投入（万元）	回报（万元）
A	35	60
B	15	40
C	30	5
D	80	8
E	90	35

现在要根据"资金投入"和"回报"两个指标对 A、B、C、D、E 5 个投资者进行分门别类。根据最短距离原则，本例的问题实际上就是以二维空间中的最短距离来进行聚类。

首先把用一个二维坐标轴分别表示"资金投入"和"汇报"两个指标，根据对应的指标值，把 5 个投资者所代表的点描绘在如图 14-5 所示的二维坐标轴上。

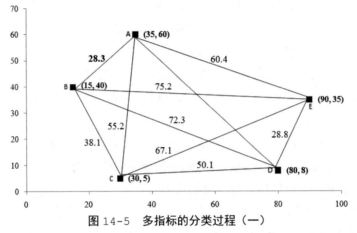

图 14-5　多指标的分类过程（一）

本例采用欧氏距离进行距离的计算，如 A、B 两点之间的欧式距离为：

$$d_{AB} = \sqrt{(35\text{-}15)^2 + (60\text{-}40)^2} = 28.3$$

其余各两点之间的欧氏距离均可计算出来并标注在图 14-5 上。从图 14-5 中可以直观看到 AB 的距离最近（28.3）。因此，按照最短距离原则，可以把 A 和 B 聚为一类，记为类 4，如图 14-6 所示。

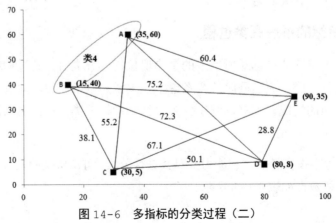

图 14-6　多指标的分类过程（二）

如果类别与类别之间考虑到是以最短距离原则来聚类的，因此类 4 与外部的距离中（类 4 含有 A、B 两个点，故其与外部的距离有两个），最短者才是有意义的，因此在图 14-6 中可以把不是最短距离的连线去掉，得到如图 14-7 所示的分类过程。

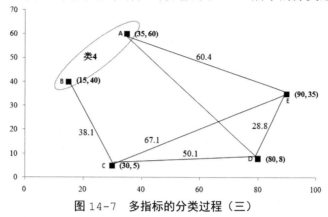

图 14-7　多指标的分类过程（三）

显然，在图 14-7 中剩下的所有距离中，最短距离就是 DE=28.8，因此把 D 和 E 聚为一类，记为类 3。把 D 和 E 合并之后，可得到如图 14-8 所示的过程。

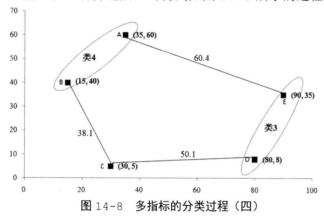

图 14-8　多指标的分类过程（四）

继续观测在图 14-8 中的所有距离，就是 C 到类 4 的距离是最短的（38.1），于是又可以把 C 和类 4 聚为一类，记为类 2。按照上述的原则同样可以得到如图 14-9 所示的过程。

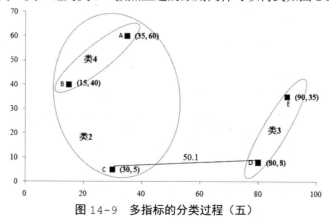

图 14-9　多指标的分类过程（五）

在图 14-9 中，就剩下类 2 与类 3 的一个距离 CD（50.1）。因此，把类 2 与类 3 合并成一类。至此，所有的样本点都已经处于一定的类别当中，所有的样本归为一大类，系统聚类过程结束。整个分类过程如图 14-10 所示。

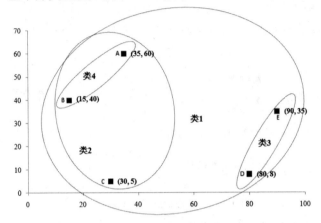

图 14-10　多指标的分类过程（六）

上述分类过程可以用表格的形式来表现。首先，把各样本间的距离列示在表 14-3 中，该个表以对角线对称，为简单起见，省略掉重复数值。

表 14-3　样本点之间的距离（一）

	A	B	C	D	E
A					
B	**_28.3_**				
C	38.1	55.2			
D	72.3	68.7	50.1		
E	75.2	60.4	67.1	28.8	

观察表 14-3 中各样本点之间的距离，依据最小距离原则找出最小的距离并用斜体加粗字体标注。显然，A、B 要聚成一类，于是表 14-3 可处理成如表 14-4 所示的形式：

表 14-4　样本点之间的距离（二）

	AB（4）	C	D	E
AB（4）				
C	38.1	~~55.2~~		
D	~~72.3~~	68.7	50.1	
E	~~75.2~~	60.4	67.1	28.8

在 A、B 聚为类 4 后，其内部的距离失去意义，但其与外部的距离还有意义。按照最短距离原则，这些外部的距离中只有最短者被保留，因此表 14-4 中不是最短的距离被删除并整理如表 14-5 所示。

在表 14-5 中列示的所有距离中，D 和 E 的距离最小（28.8），把 D、E 聚为类 3。

同理，删除掉不是最短的距离，如表 14-6 所示。

表 14-5 样本点之间的距离（三）

	AB（4）	C	D	E
AB（4）				
C	38.1			
D	~~68.7~~	50.1		
E	60.4	~~67.1~~	*28.8*	

表 14-6 样本点之间的距离（四）

	AB（4）	C	DE（3）
AB（4）			
C	*38.1*		
DE（3）	~~60.4~~	50.1	

观察表 14-6，找出 AB（4）与 C 的距离最短（38.1），因此把二者归为类 2，并划掉非最短距离，得到表 14-7：

表 14-7 样本点之间的距离（五）

	ABC（2）	DE（3）
ABC（2）		
DE（3）		*50.1*

最后把 ABC（2）和 DE（3）聚成一类，如表 14-8 所示。

表 14-8 样本点之间的距离（六）

	ABCED（1）
ABCED（1）	

至此，系统聚类过程结束。

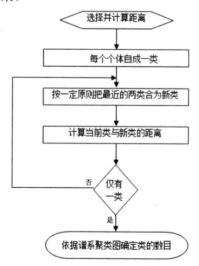

图 14-11 系统聚类流程图

对于根据两个以上指标的分类过程，也类似于该过程。综合上述分类过程，本书把系统聚类的一般流程总结绘制成流程图，如图 14-11 所示。

14.2　聚类的步骤和过程

实际数据分析过程中，一般会首先选取样本点之间的距离（点间距）测算方式，然后按照谁跟谁最近或谁跟谁最像的原则进行并类，当类别中有多个样本点的时候，就会涉及到样本类别与类别之间距离（类间距）的确定，这个过程是聚类分析不可避免的流程。

14.2.1　系统聚类

依据多个指标进行聚类分析时，可根据图 14-11 所示的流程图进行系统聚类分析。在对例 14-1 和例 14-2 的分析过程中，当类别中含有多个样本点时，就会涉及到类别与类别之间的距离定义方法（因为不同类别的每两个样本点之间都会有距离）。本书主要介绍社会经济研究中如下几种最为常用的类间距确定方法。

1.　最短距离法（single linkage）

最短距离法又成为"单连接聚类法"。如果有两类 G_p 和 G_q 聚成为新类 G_n，在最短距离法中新类 G_n 与其他的任意类 G_k 之间的距离或相似系数由下列公式决定：

$$D_{kn} = Min\left(D_{kp}, D_{kq}\right)$$

其中，D_{kp} 和 D_{kq} 是用来衡量原有类别 G_p 和 G_q 中各样本点与任意类 G_k 中各样本点的点间距离。

即如果新类与其他类别之间存在多个点与点之间的距离，则取这些距离当中最小者作为两类的距离，即在进行聚类的过程中应以最小点间距离作为并类的依据，其具体并类过程与第 14.1 小节的分析过程相同。

2.　最长距离法（complete method）

该种方法也称之为"完全连接法"。如果有两类 G_p 和 G_q 合并为新类 G_n，在最长距离法中新类 G_n 与其他的任意类 G_k 之间的距离或相似系数系数由下列公式决定：

$$D_{kn} = Max\left(D_{kp}, D_{kq}\right)$$

即如果新类与其他类别之间存在多个点间距离，则取这些距离当中最大者作为两类的距离。

在进行分类的过程中，首先以最小距离原则把最近的两个样本合并为一个新类，其余各样本自身自成一类。则刚合并的新类与其他类别之间按最大距离原则确定之后，再按照最小距离原则把类别之间距离最小的合并为一个新类，以此类推，直至把所有样本归为一类。

3. 中间距离法（median method）

如果有两类 G_p 和 G_q 合并为新类 G_n，在中间距离法中新类 G_n 与其他的任意类 G_k 之间的距离系数由下列公式决定：

$$D_{kn} = \frac{D_{kp} + D_{kq}}{2} - \frac{D_{pq}}{4}$$

如新类与其他类别之间存在多个点间距离，则按照上述公式计算的结果作为两类的距离。然后再按照最小距离原则把类别之间距离最小的两类合并为一类，直至把所有样本归为一类。

4. 重心法（centroid method）

在以上定义类与类之间的距离时，没有考虑每一类中所包含的样本点数目。重心法可以克服这个缺点。

如果有两类 G_p 和 G_q，由重心法计算的两类之间距离由下列公式决定：

$$D_{pq} = \left\| \bar{X}_p - \bar{X}_q \right\|^2$$

其中，$\bar{X}_p$ 和 $\bar{X}_q$ 分别为两个类别的重心。

该距离即为两类重心（通常可用类内样本各指标的均值表示）之间的欧氏距离平方。当观测距离为欧氏距离平方 $d(x,y) = |x-y|^2$ 时，新类 G_n 与其他的任意类 G_k 之间的距离系数由下列公式决定：

$$D_{kn} = \frac{N_p D_{kp} + N_q D_{kq}}{N_n} - \frac{N_p N_q D_{pq}}{N_n^{\,2}}$$

其中，$N_i, i = p,q,n$ 表示各类的样本量。

即在并类的过程中，以最小重心距离作为依据并类，直至把所有样本归为一类。

5. 类平均法（average linkage）

重心法虽有较好的代表性，但并未充分利用各个样本的信息，有人提出用不同类的样本点两两之间的平均距离作为类间距离。如果有类 G_p 和 G_q，可以计算每类中每对样本点之间的平均距离，即：

$$D_{pq} = \frac{1}{N_p N_q} \sum_{i \in G_p} \sum_{j \in G_q} d(x_i, x_j)$$

若 $d(x,y) = |x-y|^2$，则新类 G_n 与其他的任意类 G_k 之间的距离系数由递推公式决定：

$$D_{kn} = \frac{N_p D_{kp} + N_q D_{kq}}{N_n}$$

即在并类的过程中，以类别样本点之间的平均距离作为依据并类，直至把所有样本归为一类。

6. 离差平方和法（WARD）

离差平方和法又称为"WARD 最小方差法"。它的思想来源于方差分析，即如果类聚得恰当，类内样本点之间的离差平方和应较小，而类间离差平方和应当较大。该法要求样品间距离必须采用欧氏距离。离差平方和法定义的类间距离平方为：

$$D_{pq}^2 = S_n^2 - S_p^2 - S_q^2$$

其中：S_n^2 是类 G_p 和 G_q 合并成 G_n 类的类内离差平方和。

当观测距离 $d(x,y) = \|x - y\|^2 / 2$ 时，则新类 G_n 与其他任意类 G_k 之间的距离由下列递推公式决定：

$$D_{kn} = \frac{(N_k + N_p)D_{kp} + (N_k + N_q)D_{kq} - N_k D_{pq}}{N_k + N_n}$$

使用离差平方和法进行分类时，先让每个样品自身各成一类，然后并类，每并一类离差平方和就要增大，选择使其增量最小的两类合并，直到所有的样品聚为一类为止。

那么，这么多种方法都可以对样本数据的类间距进行测算，究竟采用哪一种方法最好呢？这个问题至今没有一个明确的答案。目前可以参考经验分析以及研究对象的特征和研究要求，进行经验判断。如，可根据给定距离的阈值或是通过计算相应的统计量进行判定，再如 Demirmen（1972）年提出了一些在决定聚类方法取舍时应遵循的原则：

- ➢ 任何类必须在邻近的各类中是突出的，即各类重心（常用平均数衡量）之间应该有最大的距离；
- ➢ 确定的类中，各类所包含的元素都不宜过分多；
- ➢ 聚类数目应符合实际；
- ➢ 当用许多方法进行分类时，应选出现次数最多的那种分类结果。

实际应用中的通常做法是多用几种不同的类间距方法进行聚类，然后根据现有理论和研究要求挑选出合适的分类类别。

【例 14-3】电子竞技运动在国内发展火爆，随着游戏种类的增加以及电脑网络的日益普及，游戏爱好者对电脑外设的要求也越来越高，而厂商也在游戏鼠标设计上相比以前有了很大的突破。某网站 IT 频道为广大职业玩家以及游戏爱好者策划了一次全面的游戏鼠标横向测试，通过专家和消费者打分的形式，收集到了 13 款游戏鼠标重要参数的数据，如 mouse_cluster.csv 所示。试对所收集到的样本数据进行聚类分析。

本例所用的数据如下：

```
mc=pd.read_csv('mouse_cluster.csv')
mc.head()
```

	brand	Touch	Chips	Driver	Compatibility	Game
0	Brand1	7.5	17.5	7.0	8	8.0
1	Brand2	7.5	19.5	7.0	7	9.0
2	Brand3	8.5	18.0	8.5	8	9.5
3	Brand4	9.0	18.5	8.5	8	9.5
4	Brand5	7.0	14.0	6.5	7	7.5

本例要求根据鼠标外观及手感、芯片及微动性能等五个指标综合对样本进行聚类分析，可考虑采用系统聚类法进行聚类。

scipy.cluster 和 sklearn.cluster 等常用模块均可进行聚类分析：

```
import scipy.cluster.hierarchy as hc
```

scipy.cluster.hierarchy 提供了 fcluster、fclusterdata 函数来进行系统聚类分析。其中 fclusterdata 可对原始数据进行直接聚类，fcluster 可对由原始数据计算的链接矩阵进行聚类（使用该函数之前应当使用 linkage 等函数计算链接矩阵）。二种方法均可使用并类阈值进行类别标注。

如，采用类间距的类平均法进行系统聚类：

```
z=hc.linkage(mc.iloc[:,1:], method='average')
'''
method 可以选择：single, complete, average, weighted, centroid, median, ward
等，分别对应本书所介绍的类间距计算方法
'''
z
array([[ 2.        ,  3.        ,  0.70710678,  2.        ],
       [ 0.        ,  9.        ,  0.8660254 ,  2.        ],
       [ 6.        ,  7.        ,  1.        ,  2.        ],
       [ 8.        ,  11.       ,  1.        ,  2.        ],
       [ 5.        ,  16.       ,  1.32287566,  3.        ],
       [ 14.       ,  15.       ,  1.43328552,  4.        ],
       [ 10.       ,  17.       ,  1.55409255,  4.        ],
       [ 12.       ,  18.       ,  1.64860349,  5.        ],
       [ 4.        ,  19.       ,  2.28324551,  5.        ],
       [ 13.       ,  20.       ,  2.48994247,  7.        ],
       [ 1.        ,  22.       ,  2.81192434,  8.        ],
       [ 21.       ,  23.       ,  3.34347471,  13.       ]])
```

本例计算的链接矩阵 z 是一个展示并类过程的数组，每一行表示一次并类步骤，第 3 列表示并类距离。

可以使用 dendrogram 函数绘制系统聚类谱系图：

```
dd=hc.dendrogram(z,orientation='right',labels=list(mc.iloc[:,0]))
#orientation 可以选 top, bottom, left, right 分别表示对应方向的谱系图
```

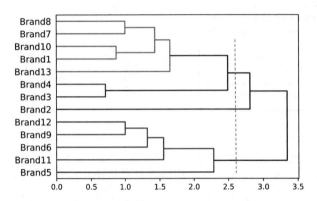

该谱系图的横轴表示用于判定类别的距离，本例使用的是类平均法，故横轴表示类别之间的平均距离；而纵轴可以用 dendrogram 函数的 labels 参数指定使用某个字符型变量或对象来标注的具体每个样本。

那么谱系聚类图究竟如何进行解读呢？只需在如图所示水平谱系图中任意地点画一条竖直线，该直线与图中的横线有多少个交点就可以把样本分为多少类，分类的依据便是这条竖直的直线所对应的横轴距离，与每个交点相连的样本同属于一类。如在图中距离为 2.6 处画一条竖直的直线（注：上图中的虚线非 dendrogram 函数的输出结果，为本书编者后期添加），该直线与谱系聚类图有 3 个交点，即可把所有样本分为 3 类。自下而上与第 1 个交点相连的样本是 Brand5、Brand11、Brand6、Brand9、Brand12，这些鼠标构成了 1 类；而与第 2 个交点相连的只有 Brand2 单独 1 个样本，则其自成 1 类；剩下的 Brand3、Brand4、Brand13、Brand1、Brand10、Brand7 和 Brand8 与第 3 个交点相连，形成一类。如果把我们画的这条竖直的直线向右平移，可能会与横线产生两个交点，则可根据上述的方法分别找出两个交点相连的两类样本。

此外，根据连接线的长短，也可以判定出各个样本并类的过程：本例中，首先按照距离的大小，把 Brand3 和 Brand4 两个鼠标归为第 1 类（该 2 个品牌连接线在横轴上是最短的）；然后重新计算新类与其余样本点之间的平均距离，根据最小的平均距离，把 Brand1 和 Brand10 两个鼠标归为第 2 类；以此类推，直至所有鼠标归为一大类为止。

上述过程也可以使用 fcluster 设置并类阈值来对计算出来的链接矩阵进行分组：

```
hc.fcluster(z,2.6,criterion='distance')
array([2, 3, 2, 2, 1, 1, 2, 2, 1, 2, 1, 1, 2], dtype=int32)
```

上述结果的数组元素分别表示各行数据对应的聚类分组，相同数字的行所代表的样本点是同一个类别。该结果与用谱系图判断的分类结果一致。

此外，使用 fclusterdata 可以直接对原始数据进行聚类分组：

```
hc.fclusterdata(mc.iloc[:,1:],2.6,criterion='distance',metric='euclidean',
                method='average')
'''
scipy 层次聚类要求指定一个并类（凝聚法）的终止条件，即并类阈值 t，表示两个距离最近的类间距的最小距离（大于阈值即停止并类过程）
'''
```

```
array([2, 3, 2, 2, 1, 1, 2, 2, 1, 2, 1, 1, 2], dtype=int32)
```

上述两段程序运行结果是一致的。

利用 sklearn 中 cluster 模块提供到类 AgglomerativeClustering，也可实现上述系统聚类的过程并得到聚类结果：

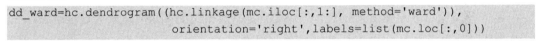

```
from sklearn.cluster import AgglomerativeClustering as AC
cm=AC(n_clusters=3,linkage='average', affinity='euclidean')
#linkage 参数值可设置为 ward, complete, average
cl=cm.fit(mc.iloc[:,1:])
cl.labels_
```
```
array([0, 2, 0, 0, 1, 1, 0, 0, 1, 0, 1, 1, 0])
```

上述结果与用 scipy 进行聚类的结果是一致的，只不过是用来标识类别的数字不同而已。

本例中如果将样本鼠标分成 3 类，其中有一个类别所包含的样本量仅为 1，这与预期的分类结果不是太相符。所以考虑采用其他类间距方法重新分类，如采用 WARD 类间距的系统聚类：

```
dd_ward=hc.dendrogram((hc.linkage(mc.iloc[:,1:], method='ward')),
                       orientation='right',labels=list(mc.loc[:,0]))
```

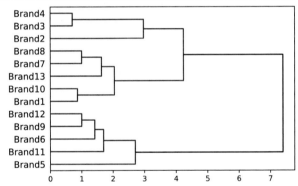

依据上图及之前分析过的聚类过程，Brand5、Brand11、Brand6、Brand9 和 Brand12 可聚为第 1 类；Brand1、Brand10、Brand13、Brand7 和 Brand8 则可聚为第 2 类；Brand4、Brand3 和 Brand2 可聚为第 3 类。

通过对原始数据进行进一步分析可知，Brand4 鼠标在 5 个变量的总评分为 53.5，处于所有考察样本的第 1 位，Brand3 的总分为 52.5，排名第 2，Brand2 则以 50 分位列第 3。因此，此 3 款鼠标都应该属于性能相对卓著的产品，性能和价格相类似，故上述鼠标的第 3 类，可以定义为高端产品；而第 1 类鼠标通过对其组成样本的特征进行分析，发现属于性能较好，价格适中的中端产品；而第 2 类产品性能一般且价格较低，可以定义为中低端产品。

14.2.2　K-MEANS 聚类

在系统聚类中，研究者事先并不知道对样本要聚成多少个类别，一般通过并类过程或谱系图进行类别的划分。有些情况下，研究者对于研究的对象事先知道分为几类，即已知类别的个数 k，只是不知道这些类别当中的具体样本。这时可以考虑采用本节介绍的快速聚类方法进行聚类。

快速聚类一般用于大样本情况下的样品聚类。Anderberg（1973）提出了最近中心归类法为基本算法的快速聚类：

- 选择 k 个观测值组成初始类别并作为聚类种子；
- 找出聚类种子的中心；
- 把每一个观测值根据最小欧氏距离（即观测值与聚类种子中心的欧式距离）原则归入各类，构成暂时的类别；
- 计算每个暂时类别中各个变量的均值，以此作为新的类别中心；
- 再一次把每一个观测值根据最小欧氏距离原则归入各类，构成新的暂时的类别；
- 重复第 3 步至第 5 步的过程，中心的迭代标准达到要求时，聚类过程结束。

上述过程也可称为 K-MEANS（K-均值）聚类。

本小节仍然以例 14-3 的数据进行快速聚类。请注意，由于该算法的特性，每次运行下列各段程序的结果有可能不一致。

scipy.cluster.vq.kmeans2 和 sklearn.cluster.KMeans 等都可以实现快速聚类：

```
from scipy.cluster.vq import kmeans2
kmeans2(mc.iloc[:,1:],3)     #本例指定第 2 个参数为 3，即分为 k=3 类
(array([[ 7.2       , 15.6       ,  6.3       ,  7.5       ,  7.3       ],
        [ 7.6       , 17.2       ,  7.8       ,  7.7       ,  7.9       ],
        [ 8.33333333, 18.66666667,  8.        ,  7.66666667,
          9.33333333]]),
 array([1, 2, 2, 2, 0, 0, 1, 1, 0, 1, 0, 0, 1], dtype=int32))
```

上述程序运行的结果返回两个数组，第 1 个数组表示最后一次迭代的聚类中心，第 2 个数组为每行数据即每个样本的类别标识，标识相同的表示这些样本是同类别。

scipy.cluster.vq.means 也可进行 K-Means 聚类，其要求在迭代中心值小于等于阈值时进行扭曲变换使得迭代过程得以停止。要注意，使用该函数进行 K-Means 聚类前，需将原始数据进行洗白（whiten，即使得各列数据均具有标准方差，亦即每列数据除以其在所有观测值中的标准差以给出单位方差）：

```
from scipy.cluster.vq import kmeans,whiten
kmeans(whiten(mc.iloc[:,1:]),3)
(array([[12.78041675, 13.0993852 ,  8.40836918, 15.58739363,  9.21641802],
        [12.1343737 , 11.62182421,  6.90948598, 15.41610359,  8.3232806 ],
        [14.74663471, 13.59604435,  9.32232235, 16.44384383, 10.83166654]]),
```

1.297125253263024)

但 kmeans 只给出最终的聚类中心以及扭曲值。

sklearn.cluster 中的类 KMeans 进行聚类返回的结果比较简单：

```
from sklearn.cluster import KMeans
mc_km=KMeans(n_clusters=3).fit(mc.iloc[:,1:])
mc_km.labels_   #Kmeans 对象的 labels_ 属性表示每个样本对应的类别
array([1, 2, 2, 2, 0, 0, 1, 1, 0, 1, 0, 0, 1], dtype=int32)
```

可以把 brand 变量与上述类别拼接起来方便查看每个品牌鼠标的聚类情况：

```
cluster_by_Kmeans=pd.concat([mc['brand'],
                            pd.DataFrame(mc_km.labels_,
                            columns=['cluster'])],axis=1)
cluster_by_Kmeans.T
```

	0	1	2	3	4	5	6	7	8	9	10	11	12
brand	Brand1	Brand2	Brand3	Brand4	Brand5	Brand6	Brand7	Brand8	Brand9	Brand10	Brand11	Brand12	Brand13
cluster	1	2	2	2	0	0	1	1	0	1	0	0	1

可以通过查看类 Kmeans 实例对象的属性得到最终聚类中心等信息：

```
mc_km.cluster_centers_
array([[ 7.2      , 15.6      , 6.3      , 7.5      , 7.3      ],
       [ 7.6      , 17.2      , 7.8      , 7.7      , 7.9      ],
       [ 8.33333333, 18.66666667, 8.       , 7.66666667,
         9.33333333]])
```

14.2.3 DBSCAN 聚类

DBSCAN 即具有噪声的基于密度的空间聚类方法（density-based spatial clustering of applications with noise）。该算法利用基于密度的聚类的概念，即要求聚类空间中的一定区域内所包含对象（点或其他空间对象）的数目不小于某一给定阈值。DBSCAN 算法的显著优点是聚类速度快且能够有效处理噪声点和发现任意形状的空间聚类。但是由于它直接对整个数据库进行操作且进行聚类时使用了一个全局性的表征密度的参数，因此也具有两个比较明显的弱点：

➤ 当数据量增大时，系统开销也很大；

➤ 当空间聚类的密度不均匀、聚类间距差相差很大时，聚类质量较差。

DBSCAN 算法有 2 个输入参数：一个是半径（*Eps*），表示以给定点 P 为中心的圆形邻域的范围；另一个是以点 P 为中心的邻域内最少点的数量（*MinPts*），这 2 个参数的计算都来自经验。如果满足：以点 P 为中心、半径为 *Eps* 的邻域内的点的个数不少于 *MinPts*，则称点 P 为核心点。

其主要基本概念如下：

➤ ε 邻域：给定对象半径 ε 内的区域称为该对象的 ε 邻域。

➤ 核心对象：如果给定对象 ε 邻域内的样本点数大于等于 *MinPts*，则称该对象为核心对象。

➢ 直接密度可达：给定一个对象集合 D，如果 p 在 q 的 ε 邻域内，且 q 是一个核心对象，则我们说对象 p 从对象 q 出发是直接密度可达的(directly density-reachable)。

➢ 密度可达：对于样本集合 D，如果存在一个对象链 $p_1, p_2, \cdots, p_n$；$p_1=q, p_n=p$，对于 $p_i \in D (1 \le i \le n)$，$p_{i+1}$ 是从 p_i 关于 ε 和 $MinPts$ 直接密度可达，则对象 p 是从对象 q 关于 ε 和 $MinPts$ 密度可达的（density-reachable）。

➢ 密度相连：如果存在对象 $o \in D$，使对象 p 和 q 都是从 o 关于 ε 和 $MinPts$ 密度可达的，那么对象 p 到 q 是关于 ε 和 $MinPts$ 密度相连的(density-connected)。

可以发现，密度可达是直接密度可达的传递闭包，并且这种关系是非对称的。只有核心对象之间相互密度可达。密度相连是对称关系。DBSCAN 的目的就是要找到密度相连对象的最大集合。

其算法的具体聚类过程如下：

扫描整个数据集，找到任意一个核心点，对该核心点进行扩充。扩充的方法是寻找从该核心点出发的所有密度相连的数据点。遍历该核心点的 ε 邻域内的所有核心点（边界点无法扩充），寻找与这些数据点密度相连的点，直到没有可以扩充的数据点为止。最后聚类成的簇（即类）的边界节点都是非核心数据点。之后就是重新扫描数据集（不包括之前寻找到的簇中的任何数据点），寻找没有被聚类的核心点，再重复上面的步骤对该核心点进行扩充，直到数据集中没有新的核心点为止。数据集中没有包含在任何簇中的数据点就构成异常点。

sklearn.cluster 中的类 DBSCAN 可以进行该种方式的聚类。仍然以例 14-3 的数据为例进行 DBSCAN 聚类：

```
from sklearn.cluster import DBSCAN
mc_DB=DBSCAN(eps=1.5,min_samples=1).fit(mc.iloc[:,1:])
cluster_by_DBSCAN=pd.concat([mc['brand'],
                             pd.DataFrame(mc_DB.labels_,
                             columns=['cluster'])],axis=1)
cluster_by_DBSCAN.T
```

	0	1	2	3	4	5	6	7	8	9	10	11	12
brand	Brand1	Brand2	Brand3	Brand4	Brand5	Brand6	Brand7	Brand8	Brand9	Brand10	Brand11	Brand12	Brand13
cluster	0	1	0	0	2	3	0	0	3	0	3	3	0

程序运行结果显示本例数据可分为 4 类，每个样本的类别编号在上述显示结果的第 2 行 cluster 中均有标识。

第 15 章
判别和分类

现实生活中，人们不仅要对现有事物分门别类，有些时候还需在已知分类的基础上对类型未确定的新样本依据特定特征进行了归类。即在给定已有类别的条件下，要求把新收集的样本，依据既定的特征，归入现有的某一个类别当中，因而有了本章所要介绍的主要内容。在传统多元统计分析内容中，上述步骤即为判别分析(discriminant analysis)；而在数据挖掘领域中，将未知类别的对象划分为已知类别的过程，即为分类（classification），是监督学习算法研究的最主要内容。二者基本思想一致，但在具体分类方法及效果评价等方面有不同之处。判别分析和分类的应用非常广泛，如人工智能、风险评估、预警、产品定位与客户识别、文本检索、搜索引擎分类、安全领域中的入侵检测等。

15.1 判别和分类的基本思想

15.1.1 判别

判别和分类都是考虑有 G_1、G_2、$\cdots$、G_n 个类别，对于新加入的样本 A，如何将 A 归入对应的类别中去。分类过程涉及到对新样本与现有样本特征的判定与识别问题。

判别和分类与第 14 章介绍过的聚类分析有什么不同呢？二者之间的主要不同点在于：在聚类分析中，通常人们事先并不知道或一定明确应当分成几类，而是完全根据数据来确定；而在判别分析和分类中，则要求至少有一个已经明确知道类别的"样本"，利用这个样本数据的特征，就可以建立判别或分类准则，并通过预测变量为未知类别的观测值进行归类。

人们通常把已经明确知道类别的样本数据称为"训练样本"或"训练集"，如某企业对其生产产品的消费者购买意愿进行调查。经过调查研究，有 101 个被调查的消费者被明确划分为"潜在顾客"，另外有 32 个被调查的消费者被明确划分为"非潜在顾客"。研究者希望从这些被调查的消费者特征出发，从中找出一个分类标准，对那些还没有进行归类的消费者进行定位。而研究者所依据的这些被调查的 133 个消费者的数据就是一个"训练样本"。而那些没有进行归类的消费者数据或新样本数据可以看作是"测试样本"、"测试集"或"待判样本"。

训练集包含用于构建各种分类规则或模型的数据，主要用来构建或者开发模型；测试集主要通过使用新数据来评估所选模型的性能。有些数据分析过程中还有验证集，主要用于评估每个模型的预测性能，以便比较每个模型并找出最佳模型。在一些算法中（如分类和回归树、k-近邻，分别见第 15.2.3 和第 15.2.4 小节），可以自动用验证集来调试和改进模型。

判别分析的基本思路是根据从不同总体（设有 G_1、G_2、…、G_n 个总体）中随机抽取出来的不同样本组成训练集，在分析训练样本特征的基础之上建立一定的判别法则，根据新的样本特征和判别法则判别新样本应该来自于哪一个总体。

在判别分析的过程中，建立判别法则是尤为重要的步骤，也是判别分析的核心所在。根据不同的方法，可以建立不同的判别法则。如果已知或假定总体服从一定的分布（如多元正态分布），则可以使用参数判别规则，反之则可以采用非参数判别规则。

参数判别的基本思路具体如下：先根据协方差矩阵计算新样本点到各类中心的距离，并且依据广义距离的大小，把新样本点归入距离最近的一类；或先计算新样本点属于各类的后验概率，然后把新样本归入后验概率最大的一类。

而非参数方法以后验概率为依据进行判别，与参数判别规则不同的是其使用核估计或最近邻估计对概率密度进行估计，这两种估计也需要定义距离。而后验概率通常也可以用距离来表示。

与聚类分析中一样，判别规则中的距离同样可以选取不同定义的距离，如欧氏距离、马氏距离等。判别规则所依据的最简单原则是：新样本点离哪一个类别中心的距离最近，那么它就属于哪一类。

15.1.2　分类

分类是数据挖掘、机器学习和模式识别中一个重要的研究领域。它通过对已知类别训练样本数据（训练集）的分析，从中发现分类规则（即分类器，亦即判别分析中所谓的判别规则）并以此预测新数据的类别。数据挖掘中常用的分类算法主要有贝叶斯分类、决策树、神经网络、支持向量机等。

对分类结果的评价也是判别和分类研究的重要问题。分类模型的误差大致分为两种：训练误差和泛化误差。训练误差也称再带入误差或表现误差，是在训练样本上误分类的样本比例，而泛化误差是模型在未分类或新样本的期望误差。因此，好的分类模型在这两种误差上都应当比较低，若出现训练误差较低而泛化误差较高的情况则称之为过拟合。过度拟合的模型对未分类或新样本的分类效果不佳。

交叉验证也是直观评价判别和分类结果的简单方式。将数据分为同样大小的两个子集 A 和 B，用子集 A 做训练集，而子集 B 做测试集，然后二者对调再次进行模型训练及检验，该方法即为二折交叉验证，总误差为两次误差之和。k 折较差验证是二折交叉验证的推广，是把数据分为 k 等份再进行如前所述的过程。交叉验证的目的是为了得到比较可靠的模型。这些具体内容将在下节予以介绍。

15.1.3　效果评估

一个评判判别或分类效果的标准是错分比例。错分是指本来应该属于某类，但是算法或模型将其分为另外一类。不存在分类误差的分类是完美的，但是在现实中这种分类是不太可能出现的，由于很多可观测和不可观测因素的影响使得分类都不会像想象中的那么准确。

分类算法或模型（亦即分类器）如果通过预测变量（即进行分类所依据的变量）可以很好地将类别进行分离，那么它就是一个较好的分类器。绝大多数分类模型的准确度测算都可以用分类矩阵（混淆矩阵）来表示。混淆矩阵汇总了正确分类和错误分类的数量，其行和列分别对应于真实类和预测类，其主要形式如表 15-1 所示。

表 15-1　混淆矩阵的形式

实际类	预测类	
	C_0	C_1
C_0	$n_{0,0}$，C_0 正确分类数量	$n_{0,1}$，将 C_0 误分为 C_1 数量
C_1	$n_{1,0}$，将 C_1 误分为 C_0 数量	$n_{1,1}$，C_1 正确分类数量

混淆矩阵给出了真实分类和错误分类比例的估计。当数据集足够大，并且两个类都不稀少时，这种估计是可靠的。为了获得对分类误差的可靠估计，一般的数据分析过程中会使用基于验证集数据计算得到的混淆矩阵。即，随机将数据划分为训练集和验证集，然后使用训练集构建分类器并应用于验证集中，在得到的混淆矩阵中汇总分类结果。

除了检验验证数据得到的混淆矩阵以评估新数据的分类性能之外，还可以比较训练数据得到的混淆矩阵与验证数据得到的混淆矩阵，以便检测是否存在过拟合现象，如果训练集和验证集的性能存在较大的差异，可能会存在过拟合情况。

对于分类效果的评估，还有如下几种常用的预测精度测算指标：

- ➢ **总错误率**：$err = \frac{n_{0,1}+n_{1,0}}{n}$，表示误判率的估计量；
- ➢ **准确率**：$1 - err = \frac{n_{0,0}+n_{1,1}}{n}$，正确的分类比例；
- ➢ **召回率**：每个类别中预测准确的样本占这个类别样本总数的比例；
- ➢ **f1 得分**：衡量二分类模型精确度的一种指标，同时兼顾分类模型的准确率和召回率，f1 得分可以看作是模型准确率和召回率的一种加权平均，其计算公式为：f1=2×准确率×召回率/(准确率+召回率) ∈ [0,1]；

当分类过程中，类别的重要性不同时，还有如下几个反映性能的指标（假设未分类样本正确预测为类 C_1 比类 C_0 更加重要）：

- ➢ **误报率**：$n_{0,1}/(n_{0,1} + n_{1,1})$，该指标是基于 C_1 所有预测结果得到的比率，只用于被划分为 C_1 的数据中；

> ➤ **漏报率：** $n_{1,0}/(n_{1,0}+n_{0,0})$。该指标是基于$C_0$所有预测结果得到的比率，只用于被划分为$C_0$的数据中。

> ➤ **灵敏度：** 衡量正确划分重要类别成员的能力，通过$n_{1,1}/(n_{1,0}+n_{1,1})$可以得出正确分类为$C_1$的概率；

> ➤ **特异度：** 可以正确的排除C_0成员的能力，通过$n_{0,0}/(n_{0,0}+n_{0,1})$可以得出正确分类为$C_0$的概率。

针对上述的灵敏度和特异度，可以使用 ROC 曲线等工具来刻画（请读者自行阅读数据挖掘与机器学习的相关资料）。

15.2　常用判别方法和分类算法

15.2.1　距离判别和线性判别

故名思意，距离判别的基本思想是：未知类别样本或新样本离哪个总体距离最近，就判它属于哪个总体。由于所有的类别已知，所以可求得每个类的中心。这样只要定义了如何计算距离，就可得到任何给定的点到类型中心的距离。这种根据远近判别的方法，原理简单，直观易懂。因此，距离判别也称为直观判别法。

通常情况下，距离判别过程一般采用马氏距离。马氏距离是样本点 x 到类中心 μ_i 的一种相对距离。该距离由印度数学家 Mahalanobis（1936）依据协方差矩阵 V 提出，其计算公式为：

$$d_i^2 = \left[x-\mu_i\right]^T V_i^{-1} \left[x-\mu_i\right]$$

马氏距离不受总体空间大小的影响，也不受计量单位的影响，它反映了被判定样本按平均水平计算，到中心的相对距离（该距离以方差为单位），实质上是标准化变量的欧氏距离。

在距离判别中，把用来比较各样本点到各类中心距离的数学函数称为判别函数。从距离判别中我们已经看到线性判别函数的方便性，由于线性判别函数使用简便，人们希望能在更一般的情况下，建立一种线性判别函数，进行线性判别分析（LDA, linear discriminant analysis）。而 Fisher（1936）提出的判别法就是根据投影转换坐标轴的思想建立起来的一种能较好区分各个总体类别的线性判别法，该判别方法对总体的分布不做任何要求，Fisher 判别也叫做典型判别（canonical discriminant）。

为了更好的理解 Fisher 判别方法，先考虑两类总体的判别。如图 15-1 所示，有 1 个已知两个类别的训练样本，能够把其对应到二维坐标系中，分别用"o"和"•"表示，则按照原有的横纵坐标（图中的实线坐标轴）很难区分这两个类别。

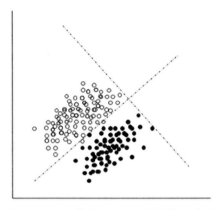

图 15-1 两类别 Fisher 判别的示意图

为了更好用坐标轴区分这两个类别，通过观测，在图 15-1 中寻找能够使得"。"和"•"明显区分的坐标轴方向，并且用虚线画出来。则每个样本点都沿着重新定位的坐标轴进行投影，将会使得这两个类别分得十分清楚。如果向其他方向投影，类别区分效果不好。

把上述过程推广到多维的情形，即把 N 类的 m 维数据投影到某一个方向，使得变换后的数据，同类别的样本点尽可能聚在一起，不同类别的样本点尽可能分离，以此达到分类的目的。这种将样本首先进行投影，再用判别规则得到判别准则，对测试样本进行归类的判别方法就是 Fisher 判别法或典型判别法，其实质是寻找一个最能反映类与类之间差异的投影方向，即寻找典型线性判别函数。

【例 15-1】 在第 14 章聚类的例子中，已经利用相应的聚类方法对各种游戏鼠标依据多个指标进行分类，现取 WARD 法聚类结果把 13 个鼠标分为 3 类（为避免数字作为类别名称混淆输出结果，本例用 A、B、C 表示类别）。现假定这 13 个鼠标的样本来自于已有类别的总体（即已知具体鼠标类别的训练样本）。现又有两款鼠标的测评数据详见 mouse_discrim.csv，试利用判别分析的方法把两款鼠标归入对应的类别。

本例所使用的数据如下：

```
mouse_d=pd.read_csv('mouse_discrim.csv')
mouse_d
```

	Brand	Touch	Chips	Driver	Compatibility	Game	Type
0	Brand1	7.5	17.5	7.0	8.0	8.0	A
1	Brand2	7.5	19.5	7.0	7.0	9.0	B
2	Brand3	8.5	18.0	8.5	8.0	9.5	B
3	Brand4	9.0	18.5	8.5	8.0	9.5	B
4	Brand5	7.0	14.0	6.5	7.0	7.5	C
5	Brand6	7.0	16.0	6.5	7.5	8.0	C

6	Brand7	7.5	17.0	8.0	7.5	8.0	A
7	Brand8	8.0	17.5	8.5	7.5	8.5	A
8	Brand9	7.0	16.5	6.0	8.0	7.0	C
9	Brand10	7.5	17.0	7.5	8.5	8.0	A
10	Brand11	8.0	16.0	6.5	7.0	7.0	C
11	Brand12	7.0	15.5	6.0	8.0	7.0	C
12	Brand13	7.5	17.0	8.0	7.0	7.0	A
13	Brand14	7.0	16.5	6.0	7.5	7.0	NaN
14	Brand15	7.5	18.0	7.5	7.5	8.5	NaN

本例数据中，利用变量 Type 对各个鼠标所归属的类别进行标记，最后两支鼠标（Brand14 及 Brand15）在该变量的值为缺失，是待进行判别的样本。

scipy.spatial.distance.mahalanobis 提供了马氏距离的计算方式，但是要完成距离判别的全部过程，还需要如下几个步骤。

首先根据最小距离的并类原则，定义一个可以定位至一个列表中最小值的函数，最终要利用该函数实现归类的判定：

```python
def getminindex(lis):
    '''
    该函数的功能是找到列表 lis 中最小值的索引
    '''
    #注意使用浅复制拷贝原始列表
    lis_copy=lis[:]
    lis_copy.sort()
    minvalue=lis_copy[0]
    minindex=lis.index(minvalue)
    return minindex
```

然后定义一个函数 mahalanuobis_discrim 用于计算 mahalanobis 距离并进行判别分析：

```python
from sklearn.preprocessing import scale
from scipy.spatial.distance import mahalanobis

def mahalanuobis_discrim(x_test,x_train,train_label):
    '''
    该函数用于使用马氏距离进行判别分析，各参数的含义如下：
    x_test: DataFrame 类型的待判样本，为 k 行 m 列（k 为待判样本个数，m 为变量个数）
    x_train: DataFrame 类型的训练数据，训练数据每个变量均为数值型，不含标签值。为 n 行
            m 列（n 为训练样本个数，m 为变量个数）
    train_label: 训练样本中每个样本对应的标签，应当为 n 行 1 列
    '''
```

```
#将最终判别结果存入列表 final_result 中
final_result=[]
#变量名
colname=x_train.columns
#test_n、train_n 和 m 分别用于存储待判样本个数、训练样本个数、变量个数
test_n=x_test.shape[0]
train_n=x_train.shape[0]
m=x_train.shape[1]
n=test_n+train_n
#data_x 存储训练数据和测试数据组成的自变量数据，data_x_scale 存储标准化自变量数据
data_x=x_train.append(x_test)
data_x_scale=scale(data_x)
x_train_scale=pd.DataFrame(data_x_scale[:train_n])
x_test_scale=pd.DataFrame(data_x_scale[train_n:])
#将 train_label 与 x_tarin 合并组成训练集，用于按照 label 类别求出各类中心
data_train=x_train_scale.join(train_label)
#miu 用于存储各类别中心，label_name 用于储存训练数据标签的列名
label_name=data_train.columns[-1]
miu=data_train.groupby(label_name).mean()
miu=np.array(miu)
print ("类中心：")
print (pd.DataFrame(miu))
print()
#将标签存储与列表 label 中
label=train_label.drop_duplicates()
label=label.iloc[:,0]
label=list(label)
label_len=len(label)
#将数据转换为 numpy 中的 array，方便后续操作
x_test_array=np.array(x_test_scale)
x_train_array=np.array(x_train_scale)
data_x_scale_array=np.array(data_x_scale)
#计算协方差矩阵
cov=np.cov(data_x_scale_array.T)
#计算训练样本和测试样本到各个类中心的马氏距离并由此将其归类
for i in range(n):
    dist=[]
    for j in range(label_len):
        d=float(mahalanobis(data_x_scale[i],miu[j],np.mat(cov).I))
        dist.append(d)
    min_dist_index = getminindex(dist)
    #将样本到类中心的最小距离对应到类别上，得到判别结果，存入 result 中
    result=label[min_dist_index]
    final_result.append(result)
```

```
    print ("分类结果为: ")
    return final_result
```

在利用本书定义的 mahalanuobis_discrim 函数进行距离判别时，首先需要将原始数据处理成为 3 个 DataFrame 对象：训练样本的自变量数据、测试样本的自变量数据以及训练样本标签列的数据，如：

```
X_train=mouse_d.iloc[0:13,1:6]      #训练样本的自变量数据
X_test=mouse_d.iloc[13:15,1:6]      #测试样本的自变量数据
Y_train=mouse_d.iloc[0:13,6:7]      #训练样本标签列的数据
```

然后调用 mahalanuobis_discrim 函数便可得到分析结果：

```
predict_mahalanobis=mahalanuobis_discrim(X_test,X_train,Y_train)
print (predict_mahalanobis)
```
类中心:

	0	1	2	3	4
0	0.058124	0.181711	0.659912	0.219971	-0.077037
1	1.336848	1.323894	0.879883	0.146647	1.579261
2	-0.639362	-1.064307	-0.989868	-0.219971	-0.770371

分类结果为:

```
['A', 'B', 'B', 'B', 'C', 'C', 'A', 'A', 'C', 'A', 'C', 'C', 'A', 'C', 'A']
```

为考察判别效果，可将判别结果的混淆矩阵展示出来，这涉及到分类器的效果评价问题。sklearn 的 metrics 模块提供了 classification_report 函数可以实现分类结果汇总的功能：

```
from sklearn.metrics import classification_report
print ("马氏距离判别情况汇总: ")
print (classification_report(Y_train.values.ravel(),
                             predict_mahalanobis[:13]))
```

马氏距离判别情况汇总:

	precision	recall	f1-score	support
A	1.00	1.00	1.00	5
B	1.00	1.00	1.00	3
C	1.00	1.00	1.00	5
avg/total	1.00	1.00	1.00	13

上述结果汇总的每一行代表标签变量 Type 的一个类别，第 1 列 precision 表示每个类别预测结果的准确率；第 2 列 recall 代表每个类别的召回率；第 3 列 f1-score 是 f1 得分；第 4 列 support 是每个类别的样本数目。

如上结果显示，对于前 13 个训练样本，马氏距离判别正确率为 100%，并且将最后两个测试样本分别判为 C 类和 A 类。

python 中可以分别使用 sklearn.lda 中的类 LDA 实现线性判别。

将训练样本数据用于判别的特征变量构造矩阵 X_train，其 Type 变量构造为矩阵为 Y_train；待判样本数据的特征变量矩阵为 X_test，其 Type 变量构造为 Y_test。其中，X_train、Y_train 和 X_test 在前面的距离判别中已经构造过。构造 Y_test

如下：

```
Y_test=mouse_d.iloc[13:15,6:7]
X=mouse_d.iloc[0:15,1:6]     #X 是全部样本的自变量矩阵
```

sklearn.discriminant_analysis 中的类 LinearDiscriminantAnalysis 可对 X_train 和 Y_train 构造判别函数，并用于对待判样本数据的判别：

```
from sklearn.discriminant_analysis import LinearDiscriminantAnalysis as LDA

mouse_lda=LDA()
mouse_lda.fit(X_train,Y_train.values.ravel())
mouse_lda_train_predicted=mouse_lda.predict(X_train)
print ("线性判别训练集判别结果：")
print (mouse_lda_train_predicted)
print (53*"-")
mouse_lda_test_predicted=mouse_lda.predict(X_test)
print ("线性判别待判样本判别结果：")
print (mouse_lda_test_predicted)
```

线性判别训练集判别结果：

```
['A' 'B' 'B' 'B' 'C' 'C' 'A' 'A' 'C' 'A' 'C' 'C' 'A']
-----------------------------------------------------
```

线性判别待判样本判别结果：

```
['C' 'A']
```

上例中，首先对训练样本的各行数据根据判别函数进行了判别。然后再对最后两个样本 Brand14 和 Brand15 依据判别函数得分进行了判别。结果显示，Brand14 归入 C 类，而 Brand15 归入 A 类。针对全部样本数据的分类情况，LDA 还可以直接给出每个样本归入对应类别的后验概率：

```
mouse_p_lda=mouse_lda.predict_proba(X)
mouse_prob_lda=pd.DataFrame(mouse_p_lda)
mouse_prob_lda.columns=['A','B','C']
mouse_prob_lda
```

	A	B	C
0	0.997795	8.564598e-04	1.348487e-03
1	0.054379	9.456210e-01	2.576884e-09
2	0.294763	7.052370e-01	3.146251e-10
3	0.125147	8.748532e-01	2.668194e-10
4	0.000013	9.852799e-14	9.999873e-01
5	0.000905	2.841573e-08	9.990953e-01
6	0.999895	1.042292e-04	6.595103e-07
7	0.880103	1.198974e-01	3.591996e-09
8	0.001842	4.837688e-11	9.981580e-01

9	0.999968	1.059884e-05	2.093701e-05
10	0.000020	2.112707e-10	9.999801e-01
11	0.000218	3.753062e-13	9.997822e-01
12	0.999996	3.090742e-07	3.570319e-06
13	0.000738	1.044236e-10	9.992616e-01
14	0.809165	1.908350e-01	2.247513e-07

从分类结果的后验概率也可判定出各个样本所属类别。

上述分类结果的汇总信息如下：

```
print ("LDA 判别情况汇总: ")
print (classification_report(Y_train.values.ravel(),
                             mouse_lda_train_predicted))
```

```
LDA 判别情况汇总:
            precision    recall  f1-score   support
        A       1.00      1.00      1.00         5
        B       1.00      1.00      1.00         3
        C       1.00      1.00      1.00         5
avg / total     1.00      1.00      1.00        13
```

从以上程序运行结果可以看出，本例训练样本中每一个类别的错判概率均为 0，总错判概率为 0，表明本例所考察的鼠标分类是正确的，且分类精度和可靠性非常高。

15.2.2   贝叶斯判别

距离判别虽然简单直观，很实用，但是在该种方法中，没有考虑到每个分类的观察值不同时，每类出现的机会是不同，也没有考虑误判之后所造成损失的差异。贝叶斯（Bayes）判别可以克服上述缺点，其判别效果更加理想，应用也更广泛。

把对每个样本可能属于某个总体（类别）的可能估计值称之为"先验概率"（prior probability），把其记为 $P(G_i)$。先验概率的值可以从经验中得出，也可使用每组样本占全部样本的百分比来估计。

每个样本可以根据判别函数计算出得分，在属于 G_i 类别条件下判别得分 S 的条件概率为 $P(S/G_i)$；把样本根据判别函数得分而判为某个类别 G_i 的概率称之为"后验概率"（post probability），则根据贝叶斯公式可以计算出后验概率为：

$$P(G_i/S) = \frac{P(S/G_i)P(G_i)}{\sum P(S/G_i)P(G_i)}$$

则可以依据每个样本被判入某个类别的后验概率进行归类。

因而贝叶斯判别的基本思路是：对每个样本，首先计算出判别函数得分，然后根据先验概率 $P(G_i)$ 和判别得分 S 的条件概率 $P(S/G_i)$，计算出该样本被判为每一类的后验概率

$P(G_i/S)$，被判入哪类的后验概率最大，则把该样本判为哪一类。

　　贝叶斯判别是一类判别或分类算法的总称，这类算法均以上述的贝叶斯定理为基础，故统称为贝叶斯判别或贝叶斯分类。朴素贝叶斯是贝叶斯判别或分类中最简单，也是常见的一种分类方法，其假设各个判别特征之间相互独立。

　　scikit-learn 包中提供了三种常用的朴素贝叶斯算法，其中假设判别特征服从正态分布且主要应用于数值型判别特征的高斯朴素贝叶斯方法较为常用。

　　在例 15-1 中，用于判别的特征均是数值型变量，假设他们都是独立的，使用 sklearn 中的 naive_bayes 模块提供的类 GaussianNB 对该数据进行分析：

```
from sklearn.naive_bayes import GaussianNB
mouse_bayes=GaussianNB().fit(X_train, Y_train.values.ravel())
mouse_bayes_train_predicted=mouse_bayes.predict(X_train)
print ("高斯朴素贝叶斯算法对训练集的判别结果：")
print (mouse_bayes_train_predicted)
print (53*"-")
mouse_bayes_test_predicted=mouse_bayes.predict(X_test)
print ("高斯朴素贝叶斯算法对待判样本的判别结果：")
print (mouse_bayes_test_predicted)
```

高斯朴素贝叶斯算法对训练集的判别结果：

```
['A' 'B' 'B' 'B' 'C' 'C' 'A' 'A' 'C' 'A' 'C' 'C' 'A']
-----------------------------------------------------
```

高斯朴素贝叶斯算法对待判样本的判别结果：

```
['C' 'A']
```

　　计算各样本分入对应类别的后验概率：

```
p_bayes=mouse_bayes.predict_proba(X)
prob_bayes=pd.DataFrame(p_bayes)
prob_bayes.columns=['A','B','C']
prob_bayes
```

	A	B	C
0	9.994702e-01	2.801675e-09	5.297583e-04
1	5.651546e-19	1.000000e+00	1.133895e-08
2	9.705558e-09	1.000000e+00	5.990502e-28
3	8.789432e-19	1.000000e+00	7.874581e-31
4	4.781292e-40	1.110736e-27	1.000000e+00
5	4.724836e-08	2.924438e-13	1.000000e+00
6	1.000000e+00	2.808744e-10	1.175460e-12
7	9.976133e-01	2.386669e-03	1.512561e-20
8	1.421331e-06	5.527809e-27	9.999986e-01
9	9.999999e-01	1.703589e-10	5.957510e-08

10	1.597111e-07	1.587350e-26	9.999998e-01
11	1.706289e-15	3.386730e-30	1.000000e+00
12	1.000000e+00	6.446134e-24	2.762472e-11
13	8.375690e-07	3.569024e-27	9.999992e-01
14	9.751027e-01	2.489705e-02	2.707046e-07

依据上述计算出来的后验概率大小，13 号样本即 Brand14 归入 C 类的概率为 0.999992，故把其归入"C"类；而 14 号样本即 Brand15 归入 A 类的后验概率为 0.9751027，故把其归入"A"类。

同样可以使用 sklearn.metrics.classification_report 提供分类结果汇总：

```
print ("判别情况汇总：")
print (classification_report(Y_train.values.ravel(),
                             mouse_bayes_train_predicted))
```

```
判别情况汇总：
             precision    recall  f1-score   support
        A        1.00      1.00      1.00         5
        B        1.00      1.00      1.00         3
        C        1.00      1.00      1.00         5
avg / total      1.00      1.00      1.00        13
```

上述结果表明，本例训练样本中每一行数据的类别的错判概率均为 0，总错判概率为 0，表明本例所考察的鼠标分类是正确的，且分类精度和可靠性非常高。

15.2.3　k-近邻

k 近邻（k-NN, k-nearest-neighbor）的基本思想是：如果某个样本的 k 个最近邻或最相似样本中的大多数都属于某一个类别，则该样本也属于这个类别。在该中方法中，某个样本所选择的最近邻的那些样本都是已经正确分类的样本。这种判别或者分类的方法是数据挖掘分类技术中最简单的方法之一。

【例 15-2】 Fisher（1936）收集整理的 iris（鸢尾花）数据集基本上是人类历史上最著名的用于分类算法演示的数据集。该数据集包含 150 行数据，分为 3 类，每类 50 个数据，每个数据包含 4 个属性（单位均为厘米）。可通过花萼长度（Sepal.Length），花萼宽度（Sepal.Width），花瓣长度（Petal.Length），花瓣宽度（Petal.Width）等 4 个属性预测所观测的鸢尾花属于山鸢尾（Setosa）、杂色鸢尾（Versicolour）、以及维吉尼亚鸢尾（Virginica）三个种类中的哪一类。

本例所用的数据如下：

```
iris=pd.read_csv('iris.csv')
iris.iloc[[1,51,101]]    #对指定索引的数据进行展示
```

	Sepal.Length	Sepal.Width	Petal.Length	Petal.Width	Species
1	4.9	3.0	1.4	0.2	setosa

51	6.4	3.2	4.5	1.5	versicolor
101	5.8	2.7	5.1	1.9	virginica

本例数据中的 Species 变量存储了 3 个种类的名称。

sklearn.neighbors 提供了类 KNeighborsClassifier 来进行 k-NN 分类。对上述数据实施 k-NN 分类算法：

```
from sklearn.neighbors import KNeighborsClassifier
from sklearn.cross_validation import train_test_split,cross_val_score
x=iris.iloc[:,0:4]            #构造用于判别或分类的特征数据
y=iris.iloc[:,4]              #构造分类结果数据
x_train, x_test, y_train, y_test=train_test_split(x,y,test_size=0.2)
'''
将数据分为训练集和测试集
注意：划分数据是随机的，故每次运行程序所得到的结果可能有差别，故读者自行运行程序的结果可
能与本书不一致，但不影响我们对分类算法的分析过程。
train_test_split 可以根据参数 test_size 指定的比例分拆原始数据
'''
iris_knn=KNeighborsClassifier(algorithm='kd_tree')
#参数 algorithm 可以指定为'auto'、'ball_tree'、'kd_tree'和'brute'对应不同算法
iris_knn.fit(x_train, y_train)
#结果输出
answer=iris_knn.predict(x)
answer_array=np.array([y,answer])
answer_mat=np.matrix(answer_array).T
result=pd.DataFrame(answer_mat)
result.columns=["真实类别","预测类别"]
result.iloc[[1,51,101]]        #显示索引号为 1、51 和 101 的样本分类情况
```

	真实类别	预测类别
1	setosa	setosa
51	versicolor	versicolor
101	virginica	virginica

对上述分类结果进行交叉验证：

```
print ("kNN 算法对测试集数据判别结果: ")
print (classification_report(y_test,iris_knn.predict(x_test)))
print (53*"-")
print ("kNN 算法对全部数据判别结果: ")
print (classification_report(y,iris_knn.predict(x)))
```

kNN 算法对测试集数据判别结果:

```
              precision   recall   f1-score    support
    setosa        1.00      1.00      1.00          9
versicolor        1.00      0.92      0.96         12
```

```
   virginica     0.90      1.00      0.95        9

avg / total      0.97      0.97      0.97        30
-----------------------------------------------------
```
kNN 算法对全部数据判别结果：
```
              precision   recall  f1-score   support
    setosa       1.00      1.00      1.00        50
 versicolor      0.98      0.92      0.95        50
  virginica      0.92      0.98      0.95        50

avg / total      0.97      0.97      0.97       150
```
同时还可以进行 n 折交叉验证：

```
scores=cross_val_score(iris_knn,x,y,cv=5)
cross=pd.DataFrame(scores)
cross.columns=['5 折交叉验证结果']
cross.T
```

	0	1	2	3	4
5 折交叉验证结果	0.966667	1	0.933333	0.966667	1

以上程序运行之后得到的汇总结果表明，使用 k-NN 对 iris 数据集的分类还是比较准确的，准确率、召回率、f1-score 均非常高。5 折交叉验证得到的每次运算的准确率都比较高，没有出现过拟合现象。

15.2.4　决策树

决策树（decision tree）也是一种常见的分类方法，如图 15-2 所示。

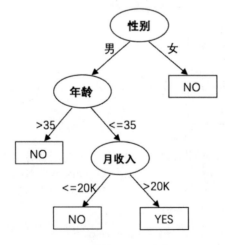

图 15-2　决策树的一个例子

图 15-2 是为某一类型的女孩安排相亲对象的简单例子，YES 表示答应相亲，NO 表示不答应，请读者自行琢磨。

从图 15-2 可以明显看出来，决策树本质就是一个条件判断结构，通过 `if-elif` 或 `else` 类似的判断机制，生成一个可以从根（顶端）开始不断判断选择到叶子（判断结果）节点的树。树中每个节点表示某个对象即判断依据，而每个分叉路径则代表某个可能的属性值，而每个叶结点则对应从根节点到该叶节点所经历的路径所表示的对象的值，决策树仅有单一输出。

决策树是一种由结点和有向边组成的层次结构。决策树中包含三类结点：

➢ 根节点 (`root node`)：没有输入，但有输出，如图 15-2 中的性别；

➢ 内部节点 (`internal node`)：既有输入又有输出，如图 15-2 中的年龄、月收入；

➢ 叶节点 (`leaf node`) 或终节点 (`terminal node`)：有输入无输出，如图 15-2 中的 NO 和 YES。

生成决策树的算法非常多，依据数据类型的不同和树状结构的不同又有不同版本的决策树，这些算法大都围绕节点属性变量的选择、属性划分、剪枝、生成效率等具体问题进行讨论。常用典型算法主要有：

1. Hunt

`Hunt` 算法可以说是其他算法的基础。如果数据已经只有一类，则该节点为叶节点，否则进行下一步：寻找一个变量使得依照该变量的某个条件把数据分成纯度较大的两个或若干个数据子集。而用其他变量所划分的子集不如该变量划分得那样纯，即根据某种局部最优性来选择变量。然后对于其子节点回到上一步。

那么，如何选择最佳划分的度量呢？如果节点中都是同一类的样本就不用再分割，此时该节点是最纯的，否则就继续分割。因此需要考虑如何度量结点的不纯度（纯度）。度量方法主要有以下三种方式：

➢ **熵**：$Entropy(t) = \sum_{i=0}^{c-1} p(i|t) \log_2 p(i|t)$

➢ **$Gini$ 指数**：$Gini(t) = 1 - \sum_{i=0}^{c-1} \left[p(i|t) \right]^2$

➢ **误分率**：$Classification\ error = 1 - \max\left[p(i|t) \right]$

其中 $p(i|t)$ 表示给定结点 t 中属于 i 类的记录所见的比例，i 代表各个类别，$i \in 1,2,\cdots,c$。

这三种度量方式在某些情况下会使得划分属性的选择产生不同结果。为了保证分类效果，需要比较父节点（划分前）的不纯度和子节点（划分后）的不纯度，它们的差越大，测试条件的效果就越好，这个差称之为增益：

$$\Delta = I(parent) - \sum_{j=1}^{k} \frac{N(v_j)}{N} I(v_j)$$

其中 $I()$ 代表给定节点的不纯度，N 是父节点上的记录总数，k 是属性值的个数，$N(v_j)$ 子节点 v_j 关联的记录个数。当选择熵（Entropy）作为不纯度的度量时，熵的差称之为信息增益（information gain），一般记为 Δ_{info}。

2. ID3

ID3 算法（Quinlan，1986）只能处理非连续性的属性变量，且一个变量用过之后就不能再次使用。其选用最大信息增益的属性作为决策树划分依据，根据该属性的不同取值创建决策树的不同分支，直至节点中所有样本属于同一类或节点中的样本量小于规定的最小样本量。

3. C4.5

C4.5 算法（Quinlan，1993）为 ID3 的延伸，它可以处理缺失值、连续变量及剪枝等；ID3 中信息增益最大的划分原则容易产生小而纯的子集，如企业代码、日期等等，无法作出可靠预测。C4.5 提出了信息增益比（gain ratio）来取代最大信息增益，其定义如下：

$$Gain\ \ Ratio = \frac{\Delta_{info}}{Split\ \ Info = -\sum_{i=1}^{k} P(v_i)\log_2 p(v_i)}$$

其中 k 是划分的总数。这代表如果某个属性产生了大量的划分，它的划分信息将会很大，从而降低增益比。

4. CART

CART（classification and regression trees，分类和回归树）算法（Breiman 等，1984）是 AID、CHAID 算法的提高，其包含了分类树和回归树，是一种二分递归分割技术。其把当前样本划分为两个子样本，使得生成的每个非叶子结点都有两个分支，因此 CART 算法生成的决策树是结构简洁的二叉树。

由于 CART 算法构成的是一个二叉树，它在每一步的决策时只能是 2 个结果，即使一个属性有多个取值，也是把数据分为两部分。CART 对于自变量和因变量不做任何形式的分布假定，这些变量可以是分类变量和连续变量的混合，其主要优点在于它有效地处理大数据集和高维问题，能够利用大量变量中的最重要的部分变量来得到有用的结论，其所产生的树的结构也易于理解。

除了上面简单介绍的常用算法之外，生成决策树的算法还有 CHAID（chi-square automatic interaction detector）、SLIQ（supervised learning in quest）、SPRINT（scalable parallelizable induction of decision trees）、PUBLIC（a decision tree that integrates building and pruning）等，请读者自行查阅相关资料。

sklearn 中的 tree 模块提供了类 DecisionTreeClassifier 可用来生成决策树，在实际数据分析过程中较为常用的算法是二叉树 CART 和 ID3 算法，它们分别使用

Gini 指数和信息增益实现。该类提供了这两种算法，可以通过类 DecisionTreeClassifier 构造实例时对属性 criterion 进行指定，其默认值为 "gini"，即 CART 算法；属性值设置为"entropy"则表示用信息增益来生成树，即 ID3 算法。

本小节仍然使用例 15-2 的 iris 数据集进行决策树的构造。

```
from sklearn.tree import DecisionTreeClassifier
#构造决策树，不纯度采用熵（信息增益）来度量，即 ID3 算法


iris_tree=DecisionTreeClassifier(criterion='entropy')
iris_tree.fit(x_train,y_train)
answer=iris_tree.predict(x)
answer_array=np.array([y,answer])
answer_mat=np.matrix(answer_array).T
result=pd.DataFrame(answer_mat)
result.columns=["真实类别","预测类别"]
result.iloc[[1,51,101]]      #显示索引号为 1、51 和 101 的样本分类情况
```

	真实类别	预测类别
1	setosa	setosa
51	versicolor	versicolor
101	virginica	virginica

上段程序运行的结果给出最基本的决策树分类情况。如果需要对树的生成过程进行调整，除了 criterion 参数之外，DecisionTreeClassifier 类提供了其属性参数供用户定制决策树，主要属性参数如下：

> **splitter**：可指定为"best"（最优切分原则）或"random"（随机切分原则）；

> **max_features**：指定寻找最优切分时考虑的特征数量；

> **max_depth**：指定树的最大深度，如果为 None，表示树的深度不限；

> **min_samples_split**：指定每个非叶节点包含的最少样本量；

> **max_leaf_nodes**：指定最大的叶节点数量。

实际数据分析工作中，除了直接得到上述的分类结果之外，往往还需要展示决策树的分类过程，sklearn.tree.export_graphviz 配合 pydotplus 包提供了决策树绘制的解决方案：

```
from sklearn.tree import export_graphviz
from sklearn.externals.six import StringIO
```

```
import pydotplus
from IPython.core.display import Image
#上面导入的 pydotplus 包需要事先在 python 中进行安装


dot_data=StringIO()
export_graphviz(iris_tree,out_file=dot_data,filled=True,
                feature_names=iris.columns[:4],
                class_names=iris['Species'].unique(),
                rounded=True,special_characters=True)
graph=pydotplus.graph_from_dot_data(dot_data.getvalue())
Image(graph.create_png())
```

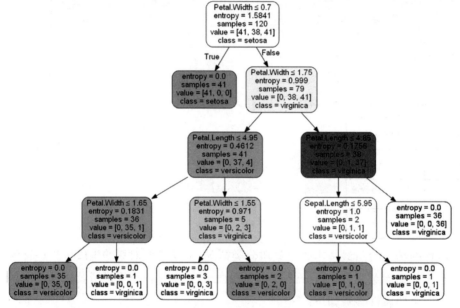

如果读者在运行上段程序时提示 "InvocationException: GraphViz's executables not found" 的错误，可以按照如下方法解决：

如果使用的是 Windows 系统，需事先安装 GraphViz 软件（注意不是 python 的 package），然后找到软件安装后的 bin 目录，将其路径加入到环境变量 PATH 中（见第 1.1 小节）。

如果使用的是 macOS 系统，可以在终端中输入如下命令：

```
brew install graphviz
```

待系统提示软件安装完成之后，再重新启动 jupyter notebook 并输入上段绘制决策树的代码并运行即可。

从本段程序运行得到的决策树中，可以清晰的看到选择属性划分样本的顺序及其依据和划分标准。

对上述分类结果进行交叉验证:

```
print ("决策树对测试集数据判别结果: ")
print (classification_report(y_test,iris_tree.predict(x_test)))
print (53*"-")
print ("决策树对全部数据判别结果: ")
print (classification_report(y,iris_tree.predict(x)))
```

决策树对测试集数据判别结果:

	precision	recall	f1-score	support
setosa	1.00	1.00	1.00	9
versicolor	0.92	1.00	0.96	12
virginica	1.00	0.89	0.94	9
avg / total	0.97	0.97	0.97	30

决策树对全部数据判别结果:

	precision	recall	f1-score	support
setosa	1.00	1.00	1.00	50
versicolor	0.98	1.00	0.99	50
virginica	1.00	0.98	0.99	50
avg / total	0.99	0.99	0.99	150

```
scores=cross_val_score(iris_tree,x,y,cv=5)
cross=pd.DataFrame(scores)
cross.columns=['5 折交叉验证结果']
cross.T
```

	0	1	2	3	4
5 折交叉验证结果	0.966667	0.966667	0.900000	0.933333	1.000000

上述程序的运行结果表明, 5 折交叉验证和对决策树计算的准确率、召回率和 f1-score 都非常的高, 分类效果是非常不错的。

15.2.5　随机森林

随机森林（random forest), 顾名思义是通过随机方式建立一个森林, 森林由很多的决策树组成, 随机森林的每一棵决策树之间是没有关联的。当有一个新的待分类样本进入时, 采用"投票"机制确定其所属类别, 即: 让森林中的每一棵决策树分别进行判断, 考察这个样本应该属于哪一类, 然后考察哪一类被选择最多, 就预测这个样本为那一类。随机森林是一种通过结合多种分类器或预测算法来提高预测性能的方法。

在构造每一棵决策树的过程中, 首先是随机采样。随机森林对输入的数据要进行、列的采样。对于行采样，采用有放回的方式，即在采样得到的样本中，可能有重复的数据。假设输入样本为 N 个，那么采样的样本也为 N 个。这样使得在训练的时候，每一棵树的输入样本都不是全部的样本，使得出现过拟合的情况较少。对于列采样，即从 M 个特征中选择 $m(m \ll M)$ 个特征。

然后对采样之后的数据使用完全分裂的方式构造决策树，这样决策树的某一个叶节点要么是无法继续分裂的，要么其所有样本都指向同一个分类。由于随机采样的过程保证了随机性，所以该种情形下不剪枝也不会出现过拟合。如此得构造的随机森林中每一棵树都是很弱的，但组合起来效果就很强。

sklearn 中的 ensemble 模块提供了类 RandomForestClassifier 可实现随机森林过程。仍然以例 15-2 的 iris 数据集进行随机森林分类：

```
from sklearn.ensemble import RandomForestClassifier
iris_rf=RandomForestClassifier(n_estimators=100)
#参数 n_estimators 用于指定森林中的树木数量
iris_rf.fit(x_train,y_train)
answer=iris_rf.predict(x)
answer_array=np.array([y,answer])
answer_mat=np.matrix(answer_array).T
result=pd.DataFrame(answer_mat)
result.columns=["真实类别","预测类别"]
result.iloc[[1,51,101]]      #显示索引号为1、51 和 101 的样本分类情况
```

	真实类别	预测类别
1	setosa	setosa
51	versicolor	versicolor
101	virginica	virginica

对上述分类结果进行交叉验证：

```
print ("随机森林对测试集数据判别结果：")
print (classification_report(y_test,iris_rf.predict(x_test)))
print (53*"-")
print ("随机森林对全部数据判别结果：")
print (classification_report(y,iris_rf.predict(x)))
```

随机森林对测试集数据判别结果：
```
             precision    recall  f1-score   support
    setosa       1.00      1.00      1.00         9
versicolor       1.00      1.00      1.00        12
 virginica       1.00      1.00      1.00         9

avg / total      1.00      1.00      1.00        30
```

随机森林对全部数据判别结果：

```
             precision    recall   f1-score    support
    setosa        1.00      1.00       1.00         50
versicolor        1.00      1.00       1.00         50
 virginica        1.00      1.00       1.00         50

avg / total       1.00      1.00       1.00        150
```
```
scores=cross_val_score(iris_rf, x, y, cv=5)
cross=pd.DataFrame(scores)
cross.columns=['5折交叉验证结果']
cross.T
```

	0	1	2	3	4
5折交叉验证结果	0.966667	0.966667	0.933333	0.933333	1.000000

如上输出结果表明可以看到，随机森林对 iris 数据集的分类结果也是非常准确的。

15.2.6　支持向量机

支持向量机（SVM, support vector machine）（Vapnik 等，1995）是近年来用得非常多的分类方法。SVM 通过寻求结构化风险最小来提高分类器（即分类函数或分类模型）的泛化能力（即预测未分类数据的能力），实现经验风险和置信范围的最小化，从而达到在样本量较少情况下也可能获得良好分类效果的目的。

SVM 是从线性可分情况下的最优分类面发展而来的。在二维空间中，所谓的最优分类线就是要求分类线不但能将两个类别正确分开（训练错误率为 0），且分类间隔最大。推广到高维空间，最优分类线就变为最优分类面了。

以最简单的二分类（0-1 分类）为例，若数据集是线性可分的，即可以找到这样一个超平面，使得所有的 0 位于该超平面的一侧，而所有的 1 位于超平面的另一侧。但可能存在无数个这样的超平面，虽然他们的训练误差都是 0，但是不能保证这些超平面在未分类数据上发挥出同样好的效果。根据在测试集上的分类效果，分类器必须从这些超平面中选择一个来表示它的决策边界。超平面到两类数据边界的距离之和称为分类器的边缘或间隔（margin），而具有最大间隔的超平面即是最大间隔超平面，如图 15-3 所示。

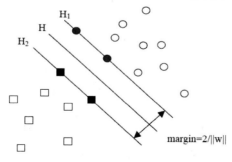

图 15-3　线性可分情况下的最优分类线

图 15-3 中，方形和圆形分别代表两类样本，H 为分类线，H1、H2 分别为过各类中离分类线最近的样本且平行于分类线的直线，它们之间的距离即间隔。SVM 考虑寻找一个满足分类要求的超平面，并且使训练集中的点距离分类面尽可能的远，也就是寻找一个分类面使它两侧的间隔最大。

设线性可分的样本 (x_i, y_i)，$i = 1, ..., n, x \in R^d, y \in \{+1, -1\}$。$d$ 维空间中的线性判别函数为：$g(x) = wx + b$，分类面方程为 $wx + b = 0$。对其进行正则化，使得所有样本都满足 $|g(x)| \geq 1$，即离分类面最近的样本满足 $|g(x)| = 1$，分类间隔就等于 $2/||w||$。因此要求间隔最大，就是要求 $||w||$ 或 $||w||^2$ 最小。若要求分类面对所有样本分类都正确，即须满足：$y_i[wx_i + b] - 1 \geq 0$。因此，满足该条件且使得 $||w||^2$ 最小的分类面就是最优分类面。图中过两类样本中离分类面最近的点且平行于最优分类面的超平面上 H1、H2 的训练样本就叫做支持向量。

给定线性可分数据集，求解相应的凸二次规划问题可得到分离超平面为 $wx + b = 0$ 以及相应的分类决策函数 $f(x) = sign(wx + b)$，称为线性可分支持向量机。某些情况下，线性支持向量机不能有效的进行判别，必须要用复杂的曲线来分开，对于这种问题，可通过引进核函数（如线性核、多项式核、径向基核、高斯核、神经网络核等）来解决。

仍然以例 15-2 的 iris 数据集进行 SVM 分类：

```python
from sklearn import svm
iris_svm=svm.SVC()
iris_svm.fit(x_train,y_train)
answer=iris_svm.predict(x)
answer_array=np.array([y,answer])
answer_mat=np.matrix(answer_array).T
result=pd.DataFrame(answer_mat)
result.columns=["真实类别","预测类别"]
result.iloc[[1,51,101]]      #显示索引号为 1、51 和 101 的样本分类情况
```

	真实类别	预测类别
1	setosa	setosa
51	versicolor	versicolor
101	virginica	virginica

对上述分类结果进行交叉验证：

```python
print ("SVM 对测试集数据判别结果: ")
print (classification_report(y_test,iris_svm.predict(x_test)))
print (53*"-")
print ("SVM 对全部数据判别结果: ")
print (classification_report(y,iris_svm.predict(x)))
```

SVM 对测试集数据判别结果：

	precision	recall	f1-score	support
setosa	1.00	1.00	1.00	9
versicolor	1.00	1.00	1.00	12
virginica	1.00	1.00	1.00	9
avg / total	1.00	1.00	1.00	30

SVM 对全部数据判别结果：

	precision	recall	f1-score	support
setosa	1.00	1.00	1.00	50
versicolor	1.00	0.96	0.98	50
virginica	0.96	1.00	0.98	50
avg / total	0.99	0.99	0.99	150

　　由这些输出结果可以看到，支持向量机的分类效果也不错，没有明显的过拟合情况，判别准确率也比较高。

第 16 章
神经网络与深度学习

神经网络也称为人工神经网络（ANN, artificial neural network），是一类用于分类和预测的数据分析模型。神经网络模仿人类学习的方式来捕捉输入变量和响应变量间的复杂关系。深度学习（deep learning）也叫无监督特征学习（unsupervised feature learning），可以无需人为设计特征提取，特征从数据中学习而来。深度学习实质上是多层表示学习（representation learning）方法的非线性组合。表示学习是指从数据中学习表示（或特征），以便在分类和预测时提取数据中有用信息。深度学习从原始数据开始将每层表示（或特征）逐层转换为更高层更抽象的表示，从而发现高维数据中错综复杂的结构。

神经网络与深度学习在破产预测、量化交易、信用卡欺诈、博弈（如 AlphaGo）、客户关系管理（CRM）、工程应用（如自动驾驶）以及人工智能（AI）等领域有着广泛的应用，其涉及到的内容较为复杂，本章将就其基本原理进行介绍。

16.1 神经网络

16.1.1 基本概念与原理

ANN 基于生物学中神经网络的基本原理，在理解和抽象了人脑结构和外界刺激响应机制后，以网络拓扑知识为理论基础，模拟人脑的神经系统对复杂信息的处理机制的一种数学模型，如图 16-1 所示。

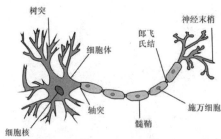

图 16-1　人脑神经元示意图（注：该图来自百度图片）

神经网络是基于大脑中的生物活动产生的，在大脑中神经元之间存在内在联系会从经验中学习。该模型以并行分布的处理能力、高容错性、智能化和自学习等能力为特征，将信息的加工和存储结合在一起，以其独特的知识表示方式和智能化的自适应学习能力，因而具有较为广泛的应用。它实际上是一个有大量简单元件相互连接而成的复杂网络，具有高度的非线性，能够进行复杂的逻辑操作和非线性关系实现的系统。

　　在第 10 章介绍过的回归模型中，自变量（即输入变量）和因变量（即响应变量或输出变量）的关系形式是由用户指定的，这种形式可以是线性的也可以是非线性的。但是在很多情况下真实的关系是非常复杂的，或者通常是未知的。在回归模型中，可对自变量进行线性变换、对数变换等，也可考虑自变量的交互作用（如第 7 章介绍过的方差分析）等。相比之下，神经网络不需要指定变量之间的关系形式，它可从数据中学习这种关系。

　　如图 16-1 所示，神经元主要由细胞体（cell body）、树突（dendrite）、轴突（axon）和神经末梢突触（synapse，神经键）组成：

> ➤ **树突**：树状的神经纤维接收网络，它将输入信号传送到细胞体；
> ➤ **细胞体**：对这些输入信号进行整合并进行阈值处理；
> ➤ **轴突**：单根长纤维，把细胞体的输出信号导向其他神经元；
> ➤ **突触**：一个神经细胞的轴突和另一个神经细胞树突的结合点。

神经元的排列和突触的强度（由复杂的化学过程决定）确立了神经网络的功能。

　　数据分析中的神经网络是一种运算模型，由大量神经元相互连接构成，如图 16-2 所示。每个节点代表一种特定的输出函数，称为激活函数（activation function）。每两个节点间的连接都代表一个对于通过该连接信号的加权值，称之为权重（weight），神经网络就是通过这种方式来模拟人类大脑的运作方式。

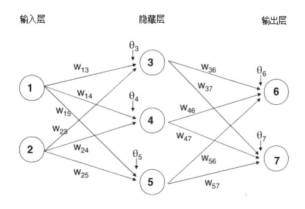

图 16-2　人工神经网络模型

　　网络的输出则取决于网络的结构、连接方式、权重和激活函数。而网络自身通常都是对某种算法或者函数的逼近，也可能是对一种逻辑策略的表达。神经网络的构筑理念是受到生物的神经网络运作机制启发而产生的，它把对生物神经网络的认识与统计模型相结合，借助统计工具来实现数据分析的目的。

16.1.2 感知机

感知机（perceptron）是人工神经网络种最简单的模型，如图 16-3 所示，用来解决二元线性分类问题。

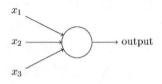

图 16-3 感知机模型

其思想非常简单。如在一群人中有很多好人（可标记为"+1"）和坏人（可标记为"-1"），感知机就是要找到一条直线，能够把所有的好人和坏人分开。如果是三维空间或更高维空间，感知机就是要找到一个超平面，能够把所有的类似于好人和坏人的二元类别分开。

感知机包含两类结点：若干个输入结点用来表示输入数据的特征或变量（图 16-3 中的 x_1, x_2, x_3）与一个输出结点（output），用来给出模型通过计算得到的结果。

感知机通过对每个输入节点的输入特征赋予权重，并将加权后的特征进行求和，然后使用偏置项进行调节，得到最终输出值。假设若干输入节点的 $x \in R_n$，输出节点 $Y= \{+1, -1\}$（即输出正例或负例），由输入节点到输出节点的如下函数：

$$f(x) = sign\ (w \times x + b)$$

称为感知机。其中 w 和 b 是感知机模型参数，w 是权重，b 是偏置。对于感知机，可构造损失函数，并使用梯度下降法或者拟牛顿法来对其进行参数估计。

感知机是一种线性分类模型，属于判别模型。如果上述的直线或者超平面找不到，就意味着数据线性不可分，感知机就不能发挥作用。为了说明感知机的应用，使用 python 在二维空间中构造待分类数据，并使用感知机完成分类。

```
from sklearn.datasets import make_classification
x,y=make_classification(n_samples=1000,n_features=2,n_redundant=0,
                        n_informative=1,n_clusters_per_class=1,
                        random_state=22)
'''
make_classification 函数的常用参数功能如下：
n_samples: 生成样本的数量
n_features: 生成样本的特征数，特征数=n_informative()+n_redundant+n_repeated
n_informative: 多信息特征的个数
n_redundant: 冗余信息，informative 特征的随机线性组合
n_clusters_per_class: 某一个类别是由几个 cluster 构成的
random_state: 设置随机种子，使得重复生成的样本为相同的样本
'''
print('特征 x 如下所示：')
```

```
print(x)
print('特征 y 如下所示: ')
print(y)
```

特征 x 如下所示:
```
[[-0.43876287 -1.23519284]
 [ 0.73184923  0.73818399]
 [-0.20496519 -1.27959389]
 ...
 [-0.70649735 -0.76986656]
 [ 0.97916071 -1.25767242]]
```
特征 y 如下所示:
```
[0 1 0 0 0 0 1 1 0 1 1 0 0 0 1 1 0 0 0 0 0 0 0 0 0 1 0 1 0 1 1 1 1 0 0 0 0
 1 0 0 0 0 0 1 1 0 1 0 1 0 1 1 1 0 1 0 0 0 0 1 1 1 1 0 0 1 0 0 0 0 0 1 1 0 0 0
 0 1 0 0 1 0 1 1 1 0 1 1 1 1 0 1 0 0 1 0 0 1 1 0 1 0 1 0 1 0 1 0 1 1 1 0 0 0 1
 ...
 1 1 1 0 0 1 0 0 1 0 0 1 0 0 1 0 1 1 0 0 0 1 0 1 0 0 1 0 1 0 1 1 0 0 0 0
 0]
```

　　将上述模拟出来的数据进行分割, 划分训练数据和测试数据:

```
#训练数据 800 条和测试数据 200 条
x_data_train=x[:800,:]
x_data_test=x[800:,:]
y_data_train=y[:800]
y_data_test=y[800:]
#构造正例与负例的各个特征
positive_x1=[x[i,0] for i in range(1000) if y[i]==1]
positive_x2=[x[i,1] for i in range(1000) if y[i]==1]
negetive_x1=[x[i,0] for i in range(1000) if y[i]==0]
negetive_x2=[x[i,1] for i in range(1000) if y[i]==0]
```

　　将全部的正例和负例绘制在二维平面中:

```
%matplotlib inline
from matplotlib import pyplot as plt
#画出正例和负例的散点图
plt.scatter(positive_x1,positive_x2,c='red')
plt.scatter(negetive_x1,negetive_x2,c='blue')
plt.show()
```

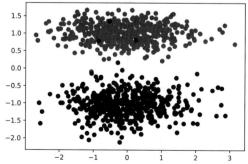

从上图可以看出，本例所模拟的数据为近似线性可分。所以针对本例数据，可以利用 `sklearn.linear_model` 中的类 Perceptron 来训练感知机：

```
from sklearn.linear_model import Perceptron
#定义感知机
clf=Perceptron(fit_intercept=False,n_iter=30,shuffle=False)  #使用训练数据建模
clf.fit(x_data_train,y_data_train)  #得到训练结果，即最终的参数
print(clf.coef_)
```
```
[[-0.25328497  2.45856821]]
```

利用测试数据对模型效果进行考察：

```
acc=clf.score(x_data_test,y_data_test)
print(acc)
```
```
0.995
```

可以得到，本例使用感知机进行分类预测的准确率为 99.5%。为了展示分类效果，可以绘制全部样本点以及训练感知机得到的决策边界：

```
import numpy as np

#画出正例和负例的散点图
plt.scatter(positive_x1,positive_x2,c='red')
plt.scatter(negetive_x1,negetive_x2,c='blue')
#画出超平面（在本例二维数据中是一条直线）
line_x=np.arange(-4,4)
line_y=line_x*(-clf.coef_[0][0]/clf.coef_[0][1])-clf.intercept_
plt.plot(line_x,line_y,lw=3,c='black')
plt.show()
```

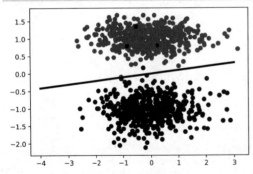

单层感知机无法处理非线性可分的问题。如有如下数据进行要利用感知机来进行分类：

```
from matplotlib.font_manager import FontProperties
from sklearn.datasets import make_circles
from sklearn import svm

myfont=FontProperties(fname='/Library/Fonts/Songti.ttc')
x,y=make_circles(n_samples=1000,factor=0.5,noise=0.1)  #生成非线性可分数据
#训练数据 800 条和测试数据 200 条
x_data_train=x[:800,:]
```

```
x_data_test=x[800:,:]
y_data_train=y[:800]
y_data_test=y[800:]
#构造正例与负例的各个特征
positive_x1=[x[i,0] for i in range(1000) if y[i] == 1]
positive_x2=[x[i,1] for i in range(1000) if y[i] == 1]
negetive_x1=[x[i,0] for i in range(1000) if y[i] == 0]
negetive_x2=[x[i,1] for i in range(1000) if y[i] == 0]
from sklearn.linear_model import Perceptron
clf = Perceptron(fit_intercept=False,n_iter=30,shuffle=False) #定义感知机
clf.fit(x_data_train,y_data_train) #使用训练数据进行训练并得到参数估计结果
#画出正例和负例的散点图
plt.scatter(positive_x1,positive_x2,c='red')
plt.scatter(negetive_x1,negetive_x2,c='blue')
#画出超平面（在本例二维数据中是一条直线）
line_x=np.arange(-1,2)
line_y=line_x*(-clf.coef_[0][0]/clf.coef_[0][1])-clf.intercept_
plt.ylim(-1.5,1.5)
plt.plot(line_x,line_y,lw=3,c='black')
plt.show()
```

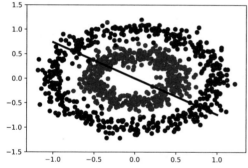

从数据的分布形状来看，就不可能找到一条之间将类别进行分开。

16.1.3 多层神经网络

为了解决非线性分类问题，对于原始的感知机结构引入"隐藏层"和"激活函数"。

所谓隐藏层，就是在输入层（input layer）与输出层（output layer）之间加入若干的层，每层包含若干神经元节点，且在隐藏层的节点以及输出层的神经元节点中可以使用激活函数，对传入神经元节点的值进行激活。简单的单隐藏层神经网络结构如第16.1.1 小节中的图 16-2 所示，典型的多隐藏层神经网络结构如图 16-4 所示。

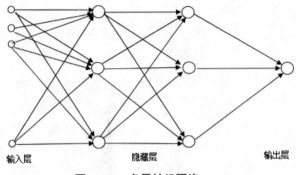

图 16-4　多层神经网络

所谓激活（activation），就是在通过各个参数与输入值进行加权求和后，将得到的值输入某个函数，得到新值的过程，而这个函数就称为激活函数（activation function）。

对于某个神经元节点使用激活函数的过程如图 16-5 所示。

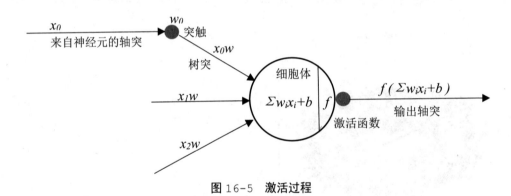

图 16-5　激活过程

图 16-5 中的函数 f 即为激活函数，较为常用的激活函数有：

sigmoid 激活函数：$f(x) = \dfrac{1}{1+e^{-x}}$

tanh 激活函数：$\tanh(x) = 2sigmoid(2x) - 1$

ReLU 激活函数：$ReLU(x) = \begin{cases} x, x > 0 \\ 0, x \leq 0 \end{cases}$

通过多个隐藏层以及激活函数的引入，可以解决非线性分类问题。Python 中可以使用 sklearn.neural_network 提供的类 MLPClassifier 实现多层神经网络：

```
from sklearn.neural_network import MLPClassifier
```

类 MLPClassifier 的主要参数有：

➤ **hidden_layer_sizes**：是一个元组，指定了隐藏层的结构；元组的长度代表隐藏层的层数，元组的元素数则指定了每一层隐藏层中神经元的数量；

➤ **activation**：是一个字符串，指定了激活函数的类型；

- identity:无操作激活，返回 $f(x)=x$；
- logistic:激活函数为 sigmoid 函数；
- tanh:激活函数为 tanh 函数；
- relu:激活函数为 ReLU 函数。

➢ **alpha**:正则化项的系数；

➢ **learning_rate_init**:默认值为 0.001。使用的初始学习率，它控制更新权重的步长。仅当求解器='sgd'或'adam'时使用。

【例 16-1】 本小节仍然以例 15-2 的 iris 鸢尾花数据集来展示多层神经网络的应用。鸢尾花数据集共 150 条数据，共分为 3 类：setosa、versicolor 和 virginica；每类数据包含 50 个样本。数据集共 4 个特征：萼片长度(sepal length)、萼片宽度(sepal width)、花瓣长度(petal length)、花瓣宽度(petal width)。

本例所使用的数据为 sklearn 中自带的 iris 数据集：

```
from sklearn.datasets import load_iris
from sklearn.neural_network import MLPClassifier
from sklearn.cross_validation import train_test_split
from matplotlib.font_manager import FontProperties
myfont=FontProperties(fname='/Library/Fonts/Songti.ttc')   #定义所用的中文字体
```

为了可以在二维平面中对神经网络分类结果进行可视化，本例仅选取 sepal lenth 和 sepal width 两个特征来训练神经网络模型：

```
iris=load_iris()      #从 sklearn 中提取本例所用的 iris 数据集

x=iris.data[:,0:2]   #取 iris 数据集前两个特征（sepal lenth 和 sepal width）作为 x
y=iris.target          #取 iris 数据集的样本类别值
#分割训练集和测试集
train_x,test_x,train_y,test_y=train_test_split(x,y,test_size=0.2,
                                            random_state=101)
```

为了将分类过程进行可视化，本书定义了如下两个函数用于绘制分类图形：

```
def plot_sample(ax,x,y,n_classes=3):
    '''
    本函数用于绘制样本点
    '''
    plot_colors='bry'
    for i,color in zip(range(n_classes),plot_colors):
        idx=np.where(y==i)
        ax.scatter(x[idx,0],x[idx,1],c=color,label=iris.target_names[i],
                cmap=plt.cm.Paired)

def plot_clf(ax,clf,x_min,x_max,y_min,y_max):
    '''
    本函数用于绘制分类器的预测结果
```

```
'''
step=0.02
x,y=np.meshgrid(np.arange(x_min,x_max,step),
                       np.arange(y_min,y_max,step))
z=clf.predict(np.c_[x.ravel(),y.ravel()])
z=z.reshape(x.shape)
ax.contourf(x,y,z,cmap=plt.cm.Paired)
```

使用 plot_sample 函数将 iris 数据（sepal lenth 和 sepal width 两个特征）的分布情况绘制如下：

```
fig=plt.figure()
ax=fig.add_subplot(1,1,1)
plot_sample(ax,x,y)
```

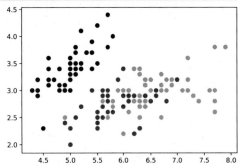

应用多层神经网络模型对上述数据进行分类：

```
def mplnn_iris():
    fig=plt.figure()
    ax=ig.add_subplot(1,1,1)
    clf=MLPClassifier(hidden_layer_sizes=(30,),activation='relu',
max_iter=10000)
    clf.fit(train_x,train_y)
    train_score=clf.score(train_x,train_y)
    test_score=clf.score(test_x,test_y)
    x1_min,x1_max=min(train_x[:,0])-1,max(train_x[:,0]+1)
    x2_min,x2_max=min(train_x[:,1])-1,max(train_x[:,1]+1)
    plot_clf(ax,clf,x1_min,x1_max,x2_min,x2_max)
    plot_sample(ax,train_x,train_y)
    ax.legend(loc='best')
    ax.set_xlabel('sepal length (cm)')
    ax.set_ylabel('sepal width (cm)')
    ax.set_title('模型训练结果为：训练数据准确率%f;测试数据准确率%f' %
                (train_score,test_score),fontproperties=myfont)
    plt.show()

mplnn_iris()
```

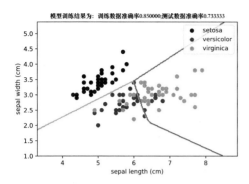

本例使用的激活函数为 ReLU 函数。读者可自行修改类 MLPClassifier 中的 hidden_layer_sizes、activation 等参数，以优化网络结构。神经网络的结构与其预测效果之间并无理论上的对应关系，实际中可以采用"试错法"来优化参数，训练更好的模型并得到更好的预测结果。

16.2 深度学习

16.2.1 基本概念与原理

深度学习是对数据模式进行建模的一种方法，也是一种基于统计的概率模型。在对各种模式进行建模之后，便可以对各种模式进行识别。其实质是通过构建具有许多隐层的机器学习模型和海量的训练数据来学习更有用的特征，从而提升分类或预测的准确性。深度学习提出了一种让计算机自动学习出模式特征的方法，并将特征学习融入到了建立模型的过程中，从而减少了人为设计特征造成的不完备性。近年来随着人工智能的发展，深度学习在图形识别、语音识别、自然语言处理、信息检索等领域有着十分广泛的应用。

从算法输入输出的角度考虑，深度学习与传统的监督学习算法类似。深度学习又可叫做深层神经网络（deep neural networks），是从人工神经网络模型发展而来的。这种模型可以使用诸如图 16-2 或图 16-4 所示的图模型来直观表达。深度学习的"深度"便是指图模型的层数以及每一层的节点数量，相对于之前的神经网络而言，有了很大程度的提升。

D.H.Ackley 等（1985）基于玻尔兹曼分布，提出了一种具有无监督学习能力的神经网络玻尔兹曼机（Boltzmann machine，BM）。该模型是一种对称耦合的随机反馈型二值单元神经网络，由可视单元和多个隐藏单元组成，用可视单元和隐单元表示随机网络与随机环境的学习模型，用权值表示单元之间的相关性。通过该模型能够描述变量之间的相互高阶作用，但其算法复杂，不易应用。P.Smolensky（1986）基于他本人所提出的调和论给出了一种受限的玻尔兹曼机模型（restricted Boltzmann machine，RBM）。该模型将 BM 限定为两层网络，一个可视单元层和一个隐藏单元层。并且进一步限定层内神经元之间相互独立、无连接，层间的神经元才可以相互连接。

根据层间神经元连接的深度结构不同，深度学习在近年来发展除了非常多的算法。其中，最为典型的深度结构包括深度置信网络（deep belief network，DBN）和深度玻尔兹曼机（deep Boltzmann machine，DBM），如图 16-6 所示。

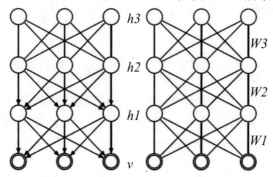

图 16-6　深度置信网络 DBN（左）和深度玻尔兹曼机 DBM（右）

基于图 16-6 所示的两种网络结构，在近年来涌现出了极其繁多的深度学习算法，如：循环神经网络（recurrent neural network，RNN）、卷积神经网络（convolutional neural networks，CNN）、递归自动编码器（recursive autoencoders，RAE）、深度卷积生成对抗网络（deep convolutional generative adversarial networks，DCGAN）等。本书出于介绍基础知识的目的，对部分算法将不予详细介绍，请读者自行参考相关书籍。

深度学习虽然能够自动学习模式的特征，并可达到很好的识别精度，但其需使用大量的数据。此外，深度学习模型的复杂化导致时间复杂度提升，往往需要并行编程以及更多计算资源。

16.2.2　卷积神经网络

卷积神经网络（CNN）是应用较为广泛的深度学习算法之一，也是深度学习发展过程中的早期基础模型，广泛应用于图形识别、文本分类等人工智能领域。

卷积神经网络与普通神经网络的区别在于它包含了一个由卷积层和子采样层构成的特征抽取器。在卷积神经网络的卷积层中，一个神经元只与部分邻层神经元连接，即局部感知（local connected）。在 CNN 的一个卷积层中，通常包含若干个特征图（feature map），每个特征图由一些矩形排列的神经元组成，同一特征平面的神经元共享权值，这里共享的权值就是卷积核。卷积核一般以随机小数矩阵的形式初始化，在网络的训练过程中卷积核将学习得到合理的权值。卷积核带来的直接好处是减少网络各层之间的连接，同时又降低了过拟合的风险。

16.2.2.1　网络结构

CNN 引入了三个核心思想：局部感知、参数共享和池化来实现识别输入（一般为图像）

的位移、缩放和扭曲不变性。

局部感知（局部连接）：如网络的输入为一张 1000×1000 的图像矩阵，矩阵中每一个点为一个像素，每个像素点上有一个数值，是该像素点中颜色的表示。即，模型的输入有 10^6 个节点，假设隐藏层中也有 10^6 个节点即 1 百万个隐层神经元，如果输入层与该隐藏层进行全连接，那么这两层之间所具有的参数就有 $10^6 \times 10^6 = 10^{12}$ 个。

很显然，使用这样规模的参数来进行模型的训练是非常困难的。因此，局部感知就是考虑隐藏层的每个神经元节点，只和上一层的部分节点相连接，而非全部节点。如上的图像矩阵例子中，每个隐藏层神经元节点只与原始图像中的 10×10 即 100 个节点相连接，输入层与隐藏层之间的参数便降为了 $10^6 \times 10^2$ 即 10^8 个。参数数量缩小了一万倍。但这个规模的参数数量依然很多，于是引出了 CNN 的第二个思想：参数共享。

参数共享（权值共享）：每个神经元节点与上一层进行局部连接时，所使用的参数都是完全相同的，也就是如上的图像矩阵例子中，每一个隐藏层神经元节点都会与输入层的 100 个节点进行相连，而对于每个隐藏层神经元而言，其与输入中局部区域连接使用的 100 个参数都是相同的。那么，输入层与隐藏层之间的参数数量就可变为 100 个（10^6 个隐藏层神经元中的每一个都使用了 100 个参数，而这些神经元使用的参数都是相同的）。参数的总数从最初的 10^{12} 个降为 100 个。

卷积：卷积操作可以把全连接变成局部连接。如针对输入为 6×6 的矩阵，可以使用一个 3×3 的矩阵（这个矩阵称为卷积核）对其进行卷积操作。计算方式就是先在输入矩阵中按照从左往右，从上往下的顺序选择一个 3×3 的子矩阵，然后与卷积核进行卷积，即对应位置元素相乘，最后求和。当然，一般的卷积神经网络中会使用多个卷积核进行卷积操作。如图 16-7 所示。

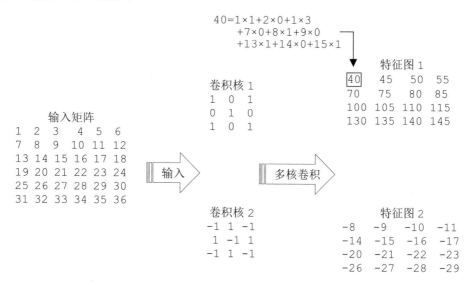

图 16-7　卷积操作

计算完第一个值后，卷积核向右滑动，继续计算。最后运算完成得到的矩阵称作特征图。可以使用不同的卷积核对上一层的输入进行卷积，以得到不同的特征图，即多核卷积。

神经网络中通常会出现参数数量过多而引来的计算问题或过拟合问题。CNN 为了对网络中得到的特征图进行降维，引入了池化的概念。

池化：池化也叫降采样或下采样，通常有均值池化（mean pooling）和最大值池化（max pooling）两种形式。如，为了描述上述 1000×1000 的图像，可对其不同位置的特征进行统计量的测算：计算图像一个区域（即池化规模）的某个特定特征的平均值（或最大值）。这些统计统计量不仅具有较低维度，同时还会使结果得到改善，这种操作过程即池化。以图 16-7 所示卷积过程得到的两个 4×4 的特征图进行池化，如图 16-8 所示。

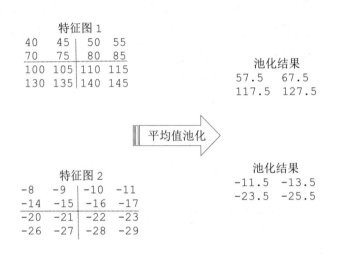

特征图 1

40	45	50	55
70	75	80	85
100	105	110	115
130	135	140	145

池化结果

| 57.5 | 67.5 |
| 117.5 | 127.5 |

平均值池化

特征图 2

-8	-9	-10	-11
-14	-15	-16	-17
-20	-21	-22	-23
-26	-27	-28	-29

池化结果

| -11.5 | -13.5 |
| -23.5 | -25.5 |

图 16-8　平均值统计量池化

在 CNN 中，可对原输入使用池化即每次将原输入进行卷积操作后通过池化过程，来减小图像的规模，其目的是减小特征图。池化也可以看作是一种特殊的卷积过程，其作用在于简化模型复杂度，减少模型参数，不容易出现过拟合，提升计算速度。

CNN 通常至少有两个非线性可训练的卷积层、两个非线性的池化层和一个全连接层，一共至少 5 个隐含层。其结构基本形式是：输入层→卷积层→池化层→重复（卷积层、池化层）……→全连接层→输出结果。具体到不同的研究领域，其基本结构会有调整，如第 16.2.3.2 小节例 16-2 中用于图形识别领域的 LeNet-5 结构（如图 16-11 所示）。

16.2.2.2　参数估计

构造好 CNN 网络之后，需要对其进行求解。传统神经网络每一个连接都会有未知参数，而 CNN 采用的是权值共享，通过一幅特征图上的神经元共享同样的权值就可以大幅减少自由参数。

CNN 中的权值更新基于反向传播算法。CNN 能够学习大量的输入与输出之间的映射关系，不需要任何输入和输出之间的精确数学表达式，只要用已知的模式对卷积网络加以训练，网络就具有输入输出对之间的映射能力。

卷积网络执行的是监督训练，所以其样本集是由形如：输入向量、理想输出向量的向量对构成的。所有这些向量对，都应该是来源于网络即将模拟系统的实际"运行"结构，它们可以是从实际运行系统中采集来。在开始训练前，所有的权值都应该用一些不同的随机数进行初始化。"随机数"用来保证网络不会因权值过大而进入饱和状态，从而导致训练失败；"不同"用来保证网络可以正常地学习（如果用相同的数去初始化权矩阵，则网络无学习能力）。

训练算法主要包括四步，这四步被分为两个阶段。

> 第一阶段是向前传播阶段（正向传播）：首先从向量对构成的样本集中取一个样本，输入网络；然后计算相应的实际输出。在此阶段，信息从输入层经过逐级的变换，传送到输出层。

> 第二阶段是向后传播阶段（反向传播）：首先计算实际输出与相应的理想输出的差；然后按极小化误差的方法调整权矩阵。

这两个阶段的工作一般应受到精度要求的控制。网络的具体训练过程请读者自行查看相关资料。

16.2.3 Tensorflow

Tensorflow 是 Google 公司发布的深度学习开源框架，涉及到自然语言处理、机器翻译、图像描述、图像分类等一系列技术。其封装了大量机器学习、神经网络的函数，能运行在集群系统上并做超复杂、超大型的模型，能高效地解决问题。

该分析工具库采用有向数据流图（data flow graphs）表示计算任务并用于数值计算，见图 16-9。

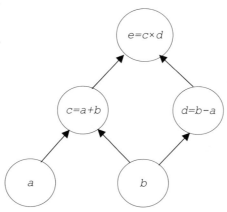

图 16-9　有向数据流图

节点（operations）在图中表示对高维数据即张量（tensor）的处理，图中的边（flow）则表示数据流向即张量之间通过计算相互转化的过程，使用 Session 来执行图。该框架中 tensor 表明了其数据结构，flow 表明了其计算模型，其计算过程就是处理 tensor 组成的 flow。

16.2.3.1 Tensorflow 基础

Python 一般使用如下方式调用 tensorflow：

```
import tensorflow as tf    #该包需要事先安装
```

1. 变量与运算

使用 tensorflow 一般分为创建张量、定义计算和执行计算三个步骤。对于图 16-8 的图，可以使用如下程序来定义计算图中的计算：

```
v1=tf.constant([1,2,3],name="v1")
v2=tf.constant([4,5,6],name="v2")
result=v1+v2    #可以使用 result=tf.add(v1,v2)
result
```

```
<tf.Tensor 'add:0' shape=(3,) dtype=int32>
```

本段程序中，tf.constant 是创建常量数组的方法，即创建了两个名为 v1 和 v2 的 tensor，result 存储的是 v1 和 v2 的求和运算。

直接打印 result 可得到一个张量的结构：名称、形状和类型。上段程序的运行结果中，名称'add:0'是 result 张量的唯一标识；从该张量的维度可见其是一维数组，长度为 3；而类型代表数组元素的类型。注意，参与运算张量的类型必须匹配，如 v1 使用整形数组，v2 使用浮点型数组，系统会报错。

定义计算之后，便可以使用会话（Session）来执行计算：

```
with tf.Session() as sess:
    print(sess.run(result))
```

```
[5 7 9]
```

Tensorflow 中的 Session 用来执行定义好的计算，使用上述的 run() 和张量的 eval() 方法都可以得到运算结果：

```
with tf.Session() as sess:
    print(result.eval())
```

```
[5 7 9]
```

除了 tf.constant 可以创建常量之外，tensorflow 还有一些其他生成张量的方法，如生成变量。

```
#生成两个正态分布随机数变量 w1、w2
w1=tf.Variable(tf.random_normal([2,3],stddev=1,seed=1))
w2=tf.Variable(tf.random_normal([3,1],stddev=1,seed=1))

x=tf.constant([[0.5,0.8]])        #生成常量数组，请注意此处有两个中括号
```

```
#定义运算
t=tf.matmul(x,w1)      #x 与 w1 做乘法运算
y=tf.matmul(t,w2)      #x 与 w1 做乘法运算所得结果与 w2 做乘法运算
#生成会话运行计算过程
with tf.Session() as sess:
    sess.run(w1.initializer)
    sess.run(w2.initializer)
    print(sess.run(y))
```
[[3.1674924]]

本段程序中，首先使用 tf.Variable 定义了变量 w1，tf.random_normal 指定生成均值为 0、标准差为 1 的正态分布随机数，维度为[2,3]，随机种子 seed 为 1；同理，生成 w2，其维度为[3,1]；然后使用 tf.constant 定义了常量数组 x，维度为[1,2]。

运算过程使用 tensorflow.matmul 方法将 x 与 w1 进行矩阵乘法运算，得到维度为[1,3]的矩阵 t，用矩阵 t 与 w2 做乘法运算，得到维度[1,1]的矩阵。以上为本段程序的整体计算过程。

本段程序在进行计算的过程中，对 w1 和 w2 进行了 initializer 即初始化。在使用 tf.Variable 定义 w1 和 w2 只是定义了其产生方式和维度，并没有进行随机数的生成。在使用 tf.Session 生成会话后，才按照之前设置的方式生成（或初始化）随机数。

在 tensorflow 中，更常用的生成变量的方法是 tensorflow.get_variable()，该方法必须指定变量的名字，其 initializer 参数可以指定变量定义方式（详见第 16.2.3.2 小节）。

tensorflow.get_variable()通常与 tensorflow.variable_scope()相结合使用，后者是创建命名空间的方法，关于命名空间本书不做过多展开，有兴趣的读者可以自行查阅相关资料。

2. 神经网络训练的基本概念

激活函数是神经网络的一个重要特征，常用的激活函数有 sigmoid、tanh、relu 等（见第 16.1.3 小节）。Tensorflow 中可以使用 nn.sigmoid()、nn.tanh()、nn.relu()等实现对应的激活函数，如：

```
x=tf.constant([-1.0,2.0,3.0])
x_relu=tf.nn.relu(x)          #使用 relu 激活函数对 x 做激活
x_sigmoid=tf.nn.sigmoid(x)    #使用 sigmoid 激活函数对 x 做激活

with tf.Session() as sess:
    print('x 做 relu 激活:',sess.run(x_relu))
    print('x 做 sigmoid 激活',sess.run(x_sigmoid))
```

x 做 relu 激活：[0. 2. 3.]

x 做 sigmoid 激活 [0.26894143 0.880797 0.95257413]

    损失函数（loss function）是学习任务中的优化目标。损失函数有多种，如交叉熵、均方误差等，它们在 Tensorflow 中都可以实现。神经网络输出层通常会进行 softmax 变换，Tensorflow 也提供了相关的功能。此外，Tensorflow 也支持自定义损失函数。如，给定两个概率分布 p 和 q，根据衡量两个概率分布之间的距离公式 $H(p,q)=-\sum\limits_{x}p(x)\log q(x)$，计算交叉熵：

```
y_=tf.constant([1.0,0.0,0.0])        #定义 y_作为真实值
y=tf.constant([0.5,0.4,0.1])         #定义 y 为某个模型计算出 y_的预测值
#计算二者交叉熵
cross_entropy=-tf.reduce_mean(y_*tf.log(tf.clip_by_value(y,1e-10,1.0)))
with tf.Session() as sess:
    print(sess.run(cross_entropy))
```

0.23104906

    本段程序中，tf.reduce_mean 用来计算均值；tf.log 用来求对数；tf.clip_by_value 将一个数组映射到某个范围内，给出范围的最大值和最小值，数组中大于最大值的修正为最大值，小于最小值的修正为最小值，通常用于防止出现 log0 之类的无效运算。

    神经网络在进行训练即参数更新时，通常采用误差反向传播法。Tensorflow 在实现该步骤时，要先使用 placeholder 机制用于提供数据。具体的说，是表达一个 batch 的数据。在定义 placeholder 时，这个位置上的数据类型是需要事先定义且不可改变的。

    以下程序为前向传播的一个示例，从输入层、隐藏层到输出层依次运算（见第 16.2.2.2 小节）。

```
#生成正态分布
w1=tf.Variable(tf.random_normal([2,3],stddev=1,seed=1))
w2=tf.Variable(tf.random_normal([3,1],stddev=1,seed=1))

#定义 placeholder 为存放输入的位置，应给出维度参数 shape 以降低运算错误的概率
x=tf.placeholder(tf.float32,shape=(3,2),name='input')
t=tf.matmul(x,w1)          #输入层乘以输入层与隐藏层间的权重，得到隐藏层的值 t
y=tf.matmul(t,w2)          #隐藏层乘以隐藏层与输出层之间的权重，得到输出 y
init_op=tf.global_variables_initializer()          #使多个变量同时初始化

with tf.Session() as sess:
```

```
    sess.run(init_op)
    print(sess.run(y,feed_dict={x:[[0.3,0.5],[0.4,0.9],[0.1,0.3]]}))
[[1.9438511 ]
 [3.0976162 ]
 [0.93698746]]
```

本段程序给出了一个前向传播过程，输入为一个形状为[3,2]的矩阵，参数矩阵 w1 和 w2 的维度分别为[2,3]和[3,1]，最终得到输出 y，维度为[3,1]。

反向传播是将前向传播得到的结果与实际结果相比较，将其误差按照输出层到输入层的方向进行传播，更新各层之间参数的过程（见第 16.2.2.2 小节）。Tensorflow 可以方便的实现反向传播过程。tensorflow.train 中包含多种优化器，常用的有 GradientDescentOptimizer（梯度下降）、AdamOptimizer 等。

采用梯度下降法进行参数更新时，"学习率"用来控制参数更新速度或梯度下降每次下降的大小，如：

```
y_=tf.constant([2.0,3.0,1.0],dtype='float32')   #假设 y 的真实值为 y_
#定义损失函数交叉熵
cross_entropy=-tf.reduce_mean(y_*tf.log(tf.clip_by_value(y,1e-10,1.0)))
learn_rate=0.001     #定义学习率，一般建议 Adam 优化方法的学习率为 0.001
#定义反向传播算法
train_step=tf.train.AdamOptimizer(learn_rate).minimize(cross_entropy)
```

学习率的设置通常采用指数平滑法，先用较大的学习率以迅速得到一个比较良好的解，然后随着迭代次数逐步减小学习率，使网络在后期训练过程中更加稳定。Tensorflow 中可以使用 tensorflow.train.exponential_decay 函数实现该过程（见第 16.2.3.2 小节）。

学习过程中常会遇到过拟合问题，所以通常会采用正则化的方式来解决该问题。Tensorflow 可以方便的实现 L1 正则、L2 正则（Tensorflow 得到的结果是 L2 正则的 1/2）等：

```
w=tf.constant([[1.0,5.0],[2.0,10.0]])
with tf.Session() as sess:
    '''
    使用 tf.contrib.layers 下的正则方法进行正则化，0.5 为正则项权重
    可根据需求修改，w 为要进行正则化的参数
    '''
    print('参数 w 进行 L1 正则：',
          sess.run(tf.contrib.layers.l1_regularizer(0.5)(w)))
    print('参数 w 进行 L2 正则：',
          sess.run(tf.contrib.layers.l2_regularizer(0.5)(w)))
```

参数 w 进行 L1 正则： 9.0
参数 w 进行 L2 正则： 32.5

在训练神经网络时，使用移动平均模型通常可提升模型在测试集上的效果。移动平均模型有一个"衰减率"参数用于控制模型更新速度，通常设置为一个接近于 1 的数。Tensorflow 中可使用类 tensorflow.train.ExponentialMovingAverage 来实现：

```
v=tf.Variable(0.0)       #定义一个计算滑动平均的变量v，设初始值为0
step=tf.Variable(0,trainable=False)       #设置迭代次数，用以控制衰减率
move_aver=tf.train.ExponentialMovingAverage(0.999,step)#定义初始衰减率为0.999
move_aver_op=move_aver.apply([v])       #定义更新移动平均的计算
with tf.Session() as sess:
    init_op=tf.initialize_all_variables()
    sess.run(init_op)
    print(sess.run([v,move_aver.average(v)]))
    #输出移动平均后变量v的取值，初始化后v和其移动平均应当为0
    sess.run(tf.assign(v,10))       #将v的值由0更新到10
    sess.run(move_aver_op)
    print(sess.run([v,move_aver.average(v)]))
    sess.run(tf.assign(step,5000))       #设step为5000
    sess.run(tf.assign(v,20))       #将v的值更新到20
    sess.run(move_aver_op)
    print(sess.run([v,move_aver.average(v)]))
```

```
[0.0, 0.0]
[10.0, 9.0]
[20.0, 9.019761]
```

由输出结果可见，更新速度会由于移动平均模型发生下降，衰减率越大模型越趋于稳定。

除了上面介绍过的基本概念之外，CNN 中的卷积、池化都可以由 Tensorflow 中的 tensorflow.nn.conv2d、tensorflow.nn.max_pool 来实现。

本小节仅介绍 tensorflow 用于网络训练的基础知识，tensorflow 还有很多丰富的应用和功能，有兴趣的读者可以自己查阅相关资料。

16.2.3.2 Tensorflow 训练 CNN

CNN 广泛应用于图像识别等领域，其网络结构有 LeNet、AlexNet、GoogleNet、VGGNet 等。其中一种典型的用来识别数字的卷积网络是 LeNet-5。本小节将结合 CNN 中经典的手写字体识别 mnist 数据集来介绍使用 tensorflow 进行深度学习的过程。

【**例 16-2**】 MNIST 数据集是深度学习的经典案例，由 60000 张训练图片和 10000 张测试图片构成的，每张图片都是 28×28 像素的采自于不同的人手写的 0~9 的数字（如图 16-10 所示），图片都是黑白的（用一个 0-1 的浮点数表示颜色，数值越靠近 1 表示黑色越深）。

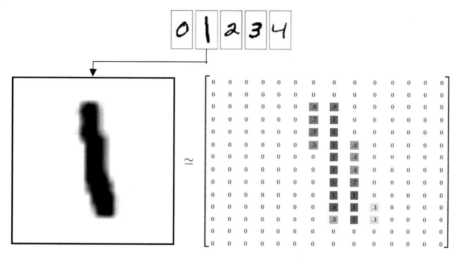

图 16-10 手写图片的数字格式

Tensorflow 中整合了 MNIST 数据集供用户使用，可以使用 input_data 模块进行调用：

```
from tensorflow.examples.tutorials.mnist import input_data
mnist=input_data.read_data_sets("MNIST_data/", one_hot=True)
```
```
Extracting MNIST_data/train-images-idx3-ubyte.gz
Extracting MNIST_data/train-labels-idx1-ubyte.gz
Extracting MNIST_data/t10k-images-idx3-ubyte.gz
Extracting MNIST_data/t10k-labels-idx1-ubyte.gz
```

该数据集中的图片是以数字的形式存储的。每张图片可以用一个数组来表示，该数据的长度是 28×28=784。在 MNIST 的训练数据中，分拆为 55000 行的训练集和 5000 行的验证集，所以训练集 mnist.train.images 是一个形状为 [55000,784] 的张量，其第一个维度用来索引图片，第二个维度用来索引每张图片中的像素点。该张量的每一个元素，都表示某张图片里的某个像素的强度值，值∈[0,1]。

```
print(mnist.train.images)
print(mnist.train.images.shape)
```
```
[[0. 0. 0. ... 0. 0. 0.]
 [0. 0. 0. ... 0. 0. 0.]
 [0. 0. 0. ... 0. 0. 0.]
 ...
 [0. 0. 0. ... 0. 0. 0.]
 [0. 0. 0. ... 0. 0. 0.]
 [0. 0. 0. ... 0. 0. 0.]]
(55000, 784)
```

MNIST 数据集的标签 `mnist.train.labels` 是一个布尔量，用 1 出现的位置来描述给定图片里表示的对应数字，即形状为[55000,10]的数组。

```
print(mnist.train.labels)
print(mnist.train.labels.shape)
```

```
[[0. 0. 0. ... 1. 0. 0.]
 [0. 0. 0. ... 0. 0. 0.]
 [0. 0. 0. ... 0. 0. 0.]
 ...
 [0. 0. 0. ... 0. 0. 0.]
 [0. 0. 0. ... 0. 0. 0.]
 [0. 0. 0. ... 0. 1. 0.]]
(55000, 10)
```

可以使用如下程序将这些数字形式存储的图片显示出来：

```python
%matplotlib inline
import matplotlib.pyplot as plt
import numpy as np

fig,ax=plt.subplots(nrows=2,ncols=5,sharex=True,sharey=True)
#指定显示一个 2 行 5 列的组合图形
ax=ax.flatten()
for i in range(10):
    img=mnist.train.images[np.random.randint(0,55000)].reshape(28,28)
    ax[i].imshow(img,cmap='Greys',interpolation='nearest')
#本循环用于随机显示训练集中的 10 个图片，由于没有指定随机数种子，所以读者显示出来的图片可能
跟本书不一样

ax[0].set_xticks([])
ax[0].set_yticks([])
plt.tight_layout()
plt.show()
```

结合本例所用数据集，常用于文字识别的 LeNet-5 的结构如图 16-11 所示：

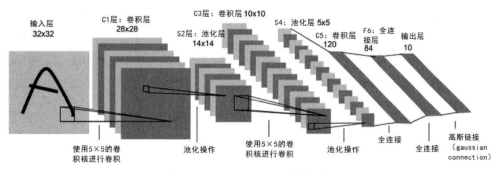

图 16-11　LeNet-5 **网络结构**

翻译自: Lecun, et al., Gradient-Based Learning Applied to Document Recognition, *Proceedings of the IEEE*, 1998,86(11).

针对图 16-11 所示的结构, LeNet-5 每层都包含可训练参数, 其结构解释如下:

1. 输入层: 输入图片尺寸为 32×32, 图片矩阵大小为 32×32×1。该尺寸比 MNIST 数据库中图片的大小还大, 这样设置的原因是将处于图片边角的特征也能够出现在局部感知中心。

2. C1 层: 卷积层, 输入图片大小 32×32, 图片矩阵大小 32×32×1。卷积核为 5×5, 深度 (卷积窗种类) 为 6, 不使用填充, 卷积步长为 1; 故该层输出的特征图尺寸应当为 (32-5+1) × (32-5+1) =28×28=784, 深度 (卷积种类) 为 6, 神经元数量为 28×28×6=4704, 连接数为 5×5×28×28×6+28×28×6=122304, 共 5×5×1×6+6=156 个参数。

3. S2 层: 池化层, 该层输入为上一层的输出, 即输入图片大小为 28×28, 图片矩阵大小为 28×28×6, 卷积核为 2×2, 步长为 2, 深度为 6。故本层的输出图片大小为 (28/2) × (28/2) =14×14=196。以此类推, 神经元数量为 14×14×6=1176, 连接数为 2×2×14×14×6+14×14×6=5880, 共 1×6+6=12 个参数。

该层有 14×14×6=1176 个神经元, 特征图中的每个单元与 C1 中相对应特征图的 2×2 邻域相连接。S2 层每个单元的 4 个输入相加, 乘以一个可训练参数, 再加上一个可训练偏置, 结果通过 sigmoid 激活函数计算。可训练系数和偏置控制着 sigmoid 函数的非线性程度, 所以 S 层可看作是模糊滤波器, 起到二次特征提取的作用。

4. C3 层: 卷积层, 输入图片大小为 14×14, 图片矩阵为 14×14×6, 卷积核大小为 5×5, 深度为 16, 步长为 1, 故本层输出图片大小为 (14-5+1)×(14-5+1)=10×10=100, 神经元数量 10×10×16=1600。

5. S4 层: 池化层, 卷积核为 2×2, 步长为 2, 深度为 16。故本层输出图片大小为 5×5, 神经元数量为 5×5×16=400。

6. C5 层: 卷积层, 输入图片大小为 5×5, 卷积核大小为 5×5, 深度 120, 输出图片大小 1×1。

7. F6 层：全连接层，输入图片大小为 1×1，卷积核大小为 1×1，深度 84，输出特征图数量为 1，大小为 84。

8. 输出层（OUTPUT）：输入图片大小为 1×84，输出特征图数量为 1×10。输出层由欧式径向基函数（RBF, Euclidean radial basis function）单元组成，每类一个单元，每个有 84 个输入。每个输出 RBF 单元计算输入向量和参数向量之间的欧式距离。输入离参数向量越远，RBF 输出就越大。一个 RBF 输出可以被理解为衡量输入模式和与 RBF 相关联类的一个模型的匹配程度的惩罚项。

利用 tensorflow 可以方便的进行 CNN 训练。以例 16-2 为例，本书给出如下程序对手写数字识别问题进行深度学习训练，由于本段程度较为复杂，本书以程序注释的方式对执行过程进行解释，请读者注意仔细阅读。

首先，根据原始 LeNet-5 网络结构稍作调整，进行参数配置（卷积核数量、全连接层节点个数等）：

```
INPUT_NODE=784        #输入层为图像像素数 784
OUTPUT_NODE=10        #输出层是类别数 10
IMAGE_SIZE=28         #图像尺寸为 28×28
NUM_CHANNELS=1        #单通道（输入图像为灰度单色，故为 1，若为彩色 RBG 图片，则为 3）
NUM_LABELS=10         #标签数量为 10
CONV1_DEEP=32         #第一层卷积层的深度
CONV1_SIZE=5          #第一层卷积核的尺寸
CONV2_DEEP=64         #第二层卷积层的深度
CONV2_SIZE=5          #第二层卷积核的尺寸
FC_SIZE=512           #全连接层的节点个数
```

其次，定义一个可用来定义网络结构并实现前向传播过程的函数：

```
def inference(input_tensor,train,regularizer):
    '''
    该函数用于定义网络结构，实现前向传播过程
    '''
    #创建 layer1-conv1 作为第一个卷积层的命名空间
    with tf.variable_scope('layer1-conv1'):
        #定义卷积核
        conv1_weights=tf.get_variable("weight",
                                [CONV1_SIZE,CONV1_SIZE,NUM_CHANNELS,
                                CONV1_DEEP],
                    initializer=tf.truncated_normal_initializer(stddev=0.1))
        #注：上述语句是一行，由于排版原因进行了断行
```

```
        #定义偏置项
        conv1_biases=tf.get_variable("bias",[CONV1_DEEP],
                            initializer=tf.constant_initializer(0.0))
        #卷积操作
        conv1=tf.nn.conv2d(input_tensor,conv1_weights,strides=[1,1,1,1],
                        padding='SAME')
        #进行激活
        relu1=tf.nn.relu(tf.nn.bias_add(conv1,conv1_biases))
#创建 layer2-pool1 作为第一个池化层的命名空间
with tf.name_scope("layer2-pool1"):
    pool1=tf.nn.max_pool(relu1,ksize=[1,2,2,1],
                        strides=[1,2,2,1],padding="SAME")
#创建 layer1-conv2 作为第二个卷积层的命名空间
with tf.variable_scope("layer3-conv2"):
        #定义卷积核
        conv2_weights=tf.get_variable("weight",
                            [CONV2_SIZE,CONV2_SIZE,CONV1_DEEP,
                            CONV2_DEEP],
                initializer=tf.truncated_normal_initializer(stddev=0.1))
        #注：上述语句是一行，由于排版原因进行了断行
        #定义偏置项
        conv2_biases=tf.get_variable("bias",[CONV2_DEEP],
                            initializer=tf.constant_initializer(0.0))
        #卷积
        conv2=tf.nn.conv2d(pool1,conv2_weights,
                        strides=[1,1,1,1],padding='SAME')
        #激活
        relu2=tf.nn.relu(tf.nn.bias_add(conv2,conv2_biases))
#创建 layer2-pool1 作为第二个池化层的命名空间
with tf.name_scope("layer4-pool2"):
    pool2=tf.nn.max_pool(relu2,ksize=[1,2,2,1],
                        strides=[1,2,2,1], padding='SAME')
    pool_shape=pool2.get_shape().as_list()
    nodes=pool_shape[1]*pool_shape[2]*pool_shape[3]
    reshaped=tf.reshape(pool2,[pool_shape[0],nodes])
#创建 layer5-fc1 作为第一个全连接层的命名空间
with tf.variable_scope('layer5-fc1'):
```

```
fc1_weights=tf.get_variable("weight",[nodes,FC_SIZE],
             initializer=tf.truncated_normal_initializer(stddev=0.1))
    if regularizer!=None:
        tf.add_to_collection('losses',regularizer(fc1_weights))
    fc1_biases=tf.get_variable("bias",[FC_SIZE],
                          initializer=tf.constant_initializer(0.1))
    fc1=tf.nn.relu(tf.matmul(reshaped,fc1_weights)+fc1_biases)
    if train: fc1=tf.nn.dropout(fc1,0.5)

#创建 layer5-fc2 作为第二个全连接层的命名空间
with tf.variable_scope('layer6-fc2'):
    fc2_weights=tf.get_variable("weight",[FC_SIZE,NUM_LABELS],
             initializer=tf.truncated_normal_initializer(stddev=0.1))
    if regularizer!=None:
        tf.add_to_collection('losses',regularizer(fc2_weights))
    fc2_biases=tf.get_variable("bias",[NUM_LABELS],
                          initializer=tf.constant_initializer(0.1))
    logit=tf.matmul(fc1,fc2_weights)+fc2_biases
return logit                 #返回前向传播输出结果
```

再次，定义神经网络的相关参数：

```
BATCH_SIZE =100
LEARNING_RATE_BASE=0.01      #梯度下降学习率
LEARNING_RATE_DECAY=0.99  #学习率指数衰减的衰减系数
REGULARIZATION_RATE=0.0001                #正则项系数
TRAINING_STEPS=6000          #迭代次数
MOVING_AVERAGE_DECAY=0.99 #移动平均模型衰减率
MODEL_SAVE_PATH="../LeNet5_model/"#模型保存的路径和文件名
MODEL_NAME="LeNet5_model"
```

然后定义一个能够实现 CNN 网络训练过程（如损失函数、优化方式等）的函数：

```
def train(mnist):
    '''
    该函数定义网络训练过程(诸如损失函数、优化方式等)
    '''
    #定义输入输出的 placeholder:
    x=tf.placeholder(tf.float32,[BATCH_SIZE,IMAGE_SIZE,
                        IMAGE_SIZE,NUM_CHANNELS],name='x-input')
    y_=tf.placeholder(tf.float32,[None,OUTPUT_NODE],name='y-input')
```

```
#定义正则项
regularizer=tf.contrib.layers.l2_regularizer(REGULARIZATION_RATE)
#调用前向传播过程
y=inference(x,False,regularizer)
global_step=tf.Variable(0,trainable=False)
#定义损失函数、学习率、滑动平均操作及训练过程
variable_average=tf.train.ExponentialMovingAverage(MOVING_AVERAGE_DECAY,
                                                    global_step)
variable_average_op=variable_average.apply(tf.trainable_variables())
cross_entropy=tf.nn.sparse_softmax_cross_entropy_with_logits(logits=y,
                                            labels=tf.argmax(y_,1))
cross_entropy_mean=tf.reduce_mean(cross_entropy)
loss=cross_entropy_mean+tf.add_n(tf.get_collection('losses'))
learning_rate=tf.train.exponential_decay(LEARNING_RATE_BASE,
                    global_step,mnist.train.num_examples/BATCH_SIZE,
                            LEARNING_RATE_DECAY,staircase=True)
train_step=tf.train.GradientDescentOptimizer(learning_rate).minimize(loss,
                                        global_step=global_step)
with tf.control_dependencies([train_step,variable_average_op]):
    train_op=tf.no_op(name='train')
#初始化 tensorflow 持久化类
'''
如果神经网络比较复杂，训练数据比较多，模型训练就会耗时很长。
如果在训练过程中出现某些不可预计的错误，导致训练意外终止，那么将会前功尽弃。
为避免该问题，可通过模型持久化（保存为 CKPT 格式）来暂存训练过程中的临时数据。
'''
saver=tf.train.Saver()
with tf.Session() as sess:
    tf.global_variables_initializer().run()
    #在训练过程中不再测试模型在验证数据上的表现
    ##验证和测试的过程将会有一个独立的程序来完成
    for i in range(TRAINING_STEPS):
        xs,ys=mnist.train.next_batch(BATCH_SIZE)
        reshaped_xs=np.reshape(xs,(BATCH_SIZE,IMAGE_SIZE,
                            IMAGE_SIZE,NUM_CHANNELS))
        _,loss_value,step=sess.run([train_op,loss,global_step],
                        feed_dict={x:reshaped_xs,y_:ys})
```

```
        #每 1000 轮保存一次模型
        if i%1000==0:
                #输出当前的训练情况
                print("经过%d 次训练迭代，在当前训练数据上的损失为%g." %(step,
                                                          loss_value))

                #保存当前模型
                saver.save(sess,os.path.join(MODEL_SAVE_PATH,MODEL_NAME),
                        global_step=global_step)
```

调用上述定义的 train 函数进行网络训练，可得到多次训练迭代的结果及其损失：

```
y=train(mnist)      #请注意：本程序运行时间较长，请读者耐心等待！
```

经过 1 次训练迭代，在当前训练数据上的损失为 3.51952.
经过 1001 次训练迭代，在当前训练数据上的损失为 0.721395.
经过 2001 次训练迭代，在当前训练数据上的损失为 0.691813.
经过 3001 次训练迭代，在当前训练数据上的损失为 0.640442.
经过 4001 次训练迭代，在当前训练数据上的损失为 0.682886.
经过 5001 次训练迭代，在当前训练数据上的损失为 0.635553.

由上述输出结果可以看到，经过反复多次训练迭代，在当前训练数据上的损失已经非常低。所以，可以使用上段程序保存的模型，计算模型在验证数据上的正确率：

```
import math

def evaluate(mnist):
    '''
    每次运行读取新保存的模型，并计算模型在验证数据上的正确率。
    '''
    with tf.Graph().as_default() as g:
        x=tf.placeholder(tf.float32,[mnist.test.num_examples,
                                IMAGE_SIZE,IMAGE_SIZE,NUM_CHANNELS],
                                name='x-input')
        y_=tf.placeholder(tf.float32,[None,OUTPUT_NODE],name='y-input')
        validate_feed={x:mnist.test.images,y_:mnist.test.labels}
        global_step=tf.Variable(0,trainable=False)
        regularizer=tf.contrib.layers.l2_regularizer(REGULARIZATION_RATE)

        #直接调用 inference 函数来计算前向传播的结果
        y=inference(x,False,regularizer)
        #使用前向传播的结果计算正确率。使用 tf.argmax(y,1) 得到输入样例的预测类别
        correct_prediction=tf.equal(tf.argmax(y,1),tf.argmax(y_,1))
        accuracy=tf.reduce_mean(tf.cast(correct_prediction,tf.float32))
```

```
#通过变量重命名的方式来加载模型，这样在前向传播的过程中就不需要调用求移动平均的
#函数来获取平均值，这样就可以完全共用 inference 函数中定义的前向传播过程
variable_averages=tf.train.ExponentialMovingAverage(MOVING_AVERAGE_DECAY)
variable_to_restore=variable_averages.variables_to_restore()
saver=tf.train.Saver(variable_to_restore)
n=math.ceil(mnist.test.num_examples/mnist.test.num_examples)
for i in range(n):
    with tf.Session() as sess:
        ckpt=tf.train.get_checkpoint_state(MODEL_SAVE_PATH)
        if ckpt and ckpt.model_checkpoint_path:
            saver.restore(sess, ckpt.model_checkpoint_path)
            global_step=ckpt.model_checkpoint_path.split('/')[-1].split('-')[-1]
            xs,ys=mnist.test.next_batch(mnist.test.num_examples)
            reshaped_xs=np.reshape(xs,(mnist.test.num_examples,
                            IMAGE_SIZE,IMAGE_SIZE,NUM_CHANNELS))
            accuracy_score=sess.run(accuracy,
                            feed_dict={x:reshaped_xs,y_:ys})
            print("经过%次训练，
                    模型在验证数据上的精确率为：%g" % (global_step,
                    accuracy_score))
        else:
            print('未找到对应文件')
            return
```

INFO:tensorflow:Restoring parameters from ../LeNet5_model/LeNet5_model-5001
经过 5001 次训练，模型在验证数据上的精确率为：0.9834

　　由最后的输出结果可以看出，LeNet-5 在本例数据集上的分类精确率超过 98%，可以看到深度神经网络对于分类问题表现出来的强大效果。

第 17 章
时间序列分析

　　"以史为鉴，可以知兴替"说的是人们回顾历史、思考未来的研究思路。当所回顾的历史以数据形式展现在人们面前的时候，便可以利用数据分析的方法做到"入乎其内，出乎其外"，从历史数据中找出内在规律从而指导未来。

　　历史数据往往以时间序列的形式呈现出来，如过去 30 年中国 CPI 指数走势、最近 100 年美国 GDP 的增长率情况、某超市在过去 10 年内的月销售额等。这些数据都是随着时间的变化而变化的，反映了事物、现象在时间上的发展变动情况，是相同事物或现象在不同时刻或时期所形成的数据，称之为"时间序列数据"，简称时间序列或时间数列。

　　前面章节所研究的大部分数据都是反映若干事物或现象在同一时刻或时间上所处的状态或特征，或者反映其与时间无关的特征，这些数据反映了事物或现象之间存在的内在数值联系，称之为"横截面数据"。

　　有关横截面数据的研究大多采用本书前面章节所介绍过的方法，本章将主要讨论最基础的时间序列数据分析方法，其主要研究目的就是要总结过去并预测未来。

17.1　时间序列的基本问题

　　时间序列（time series）是将某一个变量或指标在不同时间上的不同数值按照时间的先后顺序排列而成的数列，也被称为时间数列。通常可以用 X_1, X_2, $\cdots$, X_t 来表示。数据排列的依据可以是年份、季度、月份、天、小时、分钟、秒等表示时间的计量单位。

17.1.1　时间序列的组成部分

　　由于受到各种偶然因素的影响，时间数列往往表现出某种随机性，彼此之间存在着统计上的依赖关系。

【例 17-1】 某大型商场为研究其销售总额的情况，现搜集了从 2001 年 1 月至 2008 年 8 月的销售额月度数据，详见 sales_monthly.sas7bdat，进行时间序列分析。（本例来源于作者所编著的中国统计出版社 2013 年版的《实用 SAS 数据分析教程》。其实，为了让读者对比商业软件与开源软件的分析过程及结果，本书大部分例题的数据都源于此，这些例子中的数据绝大部分都提炼于作者的实际数据分析工作过程中）。

本例所用的数据如下:

```
sales=pd.read_sas('sales_monthly.sas7bdat')
sales.head(12)
```

	DATE	Month	Sales
0	2001-01-01	b'2001Jan'	814.0
1	2001-02-01	b'2001Feb'	774.8
2	2001-03-01	b'2001Mar'	782.8
3	2001-04-01	b'2001Apr'	772.0
4	2001-05-01	b'2001May'	817.6
5	2001-06-01	b'2001Jun'	779.2
6	2001-07-01	b'2001Jul'	715.6
7	2001-08-01	b'2001Aug'	637.6
8	2001-09-01	b'2001Sep'	793.6
9	2001-10-01	b'2001Oct'	878.8
10	2001-11-01	b'2001Nov'	670.0
11	2001-12-01	b'2001Dec'	820.0

该数据一共有 3 列,其中 DATE 是日期数据(注意 SAS 以 1960 年 1 月 1 日为日期起算点,日期数据的记录数值为该日与起算点之间相差的天数,在最新版本的 pandas 可以将其自动转化为日历的日期格式)。为了更好的观测销售额 Sales 的走势状况,将数据用趋势图形来表示:

```
sales.index=pd.Index(pd.date_range('1/2001', '9/2008', freq='1M'))
'''
设置日期索引(详见第 3.2.2.8 小节),freq 参数指定为 1M 表示分隔频率为 1 个月
本语句使用 pd.dat_range 是为了向下兼容老版本的 pandas。在新版本,直接使用如下语句即可:
sales.index=pd.Index(sales['DATE'])
'''
sales['Sales'].plot()
```

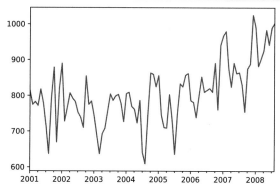

从图中可以看出，销售额月度数据总体上呈直线上升的趋势，但是在上升过程中还有上下波动的情况。

一个时间序列可以由 4 个部分构成，即长期趋势、季节变动、循环波动和不规则变动。

长期趋势是指事物过现象在较长时间内持续发展变化的一种趋向或状态，如本例中的数据具有上升的长期趋势。

季节变动是指事物或现象在一年内随着季节更换形成的有规律变动，如空调销售量随着季节不同而发生较大变动，夏季的销售量一般高于冬季的销售量。本例中的数据也表现有季节变动的趋势，如每逢 5、10 月黄金周和年末、节前，销售额均有上升，而在淡季销售额略有下降，但是这种变动并不是很明显。

循环波动是指事物或现象周而复始的变动。循环波动不同于长期趋势和季节变动，它是无固定规律的交替波动，如经济发展过程中有经济周期、金融危机周期等。

不规则变动则是无法用上述组成部分解释或不可控的随机变动。

为了更加深入的研究时间序列的规律，往往可以将一个时间序列用乘法模式或者加法模式分解为上述的 4 个组成部分。

17.1.2　时间序列的平稳性

按照不同的性质和特征，可以对时间序列进行分类。从统计特性上来看，时间序列可以分为平稳时间序列和非平稳时间序列。

17.1.2.1　平稳性的含义

如果一个时间序列的概率分布与时间 t 无关，则称该序列为严格的平稳时间序列（stationary time series）。如果时间序列的一、二阶矩存在，而且对任意时刻 t 满足均值为常数，协方差为时间间隔的函数，则称该序列为宽平稳时间序列，也叫广义平稳时间序列。反之，不具有平稳性即序列均值或协方差与时间有关的序列被称为非平稳时间序列，其主要特征表现为在整体上或局部上有明显的上升或下降的趋势。如本列中的数据，销售额数据与时间有着密切相关的联系，即销售额数值随着时间的推进而不断上升，因此该序列是非平稳的。

严格的平稳时间序列要求比较严格，在通常情况下，如果不明确提出严格平稳，所谓的平稳即指宽平稳，其特征即均值和协方差不随时间变化而变化。本章后续部分将主要研究宽平稳时间序列。

那么为什么要研究平稳时间序列呢？这是因为在平稳的保证情况下，对历史时序数据进行分析的参数估计结果也比较稳定，可以直接用于对未来时序数据的预测。此外，非平稳时间序列在分析时，还可能出现本来没有什么关系的变量之间出现"伪回归"的情况。因此，平稳性是合理进行时间序列分析和预测的重要保证。

平稳时间序列有一种特殊情况，即分布不随时间变化而变化，其具有零均值和同方差性，且协方差为零，即白噪声。白噪声序列可以用于对时序模型拟合进行检验。

17.1.2.2　时间序列的零均值化和平稳化

在日常生活中，社会经济现象的特征随着时间的推移，大部分都会表现为上升或下降趋势的非平稳时间序列。因此可以考虑对时间序列进行变换，使非平稳序列转化为平稳序列。为了能够使用后续章节介绍的 Box-Jenkins 法进行 ARIMA 时间序列分析建模，通常将非平稳时间序列进行零均值化和平稳化，将其转化为零均值平稳时间序列。

零均值化是指对均值不为零的时间序列进行转化，使其均值为零的数据转换过程。通常可用时间序列中的每一个数值 X_t 减去该序列的平均值，得到的新数列的均值为零。

平稳化是指对非平稳的时间序列进行转化，使之成为平稳时间序列的数据转换过程。通常可以用每一个数值减去其前面的一个数值，即 X_t-X_{t-1} 差分的方法。差分方法还可以是每一个数值减去其前面的、任何间隔为 s 的一个数值，即 X_t-X_{t-s}。

对原始数据进行一次差分的过程被称为一阶差分。如果数列经过一阶差分之后还是非平稳数列，则可进行二阶差分或高阶差分。在一般情况下，非平稳的时间序列在经过一阶差分或二阶差分之后都可以平稳化。

在有些情况下，还可以通过函数的形式进行零均值化和平稳化，如对时间序列的数值取对数后再进行差分。具体使用什么形式的函数要视具体分析的问题而定。

对于本例原数据呈直线上升的趋势，可以进行一阶差分，然后绘制时序图：

```
sales['Sales'].diff(1).plot()    #diff()方法表示按照给定阶数进行差分
```

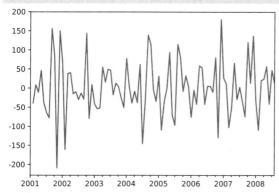

从上图可以看到，一阶差分之后的销售额月度数据在 0 值上下波动，而且已无明显的趋势，因此可以认为是一个零均值化的平稳序列。

17.1.2.3　时间序列的平稳性检验

除了利用类似时间序列图和差分图进行时间序列平稳性的粗略判断之外，还可以利用样本自相关系数及其图形或统计检验的方法进行进一步判断。

1.　自相关系数和自相关图检验

与相关系数类似，自相关系数实际上是构成时序的各个组成元素的相关系数，即通过考察历史数据和未来数据的相关性，可以得知不同时期数据之间的相关程度。其取值范围在 -1 到 1 之间，其绝对值越接近于 1，说明时间序列的自相关程度越高。

对于一个时序数据总体而言，在给定正整数 p 的情况下，可以考察 X_t 和 X_{t+p} 之间的相关系数 ρ_p 来度量时间间隔为 p 的两部分数据之间的相关性。因此，依据样本数据，可以定义时间序列的 p 阶样本自相关系数或自相关函数（ACF，auto-correlation function）：

$$r_p = \frac{\sum_{t=1}^{n-p}\left(X_t - \bar{X}\right)\left(X_{t+p} - \bar{X}\right)}{\sum_{t=1}^{n}\left(X_t - \bar{X}\right)^2}, p = 1,2,3,\cdots$$

Python 中的 statsmodels.tsa 可专门用于时间序列分析，其 stattools 模块中提供了 acf 和 pacf 函数可以分别计算自相关和偏自相关系数：

```
from statsmodels.tsa.stattools import acf,pacf
ts_d1_ACF=pd.DataFrame(acf(sales['Sales'].diff(1).iloc[1:92]),
                       columns=['ACF'])
ts_d1_ACF['PACF']=pd.DataFrame(pacf(sales['Sales'].diff(1).iloc[1:92]))
ts_d1_ACF.head(10).T
```

	0	1	2	3	4	5	6	7	8	9
ACF	1.0	-0.213246	-0.267816	0.045357	-0.019005	-0.042911	-0.099197	0.131948	-0.020434	-0.047949
PACF	1.0	-0.215615	-0.335942	-0.123429	-0.159380	-0.141271	-0.262224	-0.048721	-0.154343	-0.126597

根据给定的 p 计算的自相关系数，可以用自相关系数图来描述。Statsmodels 中提供了 plot_acf 和 plot_pacf 函数可以分别直接绘制自相关系数图和偏自相关系数图。如，使用本例的数据进行一阶差分之后，可得如下自相关系数图：

```
import statsmodels.api as sm

fig=plt.figure(figsize=(10,6))
ax1=fig.add_subplot(211)
fig=sm.graphics.tsa.plot_acf(sales['Sales'].diff(1).iloc[1:92],
                             lags=24,ax=ax1)
#注意：要去掉一阶差分数据 sales['Sales'].diff(1) 的第一个空值，再进行计算
```

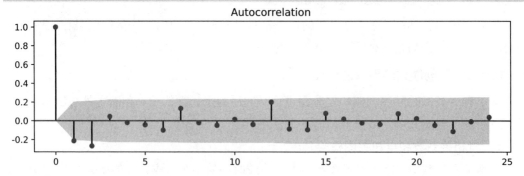

运用自相关分析图判定时间序列平稳性的一般准则是：若时间序列的自相关系数基本上（一般情况下 $p>3$ 时）都落入置信区间（即上图中的阴影内），且逐渐趋于零，则该时间序列具有平稳性；若时间序列的自相关系数更多地落在置信区间外面，则该时间序列就不具有平稳性。

依据这个一般准则，本段程序运行结果的 ACF 图显示，在 $p>3$ 时，所有的自相关系数均落入了置信区间范围之内，即该数据经过一阶差分之后可以认为是平稳的。

除了绘制自相关系数图进行主观的平稳性检验之外，还可以进行自相关系数的白噪声检验：

```
r,q,p=sm.tsa.acf(sales['Sales'].diff(1).iloc[1:92].values.squeeze(),
                qstat=True)
mat=np.c_[range(1,41),r[1:],q,p]
table=pd.DataFrame(mat,columns=['lag','AC','Q','Prob(>Q)'])
LB_result=table.loc[[5,11,17]]
LB_result.set_index('lag',inplace=True)
print (LB_result)
             AC          Q      Prob(>Q)
lag
6.0     -0.099197   12.490298  0.051883
12.0     0.198715   18.940955  0.089963
18.0    -0.037085   21.678168  0.246587
```

如果白噪声检验结果显著，则表明时间序列总体自相关是显著的，即表现为非平稳。当所有的白噪声检验结果均不显著时，则时间序列是平稳的。

本例数据在上段程序运行后得到的结果中，在 $\alpha=0.05$ 的条件下，白噪声检验的 p 值（Prob(>Q)）均大于 α，表明白噪声检验不显著，所以销售额月度数据经过一阶差分之后是平稳的。

2．单位根检验

仅从图形描述来对时间序列平稳性进行判断的准确性毕竟有限，一般还可考虑使用单位根检验的方法对时序数据的平稳性进行检验。

一个时间序列如果能通过差分的方式平稳化，则可称其具有单位根，即当一个时间序列具有单位根时是非平稳的。其原假设和备择假设如下：

H_0：时间序列具有单位根；H_1：时间序列是平稳序列（即没有单位根）

python 中的 statsmodels.tsa.stattools 提供了 adfuller 函数可以进行 Dickey-Fuller 单位根检验：

```
from statsmodels.tsa.stattools import adfuller
#为了方便读者阅读 DF 检验的输出结果，本书编制了 DFTest 函数为对应的输出内容标进行标注
def DFTest(sales,regression,maxlag,autolag='AIC'):
    print ("ADF-Test Result")
    dftest=adfuller(sales,regression=regression,
                    maxlag=maxlag,autolag=autolag)
```

```
        '''
        参数 regression 可根据模型形式指定为：'c'(仅常数，默认)；'ct'(常数和长期趋势)；
        'ctt'(常数，线性和二次曲线趋势)；'nc'(无常数无趋势)
        如下语句用于对上述函数求得的值进行语义描述
        '''
        dfoutput=pd.Series(dftest[0:4],
                        index=['Test Statistic','p-value',
                        'Lags Used','nobs'])
        for key,value in dftest[4].items():
            dfoutput['Critical Value at %s'%key]=value
        print (dfoutput)

DFTest (sales['Sales'],regression='nc',maxlag=6,autolag='AIC')
#对原始数据进行单位根检验
print (37*'-')
DFTest(sales['Sales'].diff(1).iloc[1:92],regression='nc',
        maxlag=5,autolag='AIC')
#对原始数据的一阶差分数据进行单位根检验
ADF-Test Result
Test Statistic          0.902719
p-value                 0.901743
Lags Used               6.000000
nobs                    85.000000
Critical Value at 5%    -1.944575
Critical Value at 1%    -2.592546
Critical Value at 10%   -1.614030
dtype: float64
-------------------------------------
ADF-Test Result
Test Statistic          -6.460678e+00
p-value                 9.494200e-10
Lags Used               5.000000e+00
nobs                    8.500000e+01
Critical Value at 5%    -1.944575e+00
Critical Value at 1%    -2.592546e+00
Critical Value at 10%   -1.614030e+00
dtype: float64
```

上段程序运行之后可得到原始数据和一阶差分数据的单位根检验的详细信息，可以看出原始数据的单位根检验并不显著，即 P 值非常大，没有充分的理由拒绝原假设，即原始序列具有单位根，是非平稳的序列；而一阶差分后的序列的单位根检验的 P 值非常显著，故可以拒绝原假设，认为一阶差分序列是平稳序列。

17.2　ARIMA 模型的分析过程

时间序列分析的内容过多且大都自成体系，本书出于实用目的并限于篇幅，仅介绍最为常用的 ARIMA 分析过程。时间序列分析的 ARIMA 建模过程也叫做 Box-Jenkins 方法，是以美国统计学家 George E. P. Box 和英国统计学家 Gwilym M. Jenkins 的名字命名的一种时间序列分析和预测方法。它主要是在对时间序列分析的基础上，通过选择适当的模型进行预测。

17.2.1　ARIMA 模型

ARIMA 模型也叫做整合自回归移动平均模型（autoregressive integrated moving-average model），其模型可分为自回归模型（AR 模型）、移动平均模型（MA 模型）和自回归移动平均模型（ARMA 模型）。

Box-Jenkins 法的基本思想是用时间序列的过去值和现在值的线性组合来预测其未来的值。即将随时间推移而形成的系列数据视为一个随机序列，把时间序列作为一组仅依赖于时间 t 的随机变量，这组随机变量所具有的依存关系或自相关性表现了其所观测对象发展的延续性，而这种自相关性一旦被相应的数学模型描述出来，就可以从时间序列的过去值及现在值去预测其未来值。

17.2.1.1　AR 模型

AR 模型即自回归模型（autoregressive model），其具体表现为某个观测值 X_t 与其滞后 p 期的观测值的线性组合再加上随即误差项，即：

$$X_t = \varphi_1 X_{t-1} + \varphi_2 X_{t-2} + \cdots + \varphi_p X_{t-p} + a_t$$

其中 X_t 为零均值平稳序列；a_t 为随机误差项。为了方便模型的描述，通常把上述模型简记为 AR（p）。

对于 AR（p）模型而言，有其基本假设：

● 假设 X_t 仅与 $X_{t-1}, X_{t-2}, \cdots, X_{t-p}$ 有线性关系；

● 在 $X_{t-1}, X_{t-2}, \cdots, X_{t-p}$ 已知的条件下，X_t 与 $X_{t-p-1}, X_{t-p-2}, \cdots$ 无关；

● a_t 是一个白噪声。

17.2.1.2　MA 模型

MA 模型即移动平均模型（moving-average model），其具体表现为某个观测值 X_t 与先前 $t-1$，$t-2$，$t-q$ 个时刻进入系统的 q 个随机误差项即 $a_t, a_{t-1}, \cdots, a_{t-q}$ 的线性组合，即：

$$X_t = a_t - \theta_1 a_{t-1} - \theta_2 a_{t-2} \cdots - \theta_q a_{t-q}$$

通常把上述模型简记为 MA（q）。

对于 MA（q）而言，X_t 仅与 $a_t, a_{t-1}, \cdots, a_{t-q}$，而与 $a_{t-q-1}, a_{t-q-2}, \cdots$ 无关，且 a_t 是一个白噪声序列。

17.2.1.3　ARMA 模型

ARMA 模型即自回归移动平均模型（auto-regressive moving average model），即观测值 X_t 不仅与其以前 p 个时刻的自身观测值有关，而且还与其以前时刻进入系统的 q 个随机误差存在一定的依存关系，即：

$$X_t = \varphi_1 X_{t-1} + \varphi_2 X_{t-2} + \cdots + \varphi_p X_{t-p} + a_t - \theta_1 a_{t-1} - \theta_2 a_{t-2} - \cdots - \theta_q a_{t-q}$$

显然 ARMA（p, q）模型便是 AR（p）与 MA（q）的组合，ARMA（p, 0）便是 AR（p）模型，ARMA（0, q）便是 MA（q）模型。

在进行 ARMA 建模之前，分析的时间序列必须满足平稳性条件。非平稳的时间序列数据则可以按照第 17.1.2 节中介绍的差分方法使之平稳化并进行平稳性检验。时间序列通过差分平稳化之后，便可建立 ARMA 模型进行分析，待模型进行参数估计之后，再通过数据变换的可逆性，使得模型参数估计结果适应平稳化之前的数据。通过这个过程建立的模型称之为整合的 ARMA 模型，即 ARIMA 模型。如果对原始数据进行了 d 次差分，用差分数据所建立的 ARMA（p, q）可以记为 ARIMA（p, d, q）。

17.2.2　ARMA 模型的识别、估计与预测

建立 ARMA 模型的基本前提是要保证时间序列的平稳性，ARIMA 建模过程则是把非平稳时间序列平稳化，再建立 ARMA 模型。

ARMA 的基本形式在本节中已经详细介绍过，模型中的两个参数 p 和 q 一旦确定下来，那么 ARMA 模型便可以确定。因此，首先要的分析工作便是确定 p 和 q 的具体取值，然后再对 ARMA（p, q）模型进行参数估计及显著性检验，最后利用显著的模型对时间序列进行预测。

本小节将仍然使用例 17-1 的数据，按照如下步骤进行时间序列分析。

17.2.2.1　模型的识别

ARMA 模型的识别主要是针对确定其两个参数 p 和 q 的具体数值而言的。确定 p 和 q 具体数值的过程即模型的识别过程，也叫做 ARMA 模型的定阶。如 AR（2）称为 2 阶 AR 模型、MA（3）称为 3 阶 MA 模型。

模型的识别是针对平稳数据而言的，例 17-1 的数据经过一阶差分，差分之后的数列满足平稳性条件。

1. 利用自相关系数图、偏自相相关系数图进行模型识别

ARMA 模型的识别可以通过自相关系数和偏自相关系数对应的相关系数图形来进行。自相关系数在本章中已经介绍过，它描述的是时间序列观测值与过去值之间的相关性；而偏自相相关系数（PACF，partial autocorrelation function）则为在给定中间观测值的条件下，观测值与前面某个间隔的观测值的相关系数。偏自相关系数的推导过程较为复杂，其实质是使得残差的方差达到最小的 k 阶 AR 模型的第 k 项系数。

利用相关系数图进行模型识别，首先应当搞清楚两个基本概念，即截尾和拖尾。

所谓截尾，是指在自相关系数图或偏自相关系数图中，自相关系数或偏自相关系数在滞后的前几期处于置信区间之外，而之后的系数基本上都落入置信区间内，且逐渐趋于零的情况。如第 17.1.2.3 小节中的自相关系数图，只有滞后前两期的自相关系数处于置信区间之外，其余的系数均处于置信区间之内，因此可以称该图的情况为截尾。通常把相关系数图在滞后第 p 期后截尾的情况叫做 p 阶截尾，该图的情况又可称之为 2 阶截尾。

所谓拖尾，是指在自相关系数图或偏自相关系数图中的系数有指数型、正弦型或震荡型衰减的波动，并不会在都落入置信区间内。

利用自相关系数图和偏自相关系数图进行模型识别，主要依据如表 17-1 所示的原则。

表 17-1　ACF 图和 PACF 图的模型识别

自相关系数图（ACF 图）	偏自相关系数图（PACF 图）	模型识别结果
q 阶截尾	拖尾	MA（q）
拖尾	p 阶截尾	AR（p）
拖尾	拖尾	ARMA（?，?）

对于 ACF 图和 PACF 图都拖尾的情况下，ARMA 模型中的 p、q 参数还需进一步进行确定。

ARMA（p，q）的偏自相关系数可能在 p 阶滞后项前有几项明显高出置信区间，但从 p 阶滞后项开始逐渐趋向于零；而其自相关系数则可能在 q 阶滞后项前有几项明显高出置信区间，从 q 阶滞后项开始逐渐趋向于零。

但是要注意，利用图形进行定阶只是一种模型识别的辅助手段。实际上，对于一个时间序列的分析，要建立怎么样的模型才算正确或者合理，需要根据数据情况反复对模型进行调整。

使用本章第 1 小节介绍过的 statsmodels 中的 graphics.tsa.plot_acf 和 plot_pacf 函数可以绘制用于判断模型定阶的 ACF 图和 PACF 图：

```
fig=plt.figure(figsize=(10,6))
ax1=fig.add_subplot(211)
fig=sm.graphics.tsa.plot_acf(sales['Sales'].diff(1).iloc[1:92].dropna(),
```

```
                                         lags=24,ax=ax1)
ax2=fig.add_subplot(212)
fig=sm.graphics.tsa.plot_pacf(sales['Sales'].diff(1).iloc[1:92].dropna(),
                                         lags=24,ax=ax2)
```

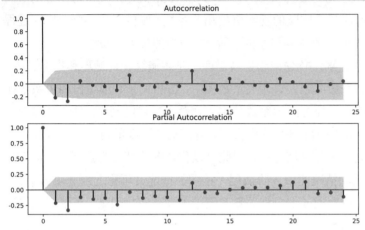

Python 中的 ACF 图和 PACF 图都是从滞后 "0" 期开始的，在分析时不计入参数 p 或 q 之内。

上图中的 ACF 图在滞后期 p=2 之后截尾，而 PACF 图随着滞后期扩大，拖尾趋势较为明显。根据表 17-1 的模型定阶依据，可以把模型初步设定为 MA(2)，由于模型定阶是由一阶差分数据而得，因此也可以记为 ARIMA(0,1,2)。

2．利用最小信息准则进行模型识别

可以计算 ARMA（p，q）所有可能模型的 BIC 信息指数，可根据计算出 BIC 指数最小的模型作为识别依据：

```
order_p,order_q,bic=[],[],[]
model_order=pd.DataFrame()
for p in range(4):
    for q in range(4):
        arma_model=sm.tsa.ARMA(sales['Sales'].diff(1).iloc[1:92].dropna(),
                         (p,q)).fit()
        order_p.append(p)
        order_q.append(q)
        bic.append(arma_model.bic)
        print ('The BIC of ARMA(%s,%s) is %s'%(p,q,arma_model.bic))

model_order['p']=order_p
model_order['q']=order_q
model_order['BIC']=bic
P=list(model_order['p'][model_order['BIC']==model_order['BIC'].min()])
Q=list(model_order['q'][model_order['BIC']==model_order['BIC'].min()])
print ('\nThe best model is ARMA(%s,%s)' %(P[0],Q[0]))
```

```
The BIC of ARMA(0,0) is 1046.0464544834824
The BIC of ARMA(0,1) is 1036.9599655028642
The BIC of ARMA(0,2) is 1028.241879186647
The BIC of ARMA(0,3) is 1032.7057705318534
The BIC of ARMA(1,0) is 1046.3516883115922
The BIC of ARMA(1,1) is 1030.7670135693736
The BIC of ARMA(1,2) is 1032.6916786350325
The BIC of ARMA(1,3) is 1036.9431960803074
The BIC of ARMA(2,0) is 1040.5950919899926
The BIC of ARMA(2,1) is 1033.3995678614358
The BIC of ARMA(2,2) is 1036.91308949896
The BIC of ARMA(2,3) is 1041.3842633772092
The BIC of ARMA(3,0) is 1043.8516137080414
The BIC of ARMA(3,1) is 1037.6954327556257
The BIC of ARMA(3,2) is 1041.3572644753372
The BIC of ARMA(3,3) is 1047.9071866624324

The best model is ARMA(0,2)
```

运行程序后得到各种模型的 BIC 信息数值。其中 BIC 指数最小为 1028.24，其对应模型为 ARMA(0,2)，亦即 MA(2)，故本例的模型可以定为 MA(2)，这与用 ACF 和 PACF 图形订阶的结果一致。接下来便可对其进行参数估计和模型检验、评价。

此外，还可以使用扩展样本自相关函数、典型相关系数平方等统计量进行模型识别，请读者自行查阅相关统计资料并编制相关程序。

17.2.2.2 模型参数估计及检验

在对时间序列模型进行识别并确定模型的具体形式之后，便可以利用样本数据进行模型参数的估计并对估计结果进行检验。对于 ARMA 模型，可以对其拟合程度和参数估计显著性等方面进行检验。此外，对于一个适当的 ARMA 模型，还应当保证其残差项无自相关性，即对残差进行白噪声检验。如果模型残差项非白噪声，则需要重新对模型进行调整或识别。

python 的 statsmodels 中 tsa.ARMA 类或 tsa.arima_model 中的类 ARIMA 所提供 fit 方法的“method”参数，可指定模型参数估计的方法，具体有 css-mle（为默认方法）、mle（极大似然）、css（最小二乘）。对于本例中的数据，已经知道变量 Sales 的数据经过一阶差分之后是平稳序列，并可以把模型识别为 MA(2)，故对该模型估计如下：

```
#输出模型的参数估计、参数显著性检验结果
model=sm.tsa.ARMA(sales['Sales'].diff(1).iloc[1:92].dropna(),
                (0,2)).fit(method='css')
params=model.params          #参数估计结果
tvalues=model.tvalues        #t 统计量
```

```
pvalues=model.pvalues          #p 值
result_mat=pd.DataFrame({'Estimate':params,'t-values':tvalues,
                         'pvalues':pvalues})
result_mat
```

	Estimate	pvalues	t-values
const	1.725814	0.174759	1.368116
ma.L1.Sales	-0.436521	0.000041	-4.320340
ma.L2.Sales	-0.382629	0.000204	-3.875838

一定要注意：这里的 MA(1) 和 MA(2) 的参数估计结果（即索引 ma.L1.Sales 和 ma.L2.Sales 对应的 Estimate 列）为模型 $X_t = a_t - \theta_1 a_{t-1} - \theta_2 a_{t-2}$ 中 $-\theta$ 的结果，不是我们通常理解的 θ 估计结果。

输出模型的 AIC 信息指数和方差：

```
print ('AIC :',model.aic)
print ('Variance Estimates:',model.sigma2)
AIC : 1018.416295457265
Variance Estimates: 3887.799937477576
```

上面两段程序运行的结果表明，针对 MA(2) 模型 $X_t = a_t - \theta_1 a_{t-1} - \theta_2 a_{t-2}$，其估计均值项用 const 表示。当 ARMA 模型参数均为空时（即 p、q 均为 0 时），const 的值为所分析序列的样本均值。模型的两个参数 $-\theta_1$ 和 $-\theta_2$ 的参数估计值分别用索引"ma.L1.Sales"和"ma.L2.Sales"表示，具体估计值分别为 -0.436521 和 -0.382629。由于 ARMA 估计过程中的标准误差是基于大数定律的，因此上表中的 t 值及对应的检验 P 值在小样本（本例数据经过一阶差分之后样本量为 91，为大样本）条件下不一定可靠。从 MA(2) 模型两个参数估计值的显著性 t 检验可以看出，它们均非常显著。

对于 ARMA 模型的参数估计和拟合，应当使得估计值后的模型残差项不存在自相关，即模型的残差项是白噪声。因此，还应当对模型的残差项进行白噪声检验：

```
resid=model.resid
r,q,p=sm.tsa.acf(resid.values.squeeze(),qstat=True)
mat_res=np.c_[range(1,41),r[1:],q,p]
table_res=pd.DataFrame(mat_res,columns=['to lag','AC','Q','Prob(>Q)'])
LB_result_res=table_res.loc[[5,11,17,23]]
LB_result_res.set_index('to lag',inplace = True)
print ('残差白噪声检验结果')
print (LB_result_res)
残差白噪声检验结果
            AC          Q        Prob(>Q)
to lag
6.0     -0.115900   2.048820    0.915154
12.0     0.217215   8.508127    0.744269
```

```
18.0     0.012164     10.126875     0.927686
24.0     0.058879     12.924340     0.967351
```

残差项白噪声检验的原假设为残差是白噪声，备择假设为非白噪声。

观察上表的各滞后期残差项序列的白噪声检验结果，发现本例中各滞后期的残差项不存在自相关，可以认为本例建立的 MA(2) 模型的残差项为白噪声。因此，MA(2) 模型对于 Sales 的一阶差分序列而言是合适的。如果残差项白噪声检验没有通过，则需要对模型重新调整并进行识别。

也可将残差项的 ACF 图绘制出来：

```
fig=plt.figure(figsize=(10,6))
ax3=fig.add_subplot(211)
fig=sm.graphics.tsa.plot_acf(resid,lags=24,ax=ax3)
```

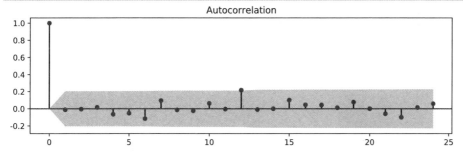

观察上图所示各滞后期（Lag=0 时不考察）的残差自相关系数，可以看出它们均处于置信区间之内 0 附近波动，是一白噪声序列，这与白噪声检验结果一致。因此对于本例数据，所建立的 MA(2) 模型是比较合适的。

```
sm.ProbPlot(resid,stats.t,fit=True).ppplot(line='45')
sm.ProbPlot(resid,stats.t,fit=True).qqplot(line='45')
plt.show()
```

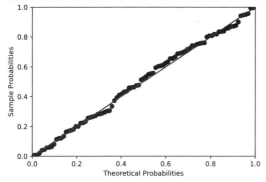

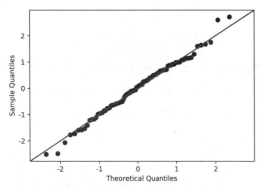

```
plt.figure()
x=pd.Series(resid)
p1=x.plot(kind='kde')
p2=x.hist(density=True)
plt.grid(True)
plt.show()
```

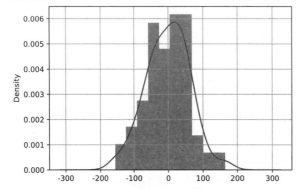

从上述模型残差项进行正态性诊断的图形可以看出模型残差项基本服从正态分布, 再次验证对于使用本例数据建立的 MA (2) 模型是比较合适的。

17.2.2.3 模型的预测

模型经过识别和参数估计, 并进行相应的检验之后, 便可利用所建立的模型进行预测。用 statsmodels.tsa.ARMA 构建的时序模型对象的 forecast 方法可以通过指定参数 step=n 的方式, 对后续 n 期时序数据进行预测:

```
arma_model.forecast(steps=4)
(array([-4.63161880e+01,  4.33471291e-02, -3.83897600e+00, -1.31638264e+01]),
 array([61.91603053, 69.49467321, 70.64925746, 70.82031387]),
 array([[-167.66937791,   75.03700191],
        [-136.16370948,  136.25040374],
        [-142.30897615,  134.63102414],
        [-151.96909094,  125.64143819]]))
```

forecast 方法可输出 3 个数组, 分别表示预测值、预测标准误差、预测值的置信区间 (置信度可以通过 forecast 的参数 alpha 进行设置, 本例程序省略了该参数表示使用默认 95%的置信度)。

但是要注意,上述预测值是对建模时所用的数据进行预测的。本例使用的是 Sales 变量的一阶差分数据,所以读者会看到上述结果的第 1 个数组有负值且数值偏小。

statsmodels.tsa.ARMA 所构建的时序模型对象的 fittedvalues 属性可展示对时间序列建模时所采用数据的预测值。但这些预测值也是基于构建模型时所采用的变量形式,本例使用的是 Sales 变量的一阶差分数据,所以得到的预测值也是差分数值。

为了比较观测值和预测值之间的关系,可以把序列的所有观测值和预测值放在一起,绘制如下所示的时间序列图:

```
fig=plt.figure(figsize=(8,6))
ax=fig.add_subplot(111)
ax.plot(sales['Sales'].diff(1).iloc[1:92],color='blue',label='Sales')
ax.plot(arma_model.fittedvalues,color='green',label='Predicted Sales')
plt.legend(loc='lower right')
```

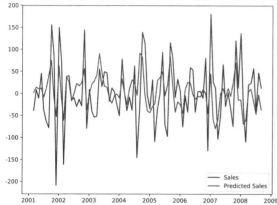

从上图所示结果来看,预测值与真实值之间还是比较吻合的,且他们在波动的方向和幅度上基本一致。

为了克服上述预测数值与原始数据数值不一致的问题,可在使用 statsmodels 的 tsa.ARMA 所构建时序模型对象的基础上应用 predict 方法,利用现有样本数据和模型参数估计的结果,将差分等处理过后的数据还原成原始数据并对后续时间的时序数据进行预测。

本书编制了如下函数可对本例中使用一阶差分处理之后所构建模型的指定期间进行预测,其预测值被还原为原始数据的形式:

```
def forecast(step,var,modelname):
    #参数 step 表示预测期数
    diff=list(modelname.predict(len(var)-1,len(var)-1+step,dynamic=True))
    prediction=[]
    prediction.append(var[len(var)-1])
    seq=[]
    seq.append(var[len(var)-1])
```

```
    seq.extend(diff)
    for i in range(step):
        v=prediction[i]+seq[i+1]
        prediction.append(v)
        #prediction 的第一个值是原序列最后一个值，故从第二个值开始是预测值
    prediction=pd.DataFrame({'Predicted Sales':prediction})
    return prediction[1:]

forecast(4,sales['Sales'],model)
```

	Predicted Sales
1	961.536117
2	948.541427
3	950.267241
4	951.993055

　　使用本段程序自定义的 forecast 函数对所构建模型进行预测，可以得到还原为原始数据的预测值。

　　本章所介绍的时序分析及其 ARIMA 建模过程仅是现代时间序列分析体系中最为常见和常用的内容。除此之外，针对时间序列建模的各种方法，如 ARIMAX、VAR、ARCH 和 GARCH 等时序模型，在 python 中除了使用 statsmodels 分析工具库之外，还可以使用 arch 等包或自行编制算法来实现。

附录：各章图形

第 5 章　统计图形与可视化

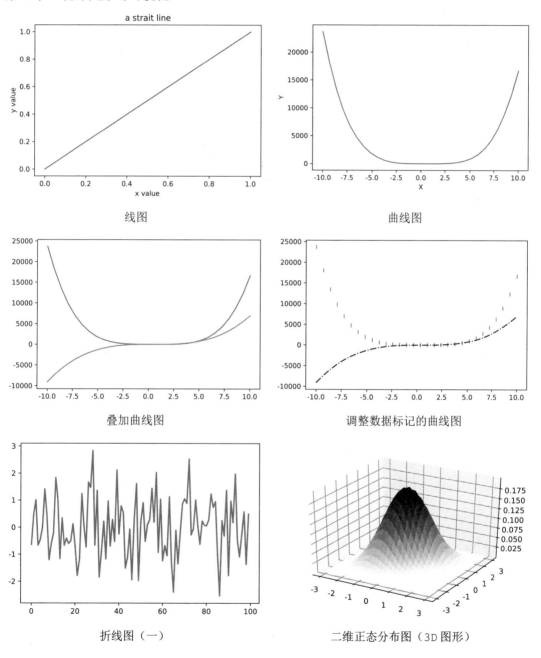

线图　　　　　　　　　　　　　　　　　曲线图

叠加曲线图　　　　　　　　　　　　调整数据标记的曲线图

折线图（一）　　　　　　　　二维正态分布图（3D 图形）

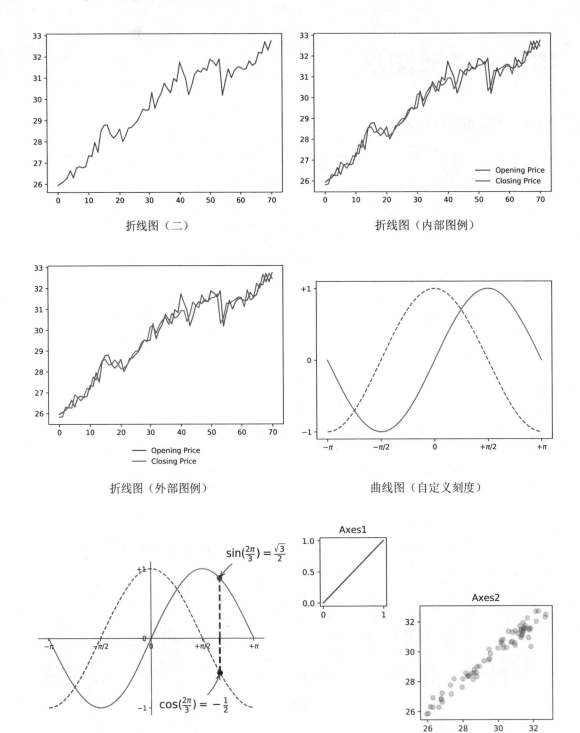

折线图（二）

折线图（内部图例）

折线图（外部图例）

曲线图（自定义刻度）

曲线图（图像注解）

绘图对象实例

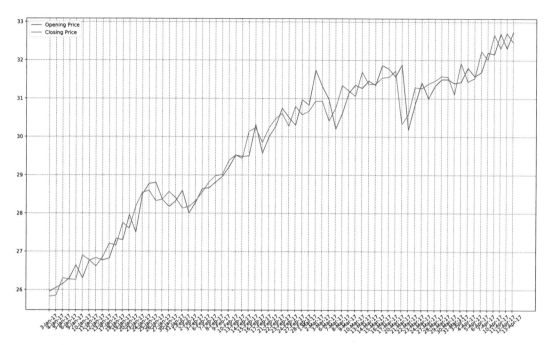

调整大小具有图例和自定义轴的折线图

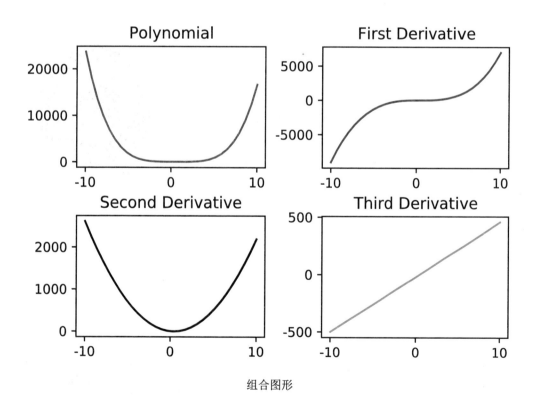

组合图形

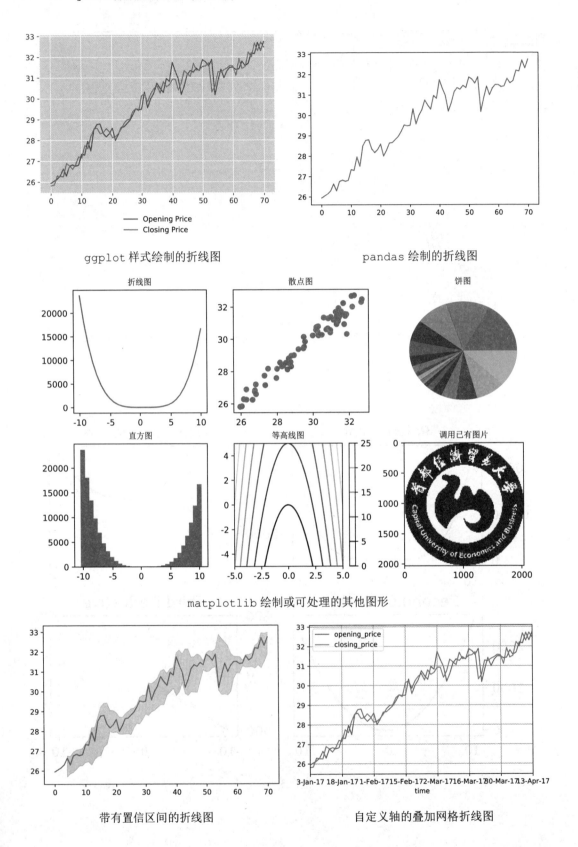

ggplot 样式绘制的折线图

pandas 绘制的折线图

matplotlib 绘制或可处理的其他图形

带有置信区间的折线图

自定义轴的叠加网格折线图

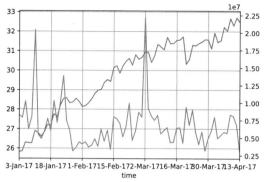

具有 2 个 y 轴的折线图

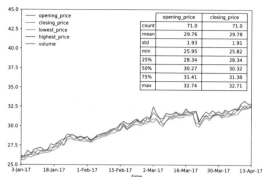

具有统计量的叠加折线图

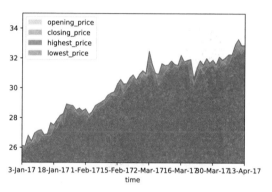

面积图

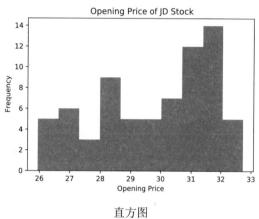

直方图

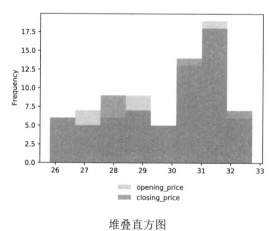

堆叠直方图

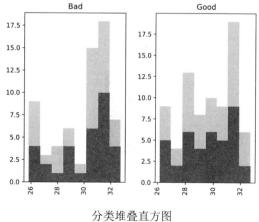

分类堆叠直方图

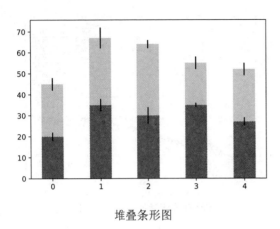

堆叠条形图

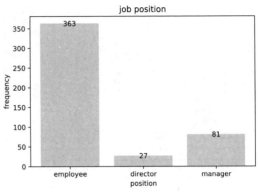

带数据值的条形图

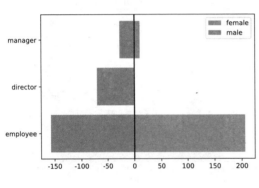
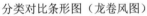

分类对比条形图（龙卷风图）

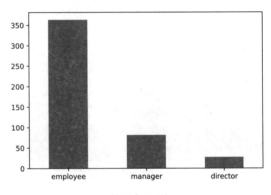

普通条形图

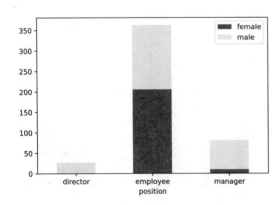

交叉汇总条形图

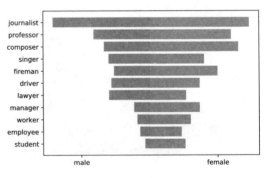

龙卷风图

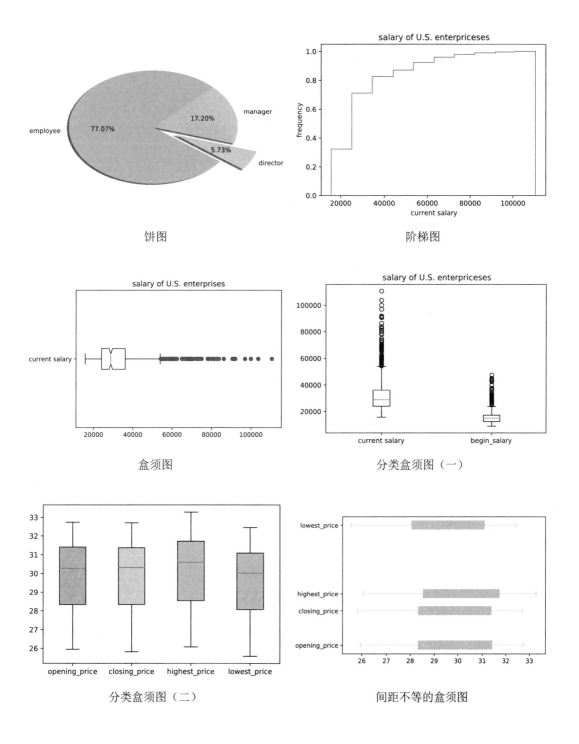

饼图

阶梯图

盒须图

分类盒须图（一）

分类盒须图（二）

间距不等的盒须图

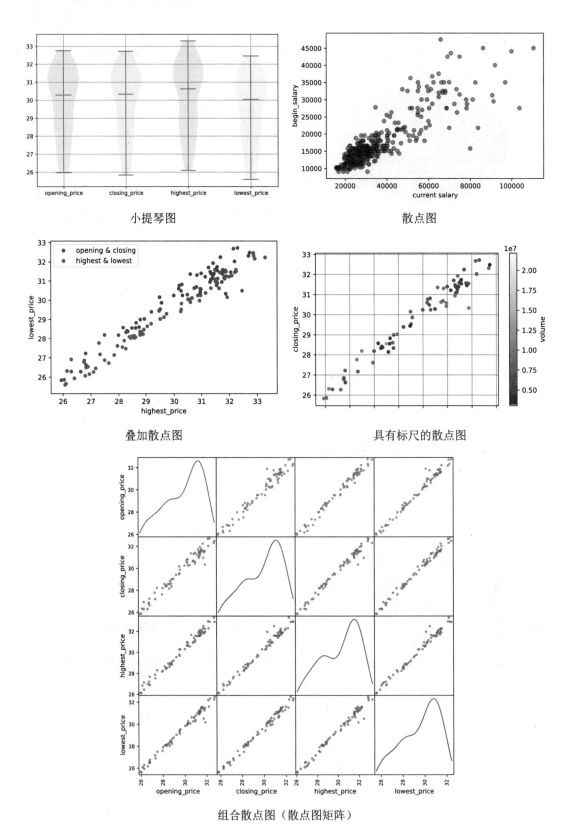

小提琴图

散点图

叠加散点图

具有标尺的散点图

组合散点图（散点图矩阵）

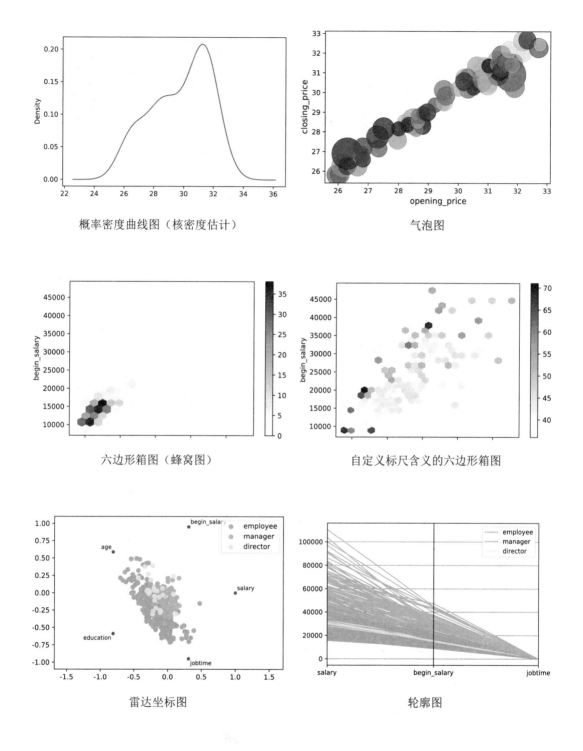

概率密度曲线图（核密度估计）

气泡图

六边形箱图（蜂窝图）

自定义标尺含义的六边形箱图

雷达坐标图

轮廓图

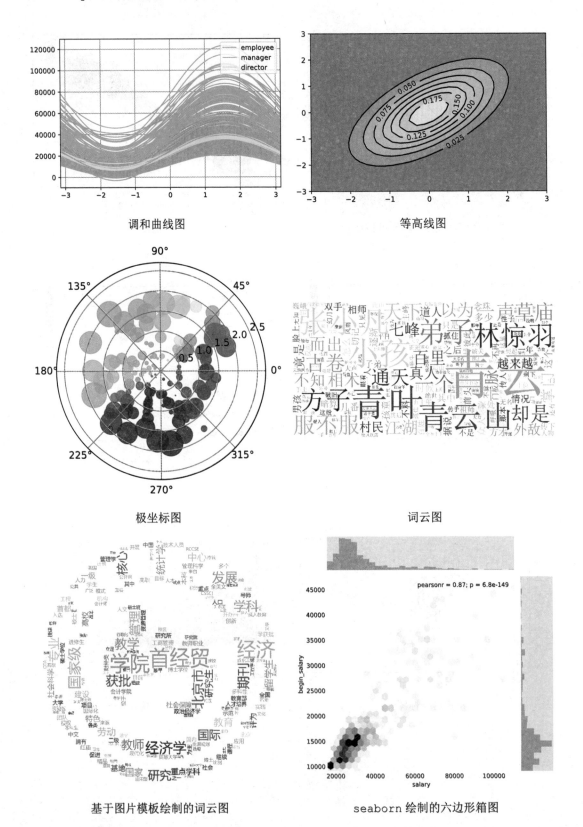

调和曲线图

等高线图

极坐标图

词云图

基于图片模板绘制的词云图

seaborn 绘制的六边形箱图

第 7 章　方差分析

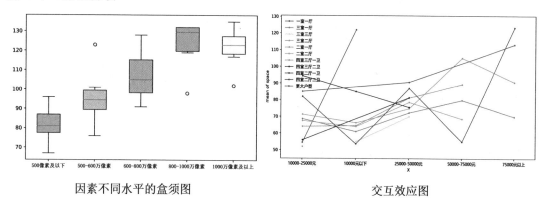

因素不同水平的盒须图　　　　　　　　　　　　　交互效应图

第 8 章　非参数检验

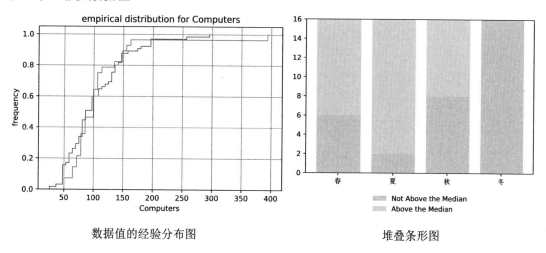

数据值的经验分布图　　　　　　　　　　　　　堆叠条形图

第 10 章　回归分析

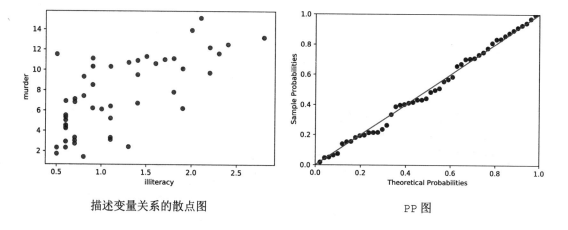

描述变量关系的散点图　　　　　　　　　　　　　PP 图

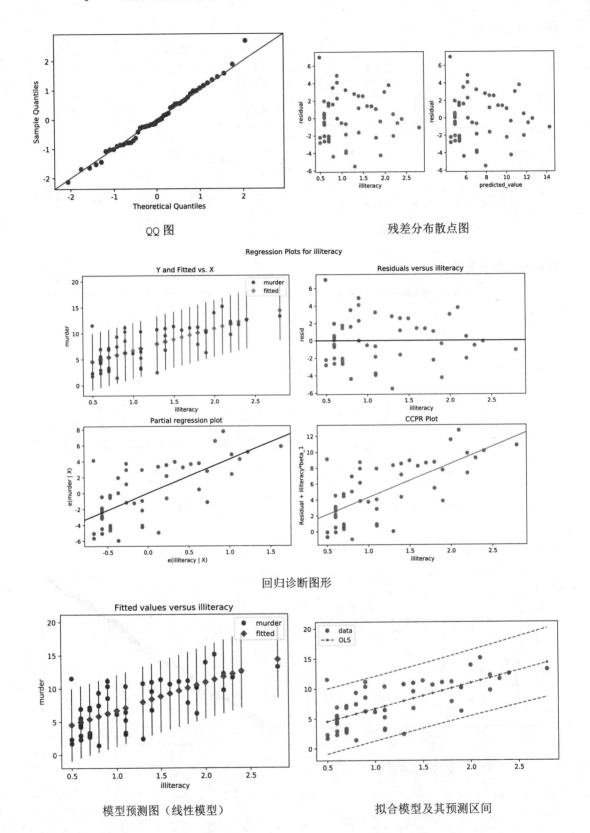

QQ 图　　　　　　　　　　　　　残差分布散点图

回归诊断图形

模型预测图（线性模型）　　　　　　　　拟合模型及其预测区间

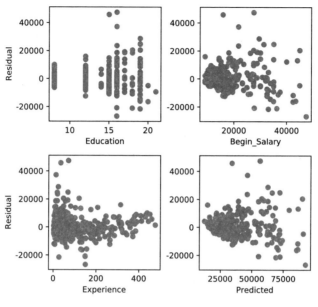

模型残差与各自变量间的散点图

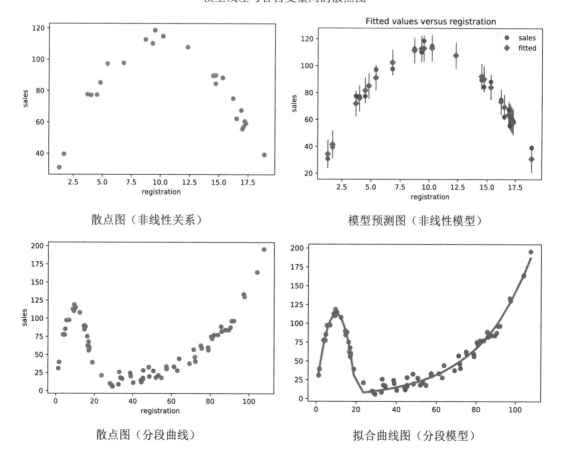

散点图（非线性关系）	模型预测图（非线性模型）
散点图（分段曲线）	拟合曲线图（分段模型）

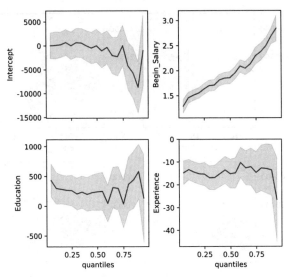

分位数回归模型的参数估计值及其置信区间

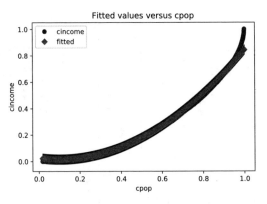

拟合洛伦兹曲线

第 12 章　主成分与因子分析

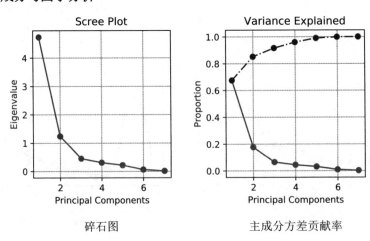

碎石图　　　　　　　　　主成分方差贡献率

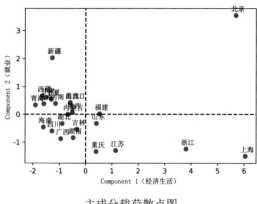

主成分载荷散点图

第13章　列联分析与对应分析

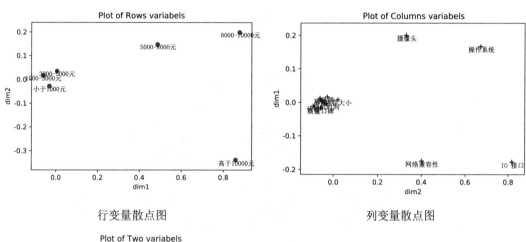

行变量散点图　　　　　　　　　　列变量散点图

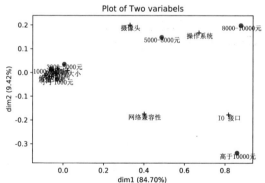

对应分析图（叠加行、列变量散点图）

第 14 章 聚类

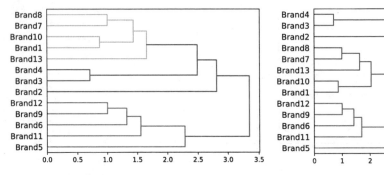

系统聚类谱系图（类平均法）及其类别确定   系统聚类谱系图（WARD 法）

第 15 章 判别和分类

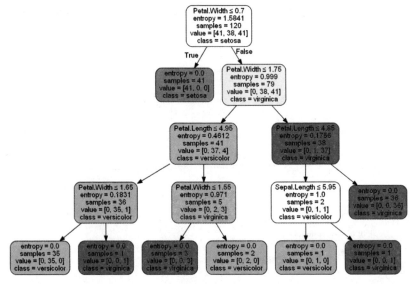

决策树

第 16 章 神经网络与机器学习

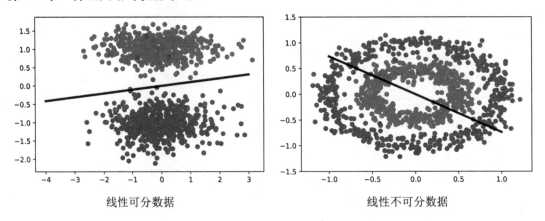

线性可分数据   线性不可分数据

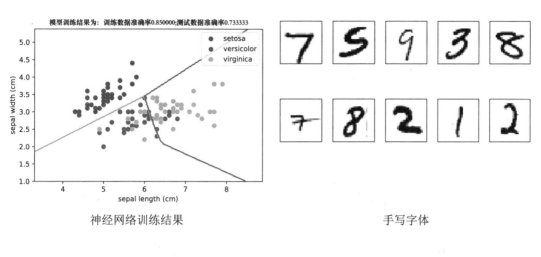

神经网络训练结果   手写字体

第 17 章　时间序列分析

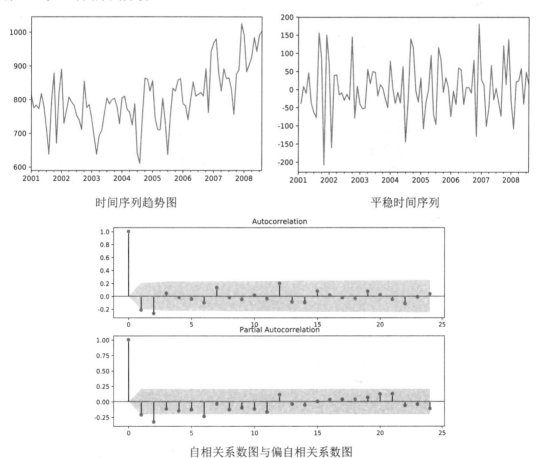

时间序列趋势图   平稳时间序列

自相关系数图与偏自相关系数图

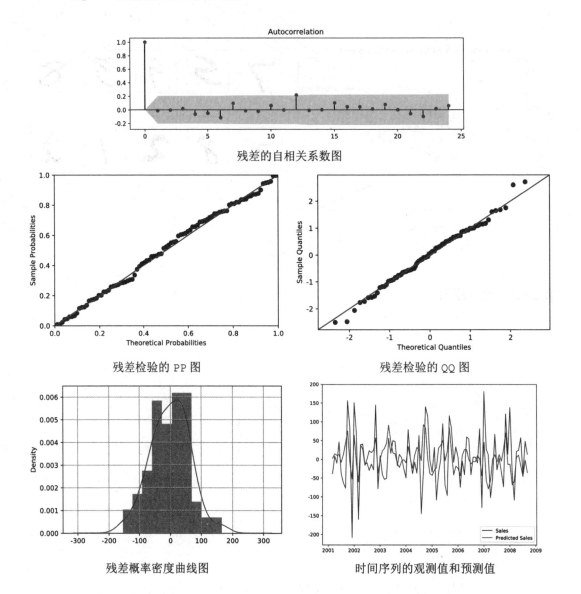

残差的自相关系数图

残差检验的 PP 图 残差检验的 QQ 图

残差概率密度曲线图 时间序列的观测值和预测值